메가스터디 N제

수학영역 미적분 | 3점·4점 공략

366제

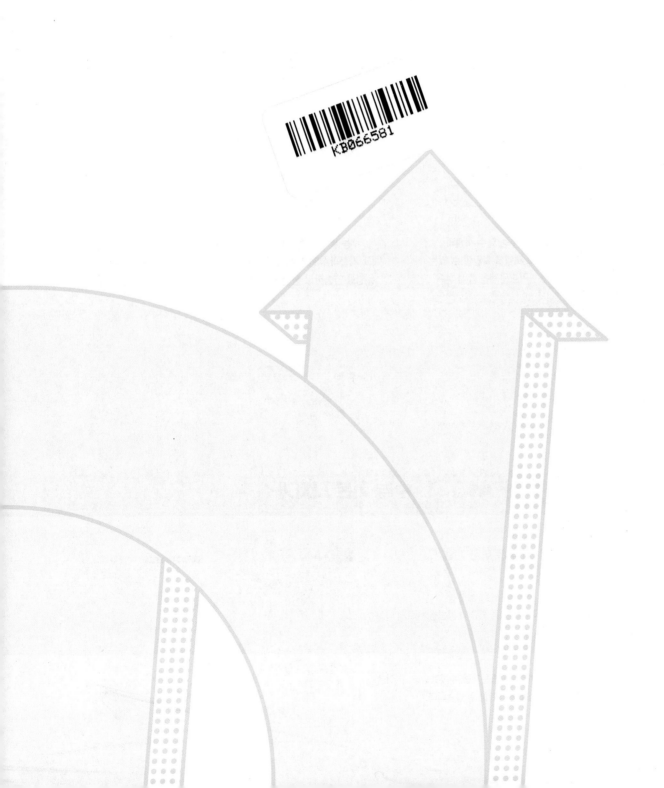

이 책의 **구성과 특징**

**까다로운 기본 문항과
낮아진 최고난도 문항의 난도**

▶ ▶ ▶

기본 문항이 까다로워질수록 탄탄한 기본기가 필요합니다.
기본이 탄탄해야 3점 문항들은 물론 고난도 문항을 풀 수 있는 힘이 생깁니다.

메가스터디 N제 미적분의 **PART 1**의 **STEP 1, 2, 3**의 단계를 차근차근 밟으면
고난도 문항을 해결할 수 있는 종합적 사고력을 기를 수 있습니다.

PART 2에서는 **PART 1**에서 쌓은 탄탄한 기본을 바탕으로
고난도 문항에 대한 실전 감각을 익혀 최고 등급에 도달할 수 있는 힘을 키울 수 있습니다.

메가스터디 N제 **미적분은**

최신 평가원,
수능 트렌드를 반영한
문제 출제

수능 필수 개념과
그 개념을 확인할 수 있는
기출문제를 함께 수록

수능 필수 유형에 대한
대표 기출과 유형별 예상 문제로
유형을 연습하고 실전에 대비

최고난도 문항에 대한
실전 감각을 익힐 수 있도록
어려운 4점 수준의 문제를 수록

PART 1 수능 기본 다지기

 수능 필수 개념 정리&기출문제로 개념 확인하기

수능 필수 개념 정리

수능 필수 개념과 공식들을 체계적으로 정리하여 수능 학습의 기본을 빠르게 다질
수 있게 했습니다.

기출문제로 개념 확인하기

수능 필수 개념 학습이 잘되어 있는지 확인하는 기출문제를 수록했습니다. 이를
통하여 실제 수능에 출제되는 개념에 대한 이해를 강화할 수 있습니다.

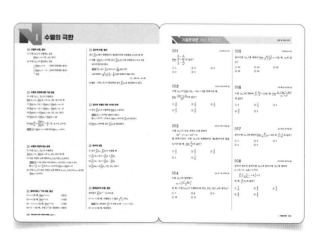

STEP 2 유형별 문제로 수능 대비하기

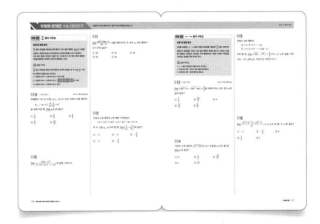

출제 경향 분석 / 실전 가이드

기출문제를 분석하여 필수 유형을 분류하고, 각 유형에 대한 출제 경향 및 실전 가이드를 제시했습니다.

대표 유형 / 예상 문제

각 유형을 대표하는 기출문제를 수록하여 유형에 대한 이해를 높이고, 3점 문항과 쉬운 4점 수준의 예상 문제를 수록하여 실전 감각을 키울 수 있게 했습니다.

STEP 3 등급 업 도전하기

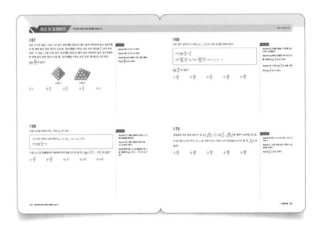

등급 업 문제

기본 4점 수준의 예상 문제를 수록하여 개념에 대한 심화 학습이 가능하도록 하였습니다.

해결 전략

각 문제에 대한 단계별 해결 전략을 제시하여 고난도 문항에 대한 적응력을 기를 수 있도록 하였습니다.

PART 2 고난도 문제로 수능 대비하기

STEP 1 고난도 문제로 실전 대비하기

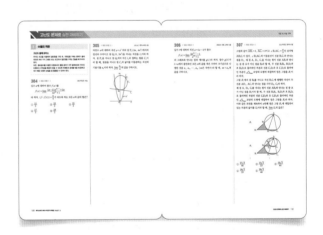

대표 유형

각 유형을 대표하는 어려운 4점 수준의 기출문제를 수록하여 실전 감각을 키울 수 있게 했습니다.

예상 문제

최근 평가원, 수능의 트렌드는 초고난도 문항을 지양하면서도 변별력을 확보할 수 있는 문항을 출제하는 것입니다. 상위권을 목표로 하는 학생들이 어려운 4점 문항을 빠르고 정확하게 풀어보는 연습이 가능하게 구성했습니다.

STEP 2 최고난도 문제로 1등급 도전하기

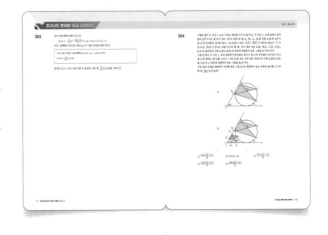

1등급 도전 문제

최근 수능에서 최고난도 문항의 난도가 다소 낮아졌으나 1등급을 위해서는 최고난도 문항을 반드시 잡아야 합니다.

1등급을 좌우하는 최고난도 문항만을 수록하여 1등급을 목표로 확실한 실력을 쌓을 수 있게 구성했습니다.

이 책의 차례

PART 1 수능 기본 다지기

I 수열의 극한

유형 1	$\frac{\infty}{\infty}$ 꼴의 극한값	010
유형 2	$\infty-\infty$ 꼴의 극한값	011
유형 3	수열의 극한에 대한 성질	012
유형 4	등비수열의 수렴, 발산	014
유형 5	좌표평면과 수열의 극한	015
유형 6	급수의 수렴과 발산	018
유형 7	급수와 수열의 극한 사이의 관계	019
유형 8	등비급수	021
유형 9	도형과 등비급수	025

II 미분법

유형 1	지수함수와 로그함수의 극한	038
유형 2	지수함수와 로그함수의 미분	039
유형 3	삼각함수의 정의와 삼각함수 사이의 관계	041
유형 4	삼각함수의 덧셈정리	042
유형 5	삼각함수의 덧셈정리의 활용	043
유형 6	삼각함수의 극한	046
유형 7	삼각함수의 극한의 활용	048
유형 8	사인함수와 코사인함수의 미분	050
유형 9	함수의 몫의 미분법	051
유형 10	합성함수의 미분법	052
유형 11	매개변수로 나타낸 함수의 미분법	053
유형 12	음함수의 미분법	054
유형 13	역함수의 미분법	055
유형 14	이계도함수	056
유형 15	접선의 방정식	057
유형 16	함수의 극대와 극소	059
유형 17	함수의 그래프	061
유형 18	함수의 최대와 최소	063
유형 19	방정식과 부등식에서의 활용	065
유형 20	속도와 가속도	068

III 적분법

유형 1	여러 가지 함수의 부정적분	080
유형 2	여러 가지 함수의 정적분	083
유형 3	치환적분법을 이용한 정적분	084
유형 4	부분적분법을 이용한 정적분	085
유형 5	치환적분법과 부분적분법의 활용	086
유형 6	정적분으로 정의된 함수	088
유형 7	정적분과 급수	090
유형 8	곡선과 좌표축 사이의 넓이	093
유형 9	두 곡선 사이의 넓이	094
유형 10	입체도형의 부피	097
유형 11	속도와 거리	099

PART 2 고난도 문제로 수능 대비하기

| 고난도 문제로 실전 대비하기 | 109 |
| 최고난도 문제로 1등급 도전하기 | 131 |

PART 1

수능 기본 다지기

Ⅰ 수열의 극한

Ⅱ 미분법

Ⅲ 적분법

기출 및 핵심 예상 문제수

기출문제	수능 대비 예상 문제	등급 업 문제	합계
62	203	38	303

PART 1 수능 기본 다지기

PART 1은 3점부터 기본 4점까지의 문항을 중심으로 담아
수능의 기본을 다질 수 있도록 구성했습니다.

I

수열의 극한

수능 출제 포커스

• $\dfrac{\infty}{\infty}$ 꼴, $\infty - \infty$ 꼴, r^n을 포함하는 식의 간단한 극한값을 계산하는 문제가 출제될 수 있다.

• 부분분수를 이용한 급수의 합을 구하는 문제, 급수가 수렴할 때 수열의 극한값을 구하여 해결하는 문제가 출제될 수 있다.

• 그래프나 그림이 주어진 상황에서 수열의 극한값 또는 급수의 합을 구하거나 도형과 관련된 등비급수의 합을 구하는 문제가 출제될 수 있으므로 함수의 그래프와 도형의 특징과 성질을 정리해 두도록 한다.

기출 및 핵심 예상 문제수

기출문제	수능 대비 예상 문제	등급 업 문제	합계
17	49	11	77

I 수열의 극한

1 수열의 수렴, 발산

(1) 수열 $\{a_n\}$이 수렴하는 경우
$$\lim_{n \to \infty} a_n = \alpha \ (\text{단, } \alpha\text{는 상수})$$

(2) 수열 $\{a_n\}$이 발산하는 경우
$$\begin{cases} \lim_{n \to \infty} a_n = \infty & (\text{양의 무한대로 발산}) \\ \lim_{n \to \infty} a_n = -\infty & (\text{음의 무한대로 발산}) \\ \text{진동} \end{cases}$$

2 수열의 극한에 대한 기본 성질

두 수열 $\{a_n\}$, $\{b_n\}$이 수렴하고
$\lim_{n \to \infty} a_n = \alpha$, $\lim_{n \to \infty} b_n = \beta$ (α, β는 실수)일 때

(1) $\lim_{n \to \infty} (a_n + b_n) = \lim_{n \to \infty} a_n + \lim_{n \to \infty} b_n = \alpha + \beta$

(2) $\lim_{n \to \infty} (a_n - b_n) = \lim_{n \to \infty} a_n - \lim_{n \to \infty} b_n = \alpha - \beta$

(3) $\lim_{n \to \infty} k a_n = k \lim_{n \to \infty} a_n = k\alpha$ (단, k는 상수)

(4) $\lim_{n \to \infty} a_n b_n = \lim_{n \to \infty} a_n \times \lim_{n \to \infty} b_n = \alpha\beta$

(5) $\lim_{n \to \infty} \dfrac{a_n}{b_n} = \dfrac{\lim_{n \to \infty} a_n}{\lim_{n \to \infty} b_n} = \dfrac{\alpha}{\beta}$ (단, $b_n \neq 0$, $\beta \neq 0$)

> **만점 Tip** ▶ $\lim_{n \to \infty} a_n = \alpha$ (수렴)이면 $\lim_{n \to \infty} a_{n+1} = \alpha$이다.

3 수열의 극한의 대소 관계

두 수열 $\{a_n\}$, $\{b_n\}$이 수렴하고
$\lim_{n \to \infty} a_n = \alpha$, $\lim_{n \to \infty} b_n = \beta$ (α, β는 실수)일 때

(1) 모든 자연수 n에 대하여 $a_n \leq b_n$이면 $\alpha \leq \beta$이다.

> **만점 Tip** ▶ 모든 자연수 n에 대하여 $a_n < b_n$이지만 $\alpha = \beta$일 수 있다.
>
> **예** $a_n = \dfrac{1}{n}$, $b_n = \dfrac{2}{n}$일 때, $a_n < b_n$이지만 $\lim_{n \to \infty} a_n = \lim_{n \to \infty} b_n = 0$

(2) 수열 $\{c_n\}$이 모든 자연수 n에 대하여 $a_n \leq c_n \leq b_n$이고 $\alpha = \beta$이면
$$\lim_{n \to \infty} c_n = \alpha\text{이다.}$$

4 등비수열 $\{r^n\}$의 수렴, 발산

(1) $r > 1$일 때, $\lim_{n \to \infty} r^n = \infty$ (발산)

(2) $r = 1$일 때, $\lim_{n \to \infty} r^n = 1$ (수렴)

(3) $-1 < r < 1$일 때, $\lim_{n \to \infty} r^n = 0$ (수렴)

(4) $r \leq -1$일 때, 수열 $\{r^n\}$은 진동한다. (발산)

5 급수의 수렴, 발산

급수 $\sum\limits_{n=1}^{\infty} a_n$에서 첫째항부터 제$n$항까지의 부분합을 S_n이라 할 때

(1) 수렴 : $\lim_{n \to \infty} S_n = S$이면 급수 $\sum\limits_{n=1}^{\infty} a_n$은 S에 수렴한다고 하고 S를 급수의 합이라 한다.

> **만점 Tip** ▶ 급수 $\sum\limits_{n=1}^{\infty} a_n$에서 a_n이 $\dfrac{C}{AB}$ 꼴인 경우
>
> a_n을 부분분수 $\dfrac{C}{B-A}\left(\dfrac{1}{A} - \dfrac{1}{B}\right)$ 꼴로 분해하여 합을 구한다.
>
> (단, $AB \neq 0$, $A \neq B$)

(2) 발산 : 수열 $\{S_n\}$이 발산하면 급수 $\sum\limits_{n=1}^{\infty} a_n$은 발산한다고 한다.

6 급수와 수열의 극한 사이의 관계

(1) 급수 $\sum\limits_{n=1}^{\infty} a_n$이 수렴하면 $\lim_{n \to \infty} a_n = 0$이다.

> **만점 Tip** ▶ (1)의 역은 성립하지 않는다.
>
> **예** $a_n = \sqrt{n+1} - \sqrt{n}$일 때, $\lim_{n \to \infty} a_n = 0$이지만 $\sum\limits_{n=1}^{\infty} a_n$은 발산한다.

(2) $\lim_{n \to \infty} a_n \neq 0$이면 급수 $\sum\limits_{n=1}^{\infty} a_n$은 발산한다.

7 급수의 성질

두 급수 $\sum\limits_{n=1}^{\infty} a_n$, $\sum\limits_{n=1}^{\infty} b_n$이 수렴할 때

(1) $\sum\limits_{n=1}^{\infty} (a_n + b_n) = \sum\limits_{n=1}^{\infty} a_n + \sum\limits_{n=1}^{\infty} b_n$

(2) $\sum\limits_{n=1}^{\infty} (a_n - b_n) = \sum\limits_{n=1}^{\infty} a_n - \sum\limits_{n=1}^{\infty} b_n$

(3) $\sum\limits_{n=1}^{\infty} k a_n = k \sum\limits_{n=1}^{\infty} a_n$ (단, k는 상수)

8 등비급수의 수렴, 발산

등비급수 $\sum\limits_{n=1}^{\infty} ar^{n-1}$ ($a \neq 0$)은

(1) $|r| < 1$일 때, 수렴하고 그 합은 $\dfrac{a}{1-r}$이다.

> **만점 Tip** ▶ 등비급수 $\sum\limits_{n=1}^{\infty} r^n$의 수렴 조건은 $-1 < r < 1$이다.

(2) $|r| \geq 1$일 때, 발산한다.

001
2022학년도 수능

$\lim\limits_{n \to \infty} \dfrac{\dfrac{5}{n} + \dfrac{3}{n^2}}{\dfrac{1}{n} - \dfrac{2}{n^3}}$의 값은?

① 1　　　　② 2　　　　③ 3

④ 4　　　　⑤ 5

002
2022년 시행 교육청 3월

수열 $\{a_n\}$이 $\lim\limits_{n \to \infty}(3a_n - 5n) = 2$를 만족시킬 때,

$\lim\limits_{n \to \infty} \dfrac{(2n+1)a_n}{4n^2}$의 값은?

① $\dfrac{1}{6}$　　　② $\dfrac{1}{3}$　　　③ $\dfrac{1}{2}$

④ $\dfrac{2}{3}$　　　⑤ $\dfrac{5}{6}$

003
2021년 시행 교육청 3월

수열 $\{a_n\}$이 모든 자연수 n에 대하여
$$2n^2 - 3 < a_n < 2n^2 + 4$$
를 만족시킨다. 수열 $\{a_n\}$의 첫째항부터 제n항까지의 합을 S_n이라 할 때, $\lim\limits_{n \to \infty} \dfrac{S_n}{n^3}$의 값은?

① $\dfrac{1}{2}$　　　② $\dfrac{2}{3}$　　　③ $\dfrac{5}{6}$

④ 1　　　⑤ $\dfrac{7}{6}$

004
2021년 시행 교육청 3월

수열 $\{a_n\}$의 일반항이
$$a_n = \left(\dfrac{x^2 - 4x}{5}\right)^n$$
일 때, 수열 $\{a_n\}$이 수렴하도록 하는 모든 정수 x의 개수는?

① 7　　　　② 8　　　　③ 9

④ 10　　　⑤ 11

005
2023학년도 수능

등비수열 $\{a_n\}$에 대하여 $\lim\limits_{n \to \infty} \dfrac{a_n + 1}{3^n + 2^{2n-1}} = 3$일 때, a_2의 값은?

① 16　　　　② 18　　　　③ 20

④ 22　　　　⑤ 24

006
2021학년도 평가원 6월

수열 $\{a_n\}$에 대하여 $\sum\limits_{n=1}^{\infty} \dfrac{a_n}{n} = 10$일 때, $\lim\limits_{n \to \infty} \dfrac{a_n + 2a_n^2 + 3n^2}{a_n^2 + n^2}$의 값은?

① 3　　　　② $\dfrac{7}{2}$　　　③ 4

④ $\dfrac{9}{2}$　　　⑤ 5

007
2021학년도 평가원 9월

등비수열 $\{a_n\}$에 대하여 $\lim\limits_{n \to \infty} \dfrac{3^n}{a_n + 2^n} = 6$일 때, $\sum\limits_{n=1}^{\infty} \dfrac{1}{a_n}$의 값은?

① 1　　　　② 2　　　　③ 3

④ 4　　　　⑤ 5

008
2024학년도 평가원 9월

공차가 양수인 등차수열 $\{a_n\}$과 등비수열 $\{b_n\}$에 대하여 $a_1 = b_1 = 1$, $a_2 b_2 = 1$이고
$$\sum_{n=1}^{\infty} \left(\dfrac{1}{a_n a_{n+1}} + b_n\right) = 2$$
일 때, $\sum\limits_{n=1}^{\infty} b_n$의 값은?

① $\dfrac{7}{6}$　　　　② $\dfrac{6}{5}$　　　　③ $\dfrac{5}{4}$

④ $\dfrac{4}{3}$　　　　⑤ $\dfrac{3}{2}$

유형 ❶ $\dfrac{\infty}{\infty}$ 꼴의 극한값

유형 및 경향 분석

$\dfrac{\infty}{\infty}$ 꼴은 극한값을 계산하는 문제 중에서 가장 기본인 형태로, $\lim\limits_{n\to\infty}\dfrac{1}{n}=0$임을 이용하기 위하여 분모의 최고차항으로 분자와 분모를 나누어 계산한다. 이와 같은 형태의 극한은 수열의 합, 지수와 로그 등 다른 단원과 통합된 개념을 활용하는 문제로 발전되어 출제될 수 있다.

🔖 실전 가이드

$\dfrac{\infty}{\infty}$ 꼴의 극한값은 분모의 최고차항으로 분자와 분모를 나눈 후, $\lim\limits_{n\to\infty}\dfrac{1}{n}=0$임을 이용하여 다음과 같이 계산한다.

(1) (분모의 차수) > (분자의 차수) : 0으로 수렴

(2) (분모의 차수) = (분자의 차수) : $\dfrac{(분자의\ 최고차항의\ 계수)}{(분모의\ 최고차항의\ 계수)}$로 수렴

(3) (분모의 차수) < (분자의 차수) : 발산

009 | 대표 유형 |

2022년 시행 교육청 3월

첫째항이 1인 두 수열 $\{a_n\}$, $\{b_n\}$이 모든 자연수 n에 대하여

$$a_{n+1}-a_n=3,\ \sum_{k=1}^{n}\dfrac{1}{b_k}=n^2$$

을 만족시킬 때, $\lim\limits_{n\to\infty}a_nb_n$의 값은?

① $\dfrac{7}{6}$　　② $\dfrac{4}{3}$　　③ $\dfrac{3}{2}$

④ $\dfrac{5}{3}$　　⑤ $\dfrac{11}{6}$

010

$\lim\limits_{n\to\infty}\dfrac{(2n-1)^3}{1^2+2^2+3^2+\cdots+n^2}$의 값을 구하시오.

011

$\lim\limits_{n\to\infty}\dfrac{an^2+bn+1}{3n-2}=2$를 만족시키는 두 상수 a, b에 대하여 a^2+b^2의 값은?

① 32　　② 33　　③ 34

④ 35　　⑤ 36

012

자연수 n에 대하여 x에 대한 이차방정식

$$(n+1)x^2+(3n^2-1)x+2n^2-3n+2=0$$

의 두 근을 a_n, b_n이라 할 때, $\lim\limits_{n\to\infty}\left(\dfrac{1}{a_n}+\dfrac{1}{b_n}\right)$의 값은?

① -3　　② -2　　③ $-\dfrac{3}{2}$

④ -1　　⑤ $-\dfrac{2}{3}$

유형 2 ∞ − ∞ 꼴의 극한값

유형 및 경향 분석

근호를 포함하는 ∞ − ∞ 꼴의 극한은 유리화를 이용하여 $\frac{\infty}{\infty}$ 꼴의 극한으로 변형시켜 극한값을 구한다. 이와 같은 형태의 극한은 함수의 그래프나 도형을 이용하는 극한값의 계산에도 자주 출제되므로 다양한 유형의 극한값을 계산하는 방법을 익혀 두어야 한다.

실전 가이드

∞ − ∞ 꼴의 극한값은 다음과 같이 계산한다.
(1) 무리식의 극한 : 근호가 있는 쪽을 유리화한다.
(2) 다항식의 극한 : 최고차항으로 묶는다.

---

013 | 대표 유형 |

2022년 시행 교육청 3월

$\lim\limits_{n\to\infty}(\sqrt{an^2+n}-\sqrt{an^2-an})=\dfrac{5}{4}$ 를 만족시키는 모든 양수 a의 값의 합은?

① $\dfrac{7}{2}$ ② $\dfrac{15}{4}$ ③ 4

④ $\dfrac{17}{4}$ ⑤ $\dfrac{9}{2}$

014

자연수 n에 대하여 $\sqrt{n^2+2n}$ 의 소수 부분을 a_n이라 할 때, $\lim\limits_{n\to\infty}a_n$의 값은?

① 0   ② $\dfrac{1}{2}$ ③ $\dfrac{\sqrt{2}}{2}$

④ 1   ⑤ $\sqrt{2}$

015

자연수 n에 대하여
$$S_n=1+2+3+\cdots+n,$$
$$T_n=1+3+5+\cdots+(2n-1)$$
이라 할 때, $\lim\limits_{n\to\infty}(\sqrt{2S_n}-\sqrt{T_n})=\dfrac{q}{p}$이다. $p+q$의 값을 구하시오. (단, p와 q는 서로소인 자연수이다.)

016

$\lim\limits_{n\to\infty}\dfrac{\sqrt{n^3+n-3}-\sqrt{n^3-1}}{n^k}=\alpha\ (\alpha\neq0)$일 때, $k+\alpha$의 값은?

① -1 ② $-\dfrac{1}{2}$ ③ 0

④ $\dfrac{1}{2}$ ⑤ 1

유형 ③ 수열의 극한에 대한 성질

유형 및 경향 분석

수렴하는 수열의 극한에 대한 기본 성질을 이용하거나 수열의 극한의 대소
관계를 이용하여 극한값을 구하는 문제가 출제된다.

📖 실전 가이드

(1) 수렴하는 수열이 조건으로 주어진 경우에는 극한을 모르는 수열을 주어진 수
렴하는 수열을 이용하여 나타내어 극한을 구한다.

(2) 수열 $\{a_n\}$이 α로 수렴하면 수열 $\{a_{2n}\}$, $\{a_{2n-1}\}$이 모두 α로 수렴한다. 또한,
역도 성립한다. 그러나 수열 $\{a_{2n}\}$, $\{a_{2n-1}\}$이 같은 값으로 수렴하지 않으면
수열 $\{a_n\}$은 발산한다.

(3) α, β가 상수일 때

① 모든 자연수 n에 대하여 $a_n < b_n$이고
$\lim\limits_{n \to \infty} a_n = \alpha$, $\lim\limits_{n \to \infty} b_n = \beta$이면 $\alpha \le \beta$이다.

② 모든 자연수 n에 대하여 $a_n < c_n < b_n$이고
$\lim\limits_{n \to \infty} a_n = \lim\limits_{n \to \infty} b_n = \alpha$이면 $\lim\limits_{n \to \infty} c_n = \alpha$이다.

017 | 대표 유형 |

2023년 시행 교육청 3월

등차수열 $\{a_n\}$에 대하여

$$\lim_{n \to \infty} \frac{a_{2n} - 6n}{a_n + 5} = 4$$

일 때, $a_2 - a_1$의 값은?

① -1 ② -2 ③ -3
④ -4 ⑤ -5

018

수열 $\{a_n\}$에 대하여 $\lim\limits_{n \to \infty} \dfrac{a_n}{\sqrt{n^2 + 1}} = \dfrac{3}{4}$일 때, $\lim\limits_{n \to \infty} \dfrac{3n - 4}{a_n}$의
값은?

① 1   ② 2   ③ 3
④ 4   ⑤ 5

019

수렴하는 수열 $\{a_n\}$에 대하여 $\lim\limits_{n \to \infty} \dfrac{2a_n + 4}{a_n - 3} = \dfrac{3}{4}$일 때,
$\lim\limits_{n \to \infty} a_n$의 값은?

① -1 ② -2 ③ -3
④ -4 ⑤ -5

020

두 수열 $\{a_n\}$, $\{b_n\}$에 대하여

$$\lim_{n \to \infty} (a_n - 4) = 1, \ \lim_{n \to \infty} (b_n + 3) = 5$$

일 때, $\lim\limits_{n \to \infty} (3a_n - 2b_n)$의 값은?

① 11   ② 12   ③ 13
④ 14   ⑤ 15

021

두 수열 $\{a_n\}$, $\{b_n\}$에 대하여

$$\lim_{n\to\infty}\frac{a_n}{2n+1}=3,\ \lim_{n\to\infty}\frac{b_n}{3n+2}=4$$

일 때, $\lim_{n\to\infty}\frac{a_nb_n}{2n^2}$의 값을 구하시오.

022

수열 $\{a_n\}$에 대하여 $\lim_{n\to\infty}\frac{a_n-4}{2}=3$일 때, $\lim_{n\to\infty}\frac{na_n+3}{a_n-2n}$의 값은?

① -1 ② -2 ③ -3
④ -4 ⑤ -5

023

모든 자연수 n에 대하여 수열 $\{a_n\}$이

$$\sqrt{4n^2-2n}<na_n<\sqrt{4n^2+2n}$$

을 만족시킬 때, $\lim_{n\to\infty}\frac{2na_n-a_n}{3n+4}$의 값은?

① 0 ② $\frac{1}{3}$ ③ $\frac{2}{3}$
④ 1 ⑤ $\frac{4}{3}$

024

수열 $\{a_n\}$이 모든 자연수 n에 대하여 $|a_n-3n^2|<1$을 만족시킬 때, $\lim_{n\to\infty}\frac{a_{2n}}{2n^2+3}$의 값은?

① 2 ② 3 ③ 4
④ 5 ⑤ 6

025

수열 $\{a_n\}$이 모든 자연수 n에 대하여

$$2a_n^2 < 4na_n + 3n - 2n^2$$

을 만족시킬 때, $\lim\limits_{n\to\infty} \dfrac{a_n + 4n}{n-1}$의 값은?

① 1   ② 2   ③ 3

④ 4   ⑤ 5

유형 4 등비수열의 수렴, 발산

유형 및 경향 분석

등비수열의 극한은 극한값을 계산하는 문제와 등비수열이 수렴하기 위한 조건을 구하는 문제가 자주 출제된다.

실전 가이드

등비수열의 수렴, 발산에 대한 문제는 구하는 것에 따라 다음과 같은 방법으로 푼다.

(1) 수렴하는 조건을 구하는 문제
   ➡ 수열 $\{r^n\}$이 수렴할 조건은 $-1 < r \le 1$이고, 수열 $\{ar^{n-1}\}$이 수렴할 조건은 $a=0$ 또는 $-1 < r \le 1$임을 이용한다.

(2) $\dfrac{a^n + b^n}{c^n + d^n}$ 꼴의 극한값을 계산하는 문제
   ➡ 분모의 밑이 가장 큰 항으로 분모와 분자를 나눈다.

(3) r^n을 포함한 식의 극한값을 계산하는 문제
   ➡ $|r| < 1$, $r=1$, $r=-1$, $|r| > 1$의 네 가지 경우로 나누어 푼다.

026 | 대표 유형 |

2021학년도 평가원 6월

함수

$$f(x) = \lim_{n\to\infty} \frac{2 \times \left(\dfrac{x}{4}\right)^{2n+1} - 1}{\left(\dfrac{x}{4}\right)^{2n} + 3}$$

에 대하여 $f(k) = -\dfrac{1}{3}$을 만족시키는 정수 k의 개수는?

① 5   ② 7   ③ 9

④ 11   ⑤ 13

027

함수 $f(x) = \lim\limits_{n\to\infty} \dfrac{x^{n+2} + 2^{n+1}}{x^n + 2^{n-1}}$일 때, $f\left(\dfrac{1}{3}\right) + f(3)$의 값을 구하시오.

028

두 상수 a, b에 대하여 $\lim\limits_{n \to \infty} \dfrac{b \times 4^n - 3^{n+1}}{a \times 3^n + 2^n} = 6$일 때, $a+b$의 값은? (단, $a \neq 0$)

① $-\dfrac{1}{4}$　　　② $-\dfrac{1}{3}$　　　③ $-\dfrac{1}{2}$

④ $-\dfrac{2}{3}$　　　⑤ $-\dfrac{3}{4}$

029

$r > -5$일 때, $\lim\limits_{n \to \infty} \dfrac{3 - 2(r+5)^n}{1 + (r+5)^n}$의 최솟값을 a라 하자.

$\lim\limits_{n \to \infty} \dfrac{8}{\sqrt{n^2 - an} - n}$의 값은?

① 4　　　② 5　　　③ 6

④ 7　　　⑤ 8

유형 5 　좌표평면과 수열의 극한

유형 및 경향 분석

좌표평면에서 도형이나 그래프를 이용하여 극한값을 구하는 문제가 출제된다. 도형이나 그래프를 분석하여 문제 상황에 적합한 수열의 일반항을 구하고, $\dfrac{\infty}{\infty}$ 꼴, $\infty - \infty$ 꼴이나 등비수열로 나타낸 후 극한값을 구한다.

실전 가이드

두 점 사이의 거리, 내분점과 외분점, 원과 직선의 방정식, 도형의 넓이, 함수의 그래프 등을 이용하여 문제에서 요구하는 수열의 일반항을 구한 후 극한값을 구한다.

030 | 대표 유형 |

2020년 시행 교육청 10월

자연수 n에 대하여 좌표평면 위에 두 점 $A_n(n, 0)$, $B_n(n, 3)$이 있다. 점 $P(1, 0)$을 지나고 x축에 수직인 직선이 직선 OB_n과 만나는 점을 C_n이라 할 때, $\lim\limits_{n \to \infty} \dfrac{\overline{PC_n}}{\overline{OB_n} - \overline{OA_n}} = \dfrac{q}{p}$이다. $p+q$의 값을 구하시오.

(단, O는 원점이고, p와 q는 서로소인 자연수이다.)

031

자연수 n에 대하여 이차함수 $f(x)=3x^2$의 그래프 위의 두 점 $P(n, f(n))$과 $Q(n+1, f(n+1))$ 사이의 거리를 a_n이라 할 때, $\lim\limits_{n \to \infty} \dfrac{a_n}{n}$의 값은?

① 2   ② 4   ③ 6

④ 8   ⑤ 10

032

자연수 n에 대하여 두 직선 $3x-y=4^n$, $x-3y=2^n$이 만나는 점의 좌표를 (a_n, b_n)이라 할 때, $\lim\limits_{n \to \infty} \dfrac{b_n}{a_n}$의 값은?

① 1   ② $\dfrac{1}{2}$ ③ $\dfrac{1}{3}$

④ $\dfrac{1}{4}$ ⑤ $\dfrac{1}{5}$

033

두 함수 $f(x)=x^2$ $(x>0)$, $g(x)=(x-1)^2$ $(x>1)$에 대하여 그림과 같이 곡선 $y=f(x)$ 위의 점 $A_1(1, 1)$을 지나고 x축에 평행한 직선이 곡선 $y=g(x)$와 만나는 점을 B_1, 점 B_1을 지나고 y축에 평행한 직선이 곡선 $y=f(x)$와 만나는 점을 A_2, 점 A_2를 지나고 x축에 평행한 직선이 곡선 $y=g(x)$와 만나는 점을 B_2라 하자. 이와 같은 방법으로 곡선 $y=f(x)$ 위에 점 A_1, A_2, A_3, $\cdots$을 정하고, 곡선 $y=g(x)$ 위에 점 B_1, B_2, B_3, $\cdots$을 정한다.

삼각형 $A_nB_nA_{n+1}$의 넓이를 S_n이라 할 때, $\lim\limits_{n \to \infty} \dfrac{S_n}{n}$의 값은?

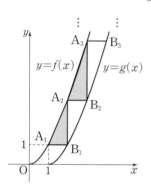

① 0   ② $\dfrac{1}{2}$ ③ 1

④ $\dfrac{3}{2}$ ⑤ 2

034

자연수 n에 대하여 직선 $y=n$이 곡선 $y=\sqrt{3x}$와 만나는 점을 A_n이라 하고, 직선 $y=n$이 곡선 $y=\sqrt{x-1}$과 만나는 점을 B_n이라 하자. 선분 A_nB_n의 길이를 a_n이라 할 때, $\displaystyle\lim_{n\to\infty}\frac{a_{n+1}-a_n}{3n-1}$의 값은?

① $\dfrac{1}{9}$ ② $\dfrac{2}{9}$ ③ $\dfrac{1}{3}$

④ $\dfrac{4}{9}$ ⑤ $\dfrac{5}{9}$

035

그림과 같이 자연수 n에 대하여 원 $x^2+y^2=(n+1)^2$이 직선 $x=-1$과 제2사분면에서 만나는 점을 A_n이라 하고, 원 $x^2+y^2=(n+2)^2$이 직선 $x=2$와 제1사분면에서 만나는 점을 B_{n+1}이라 하자. 두 점 A_n, B_{n+1}을 지나는 직선의 기울기를 a_n이라 할 때, $\displaystyle\lim_{n\to\infty}a_n$의 값은?

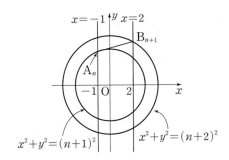

① $\dfrac{1}{3}$ ② $\dfrac{1}{2}$ ③ $\dfrac{\sqrt{3}}{3}$

④ $\dfrac{\sqrt{2}}{2}$ ⑤ 1

036

그림과 같이 자연수 n에 대하여 두 점 $A_n(2^{-n},\,n)$, $B_n(3^n,\,n)$을 지나고 y축에 접하는 두 원의 중심 사이의 거리를 a_n이라 할 때, $\displaystyle\lim_{n\to\infty}\frac{2^n\times a_n^2}{3^n+2^n}$의 값은?

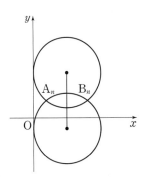

① 2 ② 4 ③ 6

④ 8 ⑤ 10

유형 **6** 급수의 수렴과 발산

유형 및 경향 분석

급수 $\sum\limits_{n=1}^{\infty} a_n$은 부분합 $S_n = \sum\limits_{k=1}^{n} a_k$의 극한으로 계산한다. 이때 부분분수를 이용하여 급수를 계산하는 문제가 출제된다.

실전 가이드

급수 $\sum\limits_{n=1}^{\infty} a_n$의 부분합을 $S_n = \sum\limits_{k=1}^{n} a_k$라 할 때

(1) $\lim\limits_{m\to\infty} S_{2m} = \lim\limits_{m\to\infty} S_{2m-1} = A$이면 급수 $\sum\limits_{n=1}^{\infty} a_n$은 수렴하고 그 합은 A이다.

(2) $\lim\limits_{m\to\infty} S_{2m} \neq \lim\limits_{m\to\infty} S_{2m-1}$이면 급수는 발산하고 그 합은 없다.

037 | 대표 유형 |
2022년 시행 교육청 4월

자연수 n에 대하여 곡선 $y = x^2 - 2nx - 2n$이 직선 $y = x + 1$과 만나는 두 점을 각각 P_n, Q_n이라 하자. 선분 P_nQ_n을 대각선으로 하는 정사각형의 넓이를 a_n이라 할 때, $\sum\limits_{n=1}^{\infty} \dfrac{1}{a_n}$의 값은?

① $\dfrac{1}{10}$ ② $\dfrac{2}{15}$ ③ $\dfrac{1}{6}$

④ $\dfrac{1}{5}$ ⑤ $\dfrac{7}{30}$

038

수열 $\{a_n\}$에 대하여 $a_1 = 1$, $a_2 = 2$이고 $\lim\limits_{n\to\infty} a_n = 5$일 때, $\sum\limits_{n=1}^{\infty} (a_{n+2} - a_n)$의 값을 구하시오.

039

수열 $\{a_n\}$의 첫째항부터 제n항까지의 합 S_n이 $S_n = \dfrac{1}{3}(n^3 + 3n^2 + 2n)$일 때, $\sum\limits_{n=1}^{\infty} \dfrac{1}{a_n}$의 값은?

① $\dfrac{1}{3}$ ② $\dfrac{2}{3}$ ③ 1

④ $\dfrac{4}{3}$ ⑤ $\dfrac{5}{3}$

040

자연수 n에 대하여 다항식 $x^2 + 2x - 3$을 $x - 2n$으로 나누었을 때의 나머지를 a_n이라 할 때, $\sum\limits_{n=1}^{\infty} \dfrac{12}{a_n}$의 값은?

① 3 ② 4 ③ 5

④ 6 ⑤ 7

041

그림과 같이 좌표평면 위의 원점 O에서 중심이 $C(n+2, n)$ 이고 반지름의 길이가 2인 원에 그은 두 접선의 접점을 각각 A, B라 하자. 사각형 OACB의 넓이를 a_n이라 할 때, $\sum_{n=1}^{\infty} \dfrac{64}{a_n^2}$ 의 값은?

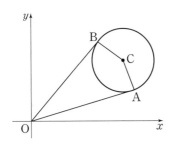

① 2   ② 4   ③ 6
④ 8   ⑤ 10

유형 7 급수와 수열의 극한 사이의 관계

유형 및 경향 분석

급수와 수열의 극한 사이의 관계를 이용하는 문제가 자주 출제되고 있다. 수열의 성질과 연관된 급수의 성질을 묻는 합답형 문제가 출제될 수 있으므로 관련된 내용을 잘 이해하고 있어야 한다.

실전 가이드

(1) 급수의 합이 조건으로 주어진 문제는

$\sum_{n=1}^{\infty} a_n$이 수렴하면 $\lim_{n \to \infty} a_n = 0$임을 이용하여 수열의 극한을 구한다.

(2) $\lim_{n \to \infty} a_n \neq 0$이면 $\sum_{n=1}^{\infty} a_n$은 발산한다.

042 | 대표 유형 |

2023년 시행 교육청 4월

수열 $\{a_n\}$에 대하여 급수 $\sum_{n=1}^{\infty} \left(a_n - \dfrac{2^{n+1}}{2^n+1} \right)$이 수렴할 때,

$\lim_{n \to \infty} \dfrac{2^n \times a_n + 5 \times 2^{n+1}}{2^n+3}$의 값은?

① 6   ② 8   ③ 10
④ 12   ⑤ 14

043

두 수열 $\{a_n\}$, $\{b_n\}$에 대하여 $\sum_{n=1}^{\infty}(a_n+3)=4$, $\sum_{n=1}^{\infty} b_n = -3$일 때, $\lim_{n \to \infty} \dfrac{24a_n + 3b_n}{a_n - b_n}$ 의 값을 구하시오.

044

수열 $\{a_n\}$에 대하여 $\sum\limits_{n=1}^{\infty}\left(\dfrac{a_n}{n}-2\right)=1$일 때, $\lim\limits_{n\to\infty}\dfrac{a_n+4n-1}{2a_n-n+3}$의 값은?

① 1   ② 2   ③ 3

④ 4   ⑤ 5

045

수열 $\{a_n\}$의 첫째항부터 제n항까지의 합 S_n에 대하여 $\lim\limits_{n\to\infty}S_n=3$일 때, $20\lim\limits_{n\to\infty}\left(\dfrac{S_{n-1}\times S_{n+1}}{S_n}+3a_n\right)$의 값을 구하시오.

046

수열 $\{a_n\}$의 첫째항부터 제n항까지의 합을 S_n이라 할 때, 모든 자연수 n에 대하여

$$S_{2n-1}+S_{2n}=1+a_n+\dfrac{1}{n}$$

이 성립한다. 급수 $\sum\limits_{n=1}^{\infty}a_n$이 k로 수렴할 때, $100k$의 값을 구하시오.

047

수열 $\{a_n\}$에 대하여

$$\sum_{n=1}^{\infty}\dfrac{(a_n-3)n^2+a_n+1}{n^2+2}=1$$

이 성립할 때, $\lim\limits_{n\to\infty}(a_n^2+a_n)$의 값은?

① 11   ② 12   ③ 13

④ 14   ⑤ 15

048

첫째항이 2인 등차수열 $\{a_n\}$에 대하여 급수

$$\sum_{n=1}^{\infty}\left(\frac{a_n}{n}-\frac{3n+2}{n+1}\right)$$

가 실수 S에 수렴할 때, S의 값은?

① -1 ② -2 ③ -3

④ -4 ⑤ -5

유형 8   등비급수

유형 및 경향 분석

등비급수는 그 합을 계산하는 문제와 등비급수의 수렴 조건과 성질을 이용하는 문제가 출제된다. 특히, 등비급수가 수렴하는 조건과 등비수열이 수렴하는 조건의 차이를 정확하게 알고 있어야 한다.

실전 가이드

(1) 등비급수 $\sum_{n=1}^{\infty} ar^{n-1}$의 수렴과 발산

   ① $a=0$일 때, 수렴하고 그 합은 0이다.

   ② $-1<r<1$일 때, 수렴하고 그 합은 $\dfrac{a}{1-r}$이다.

   ③ $r\leq-1$, $r\geq1$일 때, 발산한다.

(2) 등비수열과 등비급수의 수렴 조건의 차이

   ① 등비수열 $\{ar^{n-1}\}$의 수렴 조건 : $a=0$ 또는 $-1<r\leq1$

   ② 등비급수 $\sum_{n=1}^{\infty} ar^{n-1}$의 수렴 조건 : $a=0$ 또는 $-1<r<1$

---

049 | 대표 유형 |

2022학년도 수능

등비수열 $\{a_n\}$에 대하여

$$\sum_{n=1}^{\infty}(a_{2n-1}-a_{2n})=3, \quad \sum_{n=1}^{\infty}a_n^{\,2}=6$$

일 때, $\sum_{n=1}^{\infty}a_n$의 값은?

① 1 ② 2 ③ 3

④ 4 ⑤ 5

050

등비수열 $\{a_n\}$에 대하여 $a_2=-4$, $\sum\limits_{n=1}^{\infty} a_n=\dfrac{16}{3}$일 때, 등비수열 $\{a_n\}$의 첫째항과 공비의 합은?

① $\dfrac{15}{2}$ ② $\dfrac{17}{2}$ ③ $\dfrac{19}{2}$

④ $\dfrac{21}{2}$ ⑤ $\dfrac{23}{2}$

051

수열 $\{a_n\}$의 첫째항부터 제n항까지의 합 S_n에 대하여 $S_n=2-\dfrac{1}{2\times 3^{n-1}}$일 때, $\sum\limits_{n=1}^{\infty} a_{2n-1}$의 값은?

① $\dfrac{7}{8}$ ② $\dfrac{9}{8}$ ③ $\dfrac{11}{8}$

④ $\dfrac{13}{8}$ ⑤ $\dfrac{15}{8}$

052

n이 자연수일 때, 5^n 이하의 자연수 중에서 5^n과 서로소인 자연수의 개수를 a_n이라 하자. $\sum\limits_{n=1}^{\infty} \dfrac{1}{a_n}=\dfrac{q}{p}$일 때, $p+q$의 값을 구하시오. (단, p와 q는 서로소인 자연수이다.)

053

수열 $\{a_n\}$에 대하여 $a_n = \dfrac{a}{2} \times \left(\dfrac{r}{2}\right)^{n-1}$일 때, 두 급수 $\sum\limits_{n=1}^{\infty} a_n$, $\sum\limits_{n=1}^{\infty} a_n{}^2$이 같은 값으로 수렴하도록 하는 모든 정수 a의 값의 합을 구하시오. (단, $a \neq 0$)

054

원 $x^2 + y^2 = \dfrac{1}{4^n}$에 접하고 기울기가 $\sqrt{2}$인 직선이 x축, y축과 만나는 점을 각각 A_n, B_n이라 하고, 삼각형 OA_nB_n의 넓이를 S_n이라 할 때, $\sum\limits_{n=1}^{\infty} S_n$의 값은? (단, O는 원점이다.)

① $\dfrac{\sqrt{2}}{2}$ ② $\dfrac{\sqrt{2}}{3}$ ③ $\dfrac{\sqrt{2}}{4}$

④ $\dfrac{\sqrt{2}}{5}$ ⑤ $\dfrac{\sqrt{2}}{6}$

055

등비급수 $\sum\limits_{n=1}^{\infty} a_n$에 대하여 $\sum\limits_{n=1}^{\infty} a_n = \dfrac{2}{3}$, $\sum\limits_{n=1}^{\infty} |a_n| = 2$일 때, $\sum\limits_{n=1}^{\infty} a_n{}^2$의 값은?

① $\dfrac{2}{3}$ ② $\dfrac{3}{4}$ ③ $\dfrac{5}{4}$

④ $\dfrac{4}{3}$ ⑤ $\dfrac{3}{2}$

056

등비수열 $\{a_n\}$의 첫째항부터 제n항까지의 합을 S_n이라 하고 $b_n=a_{n+1}-a_n$이라 할 때, 다음 조건을 만족시킨다.

> (가) $\displaystyle\lim_{n\to\infty}\frac{b_n}{a_n}=-\frac{1}{3}$
>
> (나) $\displaystyle\lim_{n\to\infty}S_n=9$

a_2의 값은?

① 1 ② 2 ③ 3

④ 4 ⑤ 5

057

자연수 n에 대하여 5^n+2를 6으로 나누었을 때의 나머지를 r_n이라 할 때, $\displaystyle\sum_{n=1}^{\infty}\frac{r_n}{6^n}$의 값은?

① $\dfrac{1}{5}$ ② $\dfrac{9}{35}$ ③ $\dfrac{11}{35}$

④ $\dfrac{13}{35}$ ⑤ $\dfrac{3}{7}$

058

자연수 n에 대하여 이차함수 $y=9^n x^2-(3^n+2)x+\dfrac{1}{9^n}$의 그래프가 x축과 만나는 두 점 사이의 거리를 l_n이라 할 때, $\displaystyle\sum_{n=1}^{\infty}l_n^{\,2}=\frac{q}{p}$이다. $p+q$의 값을 구하시오.

(단, p와 q는 서로소인 자연수이다.)

059

첫째항이 0이 아닌 등비수열 $\{a_n\}$이 다음 조건을 만족시킨다.

(가) $\sum_{n=1}^{\infty} a_n = 2(a_1 + a_2)$

(나) $\sum_{n=1}^{\infty} a_n^2 = 2(a_1 + a_3)$

$\sum_{n=1}^{\infty} a_{2n-1}$의 값은?

① 2

② $\dfrac{5}{2}$

③ 3

④ $\dfrac{7}{2}$

⑤ 4

유형 ⑨ 도형과 등비급수

유형 및 경향 분석

도형과 관련된 등비급수 문제는 도형의 길이나 넓이를 구하는 문제, 좌표를 구하는 문제 등으로 출제된다. 다양한 유형의 문제에서 첫째항을 구하고 닮음을 이용하여 공비를 구하는 연습을 해야 한다.

🔲 실전 가이드

도형으로 주어진 등비급수 문제는 다음과 같은 순서로 푼다.
❶ 주어진 도형을 이용하여 첫째항과 둘째항, 셋째항, …을 구한다.
❷ ❶에서 구한 처음 몇 개의 항들 사이의 규칙을 이용하여 공비를 찾거나 도형의 닮음을 이용하여 공비를 찾는다.
❸ 등비급수의 합의 공식 $\dfrac{a}{1-r}$ $(-1 < r < 1)$에 대입한다.

060 | 대표 유형 |

2023학년도 수능

그림과 같이 중심이 O, 반지름의 길이가 1이고 중심각의 크기가 $\dfrac{\pi}{2}$인 부채꼴 OA_1B_1이 있다. 호 A_1B_1 위에 점 P_1, 선분 OA_1 위에 점 C_1, 선분 OB_1 위에 점 D_1을 사각형 $OC_1P_1D_1$이 $\overline{OC_1} : \overline{OD_1} = 3 : 4$인 직사각형이 되도록 잡는다. 부채꼴 OA_1B_1의 내부에 점 Q_1을 $\overline{P_1Q_1} = \overline{A_1Q_1}$, $\angle P_1Q_1A_1 = \dfrac{\pi}{2}$가 되도록 잡고, 이등변삼각형 $P_1Q_1A_1$에 색칠하여 얻은 그림을 R_1이라 하자.

그림 R_1에서 선분 OA_1 위의 점 A_2와 선분 OB_1 위의 점 B_2를 $\overline{OQ_1} = \overline{OA_2} = \overline{OB_2}$가 되도록 잡고, 중심이 O, 반지름의 길이가 $\overline{OQ_1}$, 중심각의 크기가 $\dfrac{\pi}{2}$인 부채꼴 OA_2B_2를 그린다.

그림 R_1을 얻은 것과 같은 방법으로 네 점 P_2, C_2, D_2, Q_2를 잡고, 이등변삼각형 $P_2Q_2A_2$에 색칠하여 얻은 그림을 R_2라 하자.

이와 같은 과정을 계속하여 n번째 얻은 그림 R_n에 색칠되어 있는 부분의 넓이를 S_n이라 할 때, $\lim_{n \to \infty} S_n$의 값은?

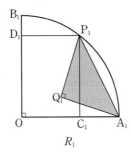 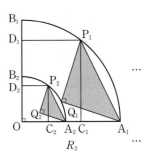

① $\dfrac{9}{40}$

② $\dfrac{1}{4}$

③ $\dfrac{11}{40}$

④ $\dfrac{3}{10}$

⑤ $\dfrac{13}{40}$

061

그림과 같이 $\overline{A_1B_1}=2\sqrt{3}$, $\overline{B_1C_1}=4$인 직사각형 $A_1B_1C_1D_1$에서 선분 B_1C_1을 $1:3$으로 내분하는 점을 B_2라 하고 삼각형 $A_1B_1B_2$를 색칠하여 얻은 그림을 R_1이라 하자.

그림 R_1에서 $\overline{A_2B_2}:\overline{B_2C_2}=\sqrt{3}:2$가 되고 사각형 $A_2B_2C_2D_2$가 직사각형이 되도록 선분 A_1B_2 위에 점 A_2, 선분 C_1D_1 위에 점 C_2, 선분 A_1D_1 위에 점 D_2를 잡고 직사각형 $A_2B_2C_2D_2$를 그린 후 선분 B_2C_2를 $1:3$으로 내분하는 점을 B_3이라 하고 삼각형 $A_2B_2B_3$을 색칠하여 얻은 그림을 R_2라 하자.

이와 같은 과정을 계속하여 n번째 얻은 그림 R_n에 색칠되어 있는 부분의 넓이를 S_n이라 할 때, $\lim\limits_{n\to\infty} S_n=\dfrac{q\sqrt{3}}{p}$이다. $p+q$의 값을 구하시오. (단, p와 q는 서로소인 자연수이다.)

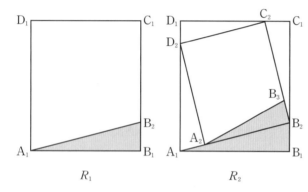

R_1 R_2

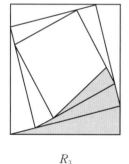

R_3 $\cdots$

062

$\overline{A_0B_0}:\overline{B_0C_0}=1:2$인 직각삼각형 $A_0B_0C_0$이 있다.

세 선분 A_0B_0, B_0C_0, C_0A_0 위에 세 점 A_1, B_1, C_1을 사각형 $A_1B_0B_1C_1$이 정사각형이 되도록 잡고, 이 정사각형의 넓이를 S_1이라 하자.

정사각형 $A_1B_0B_1C_1$의 한 변 C_1B_1과 두 선분 B_1C_0, C_0C_1 위에 세 점 A_2, B_2, C_2를 사각형 $A_2B_1B_2C_2$가 정사각형이 되도록 잡고, 이 정사각형의 넓이를 S_2라 하자.

정사각형 $A_2B_1B_2C_2$의 한 변 C_2B_2와 두 선분 B_2C_0, C_0C_2 위에 세 점 A_3, B_3, C_3을 사각형 $A_3B_2B_3C_3$이 정사각형이 되도록 잡고, 이 정사각형의 넓이를 S_3이라 하자.

이와 같은 과정을 계속하여 얻은 정사각형 $A_nB_{n-1}B_nC_n$의 넓이를 S_n이라 할 때, $\sum\limits_{n=1}^{\infty} S_n=\dfrac{144}{5}$이다. $\overline{A_0B_0}+\overline{B_0C_0}$의 값을 구하시오.

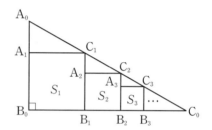

063

그림과 같이 반지름의 길이가 1인 반원에 내접하고 반원의 지름을 빗변으로 하는 이등변삼각형을 그린 후, 반원의 내부와 이등변삼각형의 외부의 공통부분을 색칠하여 얻은 그림을 R_1이라 하자.

그림 R_1에서 지름이 이등변삼각형의 빗변 위에 놓이고, 이등변삼각형에 내접하면서 합동인 두 반원을 서로 외접하도록 그린다. 이때 그림 R_1을 그릴 때와 같은 방법으로 두 반원에 내접하는 이등변삼각형을 그리고 반원의 내부와 이등변삼각형의 외부의 공통부분을 각각 색칠하여 얻은 그림을 R_2라 하자.

이와 같은 과정을 계속하여 n번째 얻은 그림 R_n에 색칠되어 있는 부분의 넓이를 S_n이라 할 때, $\dfrac{14}{\pi-2} \times \lim\limits_{n \to \infty} S_n$의 값은?

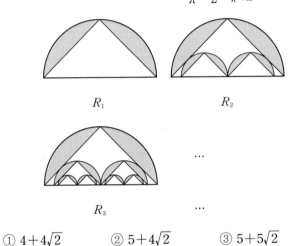

R_1

R_2

R_3

...

...

① $4+4\sqrt{2}$
② $5+4\sqrt{2}$
③ $5+5\sqrt{2}$
④ $6+5\sqrt{2}$
⑤ $6+6\sqrt{2}$

064

그림과 같이 $\overline{A_1B_1}=\overline{A_1C_1}=10$, $\overline{B_1C_1}=12$인 삼각형 $A_1B_1C_1$에 내접하는 원 O_1이 있다. 한 변이 선분 B_1C_1에 평행하고 원 O_1에 내접하는 정삼각형을 그린 후 원 O_1의 내부와 정삼각형의 외부의 공통부분에 색칠하여 얻은 그림을 R_1이라 하자.

선분 B_1C_1에 평행하고 원 O_1에 접하는 직선이 두 선분 A_1B_1, A_1C_1과 만나는 점을 각각 B_2, C_2라 하고, 삼각형 $A_1B_2C_2$에 내접하는 원 O_2를 그린다. 한 변이 선분 B_2C_2에 평행하고 원 O_2에 내접하는 정삼각형을 그린 후 원 O_2의 내부와 정삼각형의 외부의 공통부분에 색칠하여 얻은 그림을 R_2라 하자.

이와 같은 과정을 계속하여 n번째 얻은 그림 R_n에 색칠되어 있는 부분의 넓이를 S_n이라 할 때, $\lim\limits_{n \to \infty} S_n = \dfrac{p\pi+q\sqrt{3}}{5}$이다. $p+q$의 값을 구하시오. (단, p와 q는 정수이다.)

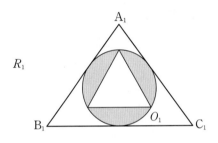

R_1

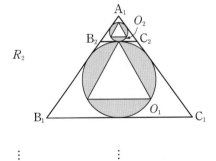

R_2

⋮   ⋮

065

그림과 같이 60°의 각을 이루는 두 반직선 OX, OY에 반지름의 길이가 1인 원 C_1이 접하고 있다. 원 C_1보다 작으면서 원 C_1의 중심을 지나고 두 반직선 OX, OY에 접하는 원을 그리고, 이 원을 C_2라 하자.

원 C_2보다 작으면서 원 C_2의 중심을 지나고 두 반직선 OX, OY에 접하는 원을 그리고, 이 원을 C_3이라 하자.

이와 같은 과정을 계속하여 n번째 얻은 도형에 그려진 모든 원의 넓이의 합을 S_n이라 할 때, $\lim\limits_{n\to\infty} S_n$의 값은?

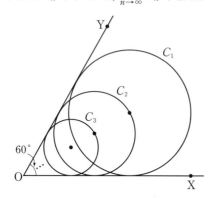

① $\dfrac{8}{5}\pi$ ② $\dfrac{9}{5}\pi$ ③ 2π

④ $\dfrac{11}{5}\pi$ ⑤ $\dfrac{12}{5}\pi$

066

그림과 같이 직선 $y=x$ 위의 점 $A_1(1,\ 1)$에서 x축, y축에 내린 수선의 발을 각각 B_1, C_1이라 할 때, 정사각형 $OB_1A_1C_1$의 내부와 부채꼴 OB_1C_1의 외부의 공통부분을 색칠하여 얻은 그림을 R_1이라 하자.

원점을 중심으로 하고 두 점 B_1, C_1을 지나는 원이 직선 $y=x$와 제1사분면에서 만나는 점을 A_2라 하고 점 A_2에서 x축, y축에 내린 수선의 발을 각각 B_2, C_2라 할 때, 정사각형 $OB_2A_2C_2$의 내부와 부채꼴 OB_2C_2의 외부의 공통부분을 색칠하여 얻은 그림 R_2라 하자.

이와 같은 과정을 계속하여 n번째 얻은 그림 R_n에 색칠되어 있는 부분의 넓이를 S_n이라 할 때, $\lim\limits_{n\to\infty} S_n$의 값은?

(단, O는 원점이다.)

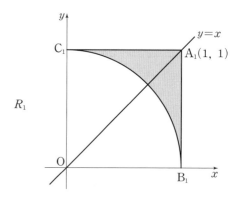

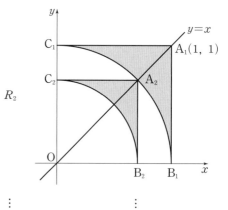

① $2-\dfrac{\pi}{2}$ ② $2-\dfrac{\pi}{3}$ ③ $2-\dfrac{\pi}{4}$

④ $3-\dfrac{\pi}{2}$ ⑤ $3-\dfrac{\pi}{3}$

067

같은 크기의 공을 [그림 1]과 같이 정삼각뿔 모양으로 쌓아 올려 바닥면에 놓인 정삼각형의 한 변에 놓인 공의 개수가 n일 때, 정삼각뿔을 이루는 모든 공의 개수를 T_n이라 하자. 또한, 이 공을 [그림 2]와 같이 정사각뿔 모양으로 쌓아 올려 바닥면에 놓인 정사각형의 한 변에 놓인 공의 개수가 n일 때, 정사각뿔을 이루는 모든 공의 개수를 R_n이라 하자. $\lim\limits_{n\to\infty}\dfrac{R_n}{T_n}$의 값은?

[그림 1]

[그림 2]

① 1　　② $\dfrac{4}{3}$　　③ $\dfrac{3}{2}$　　④ $\dfrac{5}{3}$　　⑤ 2

해결 전략

Step ❶ 수열 $\{T_n\}$의 식 구하기

Step ❷ 수열 $\{R_n\}$의 식 구하기

Step ❸ Step ❶, ❷에서 구한 식을 이용하여 $\lim\limits_{n\to\infty}\dfrac{R_n}{T_n}$의 값 구하기

068

다음 조건을 만족시키는 수열 $\{a_n\}$이 있다.

(가) 모든 자연수 n에 대하여 $a_n>0$, $2a_{n+1}=a_n+a_{n+2}$이다.

(나) $\lim\limits_{n\to\infty}\dfrac{a_n}{n}=4$

수열 $\{a_n\}$의 첫째항부터 제n항까지의 합을 S_n이라 할 때, $\lim\limits_{n\to\infty}(\sqrt{S_{n+1}}-\sqrt{S_n})$의 값은?

① $\dfrac{\sqrt{2}}{4}$　　② $\dfrac{\sqrt{2}}{2}$　　③ $\sqrt{2}$　　④ $2\sqrt{2}$　　⑤ $4\sqrt{2}$

해결 전략

Step ❶ 조건 (가)를 이용하여 수열 $\{a_n\}$이 등차수열임을 확인하기

Step ❷ 조건 (나)를 이용하여 등차수열 $\{a_n\}$의 공차 구하기

Step ❸ 등차수열 $\{a_n\}$의 일반항과 합 S_n을 이용하여 $\lim\limits_{n\to\infty}(\sqrt{S_{n+1}}-\sqrt{S_n})$의 값 구하기

069

모든 항이 양수인 두 수열 $\{a_n\}$, $\{b_n\}$이 다음 조건을 만족시킨다.

> (가) $\displaystyle\lim_{n\to\infty}\frac{a_n}{n}=\frac{3}{5}$
>
> (나) $\dfrac{5n^2-n}{2n+1}<a_n+b_n<\dfrac{5n^2+n}{2n-1}$ $(n=1, 2, 3, \cdots)$

$\displaystyle\lim_{n\to\infty}\frac{b_n}{a_n}$의 값은?

① $\dfrac{11}{6}$ ② $\dfrac{13}{6}$ ③ $\dfrac{17}{6}$ ④ $\dfrac{19}{6}$ ⑤ $\dfrac{23}{6}$

해결 전략

Step ❶ 조건 (가)를 이용할 수 있도록 조건 (나)의 식 변형하기

Step ❷ Step ❶에서 변형한 식과 조건 (가)를 이용하여 $\displaystyle\lim_{n\to\infty}\frac{b_n}{n}$의 값 구하기

Step ❸ 조건 (가)와 $\displaystyle\lim_{n\to\infty}\frac{b_n}{n}$의 값을 이용하여 $\displaystyle\lim_{n\to\infty}\frac{b_n}{a_n}$의 값 구하기

070

좌표평면 위의 원점 O와 두 점 $A_n\left(\dfrac{12}{n+1}, 0\right)$, $B_n\left(\dfrac{6}{n}, \dfrac{18}{n+2}\right)$에 대하여 삼각형 OA_nB_n의 넓이를 S_n이라 하자. $S_n<1$을 만족시키는 자연수 n의 최솟값을 m이라 할 때, $\displaystyle\sum_{n=m}^{\infty} S_n$의 값은?

① $\dfrac{51}{5}$ ② $\dfrac{52}{5}$ ③ $\dfrac{53}{5}$ ④ $\dfrac{54}{5}$ ⑤ $\dfrac{56}{5}$

해결 전략

Step ❶ 삼각형 OA_nB_n의 넓이 S_n의 식 구하기

Step ❷ $S_n<1$을 만족시키는 자연수 n의 최솟값 구하기

Step ❸ $\displaystyle\sum_{n=m}^{\infty} S_n$의 값 구하기

071

자연수 n에 대하여 좌표평면에서 곡선 $y = \dfrac{1}{nx}$ 위의 한 점 $A_n\left(1, \dfrac{1}{n}\right)$을 지나고 x축에 평행한 직선이 곡선 $y = \dfrac{3n}{x}$과 만나는 점을 B_n, 점 A_n을 지나고 y축에 평행한 직선이 곡선 $y = \dfrac{3n}{x}$과 만나는 점을 C_n이라 하자. 삼각형 $A_n B_n C_n$의 넓이를 S_n, 삼각형 $A_n B_n C_n$의 무게중심을 $G_n(x_n, y_n)$이라 할 때, $\lim\limits_{n \to \infty} \dfrac{n S_n}{\overline{OG_n}^2}$의 값은? (단, O는 원점이다.)

① 3
② $\dfrac{7}{2}$
③ 4
④ $\dfrac{9}{2}$
⑤ 5

해결 전략

Step ❶ 두 점 B_n, C_n의 좌표를 구하여 삼각형 $A_n B_n C_n$의 넓이 S_n의 식 구하기

Step ❷ 삼각형 $A_n B_n C_n$의 무게중심을 이용하여 $\overline{OG_n}$의 식 구하기

Step ❸ Step ❶, ❷에서 구한 식을 이용하여 $\lim\limits_{n \to \infty} \dfrac{n S_n}{\overline{OG_n}^2}$의 값 구하기

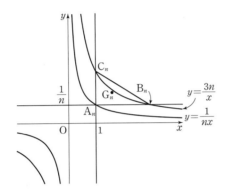

072

그림과 같이 자연수 n에 대하여 빗변인 선분 AC의 길이가 $\sqrt{2}$인 직각이등변삼각형 ABC의 한 변 AB 위에 $\overline{BP_n} = \dfrac{1}{n}$을 만족시키는 점 P_n을 잡고, 선분 AC 위에 $\overline{CQ_n} = \dfrac{1}{n}$을 만족시키는 점 Q_n을 잡는다. 직선 $P_n Q_n$이 선분 BC의 연장선과 만나는 점을 S_n이라 할 때, $\lim\limits_{n \to \infty} \overline{BS_n}$의 값은? (단, $n \geq 2$)

해결 전략

Step ❶ 점 Q_n에서 선분 BS_n에 수선의 발을 내려 닮음인 두 삼각형 구하기

Step ❷ 선분 BS_n의 길이를 n에 대한 식으로 나타내기

Step ❸ $\lim\limits_{n \to \infty} \overline{BS_n}$의 값 구하기

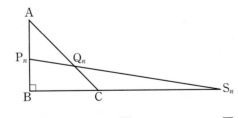

① $2 - \sqrt{2}$
② $1 + \sqrt{2}$
③ $2 + \sqrt{2}$
④ $1 + 2\sqrt{2}$
⑤ $2 + 2\sqrt{2}$

073

함수 $f(x)=\sqrt{10x-9}$에 대하여

$$f_1(x)=f(x),\ f_{n+1}(x)=f(f_n(x))\ (n=1,\ 2,\ 3,\ \cdots)$$

이라 할 때, $\lim\limits_{n\to\infty}f_n(2)+\lim\limits_{n\to\infty}f_n(8)$의 값은?

① 12   ② 14   ③ 16   ④ 18   ⑤ 20

해결 전략

Step ❶ $f_1(2)=a_1$, $f_2(2)=a_2$, $f_3(2)=a_3$, $\cdots$, $f_n(2)=a_n$이라 하고 a_n과 a_{n+1} 사이의 관계식 구하기

Step ❷ 함수 $f(x)=\sqrt{10x-9}$의 그래프를 이용하여 수열 $\{a_n\}$이 수렴함을 알기

Step ❸ $\lim\limits_{n\to\infty}a_n$의 값을 구한 후, 이를 이용하여 $\lim\limits_{n\to\infty}f_n(2)$의 값 구하기

Step ❹ Step ❶, ❷, ❸과 같은 방법을 이용하여 $\lim\limits_{n\to\infty}f_n(8)$의 값 구하기

074

그림과 같이 자연수 n에 대하여 좌표평면 위에 점 $(2n,\ 3n-1)$을 중심으로 하고 원점 O를 지나는 원 C_n이 있다. 점 $\mathrm{A}(0,\ -3)$과 원 C_n의 중심을 지나는 직선이 원 C_n과 만나는 서로 다른 두 점 중 제1사분면 위에 있는 점을 P_n이라 할 때, 선분 AP_n의 길이를 a_n, 원 C_n이 y축과 만나서 생기는 현의 길이를 b_n이라 하자. $\lim\limits_{n\to\infty}\dfrac{b_n}{a_n}=p$일 때, $13p^2$의 값을 구하시오.

해결 전략

Step ❶ 원 C_n의 중심과 점 A의 좌표를 이용하여 선분 AP_n의 길이 a_n의 식 구하기

Step ❷ 원 C_n이 y축과 만나서 생기는 현의 길이 b_n의 식 구하기

Step ❸ Step ❶, ❷에서 구한 식을 이용하여 $\lim\limits_{n\to\infty}\dfrac{b_n}{a_n}$의 값 구하기

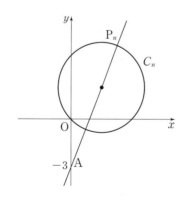

075

그림과 같이 점 $A_1(5, 0)$을 직선 $y=\dfrac{1}{2}x$에 대하여 대칭이동한 점을 B_1이라 하고 점 B_1에서 x축에 내린 수선의 발을 A_2라 하자.

점 A_2를 직선 $y=\dfrac{1}{2}x$에 대하여 대칭이동한 점을 B_2라 하고 점 B_2에서 x축에 내린 수선의 발을 A_3이라 하자.

이와 같은 과정을 계속하여 n번째 얻은 두 점 A_n, B_n에 대하여 점 B_n에서 x축에 내린 수선의 발을 A_{n+1}이라 할 때, $\displaystyle\sum_{n=1}^{\infty}(\overline{A_nB_n}+\overline{B_nA_{n+1}})$의 값은?

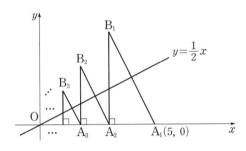

① $4(3+\sqrt{5})$
② $4(1+2\sqrt{5})$
③ $4(2+3\sqrt{5})$
④ $5(2+\sqrt{5})$
⑤ $5(1+2\sqrt{5})$

해결 전략

Step ❶ $B_1(a, b)$라 하고 직선 A_1B_1이 직선 $y=\dfrac{1}{2}x$와 수직임을 이용하여 두 실수 a, b에 대한 관계식 구하기

Step ❷ 선분 A_1B_1의 중점이 직선 $y=\dfrac{1}{2}x$ 위의 점임을 이용하여 두 실수 a, b에 대한 관계식 구하기

Step ❸ Step ❶, ❷의 식을 연립하여 점 B_1의 좌표 구하기

Step ❹ 두 선분 A_1B_1, B_1A_2의 길이를 구한 후, 두 삼각형 OA_1B_1, OA_2B_2가 서로 닮음임을 이용하여 $\overline{A_nB_n}+\overline{B_nA_{n+1}}$을 n에 대한 식으로 나타내기

Step ❺ $\displaystyle\sum_{n=1}^{\infty}(\overline{A_nB_n}+\overline{B_nA_{n+1}})$의 값 구하기

076

두 자연수 a, b에 대하여 $\displaystyle\lim_{n\to\infty}\dfrac{a^{n+1}+b^{n+1}}{a^n+b^n}=4$일 때, 수열 $\left\{\dfrac{(b+1)^n}{a^{2n}}\right\}$이 수렴하도록 하는 자연수 a, b의 순서쌍 (a, b)의 개수는?

① 1
② 3
③ 5
④ 7
⑤ 9

해결 전략

Step ❶ $a>b$일 때, $\displaystyle\lim_{n\to\infty}\dfrac{a^{n+1}+b^{n+1}}{a^n+b^n}=4$를 만족시키는 두 자연수 a, b의 순서쌍 (a, b) 구하기

Step ❷ $a=b$일 때, $\displaystyle\lim_{n\to\infty}\dfrac{a^{n+1}+b^{n+1}}{a^n+b^n}=4$를 만족시키는 두 자연수 a, b의 순서쌍 (a, b) 구하기

Step ❸ $a<b$일 때, $\displaystyle\lim_{n\to\infty}\dfrac{a^{n+1}+b^{n+1}}{a^n+b^n}=4$를 만족시키는 두 자연수 a, b의 순서쌍 (a, b) 구하기

Step ❹ Step ❶, ❷, ❸에서 구한 순서쌍 중 수열 $\left\{\dfrac{(b+1)^n}{a^{2n}}\right\}$이 수렴하도록 하는 순서쌍의 개수 구하기

077

그림과 같이 반지름의 길이가 2인 반원에 내접하는 가장 큰 원을 그리고, 그 원과 외접하고 반원에 내접하는 2개의 반원을 그린 후, 새롭게 그린 원과 반원의 내부에 색칠하여 얻은 그림을 R_1이라 하자.

그림 R_1에서 얻은 2개의 반원의 내부에 그림 R_1을 얻은 것과 같은 방법으로 원과 반원을 그리고, 새롭게 그려진 원과 반원의 내부에서 색을 지워 얻은 그림을 R_2라 하자.

그림 R_2에서 얻은 4개의 반원의 내부에 그림 R_1을 얻은 것과 같은 방법으로 원과 반원을 그리고, 새롭게 그려진 원과 반원의 내부에 색칠하여 얻은 그림을 R_3이라 하자.

이와 같은 과정을 계속하여 n번째 얻은 그림 R_n에 색칠되어 있는 부분의 넓이를 S_n이라 할 때, $\lim\limits_{n\to\infty} S_n$의 값은?

해결 전략

Step ❶ S_1의 값 구하기

Step ❷ 반지름의 길이가 2인 반원과 그림 R_1에서 새로 그린 반원의 닮음비를 이용하여 S_2의 값 구하기

Step ❸ Step ❷와 같은 방법으로 S_3의 값을 구하고 S_n의 식 구하기

Step ❹ $\lim\limits_{n\to\infty} S_n$의 값 구하기

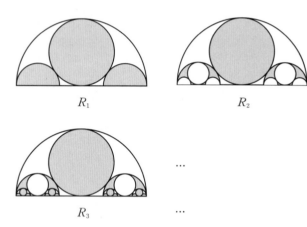

R_1 R_2

R_3 ...

① $\dfrac{13}{11}\pi$ ② $\dfrac{11}{9}\pi$ ③ $\dfrac{9}{7}\pi$ ④ $\dfrac{15}{11}\pi$ ⑤ $\dfrac{13}{7}\pi$

II

미분법

수능 출제 포커스

- 도형의 성질과 삼각함수의 덧셈정리를 이용하여 삼각함수의 극한을 구하는 문제가 출제된다.
- 여러 가지 함수의 미분법을 이용하여 미분계수를 구하거나 도함수의 활용 문제에 다양한 함수의 미분법을 적용하는 문제들이 출제되므로 기본 공식을 정확히 익혀 두어야 한다.
- 주어진 조건으로 그래프의 개형을 유추한 후, 이를 이용하여 푸는 문제들이 출제되므로 함수의 증가와 감소, 극대와 극소, 변곡점 등을 찾는 연습을 충분히 해 두어야 한다.

기출 및 핵심 예상 문제수

기출문제	수능 대비 예상 문제	등급 업 문제	합계
28	92	15	135

II 미분법

1 여러 가지 함수의 미분법

(1) 지수함수와 로그함수의 미분법

① 지수함수와 로그함수의 극한

- $e=\lim\limits_{x\to 0}(1+x)^{\frac{1}{x}}=\lim\limits_{x\to\infty}\left(1+\frac{1}{x}\right)^{x}$

- $a>0$, $a\neq 1$일 때

$$\lim_{x\to 0}\frac{\ln(1+x)}{x}=1,\ \lim_{x\to 0}\frac{\log_a(1+x)}{x}=\frac{1}{\ln a}$$

$$\lim_{x\to 0}\frac{e^x-1}{x}=1,\ \lim_{x\to 0}\frac{a^x-1}{x}=\ln a$$

② 지수함수와 로그함수의 도함수

- $y=e^x \Rightarrow y'=e^x$

- $y=a^x \Rightarrow y'=a^x\ln a$ (단, $a>0$, $a\neq 1$)

- $y=\ln x \Rightarrow y'=\dfrac{1}{x}$

- $y=\log_a x \Rightarrow y'=\dfrac{1}{x\ln a}$ (단, $a>0$, $a\neq 1$)

(2) 삼각함수의 미분법

① 삼각함수의 덧셈정리 (복부호동순)

- $\sin(\alpha\pm\beta)=\sin\alpha\cos\beta\pm\cos\alpha\sin\beta$

- $\cos(\alpha\pm\beta)=\cos\alpha\cos\beta\mp\sin\alpha\sin\beta$

- $\tan(\alpha\pm\beta)=\dfrac{\tan\alpha\pm\tan\beta}{1\mp\tan\alpha\tan\beta}$

② 삼각함수의 극한

x의 단위가 라디안일 때

$$\lim_{x\to 0}\frac{\sin x}{x}=1,\ \lim_{x\to 0}\frac{\tan x}{x}=1$$

③ 삼각함수의 도함수

- $y=\sin x \Rightarrow y'=\cos x$

- $y=\cos x \Rightarrow y'=-\sin x$

2 여러 가지 미분법

(1) 함수의 몫의 미분법

① 두 함수 $f(x)$, $g(x)$ $(g(x)\neq 0)$가 미분가능할 때

- $y=\dfrac{f(x)}{g(x)} \Rightarrow y'=\dfrac{f'(x)g(x)-f(x)g'(x)}{\{g(x)\}^2}$

- $y=\dfrac{1}{g(x)} \Rightarrow y'=-\dfrac{g'(x)}{\{g(x)\}^2}$

② $y=x^n$ (n은 실수) $\Rightarrow y'=nx^{n-1}$

③ - $y=\tan x \Rightarrow y'=\sec^2 x$

- $y=\sec x \Rightarrow y'=\sec x\tan x$

- $y=\csc x \Rightarrow y'=-\csc x\cot x$

- $y=\cot x \Rightarrow y'=-\csc^2 x$

(2) 합성함수의 미분법

두 함수 $y=f(u)$, $u=g(x)$가 미분가능할 때, 합성함수 $y=f(g(x))$의 도함수는

$$\frac{dy}{dx}=\frac{dy}{du}\times\frac{du}{dx}\ \text{또는}\ y'=f'(g(x))g'(x)$$

(3) 매개변수로 나타낸 함수의 미분법

두 함수 $x=f(t)$, $y=g(t)$가 t에 대하여 미분가능할 때

$$\frac{dy}{dx}=\frac{\dfrac{dy}{dt}}{\dfrac{dx}{dt}}=\frac{g'(t)}{f'(t)}\ (\text{단},\ f'(t)\neq 0)$$

(4) 음함수의 미분법

음함수 표현 $f(x,\ y)=0$에서 y를 x에 대한 함수로 보고 각 항을 x에 대하여 미분하여 $\dfrac{dy}{dx}$를 구한다.

(5) 역함수의 미분법

미분가능한 함수 $f(x)$의 역함수 $f^{-1}(x)$가 존재하고 이 역함수가 미분가능할 때, $y=f^{-1}(x)$의 도함수는

$$\frac{dy}{dx}=\frac{1}{\dfrac{dx}{dy}}\ \left(\text{단},\ \frac{dx}{dy}\neq 0\right)$$

$$\text{또는}\ (f^{-1})'(x)=\frac{1}{f'(y)}\ (\text{단},\ f'(y)\neq 0)$$

3 도함수의 활용

(1) 이계도함수를 이용한 함수의 극대와 극소

이계도함수를 갖는 함수 $f(x)$에 대하여 $f'(a)=0$일 때

① $f''(a)<0$이면 함수 $f(x)$는 $x=a$에서 극대

② $f''(a)>0$이면 함수 $f(x)$는 $x=a$에서 극소

(2) 곡선의 오목과 볼록

이계도함수를 갖는 함수 $f(x)$가 어떤 구간에서

① $f''(x)>0$이면 곡선 $y=f(x)$는 이 구간에서 아래로 볼록하다.

② $f''(x)<0$이면 곡선 $y=f(x)$는 이 구간에서 위로 볼록하다.

(3) 변곡점

이계도함수를 갖는 함수 $f(x)$에 대하여 $f''(a)=0$이고 $x=a$의 좌우에서 $f''(x)$의 부호가 바뀌면 점 $(a,\ f(a))$는 곡선 $y=f(x)$의 변곡점이다.

(4) 평면 운동에서의 속도와 가속도

좌표평면 위를 움직이는 점 P의 시각 t에서의 위치 $(x,\ y)$가 $x=f(t)$, $y=g(t)$일 때, 점 P의 시각 t에서의

① 속도: $v=\left(\dfrac{dx}{dt},\ \dfrac{dy}{dt}\right)$, 즉 $(f'(t),\ g'(t))$

② 속력: $\sqrt{\{f'(t)\}^2+\{g'(t)\}^2}$

③ 가속도: $a=\left(\dfrac{d^2x}{dt^2},\ \dfrac{d^2y}{dt^2}\right)$, 즉 $(f''(t),\ g''(t))$

④ 가속도의 크기: $\sqrt{\{f''(t)\}^2+\{g''(t)\}^2}$

078
2023학년도 수능

$\lim\limits_{x\to0}\dfrac{\ln(x+1)}{\sqrt{x+4}-2}$ 의 값은?

① 1 　　② 2 　　③ 3
④ 4 　　⑤ 5

079
2020학년도 수능

함수 $f(x)=x^3\ln x$에 대하여 $\dfrac{f'(e)}{e^2}$의 값을 구하시오.

080
2020학년도 평가원 6월

$\cos\theta=\dfrac{1}{7}$일 때, $\csc\theta\times\tan\theta$의 값을 구하시오.

081
2020학년도 수능

좌표평면에서 곡선 $y=\sin x$ 위의 점 $\mathrm{P}(t,\ \sin t)\ (0<t<\pi)$를 중심으로 하고 x축에 접하는 원을 C라 하자. 원 C가 x축에 접하는 점을 Q, 선분 OP와 만나는 점을 R라 하자.
$\lim\limits_{t\to0+}\dfrac{\overline{\mathrm{OQ}}}{\overline{\mathrm{OR}}}=a+b\sqrt{2}$일 때, $a+b$의 값을 구하시오.

(단, O는 원점이고, a,b는 정수이다.)

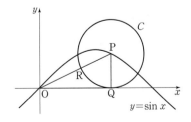

082
2022학년도 평가원 6월

매개변수 t로 나타내어진 곡선
$$x=e^t+\cos t,\ y=\sin t$$
에서 $t=0$일 때, $\dfrac{dy}{dx}$의 값은?

① $\dfrac{1}{2}$ 　　② 1 　　③ $\dfrac{3}{2}$
④ 2 　　⑤ $\dfrac{5}{2}$

083
2023학년도 평가원 6월

곡선 $x^2-y\ln x+x=e$ 위의 점 $(e,\ e^2)$에서의 접선의 기울기는?

① $e+1$ 　　② $e+2$ 　　③ $e+3$
④ $2e+1$ 　　⑤ $2e+2$

084
2023년 시행 교육청 10월

함수 $f(x)=e^{2x}+e^x-1$의 역함수를 $g(x)$라 할 때, 함수 $g(5f(x))$의 $x=0$에서의 미분계수는?

① $\dfrac{1}{2}$ 　　② $\dfrac{3}{4}$ 　　③ 1
④ $\dfrac{5}{4}$ 　　⑤ $\dfrac{3}{2}$

085
2020학년도 수능

좌표평면 위를 움직이는 점 P의 시각 $t\left(0<t<\dfrac{\pi}{2}\right)$에서의 위치 $(x,\ y)$가
$$x=t+\sin t\cos t,\ y=\tan t$$
이다. $0<t<\dfrac{\pi}{2}$에서 점 P의 속력의 최솟값은?

① 1 　　② $\sqrt{3}$ 　　③ 2
④ $2\sqrt{2}$ 　　⑤ $2\sqrt{3}$

유형 1 지수함수와 로그함수의 극한

유형 및 경향 분석

무리수 e의 정의와 극한의 기본형을 이용하여 지수함수, 로그함수의 극한 값을 구하는 문제가 출제된다.

실전 가이드

(1) $e = \lim_{x \to 0} (1+x)^{\frac{1}{x}} = \lim_{x \to \infty} \left(1 + \frac{1}{x}\right)^x \ (e = 2.7182\cdots)$

(2) $\lim_{x \to 0} (1+ax)^{\frac{1}{ax}} = e$

(3) $\lim_{x \to \infty} \left(1 + \frac{b}{ax}\right)^{\frac{ax}{b}} = e$

(4) $a > 0, \ a \neq 1$일 때

$$\lim_{x \to 0} \frac{\ln(1+x)}{x} = 1, \ \lim_{x \to 0} \frac{\log_a(1+x)}{x} = \frac{1}{\ln a}$$

$$\lim_{x \to 0} \frac{e^x - 1}{x} = 1, \ \lim_{x \to 0} \frac{a^x - 1}{x} = \ln a$$

086 | 대표 유형 | 2024학년도 평가원 6월

$\lim_{x \to 0} \dfrac{2^{ax+b} - 8}{2^{bx} - 1} = 16$일 때, $a+b$의 값은?

(단, a와 b는 0이 아닌 상수이다.)

① 9   ② 10   ③ 11

④ 12   ⑤ 13

087

$\lim_{x \to 1} \dfrac{x^3 - e^{x-1}}{x - 1}$의 값은?

① 1   ② 2   ③ 3

④ 4   ⑤ 5

088

두 양수 a, b에 대하여 $\lim_{x \to 0} \dfrac{\ln(a + 3x^6)}{x^b} = 3$일 때, $a+b$의 값은?

① 3   ② 4   ③ 5

④ 6   ⑤ 7

089

$\lim_{x \to 1} x^{\frac{3}{1-x}} = a$, $\lim_{x \to \infty} \left(\dfrac{x+4}{x}\right)^{2x} = b$일 때, ab의 값은?

① e ② e^2 ③ e^3

④ e^4 ⑤ e^5

090

두 상수 a, b에 대하여 함수

$$f(x) = \begin{cases} \dfrac{\ln(a+6x)}{x} & (x \neq 0) \\ b & (x=0) \end{cases}$$

이 실수 전체의 집합에서 연속일 때, $a+b$의 값은?

① 4   ② 5   ③ 6

④ 7   ⑤ 8

091

함수 $f(x)$가 0이 아닌 모든 실수 x에 대하여 부등식

$$\ln(1+2x^2) < f(x) < x(e^{2x}-1)$$

을 만족시킬 때, $\displaystyle\lim_{x \to 0} \dfrac{f(x)}{x^2}$의 값은?

① $\dfrac{1}{2}$ ② 1   ③ $\dfrac{3}{2}$

④ 2   ⑤ $\dfrac{5}{2}$

유형 ② 지수함수와 로그함수의 미분

유형 및 경향 분석

지수함수와 로그함수의 도함수를 이용하여 미분계수 또는 극한값을 구하는 문제가 출제된다.

📖 **실전 가이드**

(1) $y = e^x \Rightarrow y' = e^x$
$\quad y = a^x \Rightarrow y' = a^x \ln a$ (단, $a > 0$, $a \neq 1$)

(2) $y = \ln x \Rightarrow y' = \dfrac{1}{x}$
$\quad y = \log_a x \Rightarrow y' = \dfrac{1}{x \ln a}$ (단, $a > 0$, $a \neq 1$, $x > 0$)

092 | 대표 유형 |

2023년 시행 교육청 4월

두 함수 $f(x) = a^x$, $g(x) = 2 \log_b x$에 대하여

$$\lim_{x \to e} \dfrac{f(x) - g(x)}{x - e} = 0$$

일 때, $a \times b$의 값은? (단, a와 b는 1보다 큰 상수이다.)

① $e^{\frac{1}{e}}$ ② $e^{\frac{2}{e}}$ ③ $e^{\frac{3}{e}}$

④ $e^{\frac{4}{e}}$ ⑤ $e^{\frac{5}{e}}$

093

함수 $f(x) = e^x + ax$에 대하여 $\displaystyle\lim_{x \to 0} \dfrac{f(x)-1}{x} = 2$일 때,

$\displaystyle\lim_{h \to 0} \dfrac{f(h + \ln 4) - f(\ln 4)}{h}$의 값은? (단, a는 상수이다.)

① 1   ② 2   ③ 3

④ 4   ⑤ 5

094

함수 $f(x)=x^4+x\ln x$에 대하여

$\displaystyle\lim_{n\to\infty} n\left\{f\left(1+\dfrac{2}{n}\right)-f\left(1-\dfrac{1}{n}\right)\right\}$의 값은?

① 3   ② 6   ③ 9

④ 12   ⑤ 15

095

두 함수

$$f(x)=e^x,\ g(x)=\ln(1+x)$$

에 대하여 $\displaystyle\lim_{h\to 0}\dfrac{f(h)-g(-h)-1}{h}$의 값은?

① 1   ② 2   ③ 3

④ 4   ⑤ 5

096

함수

$$f(x)=\begin{cases} 2x+a & (x<e) \\ bx\ln x+1 & (x\ge e)\end{cases}$$

가 $x=e$에서 미분가능하도록 하는 두 상수 a, b에 대하여 $a+b$의 값은?

① $2-e$ ② $e-2$ ③ $e-1$

④ $1+e$ ⑤ $1+2e$

097

두 함수 $f(x)=-x+e^{ax}$, $g(x)=\ln x$에 대하여 $f'(0)=g'(1)$일 때, $\displaystyle\lim_{t\to 0+}\{f'(2t)-1\}g'(t)$의 값은?

(단, a는 상수이다.)

① 2   ② 4   ③ 6

④ 8   ⑤ 10

유형 3 삼각함수의 정의와 삼각함수 사이의 관계

유형 및 경향 분석

삼각함수의 정의와 삼각함수 사이의 관계를 이용하여 식의 값을 구하는 문제가 출제된다.

📖 실전 가이드

(1) 삼각함수 $\csc \theta$, $\sec \theta$, $\cot \theta$의 정의

$$\csc \theta = \frac{1}{\sin \theta}, \ \sec \theta = \frac{1}{\cos \theta}, \ \cot \theta = \frac{1}{\tan \theta}$$

(2) 삼각함수 사이의 관계

① $1 + \tan^2 \theta = \sec^2 \theta$

② $1 + \cot^2 \theta = \csc^2 \theta$

---

098 | 대표 유형 | 2020학년도 평가원 9월

$\dfrac{\pi}{2} < \theta < \pi$인 θ에 대하여 $\cos \theta = -\dfrac{3}{5}$일 때, $\csc (\pi + \theta)$의 값은?

① $-\dfrac{5}{2}$ ② $-\dfrac{5}{3}$ ③ $-\dfrac{5}{4}$

④ $\dfrac{5}{4}$ ⑤ $\dfrac{5}{3}$

099

$\dfrac{\tan \theta}{1 + \sec \theta} - \dfrac{\tan \theta}{1 - \sec \theta} = 2\sqrt{2}$일 때, $\csc^2 \theta$의 값은?

① 2   ② 4   ③ 6

④ 8   ⑤ 10

100

$\dfrac{\pi}{2} < \theta < \pi$인 θ에 대하여 $\tan \theta = -\dfrac{1}{2}$일 때, $\csc \left(\dfrac{3}{2} \pi + \theta \right) + \cot (\pi - \theta)$의 값은?

① $\dfrac{1 + \sqrt{5}}{2}$ ② $\dfrac{2 - \sqrt{5}}{2}$ ③ $\dfrac{2 + \sqrt{5}}{2}$

④ $\dfrac{4 - \sqrt{5}}{2}$ ⑤ $\dfrac{4 + \sqrt{5}}{2}$

유형 ④ 삼각함수의 덧셈정리

유형 및 경향 분석

삼각함수의 덧셈정리 공식을 이용하는 단순 계산 문제나 식을 적절히 변형하여 삼각함수의 값을 구하는 문제가 출제된다.

📖 실전 가이드

(1) $\sin(\alpha+\beta) = \sin\alpha\cos\beta + \cos\alpha\sin\beta$
$\sin(\alpha-\beta) = \sin\alpha\cos\beta - \cos\alpha\sin\beta$

(2) $\cos(\alpha+\beta) = \cos\alpha\cos\beta - \sin\alpha\sin\beta$
$\cos(\alpha-\beta) = \cos\alpha\cos\beta + \sin\alpha\sin\beta$

(3) $\tan(\alpha+\beta) = \dfrac{\tan\alpha+\tan\beta}{1-\tan\alpha\tan\beta}$

$\tan(\alpha-\beta) = \dfrac{\tan\alpha-\tan\beta}{1+\tan\alpha\tan\beta}$

101 | 대표 유형 |

2022학년도 평가원 9월

$2\cos\alpha = 3\sin\alpha$이고 $\tan(\alpha+\beta) = 1$일 때, $\tan\beta$의 값은?

① $\dfrac{1}{6}$ ② $\dfrac{1}{5}$ ③ $\dfrac{1}{4}$

④ $\dfrac{1}{3}$ ⑤ $\dfrac{1}{2}$

102

$\dfrac{\sin 2\theta}{\sin\theta} - \dfrac{\cos 2\theta}{\cos\theta}$ 를 간단히 하면?

① $\sin\theta$ ② $\cos\theta$ ③ $\csc\theta$
④ $\sec\theta$ ⑤ $\cot\theta$

103

두 실수 x, y에 대하여

$$\sin x + \cos y = \frac{1+\sqrt{3}}{2}, \quad \cos x + \sin y = \frac{1-\sqrt{3}}{2}$$

일 때, $\sin(x+y)$의 값은?

① 0 ② $\dfrac{1}{4}$ ③ $\dfrac{1}{2}$

④ $\dfrac{3}{4}$ ⑤ 1

104

이차방정식 $4x^2 - px + 2 = 0$의 두 근이 $\tan\alpha$, $\tan\beta$일 때, $\tan(\alpha+\beta) = 5$를 만족시키는 상수 p의 값을 구하시오.

105

$0<x<\dfrac{\pi}{2}$에서 함수 $f(x)=\tan x$의 역함수를 $g(x)$라 할 때, $g\left(\dfrac{1}{3}\right)+g\left(\dfrac{1}{2}\right)=\theta$를 만족시키는 θ에 대하여 $50\sin\theta\cos\theta$의 값을 구하시오.

106

임의의 각 θ에 대하여
$$k\sin^2\theta+\sin^2\left(\dfrac{\pi}{3}+\theta\right)+\sin^2\left(\dfrac{\pi}{3}-\theta\right)=\dfrac{3}{2}$$
을 만족시키는 상수 k의 값은?

① $\dfrac{1}{6}$ ② $\dfrac{1}{3}$ ③ $\dfrac{2}{3}$

④ 1 ⑤ $\dfrac{4}{3}$

유형 **5** 삼각함수의 덧셈정리의 활용

유형 및 경향 분석

좌표평면 또는 도형과 결합된 다양한 형태의 삼각함수의 덧셈정리의 활용 문제가 출제되므로 여러 가지 도형의 성질을 잘 알아두어야 한다.

실전 가이드

(1) 도형에서 삼각함수의 덧셈정리를 활용한 문제는 다음과 같은 도형의 성질이 자주 사용된다.

① 원에서 한 호에 대한 원주각의 크기는 중심각의 크기의 $\dfrac{1}{2}$이다.

② 원과 직선이 접할 때 접점과 원의 중심을 지나는 직선은 접선과 수직으로 만난다.

③ 삼각형에서 한 외각의 크기는 그와 이웃하지 않는 두 내각의 크기의 합과 같다.

(2) 두 직선
$$y=mx+n,\ y=m'x+n'\ (m,\ m',\ n,\ n'\text{은 실수},\ m\neq0,\ m'\neq0)$$
이 이루는 예각의 크기를 θ라 하면
$$\tan\theta=|\tan(\alpha-\beta)|=\left|\dfrac{m-m'}{1+mm'}\right|\ (\text{단},\ m=\tan\alpha,\ m'=\tan\beta)$$

107 | 대표 유형 |

2020학년도 수능

$\overline{AB}=\overline{AC}$인 이등변삼각형 ABC에서 $\angle A=\alpha$, $\angle B=\beta$라 하자. $\tan(\alpha+\beta)=-\dfrac{3}{2}$일 때, $\tan\alpha$의 값은?

① $\dfrac{21}{10}$ ② $\dfrac{11}{5}$ ③ $\dfrac{23}{10}$

④ $\dfrac{12}{5}$ ⑤ $\dfrac{5}{2}$

108

그림과 같이 삼각형 ABC의 꼭짓점 A에서 변 BC에 내린 수선의 발을 D라 하자. $\overline{AB}=5$, $\overline{AC}=3\sqrt{10}$, $\overline{BD}=4$이고 $\angle ABC - \angle ACB = \theta$라 할 때, $\cos\theta$의 값은?

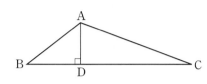

① $\dfrac{\sqrt{10}}{10}$ ② $\dfrac{\sqrt{5}}{5}$ ③ $\dfrac{\sqrt{10}}{5}$

④ $\dfrac{2\sqrt{5}}{5}$ ⑤ $\dfrac{3\sqrt{10}}{10}$

109

그림과 같이 3개의 정삼각형 ABC, CBD, BED를 이어 붙여 만든 사다리꼴이 있다. 정삼각형 BED의 무게중심을 G라 할 때, 두 선분 AD, AG가 이루는 각의 크기를 θ라 하자. $\cos\theta$의 값은? $\left(\text{단}, 0<\theta<\dfrac{\pi}{2}\right)$

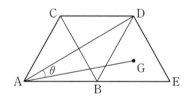

① $\dfrac{\sqrt{7}}{14}$ ② $\dfrac{\sqrt{7}}{7}$ ③ $\dfrac{3\sqrt{7}}{14}$

④ $\dfrac{2\sqrt{7}}{7}$ ⑤ $\dfrac{5\sqrt{7}}{14}$

110

그림과 같이 x축 위의 두 점 A(2, 0), B(8, 0)과 y축 위를 움직이는 점 P(0, a) ($a>0$)에 대하여 $\angle APB = \theta$라 하자. $\tan\theta$의 값이 최대일 때, 삼각형 ABP의 넓이를 구하시오.

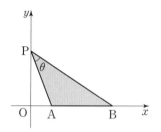

111

그림과 같이 원 $x^2+y^2=5$ 위의 점 P(2, -1)에서의 접선 l이 x축의 양의 방향과 이루는 각의 크기를 α라 하자. 접선 l을 직선 $y=x$에 대하여 대칭이동한 직선이 x축의 양의 방향과 이루는 각의 크기를 β라 할 때, $100\tan(\alpha-\beta)$의 값을 구하시오.

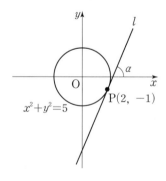

112

그림과 같이 $\overline{AB}=8$, $\overline{CD}=2$, $\angle B=\dfrac{\pi}{2}$인 직각삼각형 ABC가 있다. $\sin(\angle CAD)=\dfrac{2\sqrt{85}}{85}$일 때, 선분 BD의 길이는?

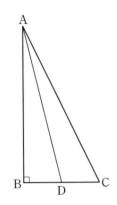

① $\dfrac{2}{3}$ ② 1   ③ $\dfrac{4}{3}$

④ $\dfrac{5}{3}$ ⑤ 2

113

그림과 같이 원점에서 x축에 접하는 원 C가 있다. 원 C 위의 한 점 P에서의 접선을 l, 원점 O와 점 P를 지나는 직선을 m이라 하자. 직선 l의 기울기가 $\dfrac{12}{5}$일 때, 직선 m의 기울기는? (단, 점 P의 x좌표는 양수이다.)

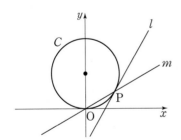

① $\dfrac{2}{3}$ ② $\dfrac{3}{4}$ ③ $\dfrac{5}{6}$

④ $\dfrac{11}{10}$ ⑤ $\dfrac{6}{5}$

114

그림과 같이 길이가 4인 선분 AB를 지름으로 하는 반원 위의 호 AB를 삼등분한 점 중 점 A와 가까운 점을 C, 점 B를 중심으로 하고 반지름의 길이가 3인 원이 호 BC와 만나는 점을 D라 하자. $\angle CAD=\theta$라 할 때, $\sin\theta$의 값은?

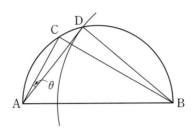

① $\dfrac{\sqrt{13}-3}{4}$ ② $\dfrac{\sqrt{15}-3}{4}$ ③ $\dfrac{\sqrt{17}-3}{7}$

④ $\dfrac{\sqrt{19}-3}{8}$ ⑤ $\dfrac{\sqrt{21}-3}{8}$

유형 6 삼각함수의 극한

유형 및 경향 분석

삼각함수의 극한값을 구하는 계산 문제와 삼각함수의 극한이 수렴하는 조건을 이용하여 주어진 식에 포함된 미정계수를 결정하는 문제가 출제된다.

실전 가이드

(1) $\lim\limits_{x \to 0} \dfrac{\sin x}{x} = 1$, $\lim\limits_{\bigstar \to 0} \dfrac{\sin \bigstar}{\bigstar} = 1$

(2) $\lim\limits_{x \to 0} \dfrac{\tan x}{x} = 1$, $\lim\limits_{\bigstar \to 0} \dfrac{\tan \bigstar}{\bigstar} = 1$

(3) $x \to a$ $(a \neq 0)$이면 $x - a = t$로 치환하여 $t \to 0$이 되도록 변형한다.

115 | 대표 유형 |

2021학년도 평가원 6월

실수 전체의 집합에서 연속인 함수 $f(x)$가 모든 실수 x에 대하여

$$(e^{2x} - 1)^2 f(x) = a - 4\cos\frac{\pi}{2}x$$

를 만족시킬 때, $a \times f(0)$의 값은? (단, a는 상수이다.)

① $\dfrac{\pi^2}{6}$ ② $\dfrac{\pi^2}{5}$ ③ $\dfrac{\pi^2}{4}$

④ $\dfrac{\pi^2}{3}$ ⑤ $\dfrac{\pi^2}{2}$

116

$\lim\limits_{x \to 0} \dfrac{1 - \cos 2x}{x^2}$의 값은?

① 2 ② $\dfrac{5}{2}$ ③ 3

④ $\dfrac{7}{2}$ ⑤ 4

117

$\lim\limits_{x \to 2} \dfrac{x - 2}{\sin \dfrac{\pi}{2} x}$의 값은?

① $-\dfrac{2}{\pi}$ ② $-\dfrac{1}{\pi}$ ③ $\dfrac{1}{\pi}$

④ $\dfrac{2}{\pi}$ ⑤ 1

118

$\lim\limits_{x \to 0} \dfrac{\tan(ax + b)}{\sin x} = 2$를 만족시키는 두 상수 a, b에 대하여 $a + b$의 값은? (단, $0 \le b < \pi$)

① 0 ② 1 ③ 2

④ 3 ⑤ 4

119

$\lim\limits_{x \to 0} \dfrac{a - 2 \cos x}{bx \sin x} = \dfrac{1}{10}$ 을 만족시키는 두 상수 a, b에 대하여 $a+b$의 값을 구하시오.

120

함수

$$f(x) = \begin{cases} \dfrac{\sin a(x-1)}{x-1} & (x \neq 1) \\ 2 & (x = 1) \end{cases}$$

이 $x=1$에서 연속일 때, 상수 a의 값은? (단, $a \neq 0$)

① $\dfrac{3}{2}$ ② 2 ③ $\dfrac{5}{2}$

④ 3 ⑤ $\dfrac{7}{2}$

121

두 자연수 a, b에 대하여

$$\lim\limits_{x \to 0} \dfrac{\tan bx - \cos^2 x \tan bx}{\ln (x^a + 1)} = 100$$

일 때, $a+b$의 값은?

① 100 ② 101 ③ 102

④ 103 ⑤ 104

122

자연수 n에 대하여

$$f(n) = \lim\limits_{x \to 0} \dfrac{x}{\sin x + \sin 2x + \sin 3x + \cdots + \sin nx}$$

일 때, $\lim\limits_{n \to \infty} \sum\limits_{k=1}^{n} f(k)$의 값은?

① $\dfrac{1}{4}$ ② $\dfrac{1}{2}$ ③ 1

④ 2 ⑤ 4

유형 7 삼각함수의 극한의 활용

유형 및 경향 분석

삼각함수의 극한을 이용한 도형의 길이 또는 넓이에 대한 문제가 출제된다. 원의 접선의 길이, 삼각형의 둘레의 길이, 내접원의 반지름의 길이나 원, 부채꼴, 삼각형 등 다양한 도형의 넓이를 각 θ의 함수로 나타낸 후 각 θ가 가까워지는 값 α에 대한 극한값을 구하는 형태의 문제로 출제된다.

실전 가이드

삼각함수의 극한의 활용 문제는 다음과 같은 순서로 푼다.
❶ 도형의 길이, 넓이 등을 각 θ의 함수로 나타낸다.
❷ 삼각함수 사이의 관계, 삼각함수의 성질, 삼각함수의 극한 등을 이용하여 극한값을 구한다.

123 | 대표 유형 |

2021학년도 수능

그림과 같이 $\overline{AB}=2$, $\angle B=\dfrac{\pi}{2}$인 직각삼각형 ABC에서 중심이 A, 반지름의 길이가 1인 원이 두 선분 AB, AC와 만나는 점을 각각 D, E라 하자.

호 DE의 삼등분점 중 점 D에 가까운 점을 F라 하고, 직선 AF가 선분 BC와 만나는 점을 G라 하자.

$\angle BAG=\theta$라 할 때, 삼각형 ABG의 내부와 부채꼴 ADF의 외부의 공통부분의 넓이를 $f(\theta)$, 부채꼴 AFE의 넓이를 $g(\theta)$라 하자. $40 \times \lim\limits_{\theta \to 0+} \dfrac{f(\theta)}{g(\theta)}$의 값을 구하시오.

$$\left(\text{단, } 0<\theta<\dfrac{\pi}{6}\right)$$

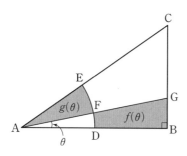

124

그림과 같이 $\overline{OA}=10$, $\overline{OB}=6$인 삼각형 OAB에서 선분 AB 위의 점 C에 대하여 $\angle AOC=\theta$, $\angle BOC=2\theta$일 때, $\lim\limits_{\theta \to 0+} \overline{OC}=\dfrac{q}{p}$이다. $p+q$의 값을 구하시오.

(단, p와 q는 서로소인 자연수이다.)

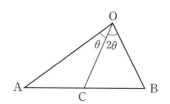

125

그림과 같이 길이가 2인 선분 AB를 지름으로 하는 원 위에 $\angle ABP=\theta\left(0<\theta<\dfrac{\pi}{2}\right)$가 되도록 점 P를 잡는다. 점 A에서 접선 l을 긋고 $\overline{AP}=\overline{AT}$인 점 T를 l 위에 잡는다. 직선 AB와 직선 PT가 만나는 점을 Q라 하고, 삼각형 AQT의 넓이를 $f(\theta)$라 하자. $\lim\limits_{\theta \to 0+} \dfrac{f(\theta)}{\theta}$의 값을 구하시오.

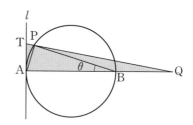

126

그림과 같이 길이가 8인 선분 AB를 지름으로 하는 반원이 있다. 호 AB 위의 점 P에서 선분 AB에 내린 수선의 발을 H, 선분 AB의 중점을 O, ∠PAB=θ라 하자. 삼각형 POH에 내접하는 원의 넓이를 $S(\theta)$라 할 때, $\lim\limits_{\theta \to 0+} \dfrac{S(\theta)}{\pi \times \theta^2}$ 의 값은?

$\left(\text{단, } 0<\theta<\dfrac{\pi}{4}\right)$

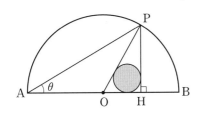

① 16   ② 17   ③ 18
④ 19   ⑤ 20

127

그림과 같이 길이가 2인 선분 AB를 지름으로 하는 반원이 있다. 호 AB 위의 한 점 P에 대하여 ∠PAB=θ라 하고, 선분 PB의 수직이등분선이 호 PB와 만나는 점을 Q라 하자. 삼각형 PBQ의 넓이를 $S(\theta)$, 호 PB의 길이를 $l(\theta)$라 할 때, $\lim\limits_{\theta \to 0+} \dfrac{\theta\{l(\theta)\}^2}{S(\theta)}$ 의 값은? $\left(\text{단, } 0<\theta<\dfrac{\pi}{2}\right)$

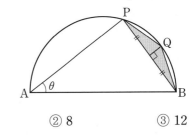

① 4   ② 8   ③ 12
④ 16   ⑤ 20

유형 8 사인함수와 코사인함수의 미분

유형 및 경향 분석

삼각함수의 도함수를 이용하여 미분계수 또는 극한값을 구하거나 접선의 기울기가 미분계수와 같음을 이용하여 접선의 기울기를 구하는 문제가 출제된다.

실전 가이드

(1) $y=\sin x \Rightarrow y'=\cos x$

(2) $y=\cos x \Rightarrow y'=-\sin x$

128 | 대표 유형 |

2020학년도 평가원 6월

함수 $f(x)=\sin(x+\alpha)+2\cos(x+\alpha)$에 대하여 $f'\left(\dfrac{\pi}{4}\right)=0$일 때, $\tan \alpha$의 값은? (단, α는 상수이다.)

① $-\dfrac{5}{6}$ ② $-\dfrac{2}{3}$ ③ $-\dfrac{1}{2}$

④ $-\dfrac{1}{3}$ ⑤ $-\dfrac{1}{6}$

129

함수 $f(x)=\sin\left(x+\dfrac{\pi}{4}\right)\cos x$에 대하여 $f'\left(\dfrac{3}{2}\pi\right)$의 값은?

① $-\sqrt{2}$ ② $-\dfrac{\sqrt{2}}{2}$ ③ 0

④ $\dfrac{\sqrt{2}}{2}$ ⑤ $\sqrt{2}$

130

함수 $f(x)=6\sin x+2\cos x$에 대하여

$$\lim_{h\to 0}\frac{f\left(\dfrac{\pi}{3}+2h\right)-f\left(\dfrac{\pi}{3}-h\right)}{h}=p+q\sqrt{3}$$

일 때, p^2+q^2의 값을 구하시오. (단, p, q는 유리수이다.)

131

함수 $f(x)=ax+2+\sin x$에 대하여

$$\lim_{x\to 0}\frac{f(\sin 4x)-f(\tan 2x)}{x}=6$$

일 때, $f\left(\dfrac{\pi}{a}\right)$의 값은? (단, a는 상수이다.)

① $\dfrac{\pi}{6}+3$ ② $\dfrac{\pi}{4}+3$ ③ $\dfrac{\pi}{2}+3$

④ $\pi+3$ ⑤ $2\pi+3$

132

곡선 $f(x)=\sin^2 x$ 위의 두 점 $\mathrm{P}(\alpha, f(\alpha))$, $\mathrm{Q}(\beta, f(\beta))$에서의 두 접선이 서로 수직일 때, $\cos(\alpha+\beta)$의 값은?

$$\left(\text{단, } 0<\alpha<\dfrac{\pi}{2}<\beta<\pi\right)$$

① -1 ② $-\dfrac{\sqrt{3}}{2}$ ③ $-\dfrac{\sqrt{2}}{2}$

④ $-\dfrac{1}{2}$ ⑤ $-\dfrac{1}{4}$

유형 9 함수의 몫의 미분법

유형 및 경향 분석

분수 꼴로 주어진 함수의 도함수를 몫의 미분법을 이용하여 구하는 문제가 출제된다. 또한, 유리함수의 그래프에 대한 해석 등 다른 개념들과 연결되어 출제될 가능성이 많다.

실전 가이드

두 함수 $f(x)$, $g(x)(g(x) \neq 0)$가 미분가능할 때

(1) $y = \dfrac{f(x)}{g(x)} \Rightarrow y' = \dfrac{f'(x)g(x) - f(x)g'(x)}{\{g(x)\}^2}$

(2) $y = \dfrac{1}{g(x)} \Rightarrow y' = -\dfrac{g'(x)}{\{g(x)\}^2}$

133 | 대표 유형 | 2018학년도 수능

실수 전체의 집합에서 미분가능한 함수 $f(x)$에 대하여 함수 $g(x)$를

$$g(x) = \frac{f(x)}{e^{x-2}}$$

라 하자. $\displaystyle\lim_{x \to 2} \frac{f(x) - 3}{x - 2} = 5$일 때, $g'(2)$의 값은?

① 1   ② 2   ③ 3

④ 4   ⑤ 5

134

함수 $f(x) = \dfrac{\cos x}{\sin x + \cos x}$에 대하여 $f'\left(\dfrac{\pi}{4}\right)$의 값은?

① -1 ② $-\dfrac{1}{2}$ ③ $\dfrac{1}{2}$

④ 1   ⑤ 2

135

함수 $f(x) = \dfrac{ax+b}{x^2+1}$가 $\displaystyle\lim_{h \to 0} \frac{f(2h)}{h} = 4$를 만족시킬 때, $f'(2)$의 값은? (단, a, b는 상수이다.)

① $-\dfrac{6}{25}$ ② $-\dfrac{2}{25}$ ③ $\dfrac{2}{25}$

④ $\dfrac{6}{25}$ ⑤ $\dfrac{2}{5}$

136

실수 전체의 집합에서 미분가능한 두 함수 $f(x)$, $g(x)$에 대하여

$$\frac{f(x)}{g(x)} = \cos x - \sin x, \quad g\left(\frac{\pi}{2}\right) = 1$$

일 때, $f'\left(\dfrac{\pi}{2}\right) + g'\left(\dfrac{\pi}{2}\right)$의 값은? (단, $g(x) > 0$)

① -2 ② -1 ③ 0

④ 1   ⑤ 2

유형 10 합성함수의 미분법

유형 및 경향 분석

합성함수의 미분법을 이용하여 미분계수를 구하는 간단한 계산 문제뿐만 아니라 다른 개념과 복합적으로 연결된 문제도 출제되므로 앞에서 학습한 다양한 함수의 미분법을 정리해 두어야 한다.

실전 가이드

두 함수 $y=f(u)$, $u=g(x)$가 미분가능할 때, 합성함수 $y=f(g(x))$를 미분하면

(1) $\dfrac{dy}{dx}=\dfrac{dy}{du}\times\dfrac{du}{dx}$ 또는 $y'=f'(g(x))g'(x)$

(2) $y=x^{a}$ (단, $x>0$, a는 실수) $\Rightarrow y'=ax^{a-1}$

(3) $y=\ln|f(x)| \Rightarrow y'=\dfrac{f'(x)}{f(x)}$

(4) $y=\log_{a}|f(x)| \Rightarrow y'=\dfrac{f'(x)}{f(x)\ln a}$ (단, $a>0$, $a\neq1$)

137 | 대표 유형 |
2022학년도 수능

실수 전체의 집합에서 미분가능한 함수 $f(x)$가 모든 실수 x에 대하여

$$f(x^3+x)=e^x$$

을 만족시킬 때, $f'(2)$의 값은?

① e 　　　② $\dfrac{e}{2}$ 　　　③ $\dfrac{e}{3}$

④ $\dfrac{e}{4}$ 　　　⑤ $\dfrac{e}{5}$

138

실수 전체의 집합에서 미분가능한 함수 $f(x)$에 대하여 함수 $g(x)$를

$$g(x)=\{xf(x)\}^2$$

이라 하자. $f(1)=2$, $f'(1)=3$일 때, $g'(1)$의 값을 구하시오.

139

함수 $f(x)=\ln(ax+b)$에 대하여 $\lim\limits_{x\to0}\dfrac{f(x)}{x}=5$일 때, $f(3)$의 값은? (단, a, b는 상수이다.)

① $\ln 12$ 　　　② $\ln 13$ 　　　③ $\ln 14$

④ $\ln 15$ 　　　⑤ $4\ln 2$

140

함수 $f(x)=-\dfrac{x}{x^2+1}$와 실수 전체의 집합에서 미분가능한 두 함수 $g(x)$, $h(x)$가 있다. 함수 $F(x)=(h\circ g\circ f)(x)$에 대하여 $F'(0)=10$일 때, $(h\circ g)'(0)$의 값은?

① -10 　　　② -5 　　　③ 0

④ 5 　　　⑤ 10

유형 11 매개변수로 나타낸 함수의 미분법

유형 및 경향 분석

매개변수로 나타낸 함수의 도함수를 구하고 주어진 점에서의 미분계수, 접선의 기울기를 구한 후 접선의 방정식을 구하는 문제가 출제된다.

실전 가이드

두 함수 $x=f(t)$, $y=g(t)$가 t에 대하여 미분가능하고 $f'(t) \neq 0$이면

$$\frac{dy}{dx} = \frac{\dfrac{dy}{dt}}{\dfrac{dx}{dt}} = \frac{g'(t)}{f'(t)}$$

141 | 대표 유형 |
2024학년도 평가원 6월

매개변수 t로 나타내어진 곡선

$$x = \frac{5t}{t^2+1}, \ y = 3\ln(t^2+1)$$

에서 $t=2$일 때, $\dfrac{dy}{dx}$의 값은?

① -1 ② -2 ③ -3
④ -4 ⑤ -5

142

매개변수 t로 나타내어진 곡선

$$x = (3-t)^2, \ y = 2t^2$$

에서 $x=1$일 때, 모든 $\dfrac{dy}{dx}$의 값의 합은?

① 2   ② 3   ③ 4
④ 5   ⑤ 6

143

매개변수 t로 나타내어진 곡선

$$x = e^t \sin t, \ y = e^t \cos t$$

에서 $t = \dfrac{\pi}{6}$일 때, $\dfrac{dy}{dx}$의 값은?

① $-1+\sqrt{2}$ ② $-1+\sqrt{3}$ ③ $-2+\sqrt{2}$
④ $-2+\sqrt{3}$ ⑤ $2-\sqrt{3}$

144

매개변수 θ로 나타내어진 곡선

$$x = 2\cos\theta - 5, \ y = \cos 2\theta$$

에 대하여 $\theta = \dfrac{\pi}{3}$에 대응하는 점의 좌표는 (a, b)이고, 이때의 $\dfrac{dy}{dx}$의 값이 c이다. $a+b+c$의 값은?

① $-\dfrac{9}{2}$ ② -4 ③ $-\dfrac{7}{2}$
④ -3 ⑤ $-\dfrac{5}{2}$

145

매개변수 θ $(0 \leq \theta \leq 2\pi)$로 나타내어진 곡선

$$x = 2\cos\theta + 1, \ y = 3\sin\theta + 4$$

위의 $x=2$인 점에서의 접선은 2개가 있다. 이 두 접선의 기울기를 각각 m_1, m_2라 할 때, $|m_1 - m_2|$의 값은?

① $\sqrt{2}$ ② $\sqrt{3}$ ③ 2
④ $2\sqrt{2}$ ⑤ $2\sqrt{3}$

146

매개변수 t $(0 < t < \pi)$로 나타내어진 곡선

$$x = e^{2t} \cos \frac{t}{2}, \ y = e^{2t} \sin \frac{t}{2}$$

에서 $t = \dfrac{\pi}{2}$일 때, $\dfrac{dy}{dx}$의 값은?

① $\dfrac{5}{3}$ ② 2 ③ $\dfrac{7}{3}$

④ $\dfrac{8}{3}$ ⑤ 3

147

양의 실수 k에 대하여 매개변수 t $(t > 0)$로 나타내어진 함수

$$x = 2t^3 + kt, \ y = 2t^2$$

에서 $\dfrac{dy}{dx}$가 최댓값 $\dfrac{1}{3}$을 가질 때, k의 값은?

① 1 ② 3 ③ 6

④ 9 ⑤ 12

유형 12 음함수의 미분법

유형 및 경향 분석

음함수의 미분법을 이용하여 미계수나 도함수를 구하는 간단한 계산 문제가 출제된다. 도함수의 활용 문제에 사용될 수 있으므로 기본 공식을 정확히 알아두어야 한다.

실전 가이드

x에 대한 함수 y가 음함수 $f(x, y) = 0$ 꼴로 주어졌을 때는 y를 x에 대한 함수로 보고 각 항을 x에 대하여 미분하여 $\dfrac{dy}{dx}$를 구한다.

148 | 대표 유형 |

2021학년도 평가원 6월

곡선 $x^3 - y^3 = e^{xy}$ 위의 점 $(a, 0)$에서의 접선의 기울기가 b일 때, $a + b$의 값을 구하시오.

149

곡선 $x^2 - xy + y^2 = 7$에 대하여 $x = 2$일 때, 모든 $\dfrac{dy}{dx}$의 값의 합은?

① $\dfrac{1}{2}$ ② $\dfrac{3}{4}$ ③ 1

④ $\dfrac{5}{4}$ ⑤ $\dfrac{3}{2}$

150

곡선 $x^2+y^3=9$와 직선 $y=x+1$이 만나는 점을 A라 하자.
곡선 $x^2+y^3=9$ 위의 점 A에서의 접선의 기울기는?

① $-\dfrac{5}{6}$　　　② $-\dfrac{2}{3}$　　　③ $-\dfrac{1}{2}$

④ $-\dfrac{1}{3}$　　　⑤ $-\dfrac{1}{6}$

151

곡선 $xy=x^2+2y$ 위의 점 $A(a,\ 3a)$에서의 접선의 기울기
가 m일 때, $\dfrac{a}{m}$의 값은? (단, $a\neq0$)

① -5　　　② -3　　　③ -1

④ 1　　　⑤ 3

유형 13 역함수의 미분법

유형 및 경향 분석

역함수를 직접 구하지 않고 역함수의 미분법을 이용하여 미분계수나 도함
수를 구하는 문제가 출제된다.

📘 **실전 가이드**

(1) 미분가능한 함수 $f(x)$의 역함수 $f^{-1}(x)$가 존재하고 이 역함수가 미분가능할
때, $y=f^{-1}(x)$의 도함수는

$$(f^{-1})'(x)=\frac{1}{f'(y)}\ (단, f'(y)\neq0)$$

$$또는 \frac{dy}{dx}=\frac{1}{\dfrac{dx}{dy}}\ \left(단,\ \frac{dx}{dy}\neq0\right)$$

(2) 함수 $f(x)$의 역함수 $g(x)$에 대하여 $f(a)=b$일 때

$$g'(b)=\frac{1}{f'(a)}$$

152 | 대표 유형 |

2022년 시행 교육청 7월

양의 실수 전체의 집합에서 정의된 미분가능한 두 함수
$f(x)$, $g(x)$에 대하여 $f(x)$가 함수 $g(x)$의 역함수이고,
$\lim\limits_{x\to2}\dfrac{f(x)-2}{x-2}=\dfrac{1}{3}$이다. 함수 $h(x)=\dfrac{g(x)}{f(x)}$라 할 때,
$h'(2)$의 값은?

① $\dfrac{7}{6}$　　　② $\dfrac{4}{3}$　　　③ $\dfrac{3}{2}$

④ $\dfrac{5}{3}$　　　⑤ $\dfrac{11}{6}$

153

실수 전체의 집합에서 미분가능한 함수 $f(x)$의 역함수 $g(x)$가

$$\lim_{n\to\infty} n\left\{g\left(2+\frac{1}{n}\right)-g\left(2-\frac{1}{n}\right)\right\}=\frac{1}{3}$$

을 만족시킨다. $f(3)=2$일 때, $f'(3)$의 값을 구하시오.

154

함수 $f(x)=\dfrac{1}{3}x^3+2x-12$의 역함수를 $g(x)$라 할 때,

$\lim\limits_{x\to 3}\dfrac{f(x)g(x)-9}{x^2-9}$의 값은?

① $\dfrac{61}{9}$ 　　② $\dfrac{61}{10}$ 　　③ $\dfrac{61}{11}$

④ $\dfrac{61}{12}$ 　　⑤ $\dfrac{61}{13}$

155

함수 $f(x)=3\times 9^{x-1}+3^x$의 역함수를 $g(x)$라 할 때,

$\dfrac{1}{g'(36)}$의 값은?

① $61\ln 3$ 　　② $62\ln 3$ 　　③ $63\ln 3$

④ $64\ln 3$ 　　⑤ $65\ln 3$

156

$x>0$에서 정의된 함수 $f(x)$가 미분가능하고, 함수 $f(x)$의 역함수를 $g(x)$라 하자. $f(1)=f'(1)=2$일 때,

$\lim\limits_{x\to 2}\dfrac{\log_2 g(x)}{x-2}$의 값은?

① $\dfrac{1}{2\ln 2}$ 　　② $\dfrac{1}{\ln 2}$ 　　③ $\dfrac{1}{2}$

④ $2\ln 2$ 　　⑤ $4\ln 2$

유형 14 이계도함수

유형 및 경향 분석

여러 가지 함수의 도함수와 미분법을 이용하여 이계도함수를 구하고 미분계수를 구하는 문제가 출제된다.

실전 가이드

미분가능한 함수 $f(x)$의 도함수 $f'(x)$가 미분가능할 때, $f'(x)$의 도함수, 즉 $f(x)$의 이계도함수는

$$\frac{dy}{dx}f'(x)=f''(x)=\lim\limits_{\Delta x\to 0}\frac{f'(x+\Delta x)-f'(x)}{\Delta x}$$

157 | 대표 유형 |　　　　　2018학년도 평가원 6월

함수 $f(x)=\dfrac{1}{x+3}$에 대하여 $\lim\limits_{h\to 0}\dfrac{f'(a+h)-f'(a)}{h}=2$를 만족시키는 실수 a의 값은?

① -2 　　② -1 　　③ 0

④ 1 　　⑤ 2

158

함수 $f(x)=e^{x^2+2x-3}$에 대하여 $\lim\limits_{x\to 1}\dfrac{f'(x)-f'(1)}{x^3-1}$의 값은?

① 3 　　② 6 　　③ 9

④ 12 　　⑤ 15

159

함수 $f(x)=\{\ln(x-2)\}^2$에 대하여 $\lim\limits_{x\to3}\dfrac{f'(x)}{x-3}$의 값을 구하시오.

160

실수 전체의 집합에서 이계도함수를 갖는 함수 $f(x)$가 다음 조건을 만족시킨다.

(가) 모든 실수 x에 대하여
$f(x)=e^{2x}-f(f(x))-1$이다.
(나) $f(0)=0$

$f''(0)$의 값은?

① $\dfrac{2}{3}$ ② 1 ③ $\dfrac{4}{3}$

④ $\dfrac{5}{3}$ ⑤ 2

유형 15 접선의 방정식

유형 및 경향 분석

곡선 위의 점이 주어진 경우의 접선의 방정식을 구하는 문제, 기울기가 주어진 경우의 접선의 방정식을 구하는 문제, 곡선 밖의 점에서 곡선에 그은 접선의 방정식을 구하는 문제가 출제된다.

실전 가이드

(1) 함수 $y=f(x)$의 그래프 위의 점 $(a, f(a))$가 주어진 경우
접선의 방정식은 $y-f(a)=f'(a)(x-a)$
(2) 접선의 기울기 m이 주어진 경우
① 접점의 좌표를 $(t, f(t))$라 한다.
② $m=f'(t)$를 이용하여 t의 값을 구한다.
(3) 함수 $y=f(x)$의 그래프 밖의 점 (p, q)가 주어진 경우
① 접점의 좌표를 $(t, f(t))$라 한다.
② 접선의 방정식 $y-f(t)=f'(t)(x-t)$에 $x=p$, $y=q$를 대입하여 t의 값을 구한다.

161 | 대표 유형 |

2022학년도 평가원 6월

원점에서 곡선 $y=e^{|x|}$에 그은 두 접선이 이루는 예각의 크기를 θ라 할 때, $\tan\theta$의 값은?

① $\dfrac{e}{e^2+1}$ ② $\dfrac{e}{e^2-1}$ ③ $\dfrac{2e}{e^2+1}$

④ $\dfrac{2e}{e^2-1}$ ⑤ 1

162

x축 위의 점 $(k,\ 0)$에서 곡선 $y=(x-1)e^x$에 2개의 접선을 그을 수 있도록 하는 자연수 k의 최솟값을 구하시오.

163

곡선 $x^3-y\ln x-e^2x=0$ 위의 점 $(e,\ 0)$에서의 접선의 방정식이 $y=mx+n$일 때, $\dfrac{m}{n}$의 값은?

(단, m, n은 상수이다.)

① $-\dfrac{1}{2e}$ ② $-\dfrac{1}{e}$ ③ 1

④ e ⑤ $2e$

164

원점에서 두 곡선 $y=e^x$, $y=\ln x$에 접선을 각각 그었을 때, 두 접선이 이루는 예각의 크기를 θ라 하자. $\tan\theta$의 값은?

① $e-e^{-1}$ ② $\dfrac{e-e^{-1}}{2}$ ③ 1

④ $\dfrac{e+e^{-1}}{2}$ ⑤ $e+e^{-1}$

165

매개변수 $t\ (t>0)$으로 나타내어진 곡선

$$x=e^{t-1}+t,\quad y=2t+\dfrac{1}{t}$$

에 대하여 $t=1$에 대응하는 점에서의 접선이 점 $(8,\ a)$를 지날 때, 실수 a의 값은?

① 3 ② 4 ③ 5

④ 6 ⑤ 7

166

실수 전체의 집합에서 미분가능한 두 함수 $f(x)$, $g(x)$에 대하여 함수 $y=f(x)$의 그래프 위의 점 $(1, f(1))$에서의 접선 $y=2x-3$은 함수 $y=g(x)$의 그래프와 점 $(-1, g(-1))$에서 접한다. 함수 $h(x)=(g \circ f)(x)$에 대하여 함수 $y=h(x)$의 그래프 위의 점 $(1, h(1))$에서의 접선의 방정식을 $y=ax+b$라 할 때, a^2+b^2의 값을 구하시오.

(단, a, b는 상수이다.)

유형 16 함수의 극대와 극소

유형 및 경향 분석

함수의 극댓값과 극솟값을 구하는 문제와 함수의 극대, 극소에 대한 조건을 주고 미정계수를 결정하는 문제가 출제된다. 함수가 극대, 극소일 조건을 이해하고 극댓값과 극솟값을 구할 수 있어야 한다.

실전 가이드

함수 $f(x)$의 도함수 $f'(x)$를 구하고 $f'(x)=0$을 만족시키는 x의 값과 함수의 증가와 감소를 나타내는 표를 이용하여 극값을 구한다.

(1) 미분가능한 함수 $f(x)$에 대하여 $f'(a)=0$이고 $x=a$의 좌우에서
  ① $f'(x)$의 부호가 양에서 음으로 바뀌면 $f(x)$는 $x=a$에서 극대
  ② $f'(x)$의 부호가 음에서 양으로 바뀌면 $f(x)$는 $x=a$에서 극소
(2) 연속이고 이계도함수가 존재하는 함수 $f(x)$에서 $f'(a)=0$일 때
  ① $f''(a)<0$이면 $f(x)$는 $x=a$에서 극대
  ② $f''(a)>0$이면 $f(x)$는 $x=a$에서 극소

167 | 대표 유형 |

2020학년도 평가원 9월

함수 $f(x)=(x^2-3)e^{-x}$의 극댓값과 극솟값을 각각 a, b라 할 때, $a \times b$의 값은?

① $-12e^2$ ② $-12e$ ③ $-\dfrac{12}{e}$

④ $-\dfrac{12}{e^2}$ ⑤ $-\dfrac{12}{e^3}$

168

$x \geq k$인 모든 실수 x에 대하여 함수 $f(x) = \dfrac{x^2}{5^x}$이 감소하도록 하는 양수 k의 최솟값은?

① $\dfrac{1}{\ln 5}$ ② $\dfrac{2}{\ln 5}$ ③ $\dfrac{3}{\ln 5}$

④ $\dfrac{4}{\ln 5}$ ⑤ $\dfrac{5}{\ln 5}$

169

함수 $f(x) = \dfrac{2x}{x^2 + 1}$의 극댓값을 M, 극솟값을 m이라 할 때, $M^2 + m^2$의 값은?

① $\dfrac{1}{2}$ ② 1 ③ $\dfrac{5}{4}$

④ 2 ⑤ 4

170

함수 $f(x) = 2\ln x + \dfrac{a}{x} - x$가 극댓값과 극솟값을 모두 갖도록 하는 실수 a의 값의 범위는?

① $a < 0$ ② $a > 0$ ③ $0 < a < 1$

④ $a < 1$ ⑤ $a > 1$

171

열린구간 $(0, 2\pi)$에서 정의된 함수 $f(x) = e^{-3x} \cos x$가 $x = \theta$에서 극솟값을 가질 때, $10\cos\theta$의 값은?

① $-\sqrt{10}$ ② $-\sqrt{5}$ ③ 1

④ $\sqrt{5}$ ⑤ $\sqrt{10}$

172

함수 $f(x)=x^n e^{-x}$에 대하여 |보기|에서 옳은 것만을 있는 대로 고른 것은? (단, n은 자연수이고, $\lim_{x \to \infty} f(x)=0$이다.)

┌── 보기 ├──

ㄱ. n이 짝수일 때, $f(x)$의 극솟값은 0이다.
ㄴ. n이 짝수일 때, $f(x)$는 $x=0$에서 극솟값을 갖고 $x=n$에서 극댓값을 갖는다.
ㄷ. n이 홀수일 때, $f(x)$는 $x=0$에서 극댓값을 갖고 $x=n$에서 극솟값을 갖는다.

① ㄱ   ② ㄷ   ③ ㄱ, ㄴ
④ ㄴ, ㄷ   ⑤ ㄱ, ㄴ, ㄷ

173

함수 $f(x)=e^{2x}+ae^x+2x$의 극댓값과 극솟값의 합이 -11일 때, 상수 a의 값은?

① -6 ② -4 ③ -2
④ 2 ⑤ 4

유형 17 함수의 그래프

유형 및 경향 분석

함수 $f(x)$의 이계도함수 $f''(x)$를 이용하여 곡선 $y=f(x)$의 변곡점에 대한 문제나 주어진 함수에 대한 조건을 이용하여 함수의 그래프의 개형을 그린 후 해결할 수 있는 문제가 출제된다.

실전 가이드

(1) 이계도함수를 갖는 함수 $f(x)$가 어떤 구간에서
   ① $f''(x)>0$이면 곡선 $y=f(x)$는 이 구간에서 아래로 볼록
   ② $f''(x)<0$이면 곡선 $y=f(x)$는 이 구간에서 위로 볼록
(2) 함수 $f(x)$에서 $f''(a)=0$이고 $x=a$의 좌우에서 $f''(x)$의 부호가 바뀌면 점 $(a, f(a))$는 곡선 $y=f(x)$의 변곡점이다.
(3) 함수 $y=f(x)$의 그래프의 개형은 다음을 고려하여 그린다.
   ① 함수의 정의역과 치역
   ② 곡선 $y=f(x)$의 대칭성과 주기
   ③ 곡선 $y=f(x)$와 좌표축의 교점
   ④ 함수의 증가와 감소, 극대와 극소
   ⑤ 곡선의 오목과 볼록, 변곡점
   ⑥ $\lim_{x \to \infty} f(x)$, $\lim_{x \to -\infty} f(x)$, 점근선

174 | 대표 유형 | 2020학년도 수능

곡선 $y=ax^2-2\sin 2x$가 변곡점을 갖도록 하는 정수 a의 개수는?

① 4   ② 5   ③ 6
④ 7   ⑤ 8

175

곡선 $y=\cos^2 x+1\ \left(-\dfrac{\pi}{2}<x<\dfrac{\pi}{2}\right)$의 두 변곡점 사이의 거리는?

① $\dfrac{\pi}{8}$ ② $\dfrac{\pi}{4}$ ③ $\dfrac{3}{8}\pi$
④ $\dfrac{\pi}{2}$ ⑤ $\dfrac{5}{8}\pi$

176

곡선 $y=\dfrac{kx}{e^x}$ 에 대하여 원점에서의 접선과 변곡점에서의 접선이 서로 수직일 때, 양수 k의 값은?

① $\dfrac{1}{2e}$ ② $\dfrac{1}{e}$ ③ $\sqrt{e}$

④ e ⑤ $2e$

177

곡선 $f(x)=e^x(x^2+ax+7)$의 변곡점이 존재하지 않도록 하는 상수 a의 최댓값은?

① $\sqrt{5}$ ② $2\sqrt{5}$ ③ $3\sqrt{5}$

④ $4\sqrt{5}$ ⑤ $5\sqrt{5}$

178

정의역이 $\{x\,|\,x>0\}$인 함수
$$f(x)=x(e\ln x)^2+1$$
에 대하여 곡선 $y=f(x)$와 직선 $y=k$가 서로 다른 세 점에서 만나도록 하는 정수 k의 개수는? (단, $\lim\limits_{x\to 0+}x(\ln x)^2=0$)

① 1 ② 2 ③ 3

④ 4 ⑤ 5

179

함수 $f(x)=(x^2+2x+2)e^{-x}+5x$의 그래프의 접선 중 기울기가 t인 접선의 개수를 함수 $g(t)$라 할 때,
$g(5-5e^{-2})+g(5-3e^{-2})+g(5+e^2)$의 값은?
$$\text{(단, }\lim\limits_{x\to\infty}x^2e^{-x}=0)$$

① 1 ② 2 ③ 3

④ 4 ⑤ 5

180

함수 $f(x)=x\ln x-2x+1$에 대하여 |보기|에서 옳은 것만을 있는 대로 고른 것은?

┤ 보기 ├

ㄱ. 함수 $f(x)$의 치역은 $\{y|y\geq 1-e^2\}$이다.

ㄴ. $\dfrac{1}{e}\leq x_1<x_2\leq e^4$일 때, $-2<\dfrac{f(x_2)-f(x_1)}{x_2-x_1}<3$이다.

ㄷ. 임의의 서로 다른 두 양수 x_1, x_2에 대하여

$$f\left(\frac{x_1+x_2}{2}\right)<\frac{f(x_1)+f(x_2)}{2}$$이다.

① ㄱ   ② ㄴ   ③ ㄱ, ㄷ

④ ㄴ, ㄷ   ⑤ ㄱ, ㄴ, ㄷ

유형 18 함수의 최대와 최소

유형 및 경향 분석

주어진 구간에서 함수의 최댓값과 최솟값을 구하는 문제와 도함수를 활용하여 도형의 넓이의 최댓값과 최솟값을 구하는 문제가 출제된다. 함수의 극대, 극소를 이용하여 최댓값과 최솟값을 구할 수 있어야 한다.

실전 가이드

(1) 미분을 이용하여 주어진 구간에서 함수의 그래프를 그린 후 최댓값, 최솟값을 구한다.

(2) 도형의 길이, 넓이, 부피 등과 관련된 문제는
   ① 구하려는 값을 x로 놓고 x에 대한 함수로 나타낸다.
   ② x의 값의 범위에 주의하고, 이 함수를 미분하여 극값을 구한다.
   ③ 정의역을 고려하여 최댓값과 최솟값을 구한다.

181 | 대표 유형 |

2017학년도 수능

곡선 $y=2e^{-x}$ 위의 점 $\mathrm{P}(t,\ 2e^{-t})$ $(t>0)$에서 y축에 내린 수선의 발을 A라 하고, 점 P에서의 접선이 y축과 만나는 점을 B라 하자. 삼각형 APB의 넓이가 최대가 되도록 하는 t의 값은?

① 1   ② $\dfrac{e}{2}$ ③ $\sqrt{2}$

④ 2   ⑤ e

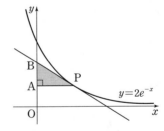

182

함수 $f(x)=x^3+3(a+1)x^2+12x-6$이 극값을 갖지 않도록 실수 a의 값을 정할 때, 함수 $g(a)=ae^{2a}$의 최댓값과 최솟값의 곱은?

① $-2e$ ② $-e$ ③ $-\sqrt{e}$

④ $-\dfrac{e}{2}$ ⑤ $-\dfrac{2}{e}$

183

양의 실수 전체의 집합에서 정의된 함수 $f(x)=e^x+\dfrac{1}{x}$이 $x=a$에서 극값을 가질 때, |보기|에서 옳은 것만을 있는 대로 고른 것은?

┤ 보기 ├

ㄱ. $a=-2\ln a$
ㄴ. 곡선 $y=f(x)$의 변곡점이 존재한다.
ㄷ. 함수 $f(x)$는 $x=a$에서 최솟값을 갖는다.

① ㄱ   ② ㄴ   ③ ㄱ, ㄴ

④ ㄱ, ㄷ   ⑤ ㄱ, ㄴ, ㄷ

184

$0 \le x \le 2$에서 정의된 함수 $f(x)=\dfrac{x^2+3}{\sqrt{e^x}}$의 최댓값을 M, 최솟값을 m이라 하자. $M \times m$의 값은?

① $\dfrac{6}{\sqrt{e}}$ ② $\dfrac{8}{\sqrt{e}}$ ③ $\dfrac{10}{\sqrt{e}}$

④ $\dfrac{12}{\sqrt{e}}$ ⑤ $\dfrac{14}{\sqrt{e}}$

185

그림과 같이 양의 실수 t에 대하여 y축 위의 한 점 $A(0, t)$에서 곡선 $y = -\ln x$에 그은 접선이 x축과 만나는 점을 B라 할 때, 삼각형 AOB의 넓이의 최댓값은? (단, O는 원점이다.)

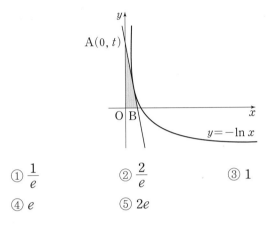

① $\dfrac{1}{e}$　　　　② $\dfrac{2}{e}$　　　　③ 1

④ e　　　　⑤ $2e$

186

그림과 같이 반지름의 길이가 1인 사분원 OAB가 있다. 호 AB 위의 임의의 점 P에서 선분 OA에 내린 수선의 발을 H라 할 때, $\overline{BP} + \overline{PH}$의 최댓값은?

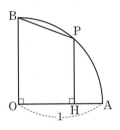

① $\sqrt{2}$　　　　② $\dfrac{3}{2}$　　　　③ $\dfrac{7}{4}$

④ $\dfrac{1+\sqrt{3}}{2}$　　　　⑤ $\dfrac{3\sqrt{3}-2}{2}$

유형 19 방정식과 부등식에서의 활용

유형 및 경향 분석

도함수를 활용한 방정식과 부등식의 문제는 자주 출제되는 유형 중 하나이다. 함수의 그래프를 이용하여 방정식의 실근의 개수나 부등식이 성립하는 조건을 구하는 문제들이 출제된다.

📑 실전 가이드

(1) 방정식 $f(x)=0$의 서로 다른 실근의 개수는 함수 $y=f(x)$의 그래프와 x축의 교점의 개수와 같다.

(2) 방정식 $f(x)=g(x)$의 서로 다른 실근의 개수는 두 함수 $y=f(x)$와 $y=g(x)$의 그래프의 교점의 개수와 같다.

(3) 어떤 구간에서 부등식 $f(x)>0$이 성립함을 보이려면 함수 $y=f(x)$의 그래프가 주어진 구간에서 x축의 위쪽에 있음을 보이면 된다.

(4) 어떤 구간에서 부등식 $f(x)>g(x)$가 성립함을 보이려면 $h(x)=f(x)-g(x)$의 그래프가 주어진 구간에서 x축의 위쪽에 있음을 보이면 된다.

187 | 대표 유형 |

2022학년도 평가원 6월

두 함수

$$f(x) = e^x, \; g(x) = k \sin x$$

에 대하여 방정식 $f(x)=g(x)$의 서로 다른 양의 실근의 개수가 3일 때, 양수 k의 값은?

① $\sqrt{2}e^{\frac{3\pi}{2}}$　　　　② $\sqrt{2}e^{\frac{7\pi}{4}}$　　　　③ $\sqrt{2}e^{2\pi}$

④ $\sqrt{2}e^{\frac{9\pi}{4}}$　　　　⑤ $\sqrt{2}e^{\frac{5\pi}{2}}$

188

x에 대한 방정식 $e^{2x} = \dfrac{2}{\sqrt{e}}x + k$가 오직 하나의 실근을 가질 때, 상수 k의 값은?

① $\dfrac{1}{\sqrt{e}}$ ② $\dfrac{3}{2\sqrt{e}}$ ③ $\dfrac{2}{\sqrt{e}}$

④ $\sqrt{e}$ ⑤ $2\sqrt{e}$

189

모든 양수 x에 대하여 부등식 $2\sqrt{x} > k \ln x$가 성립하도록 하는 양수 k의 값의 범위는?

① $1 < k < 3$ ② $k > 1$ ③ $0 < k < e$

④ $k > e$ ⑤ $0 < k < 2e$

190

x에 대한 방정식 $\ln(x-1) = 2x - k$가 실근을 갖지 않도록 하는 실수 k의 값의 범위는?

① $-1 < k < 4 + \ln 2$ ② $0 < k < 4$

③ $k < 3 + \ln 2$ ④ $k > 2 + \ln 2$

⑤ $2 + \ln 2 < k < 4 + \ln 2$

191

$x \geq 0$에서 정의된 함수 $f(x) = \dfrac{x^2}{2} + \cos x$에 대하여 $f(x) \geq k$가 성립하도록 하는 실수 k의 최댓값은?

① $\dfrac{1}{3}$ ② $\dfrac{1}{2}$ ③ 1

④ 2 ⑤ 3

192

함수 $f(x) = \dfrac{ax+1}{x^2+2}$이 $x = \dfrac{4}{3}$에서 극댓값을 가질 때, |보기|에서 옳은 것만을 있는 대로 고른 것은? (단, a는 상수이다.)

┤ 보기 ├

ㄱ. 함수 $f(x)$의 극솟값은 -3이다.

ㄴ. 함수 $f(x)$의 최댓값은 $\dfrac{9}{2}$이다.

ㄷ. 방정식 $f(x) = k$가 오직 하나의 실근을 갖도록 하는 모든 실수 k의 값의 합은 $\dfrac{3}{2}$이다.

① ㄱ   ② ㄴ   ③ ㄱ, ㄴ

④ ㄱ, ㄷ   ⑤ ㄱ, ㄴ, ㄷ

193

양의 실수 전체의 집합에서 정의된 연속함수 $f(x)$가 다음 조건을 만족시킬 때, |보기|에서 옳은 것만을 있는 대로 고른 것은?

(가) $0 \le x \le e$일 때, $f(f(x)) - x = 0$

(나) $x \ge 1$일 때, $f(x) = \dfrac{3 - \ln x}{3x^2}$

┤ 보기 ├

ㄱ. 함수 $f(x)$는 열린구간 $(1, e)$에서 감소한다.

ㄴ. 함수 $f(x)$는 열린구간 $(1, e)$에서 아래로 볼록하다.

ㄷ. 방정식 $f(x) - x = 0$은 오직 하나의 실근을 갖는다.

① ㄱ   ② ㄷ   ③ ㄱ, ㄴ

④ ㄴ, ㄷ   ⑤ ㄱ, ㄴ, ㄷ

유형 20 속도와 가속도

유형 및 경향 분석

좌표평면 위를 움직이는 점의 시각 t에서의 위치가 주어질 때, 점의 속도, 속력, 가속도, 가속도의 크기를 구하는 문제가 출제된다.

📖 실전 가이드

좌표평면 위를 움직이는 점 P의 시각 t에서의 위치 (x, y)가 $x=f(t)$, $y=g(t)$일 때, 점 P의 시각 t에서의 속도 v와 가속도 a는 다음과 같다.

(1) 속도 $v=\left(\dfrac{dx}{dt}, \dfrac{dy}{dt}\right)$, 즉 $(f'(t), g'(t))$

(2) 속력 $\sqrt{\{f'(t)\}^2+\{g'(t)\}^2}$

(3) 가속도 $a=\left(\dfrac{d^2x}{dt^2}, \dfrac{d^2y}{dt^2}\right)$, 즉 $(f''(t), g''(t))$

(4) 가속도의 크기 $\sqrt{\{f''(t)\}^2+\{g''(t)\}^2}$

194 | 대표 유형 | 2021년 시행 교육청 10월

좌표평면 위를 움직이는 점 P의 시각 t $(t>2)$에서의 위치 (x, y)가

$$x=t \ln t, \ y=\frac{4t}{\ln t}$$

이다. 시각 $t=e^2$에서 점 P의 속력은?

① $\sqrt{7}$ ② $2\sqrt{2}$ ③ 3

④ $\sqrt{10}$ ⑤ $\sqrt{11}$

195

좌표평면 위를 움직이는 점 P의 시각 t $(t>0)$에서의 위치 (x, y)가

$$x=t-\ln t, \ y=1+4\sqrt{t}$$

이다. 점 P의 시각 $t=a$에서의 속력이 10일 때, a의 값은?

① $\dfrac{1}{9}$ ② $\dfrac{1}{3}$ ③ 1

④ 3 ⑤ 9

196

좌표평면 위를 움직이는 점 P의 시각 t $(t>0)$에서의 위치 (x, y)가

$$x=3 \cos t-\cos 3t, \ y=3 \sin t-\sin 3t$$

이다. 점 P의 속력이 최대일 때, 가속도의 크기는?

① 9 ② 10 ③ 11

④ 12 ⑤ 13

197

좌표평면 위를 움직이는 점 P의 시각 t $(t>0)$에서의 위치 (x, y)가

$$x=\frac{3}{2}t^2+\frac{1}{9t}, \ y=\frac{4\sqrt{3t}}{3}$$

이다. 점 P의 속력이 최소일 때의 시각이 $t=a$일 때, a^3의 값은?

① $\dfrac{1}{27}$ ② $\dfrac{2}{27}$ ③ $\dfrac{1}{9}$

④ $\dfrac{4}{27}$ ⑤ $\dfrac{5}{27}$

198

$$\lim_{x \to \infty} \frac{a^{\frac{1}{x}}-1}{\log_a \left(1+\dfrac{1}{3x}\right)}=27(\ln 3)^2$$을 만족시키는 모든 실수 a의 값의 곱은?

(단, $a>0$, $a \neq 1$)

① $\dfrac{1}{3}$ ② $\dfrac{1}{2}$ ③ 1 ④ 2 ⑤ 3

해결 전략

Step ❶ $\dfrac{1}{x}=t$, $\dfrac{1}{3x}=s$라 하고
$\lim_{x \to \infty} \dfrac{a^{\frac{1}{x}}-1}{\log_a \left(1+\dfrac{1}{3x}\right)}$의 값 구하기

Step ❷ Step ❶에서 구한 값과 $27(\ln 3)^2$이 같음을 이용하여 모든 실수 a의 값의 곱 구하기

199

그림과 같은 사각형 ABCD에서 $\overline{AB} \perp \overline{BD}$, $\overline{AC} \perp \overline{CD}$이고 $\overline{AB}=2$, $\overline{CD}=3$, $\overline{BD}=\sqrt{21}$일 때, 삼각형 ABC의 넓이는 $\dfrac{p\sqrt{21}+q}{25}$이다. 두 유리수 p, q에 대하여 $p-q$의 값을 구하시오.

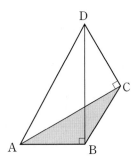

해결 전략

Step ❶ 삼각형 ABD가 직각삼각형임을 이용하여 $\sin(\angle DAB)$, $\cos(\angle DAB)$의 값 각각 구하기

Step ❷ 삼각형 ACD가 직각삼각형임을 이용하여 $\sin(\angle DAC)$, $\cos(\angle DAC)$의 값 각각 구하기

Step ❸ Step ❶, ❷에서 구한 값을 이용하여 $\sin(\angle CAB)$의 값 구하기

Step ❹ 삼각형 ABC의 넓이 구하기

200

실수 전체의 집합에서 증가하고 미분가능한 함수 $f(x)$가 있다. 함수 $f(x)$의 역함수 $g(x)$에 대하여 $h(x)=(g \circ g)(x)$라 하자. $h(k)=k$를 만족시키는 실수 k에 대하여 $h'(k)=25$일 때, $f'(k)$의 값은?

① $\dfrac{1}{25}$ ② $\dfrac{1}{5}$ ③ 1   ④ 5   ⑤ 25

해결 전략

Step ❶ $(g \circ g)(k)=k$의 양변에 함수 f 를 합성하기

Step ❷ $h(k)=(g \circ g)(k)$의 양변을 k 에 대하여 미분하고, $h'(k)=25$임을 이용 하여 $g'(k)$의 값 구하기

Step ❸ 역함수의 미분법을 이용하여 $f'(k)$의 값 구하기

201

실수 전체의 집합에서 정의된 함수

$$f(x)=\frac{ae^x}{1+e^x}$$

의 역함수를 $g(x)$라 하자. $\displaystyle\lim_{x \to 2}\frac{g(x)}{x-2}=b$일 때, 두 상수 a, b에 대하여 $a+b$의 값은?

(단, $a>0$)

① 3   ② 4   ③ 5   ④ 6   ⑤ 7

해결 전략

Step ❶ 극한의 성질을 이용하여 $\displaystyle\lim_{x \to 2}\frac{g(x)}{x-2}=b$에서 $g(2)$의 값 구하기

Step ❷ 역함수의 성질을 이용하여 양수 a 의 값 구하기

Step ❸ Step ❶, ❷에서 구한 값을 이용하 여 $a+b$의 값 구하기

202

미분가능한 함수 $f(x)$와 함수 $g(x)=\cos x$에 대하여 합성함수 $y=(g \circ f)(x)$의 그래프 위의 점 $(1, (g \circ f)(1))$에서의 접선의 기울기가 $\frac{1}{2}$일 때, $\lim\limits_{x \to 1} \dfrac{f(x)-\dfrac{\pi}{3}}{x-1}=k$이다. 상수 k의 값은?

① $-\dfrac{1}{\sqrt{3}}$ ② $-\dfrac{1}{\sqrt{2}}$ ③ -1 ④ $-\sqrt{2}$ ⑤ $-\sqrt{3}$

해결 전략

Step ① 극한값 $\lim\limits_{x \to 1} \dfrac{f(x)-\dfrac{\pi}{3}}{x-1}$가 존재함을 이용하여 $f(1)$의 값 구하기

Step ② $h(x)=(g \circ f)(x)$라 하고 $h'(1)$을 $f'(1)$에 대한 식으로 나타내기

Step ③ 합성함수 $y=(g \circ f)(x)$의 그래프 위의 점 $(1, (g \circ f)(1))$에서의 접선의 기울기가 $\frac{1}{2}$임을 이용하여 $f'(1)$의 값 구하기

203

그림과 같이 정육각형 ABCDEF에서 변 AB의 중점을 M, 변 DE의 삼등분점 중에서 꼭짓점 E에서 가까운 점을 N이라 하고, 두 선분 AN, DM의 연장선의 교점을 P라 하자. $\angle APM=\theta$라 할 때, $\tan \theta$의 값은?

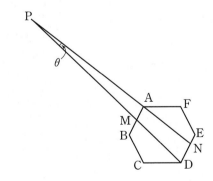

해결 전략

Step ① 변 DE의 중점을 M′, 정육각형 ABCDEF의 한 변의 길이를 $6a$라 하고 세 선분 AE, EM′, EN의 길이를 각각 a를 이용하여 나타내기

Step ② $\overline{AM'} /\!/ \overline{MD}$임을 이용하여 $\angle APM=\angle NAM'$임을 알기

Step ③ $\angle M'AE=\alpha$, $\angle NAE=\beta$라 하고 $\tan \alpha$, $\tan \beta$의 값 각각 구하기

Step ④ 탄젠트함수의 덧셈정리를 이용하여 $\tan(\angle NAM')$의 값 구하기

① $\dfrac{\sqrt{3}}{19}$ ② $\dfrac{\sqrt{3}}{18}$ ③ $\dfrac{\sqrt{3}}{17}$ ④ $\dfrac{\sqrt{3}}{16}$ ⑤ $\dfrac{\sqrt{3}}{15}$

204

그림과 같이 $\overline{AB}=\overline{AC}=2$인 이등변삼각형 ABC에 대하여 선분 AC 위에 $\overline{BC}=\overline{BD}$가 되도록 점 D를, 선분 BD 위에 $\angle DCE=\angle CAB$가 되도록 점 E를 잡는다. $\angle CAB=\theta$라 할 때, 삼각형 BCE의 넓이를 $S(\theta)$라 하자. $\lim\limits_{\theta \to 0+} \dfrac{S(\theta)}{\theta^3}$의 값은? $\left(\text{단, } 0<\theta<\dfrac{\pi}{3}\right)$

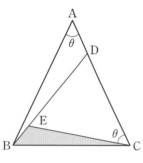

① 1　　　　② 2　　　　③ 4　　　　④ 8　　　　⑤ 16

해결 전략

Step ❶ 선분 BC를 θ에 대한 삼각함수를 이용하여 나타내기

Step ❷ 두 삼각형 ABC, BCD가 서로 닮음임을 이용하여 $\angle CBD$를 θ를 이용하여 나타내기

Step ❸ 두 삼각형 BCD, CED가 서로 닮음임을 이용하여 선분 CE를 θ에 대한 삼각함수를 이용하여 나타내기

Step ❹ $S(\theta)=\dfrac{1}{2}\times\overline{BC}\times\overline{CE}$
$\times\sin\left(\angle BCE\right)$
임을 이용하여 $S(\theta)$를 θ에 대한 식으로 나타내기

205

모든 실수 x에 대하여 미분가능한 함수
$$f(x)=\begin{cases} x+a & (x<1) \\ b\sin \pi x+c & (x\geq 1) \end{cases}$$
의 그래프가 점 $\left(\dfrac{3}{2}, 1\right)$을 지날 때, $f(0)+f(2)$의 값은? (단, a, b, c는 상수이다.)

① $1-\dfrac{2}{\pi}$　　　② $2-\dfrac{2}{\pi}$　　　③ $1+\dfrac{1}{\pi}$　　　④ $1+\dfrac{2}{\pi}$　　　⑤ $2+\dfrac{1}{\pi}$

해결 전략

Step ❶ 함수 $f(x)$의 그래프가 점 $\left(\dfrac{3}{2}, 1\right)$을 지남을 이용하여 b, c 사이의 관계식 구하기

Step ❷ 함수 $f(x)$가 $x=1$에서 연속임을 이용하여 a, c 사이의 관계식 구하기

Step ❸ 함수 $f(x)$가 $x=1$에서 미분가능함을 이용하여 a의 값 구하기

Step ❹ Step ❶, ❷에서 구한 관계식을 이용하여 두 상수 b, c의 값을 각각 구하고, 함수 $f(x)$의 식 구하기

206

$-3\pi<k<3\pi$인 실수 k와 함수 $f(x)=\sin x+\dfrac{\pi}{3}$에 대하여 함수 $F(x)$를

$$F(x)=|x+f(x)-k|$$

라 하자. 함수 $F(x)$가 실수 전체의 집합에서 미분가능하도록 하는 모든 실수 k의 값의 합은?

① $-\dfrac{8}{3}\pi$　　② -2π　　③ $-\pi$　　④ $\dfrac{4}{3}\pi$　　⑤ $\dfrac{5}{3}\pi$

해결 전략

Step ❶ 함수 $x+f(x)$의 식을 구하고, 실수 전체의 집합에서 함수 $x+f(x)$의 증가, 감소 판단하기

Step ❷ $\lim\limits_{x\to-\infty}\{x+f(x)\}$, $\lim\limits_{x\to\infty}\{x+f(x)\}$를 이용하여 함수 $y=x+f(x)$의 그래프가 x축과 만나는지 확인하기

Step ❸ 함수 $F(x)$가 실수 전체의 집합에서 미분가능하려면 $x+f(x)=k$를 만족시키는 x의 값에서 $\{x+f(x)\}'=0$임을 이용하여 x의 값을 n에 대한 식으로 나타내기

207

양의 실수 전체의 집합에서 미분가능한 함수 $f(x)=\dfrac{\sin x}{3+\cos x}$에 대하여 $f(x)=0$을 만족시키는 x의 값을 작은 것부터 차례로 $x_1, x_2, \cdots, x_n, \cdots$이라 하고, 곡선 $y=f(x)$ 위의 점 $(x_n, 0)$에서의 접선을 l_n이라 하자. 직선 l_n의 y절편을 y_n이라 할 때, $\sum\limits_{n=1}^{10} y_n$의 값은?

① 3π　　② 4π　　③ 5π　　④ 6π　　⑤ 7π

해결 전략

Step ❶ $f(x)=0$인 x의 값을 n에 대한 식으로 나타내기

Step ❷ 접선 l_n의 방정식 구하기

Step ❸ n이 홀수인 경우와 짝수인 경우로 나누어 직선 l_n의 y절편 구하기

208

양수 a에 대하여 함수
$$f(x) = \ln(x^2 + a)$$
의 극솟값은 $2\ln 2$이다. 곡선 $y = f(x)$의 두 변곡점을 각각 A, B라 할 때, 삼각형 OAB의 넓이는 $\ln b$이다. $a + b$의 값은? (단, O는 원점이고, 점 A의 x좌표는 양수이다.)

① 60   ② 62   ③ 64   ④ 66   ⑤ 68

해결 전략

Step ❶ 함수 $f(x)$의 극솟값을 이용하여 양수 a의 값 구하기

Step ❷ 두 점 A, B의 좌표를 구하여 삼각형 OAB의 넓이 구하기

Step ❸ Step ❶, ❷에서 구한 값을 이용하여 $a + b$의 값 구하기

209

양수 k에 대하여 함수 $f(x)$는
$$f(x) = \sin 2x + kx^3 - kx$$
이다. 부등식 $\displaystyle\lim_{x \to a-} \frac{f'(x) - f'(a)}{x - a} \times \lim_{x \to a+} \frac{f'(x) - f'(a)}{x - a} < 0$을 만족시키는 실수 a의 개수가 1일 때, $f'(0)$의 최댓값은?

① $\dfrac{1}{3}$ ② $\dfrac{7}{12}$ ③ $\dfrac{2}{3}$ ④ $\dfrac{3}{4}$ ⑤ $\dfrac{5}{6}$

해결 전략

Step ❶ 함수 $f(x)$를 미분하여 주어진 부등식을 만족시키는 실수 a의 값 구하기

Step ❷ 곡선 $y = f(x)$가 오직 하나의 변곡점을 가짐을 이용하여 양수 k의 값의 범위 구하기

Step ❸ Step ❷에서 구한 양수 k의 값의 범위를 이용하여 $f'(0)$의 최댓값 구하기

210

그림과 같이 $\overline{\text{AB}}=6$, $\overline{\text{BC}}=3$인 직사각형 모양의 색종이 ABCD에서 점 A가 선분 CD 위에 오도록 접을 때, 접는 선과 선분 AD가 만나는 점을 E라 하자. 접는 선의 길이가 최소가 될 때, 선분 AE의 길이는?

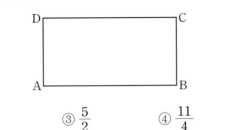

① 2   ② $\dfrac{9}{4}$ ③ $\dfrac{5}{2}$ ④ $\dfrac{11}{4}$ ⑤ 3

해결 전략

Step ❶ 점 A가 선분 CD 위에 오도록 접을 때, 선분 CD 위에 놓인 점을 A′, $\overline{\text{AE}}=x$라 하고 두 선분 A′E, DE의 길이를 x에 대한 식으로 나타내기

Step ❷ 접는 선이 선분 AB와 만나는 점을 F라 하고 두 삼각형 DAA′, AFE가 서로 닮음임을 알기

Step ❸ $\overline{\text{EF}}^2$을 x에 대한 식으로 나타낸 후, 선분 EF의 길이가 최소가 될 때의 선분 AE의 길이 구하기

211

2 이상의 자연수 n에 대하여 실수 전체의 집합에서 정의된 두 함수
$$f(x)=x^n e^{-x},\ g(x)=4\sin^2 x-\cos^2 x$$
에 대하여 함수 $f(x)$가 $x=n$에서만 극값을 갖는다. n이 최소일 때, 함수 $(f\circ g)(x)$의 최댓값을 M, 최솟값을 m이라 하자. $e^4\times\left|\dfrac{M}{m}\right|$의 값을 구하시오.

해결 전략

Step ❶ 함수 $f(x)$를 미분하여 자연수 n의 값 구하기

Step ❷ 함수 $(f\circ g)(x)$를 미분하여 함수 $y=(f\circ g)(x)$의 그래프의 개형 파악하기

Step ❸ M, m의 값을 구하여 $e^4\times\left|\dfrac{M}{m}\right|$의 값 구하기

212

정의역이 $\{x \mid -1 \le x \le 1\}$인 함수 $f(x)$는 열린구간 $(-1, 1)$에서 이계도함수가 존재하고 $f(x) > 0$이다. 곡선 $y = f(x)$ 위의 임의의 점 $\mathrm{P}(x, f(x))$와 원점 사이의 거리의 제곱을 $F(x)$라 하고 $F(x)$가 최소가 될 때의 점 P의 x좌표를 k라 할 때, | 보기 |에서 옳은 것만을 있는 대로 고른 것은? (단, $-1 < k < 1$)

┤ 보기 ├
ㄱ. $f(k)f'(k) = k$
ㄴ. 곡선 $y = f(x)$가 아래로 볼록하면 곡선 $y = F(x)$도 아래로 볼록하다.
ㄷ. 곡선 $y = f(x)$가 위로 볼록하면 곡선 $y = F(x)$도 위로 볼록하다.

① ㄱ   ② ㄴ   ③ ㄱ, ㄴ   ④ ㄴ, ㄷ   ⑤ ㄱ, ㄴ, ㄷ

해결 전략

Step ❶ $F(x) = x^2 + \{f(x)\}^2$이므로 함수 $F(x)$가 극소가 되는 점의 x좌표를 구하여 ㄱ의 참, 거짓 판별하기

Step ❷ $F(x)$의 이계도함수를 이용하여 ㄴ, ㄷ의 참, 거짓 각각 판별하기

III

적분법

수능 출제 포커스

- 정적분으로 정의된 함수에서 미분법을 이용하여 함수를 구하거나 주어진 조건을 만족시키는 함수를 파악한 후, 정적분의 값을 구하는 문제가 출제될 수 있으므로 미분법과 적분법을 함께 이용하면서 문제를 해결하는 연습을 충분히 해 두어야 한다.
- 정적분과 급수의 합 사이의 관계를 이용하여 급수의 합을 정적분으로 바꾸어 계산하는 문제가 출제될 수 있으므로 그 원리를 잘 정리해 두도록 한다.
- 두 곡선으로 둘러싸인 부분의 넓이와 정적분을 이용하여 입체도형의 부피를 구하는 문제가 출제될 수 있다.

기출 및 핵심 예상 문제수

기출문제	수능 대비 예상 문제	등급 업 문제	합계
17	62	12	91

N Ⅲ 적분법

1 여러 가지 함수의 부정적분

(1) 함수 $y=x^n$ (n은 실수)의 부정적분 (단, C는 적분상수)

① $n \neq -1$일 때, $\displaystyle\int x^n\,dx = \frac{1}{n+1}x^{n+1}+C$

② $n=-1$일 때, $\displaystyle\int \frac{1}{x}\,dx = \ln|x|+C$

(2) 지수함수의 부정적분 (단, C는 적분상수)

① $\displaystyle\int e^x\,dx = e^x+C$

② $\displaystyle\int a^x\,dx = \frac{a^x}{\ln a}+C$ (단, $a>0$, $a\neq 1$)

(3) 삼각함수의 부정적분 (단, C는 적분상수)

① $\displaystyle\int \sin x\,dx = -\cos x + C$ ② $\displaystyle\int \cos x\,dx = \sin x + C$

③ $\displaystyle\int \sec^2 x\,dx = \tan x + C$ ④ $\displaystyle\int \csc^2 x\,dx = -\cot x + C$

2 치환적분법

(1) 미분가능한 함수 $g(x)$에 대하여 $g(x)=t$로 놓으면
$$\int f(g(x))g'(x)\,dx = \int f(t)\,dt$$

(2) $\displaystyle\int \frac{f'(x)}{f(x)}\,dx$ 꼴의 부정적분 (단, C는 적분상수)
$$\int \frac{f'(x)}{f(x)}\,dx = \ln|f(x)|+C$$

(3) 정적분의 치환적분법

미분가능한 함수 $t=g(x)$의 도함수 $g'(x)$가 닫힌구간 $[a, b]$에서 연속이고, $g(a)=\alpha$, $g(b)=\beta$에 대하여 함수 $f(t)$가 α와 β를 양 끝으로 하는 닫힌구간에서 연속일 때
$$\int_a^b f(g(x))g'(x)\,dx = \int_\alpha^\beta f(t)\,dt$$

3 부분적분법

(1) 두 함수 $f(x)$, $g(x)$가 미분가능할 때
$$\int f(x)g'(x)\,dx = f(x)g(x) - \int f'(x)g(x)\,dx$$

(2) 정적분의 부분적분법

두 함수 $f(x)$, $g(x)$가 미분가능하고, $f'(x)$, $g'(x)$가 닫힌구간 $[a, b]$에서 연속일 때
$$\int_a^b f(x)g'(x)\,dx = \Big[f(x)g(x)\Big]_a^b - \int_a^b f'(x)g(x)\,dx$$

4 정적분과 급수의 합 사이의 관계

함수 $f(x)$가 닫힌구간 $[a, b]$에서 연속일 때
$$\int_a^b f(x)\,dx = \lim_{n\to\infty}\sum_{k=1}^n f\left(a+\frac{b-a}{n}k\right)\times\frac{b-a}{n}$$

5 정적분의 성질

(1) 정적분으로 나타내어진 함수의 미분

① $\dfrac{d}{dx}\displaystyle\int_a^x f(t)\,dt = f(x)$ (단, a는 상수)

② $\dfrac{d}{dx}\displaystyle\int_x^{x+a} f(t)\,dt = f(x+a)-f(x)$ (단, a는 상수)

(2) 정적분으로 나타내어진 함수의 극한

① $\displaystyle\lim_{x\to 0}\frac{1}{x}\int_a^{a+x} f(t)\,dt = f(a)$

② $\displaystyle\lim_{x\to a}\frac{1}{x-a}\int_a^x f(t)\,dt = f(a)$

6 정적분의 활용

(1) 곡선과 x축 사이의 넓이

함수 $f(x)$가 닫힌구간 $[a, b]$에서 연속일 때, 곡선 $y=f(x)$와 x축 및 두 직선 $x=a$, $x=b$ $(a<b)$로 둘러싸인 부분의 넓이 S는
$$S = \int_a^b |f(x)|\,dx$$

(2) 두 곡선 사이의 넓이

두 함수 $f(x)$, $g(x)$가 닫힌구간 $[a, b]$에서 연속일 때, 두 곡선 $y=f(x)$, $y=g(x)$와 두 직선 $x=a$, $x=b$ $(a<b)$로 둘러싸인 부분의 넓이 S는
$$S = \int_a^b |f(x)-g(x)|\,dx$$

(3) 입체도형의 부피

닫힌구간 $[a, b]$의 임의의 점 x에서 x축에 수직인 평면으로 자른 단면의 넓이가 $S(x)$인 입체도형의 부피 V는
$$V = \int_a^b S(x)\,dx$$ (단, $S(x)$는 구간 $[a, b]$에서 연속이다.)

7 속도와 거리

(1) 평면 위의 점이 움직인 거리

좌표평면 위를 움직이는 점 P의 시각 t에서의 위치 (x, y)가 $x=f(t)$, $y=g(t)$일 때, $t=a$에서 $t=b$까지 점 P가 움직인 거리 s는
$$s = \int_a^b \sqrt{\left(\frac{dx}{dt}\right)^2+\left(\frac{dy}{dt}\right)^2}\,dt = \int_a^b \sqrt{\{f'(t)\}^2+\{g'(t)\}^2}\,dt$$

(2) 곡선의 길이

① 매개변수로 나타낸 곡선 $x=f(t)$, $y=g(t)$ $(a\leq t\leq b)$의 길이 l은
$$l = \int_a^b \sqrt{\left(\frac{dx}{dt}\right)^2+\left(\frac{dy}{dt}\right)^2}\,dt = \int_a^b \sqrt{\{f'(t)\}^2+\{g'(t)\}^2}\,dt$$

② 곡선 $y=f(x)$ $(a\leq x\leq b)$의 길이 l은
$$l = \int_a^b \sqrt{1+\{f'(x)\}^2}\,dx$$

213
2018학년도 평가원 6월

$\displaystyle\int_2^4 2e^{2x-4}\,dx=k$일 때, $\ln(k+1)$의 값을 구하시오.

214
2024학년도 평가원 9월

함수 $f(x)=x+\ln x$에 대하여 $\displaystyle\int_1^e \left(1+\dfrac{1}{x}\right)f(x)\,dx$의 값은?

① $\dfrac{e^2}{2}+\dfrac{e}{2}$ ② $\dfrac{e^2}{2}+e$ ③ $\dfrac{e^2}{2}+2e$

④ e^2+e ⑤ e^2+2e

215
2021학년도 평가원 9월

$\displaystyle\int_1^2 (x-1)e^{-x}\,dx$의 값은?

① $\dfrac{1}{e}-\dfrac{2}{e^2}$ ② $\dfrac{1}{e}-\dfrac{1}{e^2}$ ③ $\dfrac{1}{e}$

④ $\dfrac{2}{e}-\dfrac{2}{e^2}$ ⑤ $\dfrac{2}{e}-\dfrac{1}{e^2}$

216
2021학년도 수능

$\displaystyle\lim_{n\to\infty}\dfrac{1}{n}\sum_{k=1}^{n}\sqrt{\dfrac{3n}{3n+k}}$의 값은?

① $4\sqrt{3}-6$ ② $\sqrt{3}-1$ ③ $5\sqrt{3}-8$

④ $2\sqrt{3}-3$ ⑤ $3\sqrt{3}-5$

217
2016학년도 평가원 6월

닫힌구간 $[0,\,4]$에서 정의된 함수

$$f(x)=2\sqrt{2}\sin\dfrac{\pi}{4}x$$

의 그래프가 그림과 같고 직선 $y=g(x)$가 $y=f(x)$의 그래프 위의 점 $\mathrm{A}(1,\,2)$를 지난다.

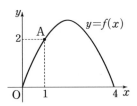

직선 $y=g(x)$가 x축에 평행할 때, 곡선 $y=f(x)$와 직선 $y=g(x)$에 의해 둘러싸인 부분의 넓이는?

① $\dfrac{16}{\pi}-4$ ② $\dfrac{17}{\pi}-4$ ③ $\dfrac{18}{\pi}-4$

④ $\dfrac{16}{\pi}-2$ ⑤ $\dfrac{17}{\pi}-2$

218
2020학년도 수능

그림과 같이 양수 k에 대하여 곡선 $y=\sqrt{\dfrac{e^x}{e^x+1}}$ 과 x축, y축 및 직선 $x=k$로 둘러싸인 부분을 밑면으로 하고 x축에 수직인 평면으로 자른 단면이 모두 정사각형인 입체도형의 부피가 $\ln 7$일 때, k의 값은?

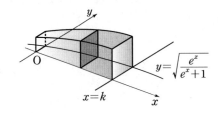

① $\ln 11$ ② $\ln 13$ ③ $\ln 15$

④ $\ln 17$ ⑤ $\ln 19$

유형 1 여러 가지 함수의 부정적분

유형 및 경향 분석

여러 가지 함수의 부정적분을 구하는 문제가 출제되거나 치환적분법과 부분적분법을 이용하여 부정적분을 구하는 문제가 출제된다.

📑 실전 가이드

(1) 부정적분이나 도함수 $f'(x)$가 주어진 경우는

$$\int f'(x)\,dx = f(x) + C \text{ (}C\text{는 적분상수),}$$

$$\frac{d}{dx}\left\{\int f(x)\,dx\right\} = f(x)$$

임을 이용하여 $f(x)$를 구한다.

(2) 치환적분법

① $g(x) = t$라 하면 $\displaystyle\int f(g(x))g'(x)\,dx = \int f(t)\,dt$

② $\displaystyle\int f(ax+b)\,dx = \frac{1}{a}F(ax+b) + C$

(단, a, b는 상수, $a \neq 0$, $F'(x) = f(x)$)

③ $\displaystyle\int \frac{f'(x)}{f(x)}\,dx = \ln|f(x)| + C$

(3) 부분적분법

① 두 함수 $f(x)$, $g(x)$가 미분가능할 때

$$\int f(x)g'(x)\,dx = f(x)g(x) - \int f'(x)g(x)\,dx$$

② 미분하면 간단해지는 함수(로그함수, 다항함수)를 $f(x)$, 적분하기 쉬운 함수(지수함수, 삼각함수)를 $g'(x)$라 한다.

219 | 대표 유형 | 2021학년도 수능

$x > 0$에서 미분가능한 함수 $f(x)$에 대하여

$$f'(x) = 2 - \frac{3}{x^2},\ f(1) = 5$$

이다. $x < 0$에서 미분가능한 함수 $g(x)$가 다음 조건을 만족시킬 때, $g(-3)$의 값은?

(가) $x < 0$인 모든 실수 x에 대하여 $g'(x) = f'(-x)$이다.
(나) $f(2) + g(-2) = 9$

① 1   ② 2   ③ 3
④ 4   ⑤ 5

220

함수 $f(x) = \displaystyle\int (\sin^2 x + 2\cos x)\,dx$에 대하여

$$\lim_{h \to 0} \frac{f\left(\dfrac{\pi}{3}+h\right) - f\left(\dfrac{\pi}{3}-h\right)}{h}$$의 값은?

① 2   ② $\dfrac{5}{2}$ ③ 3

④ $\dfrac{7}{2}$ ⑤ 4

221

함수 $f(x)$가

$$f'(x) = \sin 2x,\ f(0) = 2$$

를 만족시킬 때, $f\left(\dfrac{\pi}{6}\right)$의 값은?

① $\dfrac{3\sqrt{3}}{4}$ ② $\dfrac{3}{2}$ ③ $\dfrac{7}{4}$

④ $\dfrac{5\sqrt{3}}{4}$ ⑤ $\dfrac{9}{4}$

222

점 $(1, 3)$을 지나는 함수 $y = f(x)$의 그래프 위의 임의의 점 $(x, f(x))$에서의 접선의 기울기가 $\dfrac{x+\sqrt{x}}{x\sqrt{x}}$일 때, $f(e^2)$의 값은? (단, $x \neq 0$)

① $e+1$ ② $e+2$ ③ $2e+1$
④ $2e+2$ ⑤ $2e+3$

223

함수 $f(x)$가

$$f'(x) = \frac{xe^x - 1}{x}, \ f(1) = e$$

를 만족시킬 때, $f(e)$의 값은?

① $e - 1$ ② e ③ $e^e - e$

④ $e^e - 1$ ⑤ e^e

224

함수 $f(x)$에 대하여

$$f'(x) = \frac{8^x + 1}{2^x + 1}$$

일 때, $f(1) - f(0)$의 값은?

① $1 + \dfrac{1}{2\ln 2}$ ② $1 + \dfrac{1}{\ln 2}$ ③ $1 + \dfrac{2}{\ln 2}$

④ $2 + \dfrac{1}{2\ln 2}$ ⑤ $2 + \dfrac{1}{\ln 2}$

225

실수 전체의 집합에서 연속인 함수 $f(x)$에 대하여

$f(x) = \displaystyle\int (\sin x + a)\, dx$이고 $\displaystyle\lim_{x \to 0} \frac{f(x) - 2}{x} = 1$일 때,

$f(\pi)$의 값은? (단, a는 상수이다.)

① π ② $\pi + 1$ ③ $\pi + 2$

④ $\pi + 3$ ⑤ $\pi + 4$

226

$x = 0$에서 연속인 함수 $f(x)$에 대하여

$$f'(x) = \begin{cases} \cos x & (x < 0) \\ 2\sin x & (x > 0) \end{cases}$$

이고 $f(\pi) = 6$일 때, $f(-\pi)$의 값은?

① 1 ② $\dfrac{3}{2}$ ③ 2

④ $\dfrac{5}{2}$ ⑤ 3

227

함수 $f(x)$가

$$f'(x) = \frac{\sin(\ln x)}{x}, \quad f(1) = 2$$

를 만족시킬 때, $f(e^\pi)$의 값은?

① 1   ② 2   ③ 3

④ 4   ⑤ 5

228

함수 $f(x) = \displaystyle\int \frac{\cos x}{3 + 2\sin x}\, dx$에 대하여 곡선 $y = f(x)$가

점 $\left(-\dfrac{\pi}{2},\ 0\right)$을 지날 때, $f\left(\dfrac{\pi}{2}\right)$의 값은?

① $\ln\sqrt{3}$ ② $\ln 2$ ③ $\ln\sqrt{5}$

④ $1 + \ln 2$ ⑤ $1 + \ln\sqrt{5}$

229

실수 전체의 집합에서 미분가능한 함수 $f(x)$에 대하여 점 $\left(1,\ -\dfrac{1}{4}\right)$을 지나는 곡선 $y = f(x)$ 위의 임의의 점 $(x, f(x))$에서의 접선의 기울기가 $x\ln x$일 때, $f(e)$의 값은?

① $\dfrac{e}{4}$ ② $\dfrac{e}{2}$ ③ e

④ $\dfrac{e^2}{4}$ ⑤ $\dfrac{e^2}{2}$

230

미분가능한 함수 $f(x)$의 한 부정적분을 $F(x)$라 할 때,

$$xf(x) = F(x) + x^2 \sin x, \quad f'(0) = f(0) = 0$$

이 성립한다. $f(\pi)$의 값을 구하시오.

유형 2 여러 가지 함수의 정적분

유형 및 경향 분석

정적분의 계산법과 정적분의 성질을 묻는 문제가 출제된다. 함수의 대칭성과 주기, 함수의 그래프를 이용하여 계산하는 문제도 출제된다.

📘 실전 가이드

(1) 함수 $y=x^n$ 꼴의 정적분

① $n\neq-1$인 실수일 때

$$\int_\alpha^\beta x^n \, dx=\left[\frac{1}{n+1}x^{n+1}\right]_\alpha^\beta=\frac{1}{n+1}(\beta^{n+1}-\alpha^{n+1})$$

② $n=-1$일 때

$$\int_\alpha^\beta \frac{1}{x} \, dx=\left[\ln|x|\right]_\alpha^\beta=\ln|\beta|-\ln|\alpha|=\ln\left|\frac{\beta}{\alpha}\right|$$

(2) 지수함수의 정적분

① $\int_\alpha^\beta e^x \, dx=\left[e^x\right]_\alpha^\beta=e^\beta-e^\alpha$

② $\int_\alpha^\beta a^x \, dx=\left[\frac{a^x}{\ln a}\right]_\alpha^\beta=\frac{1}{\ln a}(a^\beta-a^\alpha)$ (단, $a>0$, $a\neq1$)

(3) 삼각함수의 정적분

① $\int_\alpha^\beta \sin ax \, dx=\left[-\frac{1}{a}\cos ax\right]_\alpha^\beta=-\frac{1}{a}(\cos a\beta-\cos a\alpha)$

② $\int_\alpha^\beta \cos ax \, dx=\left[\frac{1}{a}\sin ax\right]_\alpha^\beta=\frac{1}{a}(\sin a\beta-\sin a\alpha)$

231 | 대표 유형 |

2019학년도 수능

$x>0$에서 정의된 연속함수 $f(x)$가 모든 양수 x에 대하여

$$2f(x)+\frac{1}{x^2}f\left(\frac{1}{x}\right)=\frac{1}{x}+\frac{1}{x^2}$$

을 만족시킬 때, $\int_{\frac{1}{2}}^2 f(x) \, dx$의 값은?

① $\dfrac{\ln 2}{3}+\dfrac{1}{2}$ ② $\dfrac{2\ln 2}{3}+\dfrac{1}{2}$ ③ $\dfrac{\ln 2}{3}+1$

④ $\dfrac{2\ln 2}{3}+1$ ⑤ $\dfrac{2\ln 2}{3}+\dfrac{3}{2}$

232

$\int_{-1}^1 \dfrac{kx}{x+2} \, dx=6-6\ln 3$일 때, 상수 k의 값은?

① 1   ② $\dfrac{3}{2}$ ③ 2

④ $\dfrac{5}{2}$ ⑤ 3

233

두 양의 유리수 a, b에 대하여

$$\int_1^4 \left(ax-\frac{b}{\sqrt{x}}\right)^2 dx=28+18\ln 2$$

일 때, $10ab$의 값을 구하시오.

234

실수 전체의 집합에서 연속인 함수 $f(x)$가

$$\int xf'(x) \, dx=(x-1)e^x+x\sin x+\cos x$$

를 만족시키고 $f(0)=1$일 때, $\int_{-1}^1 f(x) \, dx$의 값은?

① $e-\dfrac{1}{e}$ ② e ③ $e+\dfrac{1}{e}$

④ $2e-\dfrac{2}{e}$ ⑤ $2e$

유형 3 치환적분법을 이용한 정적분

유형 및 경향 분석

치환적분법을 이용하여 정적분의 값을 구하는 문제가 출제된다. 치환적분법을 이용하면 정적분의 계산을 쉽게 할 수 있는 경우가 있으므로 함수를 치환을 이용하여 간단히 변형할 수 있는지 판단하고 이를 계산하는 연습을 해 두어야 한다.

📖 실전 가이드

미분가능한 함수 $t=g(x)$의 도함수 $g'(x)$가 닫힌구간 $[a, b]$에서 연속이고, $g(a)=\alpha$, $g(b)=\beta$에 대하여 함수 $f(t)$가 α와 β를 양 끝으로 하는 닫힌구간에서 연속일 때

$$\int_a^b f(g(x))g'(x)\,dx=\int_\alpha^\beta f(t)\,dt$$

참고 치환적분법을 이용하여 정적분을 구할 때는 적분 구간도 바뀌는 것에 주의한다.

235 | 대표 유형 |

2021년 시행 교육청 7월

$\displaystyle\int_0^{\frac{\pi}{4}} 2\cos 2x \sin^2 2x \,dx$의 값은?

① $\dfrac{1}{9}$ ② $\dfrac{1}{6}$ ③ $\dfrac{2}{9}$

④ $\dfrac{5}{18}$ ⑤ $\dfrac{1}{3}$

236

미분가능한 함수 $f(x)$에 대하여 $f(1)=2$, $f(2)=6$일 때, $\displaystyle\int_1^2 f(x)f'(x)\,dx$의 값을 구하시오.

237

$\displaystyle\int_0^{\frac{\pi}{6}} \sin^3 2x \,dx$의 값은?

① $\dfrac{1}{16}$ ② $\dfrac{1}{12}$ ③ $\dfrac{5}{48}$

④ $\dfrac{1}{8}$ ⑤ $\dfrac{7}{48}$

238

실수 전체의 집합에서 연속인 함수 $f(x)$가 $\displaystyle\int_0^2 xf(x)\,dx=4$를 만족시킬 때, $\displaystyle\int_1^5 (x-1)f\left(\dfrac{x-1}{2}\right)dx$의 값은?

① 1   ② 2   ③ 4

④ 8   ⑤ 16

239

자연수 n에 대하여 $a_n = \int_1^e \dfrac{(\ln x)^n}{x}\,dx$라 하자.

$\displaystyle\sum_{n=1}^{\infty} a_n a_{n+1}$의 값은?

① $\dfrac{1}{2e}$ ② $\dfrac{1}{4}$ ③ $\dfrac{1}{e}$

④ $\dfrac{1}{2}$ ⑤ 1

240

두 함수 $f(x)=\dfrac{x}{e^x}$, $g(x)=\dfrac{1-x}{e^x}$에 대하여

$\displaystyle\int_{-1}^0 \{f(x)\}^2 g(x)\,dx$의 값은?

① e^3 ② $\dfrac{e^3}{2}$ ③ $\dfrac{e^3}{3}$

④ $\dfrac{e^3}{4}$ ⑤ $\dfrac{e^3}{5}$

유형 ④ 부분적분법을 이용한 정적분

유형 및 경향 분석

부분적분법을 이용하여 정적분의 값을 구하는 문제가 출제된다. 두 함수가 곱해져 있는 경우 $f(x)$와 $g'(x)$를 잘 택하여 부분적분법으로 해결할 수 있는지 살펴보고 이를 계산하는 연습을 해 두어야 한다.

🔖 실전 가이드

두 함수 $f(x)$, $g(x)$가 미분가능하고, $f'(x)$, $g'(x)$가 닫힌구간 $[a, b]$에서 연속일 때

$$\int_a^b f(x)g'(x)\,dx = \Big[f(x)g(x)\Big]_a^b - \int_a^b f'(x)g(x)\,dx$$

241 | 대표 유형 |

2023학년도 평가원 9월

$\displaystyle\int_0^{\pi} x\cos\left(\dfrac{\pi}{2}-x\right)dx$의 값은?

① $\dfrac{\pi}{2}$ ② π ③ $\dfrac{3}{2}\pi$

④ 2π ⑤ $\dfrac{5}{2}\pi$

242

$\displaystyle\int_1^4 \sqrt{x}\ln x\,dx = a\ln 2 + b$일 때, $9(a+b)$의 값을 구하시오.

(단, a, b는 유리수이다.)

243

미분가능한 함수 $f(x)$에 대하여 $f(0)=f(\pi)$이고

$$\int_0^\pi f(x)\sin 2x\,dx = k\int_0^\pi f'(x)\cos 2x\,dx$$

가 성립할 때, 상수 k의 값은?

① $-\dfrac{1}{2}$ ② $-\dfrac{1}{4}$ ③ 0

④ $\dfrac{1}{4}$ ⑤ $\dfrac{1}{2}$

244

$\displaystyle\int_0^\pi x^2\sin 2x\,dx$의 값은?

① $-\dfrac{\pi^2}{4}$ ② $-\dfrac{\pi^2}{2}$ ③ $-\pi^2$

④ $-2\pi^2$ ⑤ $-4\pi^2$

유형 5 치환적분법과 부분적분법의 활용

유형 및 경향 분석

치환적분법 또는 부분적분법을 함께 이용하거나 치환적분법과 부분적분법을 반복하여 이용하는 문제, 치환적분법 또는 부분적분법을 문제해결과정에서 이용하는 문제가 출제된다. 이때 함수를 보고 치환적분법과 부분적분법 중 어느 방법을 이용하여야 하는지 알 수 있도록 연습해 두어야 한다.

📖 실전 가이드

(1) 치환적분법
① 함수를 치환을 이용하여 간단히 할 수 있는지 조사한다.
② 삼각함수로 치환하여 적분할 수 있는지 조사한다.
③ 제곱근을 치환하여 간단히 할 수 있는지 조사한다.

(2) 부분적분법
① 두 함수가 곱해진 경우 미분하면 간단해지는 함수(로그함수, 다항함수)를 $f(x)$, 적분하기 쉬운 함수(지수함수, 삼각함수)를 $g'(x)$라 한다.
② 주어진 함수를 $f(x)$, 1을 $g'(x)$라 하고 적분할 수 있는지 조사한다.

245 | 대표 유형 |

2023년 시행 교육청 7월

함수 $f(x)$는 실수 전체의 집합에서 도함수가 연속이고

$$\int_1^2 (x-1)f'\!\left(\frac{x}{2}\right)dx = 2$$

를 만족시킨다. $f(1)=4$일 때, $\displaystyle\int_{\frac{1}{2}}^1 f(x)\,dx$의 값은?

① $\dfrac{3}{4}$ ② 1 ③ $\dfrac{5}{4}$

④ $\dfrac{3}{2}$ ⑤ $\dfrac{7}{4}$

246

연속함수 $f(x)$에 대하여 $\int_3^5 \dfrac{f(x+1)}{x^2-1}\,dx=10$일 때,

$\int_3^4 \dfrac{f(2x-2)}{(x-1)(x-2)}\,dx$의 값을 구하시오.

247

$0<x<\pi$에서 정의된 함수 $f(x)$가
$$f'(x)=x\cos 2x$$
를 만족시키고 $f(x)$의 극댓값이 $\dfrac{\pi}{4}$일 때, $f(x)$의 극솟값은?

① $-\dfrac{\pi}{2}$ ② $-\dfrac{3}{8}\pi$ ③ $-\dfrac{\pi}{4}$

④ $-\dfrac{\pi}{8}$ ⑤ 0

248

함수 $f(x)$가 다음 조건을 만족시킨다.

> (가) 모든 실수 x에 대하여 $f(x)=f(x+3)$이다.
>
> (나) $1\le x<4$일 때, $f(x)=\dfrac{1}{x(1+\log_2 x)^2}$

$\int_{100}^{101} f(x)\,dx$의 값은?

① $\dfrac{1}{4}\ln 2$ ② $\dfrac{1}{2}\ln 2$ ③ $\ln 2$

④ $2\ln 2$ ⑤ $4\ln 2$

249

일차함수 $f(x)$가 다음 조건을 만족시킨다.

> (가) $\int_0^1 e^x\{f(x)+f'(x)\}\,dx=e$
>
> (나) $\int_0^1 e^{-x}\{f(x)-f'(x)\}\,dx=-\dfrac{1}{e}$

$\int_0^1 (e^x+e^{-x})f(x)\,dx$의 값은? (단, a는 상수이다.)

① $2-\dfrac{2}{e}$ ② $2-\dfrac{1}{e}$ ③ $2+\dfrac{1}{e}$

④ $4-\dfrac{2}{e}$ ⑤ $4-\dfrac{1}{e}$

유형 6 정적분으로 정의된 함수

유형 및 경향 분석

연속함수 $f(x)$와 상수 a에 대하여 정적분으로 나타낸 함수 $\int_a^x f(t)\,dt$, $\int_a^x xf(t)\,dt$를 미분하는 문제나 정적분의 정의와 미분계수의 정의를 이용하여 함수의 극한값을 구하는 문제가 출제된다.

실전 가이드

(1) $\int_a^x f(t)\,dt = g(x)$ 꼴

  양변을 x에 대하여 미분하여 $f(x) = g'(x)$임을 이용한다.

(2) $f(x) = g(x) + \int_a^b f(t)\,dt$ 꼴

  $\int_a^b f(t)\,dt = k$ (k는 상수)라 하면 $f(x) = g(x) + k$이므로

  $\int_a^b \{g(t) + k\}\,dt = k$에서 k의 값을 구한다.

(3) 정적분으로 정의된 함수의 극한

  ① $\displaystyle\lim_{x \to a} \frac{1}{x-a} \int_a^x f(t)\,dt = f(a)$

  ② $\displaystyle\lim_{x \to 0} \frac{1}{x} \int_a^{x+a} f(t)\,dt = f(a)$

250 | 대표 유형 |
2020년 시행 교육청 10월

연속함수 $f(x)$가 모든 양의 실수 t에 대하여

$$\int_0^{\ln t} f(x)\,dx = (t\ln t + a)^2 - a$$

를 만족시킬 때, $f(1)$의 값은? (단, a는 0이 아닌 상수이다.)

① $2e^2 + 2e$ ② $2e^2 + 4e$ ③ $4e^2 + 4e$

④ $4e^2 + 8e$ ⑤ $8e^2 + 8e$

251

함수 $f(x)$가 $f(x) = x - \int_1^e \dfrac{f(t)}{t}\,dt$를 만족시킬 때, $f(e)$의 값은?

① $\dfrac{-e-1}{2}$ ② $\dfrac{1-e}{2}$ ③ 0

④ $\dfrac{e-1}{2}$ ⑤ $\dfrac{e+1}{2}$

252

함수 $f(x) = e^x(\sin x + \cos x)$에 대하여

$\displaystyle\lim_{x \to 0} \frac{1}{x} \int_\pi^{\pi+x} f(t)\,dt$의 값은?

① $-e^\pi$ ② $-e^2$ ③ $-e$

④ -1 ⑤ $-\dfrac{1}{e}$

253

함수 $f(x) = (ax+b)e^x$이 모든 실수 x에 대하여

$$f(x) = 3e^x + 1 + \int_0^x f(t)\,dt$$

를 만족시킬 때, $a+b$의 값을 구하시오.

(단, a, b는 상수이다.)

254

실수 전체의 집합에서 연속인 함수 $f(x)$가

$$\int_0^x (x-t)f(t)\,dt = x\sin x + a\cos x + b$$

를 만족시키고 $f(0)=0$일 때, a^2+b^2의 값을 구하시오.

(단, a, b는 상수이다.)

255

미분가능한 함수 $f(x)$의 역함수를 $g(x)$라 할 때, 두 함수 $f(x)$, $g(x)$가 모든 실수 x에 대하여

$$\int_1^{g(x)} f(t)\,dt = (x-1)e^x$$

을 만족시킨다. $g'(1)$의 값은?

① 1 ② e ③ $2e$

④ e^2 ⑤ $2e^2$

256

실수 전체의 집합에서 미분가능한 두 함수 $f(x)$, $g(x)$가

$$f(x) + \int_0^x g(t)\,dt = 2\sin x - 3, \quad f'(x)g(x) = \cos^2 x$$

를 만족시킬 때, $f(\pi)+g(\pi)$의 값은?

① -8 ② -6 ③ -4

④ -2 ⑤ 0

257

실수 전체의 집합에서 연속인 두 함수 $f(x)$, $g(x)$가 모든 실수 x에 대하여 다음 조건을 만족시킨다.

> (가) $\displaystyle\int_{\frac{\pi}{2}}^{x} f(t)\,dt = \{g(x)+a\}\sin x - 4$
>
> (나) $g(x) = \cos x \times \displaystyle\int_0^{\frac{\pi}{2}} f(t)\,dt + 3$

함수 $f(x)$의 최솟값은? (단, a는 상수이다.)

① $-\dfrac{1}{2}$ ② $-\dfrac{3}{2}$ ③ $-\dfrac{5}{2}$

④ $-\dfrac{7}{2}$ ⑤ $-\dfrac{9}{2}$

258

양의 실수 전체의 집합에서 미분가능한 두 함수 $f(x)$, $g(x)$ 가 다음 조건을 만족시킨다.

(가) $\int_0^8 f(x)\,dx = 18$

(나) 모든 양의 실수 x에 대하여

$g(x) = \int_1^x \dfrac{f(t^2-1)}{t^2}\,dt$ 이다.

$g(3) = 4$일 때, $\int_1^3 x^2 g(x)\,dx$의 값을 구하시오.

유형 7 정적분과 급수

유형 및 경향 분석

정적분을 이용하여 급수의 합을 구하는 문제가 출제된다. 급수의 합은 경우에 따라 여러 가지의 정적분으로 나타낼 수 있음을 알고 이를 이용하여 문제를 해결한다.

📖 실전 가이드

a, b, k, p가 상수이고, 함수 $f(x)$가 연속일 때

(1) $\displaystyle\lim_{n\to\infty}\sum_{k=1}^{n} f\left(\dfrac{k}{n}\right)\times\dfrac{1}{n} = \int_0^1 f(x)\,dx$

(2) $\displaystyle\lim_{n\to\infty}\sum_{k=1}^{n} f\left(\dfrac{ak}{n}\right)\times\dfrac{a}{n} = \int_0^a f(x)\,dx$

(3) $\displaystyle\lim_{n\to\infty}\sum_{k=1}^{n} f\left(a+\dfrac{b-a}{n}k\right)\times\dfrac{b-a}{n} = \int_a^b f(x)\,dx$

(4) $\displaystyle\lim_{n\to\infty}\sum_{k=1}^{n} f\left(a+\dfrac{p}{n}k\right)\times\dfrac{p}{n} = \int_a^{a+p} f(x)\,dx = \int_0^p f(a+x)\,dx$
$= p\int_0^1 f(a+px)\,dx$

259 | 대표 유형 | 2022학년도 수능

$\displaystyle\lim_{n\to\infty}\sum_{k=1}^{n}\dfrac{k^2+2kn}{k^3+3k^2n+n^3}$의 값은?

① $\ln 5$ ② $\dfrac{\ln 5}{2}$ ③ $\dfrac{\ln 5}{3}$

④ $\dfrac{\ln 5}{4}$ ⑤ $\dfrac{\ln 5}{5}$

260

함수 $f(x)=\ln x$가

$$\lim_{n\to\infty}\sum_{k=1}^{n}\frac{f(n+4k)-f(n)}{n}=a\int_{0}^{2}\ln(1+2x)\,dx$$

를 만족시킬 때, 상수 a의 값은?

① $\dfrac{1}{4}$ ② $\dfrac{1}{2}$ ③ 1

④ 2   ⑤ 4

261

함수 $f(x)=e^{x+1}$에 대하여 $\displaystyle\lim_{n\to\infty}\frac{1}{n}\sum_{k=1}^{n}f\left(-1+\frac{2k}{n}\right)$의 값은?

① $\dfrac{1}{2}(e^2-1)$ ② $\dfrac{1}{2}e^2$ ③ $\dfrac{1}{2}(e^2+1)$

④ e^2-1 ⑤ e^2

262

$\displaystyle\lim_{n\to\infty}\frac{1}{n^2}\left(e^{\frac{n+1}{n}}+2e^{\frac{n+2}{n}}+3e^{\frac{n+3}{n}}+\cdots+ne^{\frac{n+n}{n}}\right)$의 값은?

① $\dfrac{1}{e^2}$ ② $\dfrac{1}{e}$ ③ 1

④ e ⑤ e^2

263

$f(x)=\displaystyle\lim_{n\to\infty}\frac{x^2}{n}\sum_{k=1}^{n}\left(1+\frac{kx}{n}\right)^2$일 때 $f'(1)$의 값은?

① 6   ② $\dfrac{19}{3}$ ③ $\dfrac{20}{3}$

④ 7   ⑤ $\dfrac{22}{3}$

264

곡선 $y=e^x$ 위의 점 $\left(\dfrac{k}{n},\ e^{\frac{k}{n}}\right)$에서의 접선의 y절편을 $S_{\frac{k}{n}}$라 할 때, $\displaystyle\lim_{n\to\infty}\sum_{k=1}^{n}\dfrac{1}{n}S_{\frac{k}{n}}$의 값은?

① $e-2$ ② $e-1$ ③ 1
④ $e+1$ ⑤ $e+2$

265

그림과 같이 $\overline{AB}=3$, $\overline{AD}=6$, $\angle BAD=120°$인 평행사변형 ABCD가 있다. $\angle BAD$를 이등분하는 직선이 선분 BC와 만나는 점을 E, 두 선분 AE와 BD가 만나는 점을 F라 하고, 2 이상의 자연수 n과 $1\leq k\leq n-1$인 자연수 k에 대하여 선분 FD를 $k:(n-k)$로 내분하는 점을 P_k라 하자.

삼각형 AFP_k의 넓이를 S_k라 할 때,

$\displaystyle\lim_{n\to\infty}\dfrac{\sqrt{3}}{n}\sum_{k=1}^{n}(S_k-\sqrt{3})^3=\dfrac{q}{p}$이다. $p+q$의 값을 구하시오.

(단, p와 q는 서로소인 자연수이다.)

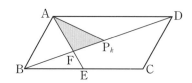

유형 8 곡선과 좌표축 사이의 넓이

유형 및 경향 분석

곡선과 좌표축 사이의 넓이를 이용하여 문제를 해결하는 문제가 자주 출제된다. 이때 주어진 함수의 그래프의 개형을 그릴 수 있으면 넓이를 구하는 부분을 정확하게 파악할 수 있으므로 여러 가지 함수의 개형을 익혀두는 것이 좋다.

실전 가이드

(1) 곡선과 x축 사이의 넓이

$f(x)=0$에서 $x=a$ 또는 $x=b$일 때, 곡선 $y=f(x)$와 x축으로 둘러싸인 부분의 넓이는

$$\int_a^b |f(x)|\,dx$$

(2) 둘러싸인 두 부분의 넓이가 같은 경우

곡선 $y=f(x)$와 x축으로 둘러싸인 두 부분의 넓이를 각각 S_1, S_2라 할 때, $S_1=S_2$이면

$$\int_a^b f(x)\,dx=0$$

266 | 대표 유형 |

2020년 시행 교육청 10월

실수 전체의 집합에서 도함수가 연속인 함수 $f(x)$에 대하여 $f(0)=0$, $f(2)=1$이다. 그림과 같이 $0 \le x \le 2$에서 곡선 $y=f(x)$와 x축 및 직선 $x=2$로 둘러싸인 두 부분의 넓이를 각각 A, B라 하자. $A=B$일 때, $\int_0^2 (2x+3)f'(x)\,dx$의 값을 구하시오.

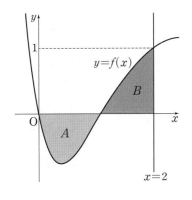

267

곡선 $y=x \ln x$와 x축 및 두 직선 $x=1$, $x=a$로 둘러싸인 부분의 넓이가 $\dfrac{1}{4}$일 때, 상수 a의 값은? (단, $a>1$)

① $\dfrac{e}{2}$ ② $\sqrt{e}$ ③ e

④ e^2 ⑤ e^3

268

자연수 n에 대하여 곡선 $y=\dfrac{e}{x}$ $(x>0)$과 x축 및 두 직선 $x=n$, $x=n+1$로 둘러싸인 부분의 넓이를 S_n이라 할 때, $\displaystyle\lim_{n\to\infty} nS_n$의 값은?

① $\dfrac{1}{e}$ ② $\dfrac{1}{2}$ ③ 1

④ 2 ⑤ e

269

곡선 $y=e^x$과 x축, y축 및 직선 $x=\ln 3$으로 둘러싸인 부분의 넓이를 직선 $x=k$가 이등분할 때, 상수 k의 값은?

① $\ln \dfrac{5}{4}$ ② $\ln \dfrac{4}{3}$ ③ $\ln \dfrac{3}{2}$

④ $\ln 2$ ⑤ 1

270

그림과 같이 곡선 $y=xe^x-2^{-x}+2$와 x축, y축 및 직선 $x=1$로 둘러싸인 부분의 넓이가 곡선 $y=ax^2+1$과 x축, y축 및 직선 $x=1$로 둘러싸인 부분의 넓이의 3배일 때, 상수 a의 값은? (단, $-1<a<0$)

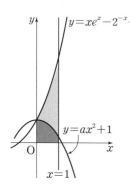

① $-\dfrac{1}{2\ln 2}$ ② $-\dfrac{1}{3\ln 2}$ ③ $-\dfrac{1}{4\ln 2}$

④ $-\dfrac{1}{5\ln 2}$ ⑤ $-\dfrac{1}{6\ln 2}$

유형 ⑨ 두 곡선 사이의 넓이

유형 및 경향 분석

두 곡선으로 둘러싸인 부분의 넓이에 대한 문제는 자주 출제되는 유형이다. 정적분과 넓이의 관계, 정적분의 성질 등을 이용하여 해결하는 문제가 출제되므로 적분의 성질과 계산법을 잘 익혀두어야 한다.

실전 가이드

(1) 두 곡선 $y=f(x)$, $y=g(x)$의 교점의 x좌표가 a, b일 때, 두 곡선으로 둘러싸인 부분의 넓이 S는
$$S=\int_a^b |f(x)-g(x)|\,dx$$

(2) 둘러싸인 두 부분의 넓이가 같은 경우
두 곡선 $y=f(x)$, $y=g(x)$로 둘러싸인 두 도형의 넓이를 각각 S_1, S_2라 할 때, $S_1=S_2$이면
$$\int_a^b \{f(x)-g(x)\}\,dx=0$$

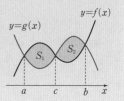

271 | 대표 유형 |

2019학년도 평가원 9월

그림과 같이 두 곡선 $y=2^x-1$, $y=\left|\sin \dfrac{\pi}{2}x\right|$가 원점 O와 점 $(1, 1)$에서 만난다. 두 곡선 $y=2^x-1$, $y=\left|\sin \dfrac{\pi}{2}x\right|$로 둘러싸인 부분의 넓이는?

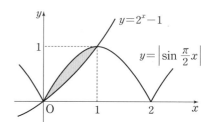

① $-\dfrac{1}{\pi}+\dfrac{1}{\ln 2}-1$ ② $\dfrac{2}{\pi}-\dfrac{1}{\ln 2}+1$

③ $\dfrac{2}{\pi}+\dfrac{1}{2\ln 2}-1$ ④ $\dfrac{1}{\pi}-\dfrac{1}{2\ln 2}+1$

⑤ $\dfrac{1}{\pi}+\dfrac{1}{\ln 2}-1$

272

함수 $f(x)=1-e^{-2x}$에 대하여 두 곡선 $y=f(x)$, $y=f'(x)$와 y축으로 둘러싸인 부분의 넓이는?

① $1-\dfrac{1}{2}\ln 3$ 　② $1-\dfrac{1}{4}\ln 3$ 　③ $1+\dfrac{1}{2}\ln 3$

④ 2 　　　　　　⑤ $1+\ln 3$

273

그림과 같이 $0\le x\le\pi$에서 두 함수 $y=\sin x$, $y=a\cos x$의 그래프와 x축 또는 y축으로 둘러싸인 색칠된 두 부분의 넓이가 서로 같을 때, 양수 a의 값은?

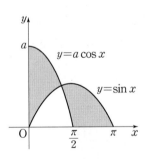

① $\dfrac{7}{4}$ 　　② 2 　　③ $\dfrac{9}{4}$

④ $\dfrac{5}{2}$ 　　⑤ $\dfrac{11}{4}$

274

$0\le x\le\pi$에서 곡선 $y=\sin x$ 위의 두 점 $(0,\,0)$, $(\pi,\,0)$에서의 접선과 곡선 $y=\sin x$로 둘러싸인 부분의 넓이는?

① $\dfrac{\pi^2}{4}-2$ 　　② $\dfrac{\pi^2}{4}-1$ 　　③ $\dfrac{\pi^2}{4}$

④ $\dfrac{\pi^2}{2}-2$ 　　⑤ $\dfrac{\pi^2}{2}-1$

275

그림과 같이 두 곡선 $y=a\sin x$와 $y=e^{x-b}$이 $x=b$에서 접할 때, 두 곡선과 y축으로 둘러싸인 부분의 넓이는?

$$\left(\text{단},\ a>0,\ 0<b<\dfrac{\pi}{2}\right)$$

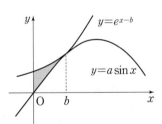

① $2-\sqrt{2}-e^{-\frac{\pi}{8}}$ 　　② $2-\sqrt{2}-e^{-\frac{\pi}{4}}$

③ $4-2\sqrt{2}-e^{-\frac{\pi}{2}}$ 　　④ $4-2\sqrt{2}-e^{-\frac{\pi}{4}}$

⑤ $4-\sqrt{2}-e^{-\frac{\pi}{4}}$

276

다음 그림은 $0 \leq x \leq 2\pi$에서 두 함수 $y=|\sin x|$,

$y=k \sin \dfrac{x}{2}$의 그래프를 나타낸 것이다. 색칠된 부분의 넓이

를 각각 A, B, C라 할 때, $A+C=B$가 성립하도록 하는

양수 k의 값은?

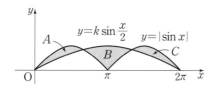

① $\dfrac{3}{4}$ ② $\dfrac{4}{5}$ ③ 1

④ $\dfrac{5}{4}$ ⑤ $\dfrac{4}{3}$

277

함수 $f(x)=e^{ax}$의 역함수를 $g(x)$라 할 때, 두 곡선

$y=f(x)$, $y=g(x)$가 $x=e$에서 접한다. 두 곡선 $y=f(x)$,

$y=g(x)$와 x축, y축으로 둘러싸인 부분의 넓이는?

① e^2-4e ② e^2-2e ③ e^2-e

④ e^2+e ⑤ e^2+2e

278

곡선 $y=\ln x$와 x축 및 직선 $x=e$로 둘러싸인 부분의 넓이

가 직선 $y=x+k$에 의하여 이등분될 때, 상수 k의 값은?

① $\dfrac{1}{2}-\dfrac{e}{2}$ ② $\dfrac{1}{2}-e$ ③ $1-\dfrac{e}{2}$

④ $1-e$ ⑤ $2-e$

279

닫힌구간 $[0, \pi]$에서 두 곡선 $y=2\sin x$, $y=-\sin x$로 둘

러싸인 부분의 넓이를 곡선 $y=ax(x-\pi)$가 이등분할 때,

상수 a의 값은?

① $-\dfrac{6}{\pi^3}$ ② $-\dfrac{3}{\pi^3}$ ③ $-\dfrac{1}{\pi^3}$

④ $-\dfrac{1}{3\pi^3}$ ⑤ $-\dfrac{1}{6\pi^3}$

유형 10 입체도형의 부피

유형 및 경향 분석

단면의 넓이를 이용하여 부피를 구하는 문제가 출제된다. 입체도형의 형태를 예측하고 먼저 단면의 넓이를 구한 후, 단면의 넓이를 피적분함수로 두고 정적분을 이용하여 부피를 구해야 한다.

📖 실전 가이드

입체도형의 부피는 다음과 같은 순서로 구한다.
❶ 단면의 넓이를 구하기 쉽도록 x축을 잡는다.
❷ 도형의 닮음비, 피타고라스 정리 등을 이용하여 단면의 넓이를 함수로 나타낸다.
❸ ❶, ❷로부터 구하는 부피를 정적분으로 나타내어 계산한다.

280 | 대표 유형 |
2024학년도 수능

그림과 같이 곡선 $y=\sqrt{(1-2x)\cos x}\left(\dfrac{3}{4}\pi\leq x\leq\dfrac{5}{4}\pi\right)$와 x축 및 두 직선 $x=\dfrac{3}{4}\pi$, $x=\dfrac{5}{4}\pi$로 둘러싸인 부분을 밑면으로 하는 입체도형이 있다. 이 입체도형을 x축에 수직인 평면으로 자른 단면이 모두 정사각형일 때, 이 입체도형의 부피는?

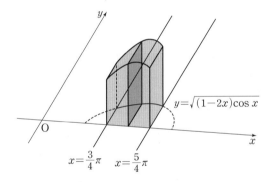

① $\sqrt{2}\pi-\sqrt{2}$ ② $\sqrt{2}\pi-1$ ③ $2\sqrt{2}\pi-\sqrt{2}$
④ $2\sqrt{2}\pi-1$ ⑤ $2\sqrt{2}\pi$

281

그림과 같이 곡선 $y=\sqrt{x-1}$ $(x\geq1)$과 x축 및 직선 $x=5$로 둘러싸인 부분을 밑면으로 하는 입체도형이 있다. 이 입체도형을 x축에 수직인 평면으로 자른 단면이 모두 정사각형일 때, 이 입체도형의 부피는?

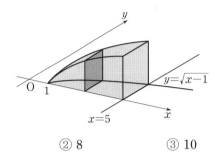

① 6   ② 8   ③ 10
④ 12   ⑤ 14

282

그림과 같이 곡선 $y=2e^{-x}$과 x축 및 두 직선 $x=1$, $x=3$으로 둘러싸인 부분을 밑면으로 하는 입체도형이 있다. 이 입체도형을 x축에 수직인 평면으로 자른 단면이 모두 입체도형의 밑면 위에 지름이 놓인 반원일 때, 이 입체도형의 부피는?

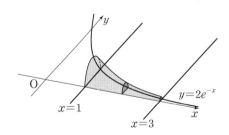

① $\dfrac{(e^2-2)\pi}{4e^3}$ ② $\dfrac{(e^2-1)\pi}{4e^3}$ ③ $\dfrac{(e^4-2)\pi}{4e^6}$
④ $\dfrac{(e^4-1)\pi}{4e^6}$ ⑤ $\dfrac{(e^4+1)\pi}{4e^6}$

283

그림과 같이 곡선 $y=\sqrt{x\sin x}$ $(0\leq x\leq \pi)$와 x축 및 두 직선 $x=\dfrac{\pi}{6}$, $x=\dfrac{5}{6}\pi$로 둘러싸인 부분을 밑면으로 하는 입체도형이 있다. 이 입체도형을 x축에 수직인 평면으로 자른 단면이 모두 정삼각형일 때, 이 입체도형의 부피는?

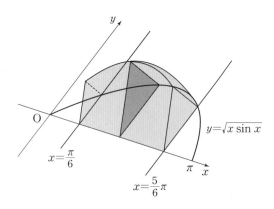

① $\dfrac{\pi}{8}$ ② $\dfrac{\pi}{4}$ ③ $\dfrac{3}{8}\pi$

④ $\dfrac{\pi}{2}$ ⑤ $\dfrac{5}{8}\pi$

284

그림과 같이 곡선 $y=\sqrt{x\sin 2x}$ $\left(0\leq x\leq \dfrac{\pi}{2}\right)$와 x축으로 둘러싸인 도형을 밑면으로 하는 입체도형이 있다. 이 입체도형을 x축에 수직인 평면으로 자른 단면이 모두 입체도형의 밑면 위에 빗변이 놓여 있고, 끼인각이 직각인 이등변삼각형일 때, 이 입체도형의 부피는?

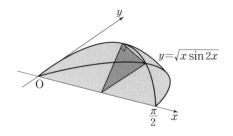

① $\dfrac{\pi}{16}$ ② $\dfrac{\pi}{8}$ ③ $\dfrac{3}{16}\pi$

④ $\dfrac{\pi}{4}$ ⑤ $\dfrac{5}{16}\pi$

유형 11 속도와 거리

유형 및 경향 분석

평면 위의 점이 움직인 거리를 구하거나 곡선의 길이를 구하는 문제가 가끔 출제되므로 기본 공식을 정확히 기억하고 충분히 연습해 두어야 한다.

실전 가이드

(1) 좌표평면 위의 점이 움직인 거리

좌표평면 위를 움직이는 점 P의 시각 t에서의 위치 (x, y)가
$x=f(t)$, $y=g(t)$일 때, $t=a$에서 $t=b$까지 점 P가 움직인 거리 s는

$$s=\int_a^b \sqrt{\left(\frac{dx}{dt}\right)^2+\left(\frac{dy}{dt}\right)^2}\,dt$$
$$=\int_a^b \sqrt{\{f'(t)\}^2+\{g'(t)\}^2}\,dt$$

(2) 곡선의 길이

① 매개변수로 나타낸 곡선 $x=f(t)$, $y=g(t)$ $(a\le t\le b)$의 길이 l은

$$l=\int_a^b \sqrt{\left(\frac{dx}{dt}\right)^2+\left(\frac{dy}{dt}\right)^2}\,dt$$
$$=\int_a^b \sqrt{\{f'(t)\}^2+\{g'(t)\}^2}\,dt$$

② 곡선 $y=f(x)$ $(a\le x\le b)$의 길이 l은

$$l=\int_a^b \sqrt{1+\{f'(x)\}^2}\,dx$$

285 | 대표 유형 |

2019학년도 평가원 6월

$x=0$에서 $x=\ln 2$까지의 곡선 $y=\frac{1}{8}e^{2x}+\frac{1}{2}e^{-2x}$의 길이는?

① $\frac{1}{2}$ ② $\frac{9}{16}$ ③ $\frac{5}{8}$

④ $\frac{11}{16}$ ⑤ $\frac{3}{4}$

286

좌표평면 위를 움직이는 점 P의 시각 t에서의 위치 (x, y)가
$$x=3\cos t, \ y=3\sin t$$
일 때, 시각 $t=2$에서 $t=10$까지 점 P가 움직인 거리를 구하시오.

287

$-1\le x\le 1$일 때, 곡선 $y=\frac{1}{2}(e^x+e^{-x})$의 길이는?

① $\frac{1}{2}e-\frac{1}{2e}$ ② $e-\frac{1}{e}$ ③ $2e-\frac{2}{e}$

④ $\frac{1}{2}e+\frac{1}{2e}$ ⑤ $e+\frac{1}{e}$

288

좌표평면 위를 움직이는 점 P의 시각 t에서의 위치 (x, y)가
$$x=e^t \cos t, \ y=e^t \sin t$$
로 주어질 때, 시각 $t=0$에서 $t=\pi$까지 점 P가 움직인 거리는?

① $\sqrt{2}e^\pi$ ② $\sqrt{2}(e^\pi-1)$ ③ $\sqrt{2}(e^\pi+1)$
④ $2(e^\pi-1)$ ⑤ $2(e^\pi+1)$

289

좌표평면 위를 움직이는 점 P의 시각 t에서의 위치 (x, y)가
$$x=3t^2, \ y=t^3+1$$
로 주어질 때, 시각 $t=0$에서 $t=2$까지 점 P가 움직인 거리는?

① $8\sqrt{2}-8$ ② $8\sqrt{2}-4$ ③ $16\sqrt{2}-16$
④ $16\sqrt{2}-8$ ⑤ $16\sqrt{2}-4$

290

매개변수 $t\ (1\leq t\leq 7)$로 나타내어진 곡선
$$x=t^3 \cos\frac{3}{t}, \ y=t^3 \sin\frac{3}{t}$$
의 길이는?

① $240\sqrt{2}$ ② $242\sqrt{2}$ ③ $244\sqrt{2}$
④ $246\sqrt{2}$ ⑤ $248\sqrt{2}$

291

$0\leq x\leq\frac{\pi}{6}$일 때, 곡선 $y=\ln(\cos x)$의 길이는?

① $\frac{1}{4}\ln 3$ ② $\frac{1}{2}\ln 3$ ③ $\frac{3}{4}\ln 3$
④ $\ln 3$ ⑤ $\frac{5}{4}\ln 3$

292

연속함수 $f(x)$가

$$f(x)+f(-x)=e^{2x}+e^{-2x}+3x^2$$

을 만족시킬 때, $\displaystyle\int_{-1}^{1} f(x)\,dx$의 값은?

① $\dfrac{e^4-2e^2-1}{2e^2}$ ② $\dfrac{(e^2-1)^2}{2e^2}$ ③ $\dfrac{(e^2+1)^2}{2e^2}$

④ $\dfrac{e^4+2e^2}{2e^2}$ ⑤ $\dfrac{e^4+2e^2-1}{2e^2}$

해결 전략

Step ① $\displaystyle\int_{-1}^{1} f(x)\,dx$를 $x=0$을 기준으로 정적분의 성질을 이용하여 적분 구간 나누기

Step ② 치환적분법에 의하여
$\displaystyle\int_{-a}^{0} f(x)\,dx=\int_{0}^{a} f(-x)\,dx$ (a는 상수)
임과 **Step ①**에서 나눈 구간을 이용하여
$\displaystyle\int_{-1}^{1} f(x)\,dx$의 값 구하기

293

연속함수 $f(x)$가 모든 실수 x에 대하여

$$f(2-x)=4-f(x)$$

를 만족시킬 때, $\displaystyle\int_{0}^{2} f(x)\,dx$의 값은?

① 2   ② 4   ③ 6   ④ 8   ⑤ 10

해결 전략

Step ① 함수 $y=f(x)$의 그래프의 개형 파악하기

Step ② 정적분의 성질을 이용하여
$\displaystyle\int_{0}^{2} f(x)\,dx$의 적분 구간 나누기

Step ③ 치환적분법과 **Step ②**에서 나눈 구간을 이용하여 $\displaystyle\int_{0}^{2} f(x)\,dx$의 값 구하기

294

함수 $f(x)$가 모든 자연수 n에 대하여

$$f(n)+f(n+1)=4n^3$$

을 만족시킬 때, $\displaystyle\lim_{n\to\infty}\dfrac{f(n+2)+f(n+3)+f(n+4)+\cdots+f(3n+1)}{n^4}$의 값은?

① 40   ② 44   ③ 48   ④ 52   ⑤ 56

해결 전략

Step ① $g(n)=f(n)+f(n+1)$이라 하고 주어진 식을 $\sum$와 함수 g를 이용하여 나타내기

Step ② 주어진 식을

$$\lim_{n\to\infty}\sum_{k=1}^{n}f\left(a+\frac{b-a}{n}k\right)\times\frac{b-a}{n}$$

꼴로 고치기

Step ③ Step ②의 식과 정적분과 급수의 합 사이의 관계를 이용하여 극한값 구하기

295

좌표평면 위의 점 $P(x,\,y)$에 대하여 시각 t일 때 $\overline{OP}=3-3t^2$이고 선분 OP가 x축의 양의 방향과 이루는 각의 크기는 t이다. 시각 $t=0$에서 $t=1$까지 점 P가 움직인 거리는?

(단, O는 원점이고, $0 \le t \le 1$이다.)

① 3   ② $\dfrac{7}{2}$ ③ 4   ④ $\dfrac{9}{2}$ ⑤ 5

해결 전략

Step ① 점 P의 x좌표와 y좌표를 삼각함수를 이용하여 나타내기

Step ② $\left(\dfrac{dx}{dt}\right)^2+\left(\dfrac{dy}{dt}\right)^2$을 삼각함수 사이의 관계를 이용하여 간단히 나타내기

Step ③ Step ②의 식을 이용하여 점 P가 움직인 거리 구하기

296

점 $P_n\left(1-\dfrac{1}{4^n},\ 0\right)$에서 곡선 $y=\sqrt{x-1}$에 그은 접선을 l_n이라 할 때, 곡선 $y=\sqrt{x-1}$과 x축 및 직선 l_n으로 둘러싸인 부분의 넓이를 S_n이라 하자. $\displaystyle\sum_{n=1}^{\infty} S_n$의 값은?

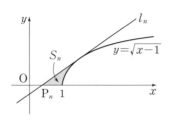

① $\dfrac{1}{21}$ ② $\dfrac{2}{21}$ ③ $\dfrac{1}{7}$ ④ $\dfrac{4}{21}$ ⑤ $\dfrac{5}{21}$

해결 전략

Step ❶ 점 P_n에서 곡선 $y=\sqrt{x-1}$에 그은 접선의 접점을 T_n이라 하고, 점 T_n의 x좌표를 t_n이라 하기

Step ❷ 점 T_n에서의 접선의 방정식 구하기

Step ❸ 점 T_n에서 x축에 내린 수선의 발을 H_n이라 하고 S_n의 식 구하기

297

구간 $(0,\ \infty)$에서 미분가능한 함수 $f(x)$가 다음 조건을 만족시킨다.

> (가) $f(1)=1$
> (나) $2f(\sqrt{x})+\sqrt{x}\,f'(\sqrt{x})=2xe^x$

$f(2)$의 값은?

① $\dfrac{e^2-1}{2}$ ② $\dfrac{e^2+1}{2}$ ③ $\dfrac{e^4+1}{4}$ ④ $\dfrac{3e^4-1}{4}$ ⑤ $\dfrac{3e^4+1}{4}$

해결 전략

Step ❶ 부분적분법을 이용하여 조건 (나)의 식의 좌변 정리하기

Step ❷ 부분적분법을 이용하여 조건 (나)의 식의 우변 정리하기

Step ❸ Step ❶, ❷의 식이 같음을 이용하여 함수 $f(\sqrt{x})$의 식 구하기

298

실수 전체의 집합에서 연속인 함수 $f(x)$가

$$f(x)=x^2+xe^x+\frac{1}{3}\int_0^2 f(t)\,dt$$

를 만족시킬 때, $\lim\limits_{n\to\infty}\sum\limits_{k=1}^{n}\dfrac{3}{n}f\left(\dfrac{k}{n}\right)$의 값은?

① $3e^2+13$ ② $3e^2+15$ ③ $3e^2+17$ ④ $3e^2+19$ ⑤ $3e^2+21$

해결 전략

Step ❶ $\int_0^2 f(t)\,dt=a$ (a는 상수)라 하기

Step ❷ 주어진 식과 **Step ❶**의 식을 이용하여 a의 값 구하기

Step ❸ 함수 $f(x)$의 식과 정적분과 급수의 합 사이의 관계를 이용하여 극한값 구하기

299

함수 $f(x)=\ln(x-a)+b$와 그 역함수 $g(x)$에 대하여 두 곡선 $y=f(x)$, $y=g(x)$가 점 $(2, 2)$에서 공통인 접선을 갖는다. 두 곡선 $y=f(x)$, $y=g(x)$ 및 x축, y축으로 둘러싸인 부분의 넓이는? (단, a, b는 상수이다.)

① $1-\dfrac{1}{e^2}$ ② $2-\dfrac{2}{e^2}$ ③ $2-\dfrac{1}{e^2}$ ④ $e+\dfrac{1}{e}$ ⑤ $2e+\dfrac{2}{e}$

해결 전략

Step ❶ 곡선 $y=f(x)$가 점 $(2, 2)$를 지남을 이용하여 $f(2)$의 식 구하기

Step ❷ 두 함수 $f(x)$와 $g(x)$가 서로 역함수임을 이용하여 $f'(2)$의 값 구하기

Step ❸ 두 함수 $f(x)$와 $g(x)$가 서로 역함수임을 이용하여 $g(x)$의 식 구하기

Step ❹ 두 곡선 $y=f(x)$, $y=g(x)$ 및 x축, y축으로 둘러싸인 부분의 넓이 구하기

300

연속함수 $f(x)$가 모든 실수 x에 대하여 $f(-x)=f(x)$이고, $f(x-2)=f(x+4)$를 만족시킨다.

$$\int_{-1}^{1} f(x)\,dx=4,\quad \int_{4}^{7} f(x)\,dx=0,\quad \int_{1}^{2} 2xf(x^2)\,dx=8$$

일 때, $\displaystyle\int_{10}^{60} f(x)\,dx$의 값은?

① 56 　　　② 58 　　　③ 60 　　　④ 62 　　　⑤ 64

해결 전략

Step ❶ $f(-x)=f(x)$임을 이용하여 함수 $y=f(x)$의 그래프의 개형 파악하기

Step ❷ $f(x-2)=f(x+4)$임을 이용하여 함수 $f(x)$의 주기 구하기

Step ❸ 주어진 조건과 **Step ❷**에서 구한 주기 및 치환적분법을 이용하여 $\displaystyle\int_{10}^{60} f(x)\,dx$의 값 구하기

301

다음 그림과 같이 닫힌구간 $[1,\,e]$에서 곡선 $y=(\ln x)^n$과 두 점 $\mathrm{A}(1,\,0)$, $\mathrm{B}(e,\,1)$을 지나는 직선으로 둘러싸인 부분의 넓이를 S_n이라 할 때, $3S_2+S_3+5S_4+S_5$의 값은?

(단, n은 2 이상의 자연수이다.)

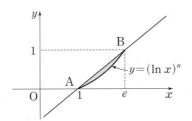

① $3e-4$ 　　② $3e-5$ 　　③ $2e-5$ 　　④ $2e-6$ 　　⑤ $e-6$

해결 전략

Step ❶ 점 B에서 x축에 내린 수선의 발을 H라 하기

Step ❷ S_n이 곡선 $y=(\ln x)^n$과 x축 및 직선 $x=e$로 둘러싸인 부분의 넓이에서 삼각형 BAH의 넓이를 뺀 것임을 이용하여 S_n의 식 세우기

Step ❸ 관계식을 이용하여 $3S_2+S_3+5S_4+S_5$의 값 구하기

302

실수 전체의 집합에서 도함수 $f'(x)$가 연속인 함수 $f(x)$가 다음 조건을 만족시킨다.

> (가) 모든 실수 x에 대하여 $f(-x)=-f(x)$이다.
>
> (나) 모든 실수 x에 대하여 $f'(x) \geq 0$이다.
>
> (다) $f(2)=10$이고 $\int_{-2}^{2} |f(x)| \, dx = 12$이다.

곡선 $y = xf'(x)$와 x축 및 두 직선 $x=-2$, $x=2$로 둘러싸인 부분의 넓이는?

① 22   ② 24   ③ 26   ④ 28   ⑤ 30

해결 전략

Step ❶ 조건 (가)를 이용하여 함수 $y=f(x)$의 그래프의 개형 파악하기

Step ❷ 두 조건 (가), (나)를 이용하여 $\int_{-2}^{2} |f(x)| \, dx$의 식을 절댓값을 없앤 식으로 나타내기

Step ❸ $S = \int_{-2}^{2} |xf'(x)| \, dx$라 하고 부분적분법과 **Step ❷**의 식을 이용하여 S의 값 구하기

303

실수 전체의 집합에서 미분가능하고 일대일대응인 함수 $f(x)$와 실수 전체의 집합에서 이계도함수가 존재하는 함수 $g(x)$가 다음 조건을 만족시킨다.

> (가) 두 함수 $y=f(x)$, $y=g(x)$의 그래프는 직선 $y=x$에 대하여 대칭이다.
>
> (나) $\lim\limits_{x \to 3} \dfrac{f(x)-1}{x-3}=4$, $\lim\limits_{x \to 5} \dfrac{f(x)-3}{x-5}=6$

함수 $h(x) = \int_{1}^{x} (x-1)\{g(t)+tg'(t)\} \, dt$의 그래프 위의 점 $(3, h(3))$에서의 접선이 y축과 만나는 점의 y좌표는?

① -25 ② -30 ③ -35 ④ -40 ⑤ -45

해결 전략

Step ❶ 조건 (나)에서 $f(3)$, $f(5)$, $f'(5)$의 값을 각각 구하기

Step ❷ 함수 $g(x)$가 함수 $f(x)$의 역함수임을 이용하여 $g(1)$, $g(3)$, $g'(3)$의 값을 각각 구하기

Step ❸ 함수 $h(x)$의 식과 **Step ❷**에서 구한 값을 이용하여 $h(3)$과 $h'(3)$의 값을 각각 구하기

Step ❹ 함수 $y=h(x)$의 그래프 위의 점 $(3, h(3))$에서의 접선의 방정식 구하기

PART 2

고난도 문제로 수능 대비하기

▶ 고난도 문제로 실전 대비하기

▶ 최고난도 문제로 1등급 도전하기

기출 및 핵심 예상 문제수

기출문제	고난도 문제	최고난도 문제	합계
12	37	14	63

PART 2는 어려운 4점 수준의 문제들로 구성했습니다.
고난도 문제를 푸는 연습을 통해 실전에 대비할 수 있게 했습니다.

I 수열의 극한

고난도 출제 포커스

주어진 조건을 이용하여 일반항을 구한 후, 극한값을 구하는 문제가 출제되므로 여러 가지 그래프 또는 조건에서 일반항을 구하는 연습을 해 두어야 한다.

또한, 등비급수를 이용한 도형에서의 활용 문제가 자주 출제되므로 주어진 도형에서 규칙성을 빠르게 찾을 수 있도록 첫째항과 공비를 찾을 때 중학교에서 배운 도형의 성질을 잘 활용할 수 있어야 한다.

---

304 | 대표 유형 1 | 2021학년도 수능

실수 a에 대하여 함수 $f(x)$를

$$f(x) = \lim_{n \to \infty} \frac{(a-2)x^{2n+1} + 2x}{3x^{2n} + 1}$$

라 하자. $(f \circ f)(1) = \dfrac{5}{4}$가 되도록 하는 모든 a의 값의 합은?

① $\dfrac{11}{2}$ ② $\dfrac{13}{2}$ ③ $\dfrac{15}{2}$

④ $\dfrac{17}{2}$ ⑤ $\dfrac{19}{2}$

---

305 | 대표 유형 2 | 2021년 시행 교육청 3월

자연수 n에 대하여 곡선 $y = x^2$ 위의 점 $P_n(2n, 4n^2)$에서의 접선과 수직이고 점 $Q_n(0, 2n^2)$을 지나는 직선을 l_n이라 하자. 점 P_n을 지나고 점 Q_n에서 직선 l_n과 접하는 원을 C_n이라 할 때, 원점을 지나고 원 C_n의 넓이를 이등분하는 직선의 기울기를 a_n이라 하자. $\displaystyle\lim_{n \to \infty} \frac{a_n}{n}$의 값을 구하시오.

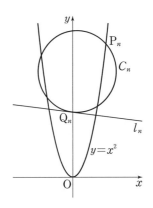

306 | 대표 유형 3 |

2022년 시행 교육청 3월

실수 t에 대하여 직선 $y=tx-2$가 함수

$$f(x)=\lim_{n\to\infty}\frac{2x^{2n+1}-1}{x^{2n}+1}$$

의 그래프와 만나는 점의 개수를 $g(t)$라 하자. 함수 $g(t)$가 $t=a$에서 불연속인 모든 a의 값을 작은 수부터 크기순으로 나열한 것을 a_1, a_2, $\cdots$, a_m (m은 자연수)라 할 때, $m\times a_m$의 값을 구하시오.

307 | 대표 유형 4 |

2021학년도 평가원 6월

그림과 같이 $\overline{AB_1}=3$, $\overline{AC_1}=2$이고 $\angle B_1AC_1=\dfrac{\pi}{3}$인 삼각형 AB_1C_1이 있다. $\angle B_1AC_1$의 이등분선이 선분 B_1C_1과 만나는 점을 D_1, 세 점 A, D_1, C_1을 지나는 원이 선분 AB_1과 만나는 점 중 A가 아닌 점을 B_2라 할 때, 두 선분 B_1B_2, B_1D_1과 호 B_2D_1로 둘러싸인 부분과 선분 C_1D_1과 호 C_1D_1로 둘러싸인 부분인 ◿ 모양의 도형에 색칠하여 얻은 그림을 R_1이라 하자.

그림 R_1에서 점 B_2를 지나고 직선 B_1C_1에 평행한 직선이 두 선분 AD_1, AC_1과 만나는 점을 각각 D_2, C_2라 하자.

세 점 A, D_2, C_2를 지나는 원이 선분 AB_2와 만나는 점 중 A가 아닌 점을 B_3이라 할 때, 두 선분 B_2B_3, B_2D_2와 호 B_3D_2로 둘러싸인 부분과 선분 C_2D_2와 호 C_2D_2로 둘러싸인 부분인 ◿ 모양의 도형에 색칠하여 얻은 그림을 R_2라 하자.

이와 같은 과정을 계속하여 n번째 얻은 그림 R_n에 색칠되어 있는 부분의 넓이를 S_n이라 할 때, $\lim\limits_{n\to\infty}S_n$의 값은?

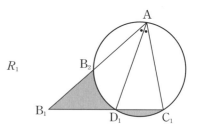

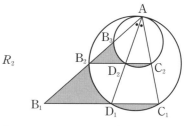

① $\dfrac{27\sqrt{3}}{46}$ ② $\dfrac{15\sqrt{3}}{23}$ ③ $\dfrac{33\sqrt{3}}{46}$

④ $\dfrac{18\sqrt{3}}{23}$ ⑤ $\dfrac{39\sqrt{3}}{46}$

308

두 함수

$$f(x)=\lim_{n\to\infty}\frac{x^{2n+1}+x+1}{x^{2n}+1},\ g(x)=-x^2+ax+2$$

에 대하여 방정식 $f(x)=g(x)$의 해의 개수가 4가 되도록 하는 모든 실수 a의 값의 합은?

① -4 ② -2 ③ 0

④ 2 ⑤ 4

309

그림과 같이 자연수 n에 대하여 세 점 O, $A_n(2n,\ 0)$, $B_n(n,\ 4)$를 꼭짓점으로 하는 삼각형 OA_nB_n이 있다. 삼각형 OA_nB_n의 외접원의 반지름의 길이를 R_n, 내접원의 반지름의 길이를 r_n이라 할 때, $\lim\limits_{n\to\infty}\dfrac{R_nr_n}{n^2}=\dfrac{q}{p}$이다. p^2+q^2의 값을 구하시오. (단, p와 q는 서로소인 자연수이고, O는 원점이다.)

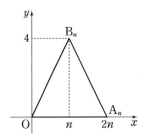

310

2 이상의 자연수 n에 대하여 그림과 같이 좌표평면에서 직선 $l : y=\dfrac{1}{n}x$와 원 $C : (x-n)^2+(y-n)^2=n^2$이 만나는 서로 다른 두 점을 P, Q라 하자. $\overline{PQ}=\overline{RQ}$를 만족시키는 원 C 위의 점을 R라 할 때, $\displaystyle\lim_{n\to\infty}\dfrac{\overline{PR}}{\sqrt{n}}=a$이다. a^2의 값을 구하시오. (단, 두 점 P, R는 서로 다른 점이다.)

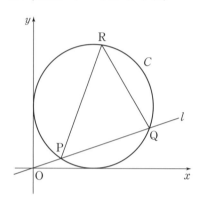

311

임의의 정수 m에 대하여 함수 $f(x)$는 다음과 같이 정의된다.

(가) $4m-1\leq x\leq 4m+1$일 때, $f(x)=2(x-4m)$

(나) $4m+1\leq x\leq 4m+3$일 때, $f(x)=-2(x-4m-2)$

자연수 k에 대하여 방정식 $f(x)=\dfrac{1}{k}x$의 해의 개수를 a_k라 하고 $S_n=\displaystyle\sum_{k=1}^{n}a_k$라 할 때, $\displaystyle\sum_{n=1}^{\infty}\dfrac{1}{S_{2n}+2n}$의 값은?

① $\dfrac{1}{8}$ 　　② $\dfrac{1}{4}$ 　　③ $\dfrac{3}{8}$

④ $\dfrac{1}{2}$ 　　⑤ $\dfrac{3}{4}$

정답 및 해설 74쪽

312

그림과 같이 무리함수 $f(x)=\sqrt{x-n}$과 그 역함수 $g(x)$에 대하여 곡선 $y=f(x)$ 위의 한 점과 곡선 $y=g(x)$ 위의 한 점을 이은 선분의 길이가 최소가 되도록 하는 곡선 $y=f(x)$ 위의 점을 A_n, 곡선 $y=g(x)$ 위의 점을 B_n이라 하자. 삼각형 OA_nB_n의 넓이를 S_n이라 할 때, $\sum\limits_{n=1}^{\infty}\dfrac{1}{S_n}=\dfrac{q}{p}$이다. $p+q$의 값을 구하시오.

(단, O는 원점이고, p와 q는 서로소인 자연수이다.)

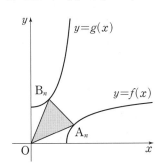

313

그림과 같이 반지름의 길이가 1인 반원이 있다. 가로와 세로의 길이의 비가 4 : 1인 직사각형을 반원에 내접하도록 그리고, 이 직사각형의 세로를 반지름으로 하는 합동인 두 반원을 직사각형에 내접하도록 그린다. 직사각형의 내부와 직사각형 안에 그려진 두 반원의 외부의 공통부분을 색칠하여 얻은 그림을 R_1이라 하자.

가로와 세로의 길이의 비가 4 : 1인 직사각형을 그림 R_1에서 새롭게 그린 두 반원에 각각 내접하도록 그리고, 이 직사각형의 세로를 반지름으로 하는 합동인 두 반원을 직사각형에 내접하도록 그린다. 직사각형의 내부와 직사각형 안에 그려진 두 반원의 외부의 공통부분을 색칠하여 얻은 그림을 R_2라 하자.

이와 같은 과정을 계속하여 n번째 얻은 그림 R_n에 색칠되어 있는 부분의 넓이를 S_n이라 할 때, $\lim\limits_{n\to\infty} S_n$의 값은?

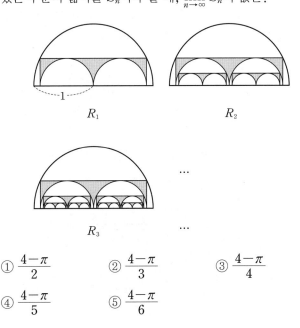

① $\dfrac{4-\pi}{2}$ ② $\dfrac{4-\pi}{3}$ ③ $\dfrac{4-\pi}{4}$

④ $\dfrac{4-\pi}{5}$ ⑤ $\dfrac{4-\pi}{6}$

314

그림과 같이 $\overline{A_1B_1}=2$, $\overline{A_1D_1}=\sqrt{21}$인 직사각형 $A_1B_1C_1D_1$이 있다. 중심이 B_1이고 반지름의 길이가 1인 원이 선분 B_1C_1, 선분 B_1D_1과 만나는 점을 각각 E_1, B_2라 하고, 중심이 D_1이고 반지름의 길이가 1인 원이 선분 C_1D_1, 선분 B_1D_1과 만나는 점을 각각 F_1, D_2라 하자. 선분 B_1B_2의 중점을 G_1이라 하고, 두 선분 E_1G_1, G_1B_2와 호 E_1B_2로 둘러싸인 ◁ 모양의 도형과 선분 F_1D_2와 호 F_1D_2로 둘러싸인 ◗ 모양의 도형에 색칠하여 얻은 그림을 R_1이라 하자.

그림 R_1에서 선분 B_2D_2가 대각선이고 모든 변이 선분 A_1B_1 또는 선분 B_1C_1에 평행한 직사각형 $A_2B_2C_2D_2$를 그린다.

직사각형 $A_2B_2C_2D_2$에 그림 R_1을 얻은 것과 같은 방법으로 ◁ 모양의 도형과 ◗ 모양의 도형을 그리고 색칠하여 얻은 그림을 R_2라 하자.

이와 같은 과정을 계속하여 n번째 얻은 그림 R_n에 색칠되어 있는 부분의 넓이를 S_n이라 할 때, $\lim_{n\to\infty} S_n$의 값은?

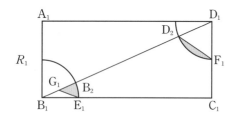

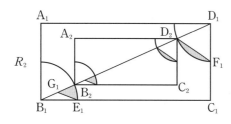

① $\dfrac{25\pi-12\sqrt{21}-10}{64}$ ② $\dfrac{25\pi-12\sqrt{21}-8}{64}$

③ $\dfrac{25\pi-10\sqrt{21}-12}{64}$ ④ $\dfrac{25\pi-10\sqrt{21}-10}{64}$

⑤ $\dfrac{25\pi-10\sqrt{21}-8}{64}$

315

그림과 같이 길이가 3인 선분 A_1B_1을 지름으로 하는 반원 O_1에 대하여 선분 A_1B_1을 2 : 1로 내분하는 점을 C_1이라 하자. 선분 A_1C_1을 지름으로 하는 반원을 그리고, $\overline{A_1D_1}=\overline{D_1E_1}=\overline{E_1C_1}$이 되도록 새로 그린 반원의 호 위에 두 점 D_1, E_1을 잡는다. 또한, 선분 C_1B_1을 지름으로 하는 반원을 그리고, $\overline{C_1F_1}=\overline{F_1G_1}=\overline{G_1B_1}$이 되도록 새로 그린 반원의 호 위에 두 점 F_1, G_1을 잡는다. 새로 그려진 두 반원의 내부와 두 사각형 $A_1C_1E_1D_1$, $C_1B_1G_1F_1$의 외부의 공통부분에 색칠하여 얻은 그림을 R_1이라 하자.

그림 R_1에서 지름이 선분 A_1C_1 위에 있고 세 선분 A_1D_1, D_1E_1, E_1C_1에 모두 접하는 반원과 지름이 선분 C_1B_1 위에 있고 세 선분 C_1F_1, F_1G_1, G_1B_1에 모두 접하는 반원을 그린다. 두 반원에 그림 R_1을 얻은 것과 같은 방법으로 각각 두 개의 반원과 두 개의 사각형을 그리고 색칠하여 얻은 그림을 R_2라 하자.

이와 같은 과정을 계속하여 n번째 얻은 그림 R_n에 색칠되어 있는 부분의 넓이를 S_n이라 할 때, $\lim_{n\to\infty} S_n$의 값은?

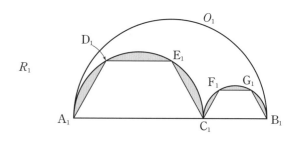

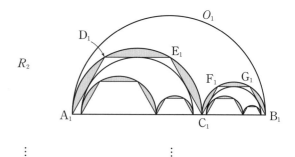

① $\dfrac{12}{7}\left(\dfrac{\pi}{2}-\dfrac{3\sqrt{3}}{4}\right)$ ② $\dfrac{15}{7}\left(\dfrac{\pi}{2}-\dfrac{3\sqrt{3}}{4}\right)$

③ $\dfrac{18}{7}\left(\dfrac{\pi}{2}-\dfrac{3\sqrt{3}}{4}\right)$ ④ $\dfrac{12}{7}\left(\dfrac{\pi}{2}-\dfrac{\sqrt{3}}{4}\right)$

⑤ $\dfrac{15}{7}\left(\dfrac{\pi}{2}-\dfrac{\sqrt{3}}{4}\right)$

II 미분법

고난도 출제 포커스

삼각함수의 극한의 활용 문제가 자주 출제되므로 여러 도형의 성질을 이용하여 주어진 도형을 삼각함수로 나타내는 것이 중요하다.

또한, 주어진 조건을 이용하여 그래프의 개형을 추론한 후, 그 그래프를 이용하여 해결하는 문제가 출제되므로 다양한 함수의 미분법을 익혀 두고 함수의 증가와 감소, 극대와 극소, 변곡점 등을 찾는 연습도 충분히 해 두어야 한다.

316 | 대표 유형 1 | 2022학년도 수능

그림과 같이 길이가 2인 선분 AB를 지름으로 하는 반원이 있다. 호 AB 위에 두 점 P, Q를 $\angle PAB = \theta$, $\angle QBA = 2\theta$가 되도록 잡고, 두 선분 AP, BQ의 교점을 R라 하자.

선분 AB 위의 점 S, 선분 BR 위의 점 T, 선분 AR 위의 점 U를 선분 UT가 선분 AB에 평행하고 삼각형 STU가 정삼각형이 되도록 잡는다. 두 선분 AR, QR와 호 AQ로 둘러싸인 부분의 넓이를 $f(\theta)$, 삼각형 STU의 넓이를 $g(\theta)$라 할 때, $\displaystyle\lim_{\theta \to 0+} \frac{g(\theta)}{\theta \times f(\theta)} = \frac{q}{p}\sqrt{3}$이다. $p+q$의 값을 구하시오.

$\left(\text{단, } 0 < \theta < \dfrac{\pi}{6}\text{이고, } p \text{와 } q \text{는 서로소인 자연수이다.}\right)$

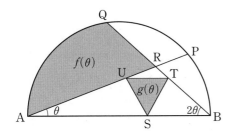

317 | 대표 유형 2 | 2021학년도 수능

두 상수 a, b $(a < b)$에 대하여 함수 $f(x)$를
$$f(x) = (x-a)(x-b)^2$$
이라 하자. 함수 $g(x) = x^3 + x + 1$의 역함수 $g^{-1}(x)$에 대하여 합성함수 $h(x) = (f \circ g^{-1})(x)$가 다음 조건을 만족시킬 때, $f(8)$의 값을 구하시오.

> (가) 함수 $(x-1)|h(x)|$가 실수 전체의 집합에서 미분 가능하다.
> (나) $h'(3) = 2$

318 | 대표 유형 3 | 2024학년도 평가원 6월

두 상수 a $(a>0)$, b에 대하여 실수 전체의 집합에서 연속인
함수 $f(x)$가 다음 조건을 만족시킬 때, $a \times b$의 값은?

(가) 모든 실수 x에 대하여
$$\{f(x)\}^2 + 2f(x) = a\cos^3 \pi x \times e^{\sin^2 \pi x} + b$$
이다.
(나) $f(0) = f(2) + 1$

---

① $-\dfrac{1}{16}$ ② $-\dfrac{7}{64}$ ③ $-\dfrac{5}{32}$

④ $-\dfrac{13}{64}$ ⑤ $-\dfrac{1}{4}$

319 | 대표 유형 4 | 2024학년도 평가원 6월

세 실수 a, b, k에 대하여 두 점 $A(a, a+k)$, $B(b, b+k)$
가 곡선 $C : x^2 - 2xy + 2y^2 = 15$ 위에 있다. 곡선 C 위의 점
A에서의 접선과 곡선 C 위의 점 B에서의 접선이 서로 수직
일 때, k^2의 값을 구하시오. (단, $a+2k \neq 0$, $b+2k \neq 0$)

320

두 실수 a, b에 대하여 함수 $f(x)=e^{ax}+\ln\dfrac{bx}{2}$가 다음 조건을 만족시킬 때, $a+b$의 값은? (단, $b\neq0$)

(가) $\displaystyle\lim_{h\to0}\dfrac{f\left(\dfrac{1}{a}+2h\right)-f\left(\dfrac{1}{a}-2h\right)}{h}=2028e+2028$

(나) $f\left(\dfrac{2}{b}\right)=e^6$

① 675   ② 676   ③ 677

④ 678   ⑤ 679

321

그림과 같이 중심이 O이고 길이가 4인 선분 AB를 지름으로 하는 반원이 있다. 반원 위의 한 점 C에 대하여 각 CAB의 이등분선이 반원과 만나는 점을 P, 선분 OP와 선분 BC가 만나는 점을 Q, 선분 AP와 선분 BC가 만나는 점을 R라 하자. $\angle\text{PAB}=\theta$라 할 때, $\displaystyle\lim_{\theta\to0+}\dfrac{\overline{\text{PQ}}\times\overline{\text{QR}}}{\theta^5}$의 값을 구하시오.

$$\left(\text{단, } 0<\theta<\dfrac{\pi}{4}\right)$$

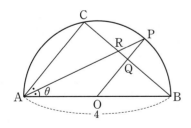

322

최고차항의 계수가 1인 이차함수 $f(x)$에 대하여
$$\lim_{x\to\pi}\dfrac{\sin^2(x-\pi)}{f(x)}=1$$
일 때, $f(-\pi)$의 값은?

① $\dfrac{1}{4}\pi^2$ ② $\dfrac{1}{2}\pi^2$ ③ π^2

④ $2\pi^2$ ⑤ $4\pi^2$

323

그림과 같이 $\overline{AC}=3$이고 $\angle ABC=\dfrac{\pi}{2}$, $\angle ACB=\theta$인 직각 삼각형 ABC에서 $\angle DAC=3\theta$가 되도록 선분 BC 위에 점 D를 잡는다. 또한, 사각형 EFBG가 정사각형이 되도록 선분 AD 위에 점 E, 선분 AB 위에 점 F, 선분 BD 위에 점 G를 잡는다. 정사각형 EFBG의 넓이를 $S(\theta)$라 할 때, $\displaystyle\lim_{\theta \to 0+} \dfrac{S(\theta)}{\theta^2}$의 값은? $\left(\text{단, } 0<\theta<\dfrac{\pi}{8}\right)$

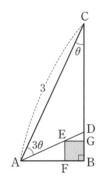

① 8

② $\dfrac{17}{2}$

③ 9

④ $\dfrac{19}{2}$

⑤ 10

324

그림과 같이 $\overline{AB}=1$, $\angle CAB=\theta$, $\angle ABC=\dfrac{\pi}{2}$인 직각삼각형 ABC가 있다. $\overline{AB}=\overline{AD}$이고 $\angle DAB=2\theta$가 되도록 하는 점 D를 잡고 삼각형 DAB를 그린다. 선분 AC와 선분 BD의 교점을 E라 하고, 점 D에서 선분 AB에 내린 수선의 발을 H라 하자. 삼각형 BCE의 넓이를 $f(\theta)$, 삼각형 AHD에 내접하는 원의 넓이를 $g(\theta)$라 하자. $\displaystyle\lim_{\theta \to 0+} \dfrac{\theta \times g(\theta)}{f(\theta)}=k\pi$일 때, k의 값을 구하시오. $\left(\text{단, } 0<\theta<\dfrac{\pi}{4}\right)$

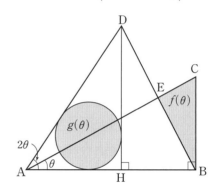

325

매개변수 t로 나타내어진 곡선 $x=kt^2-3t-3$, $y=2t^3+3t$ 위의 점 $(0, 5)$에서의 접선을 l이라 하자. 접선 l과 수직이면서 이 곡선에 접하는 두 직선을 l_1, l_2라 할 때, 직선 l_1이 x축, y축과 만나는 점을 각각 A, B라 하고 직선 l_2가 x축, y축과 만나는 점을 각각 C, D라 하자. 사각형 ABCD의 넓이는?

① 30   ② 32   ③ 34
④ 36   ⑤ 38

326

$t<\dfrac{9}{2}$인 실수 t에 대하여 함수 $y=\dfrac{1}{2}(x-1)^2+\dfrac{9}{2}$의 그래프 위의 점 P에서의 접선은 기울기가 음수이고, 점 $(0, t)$를 지난다. 이 접선의 x절편을 $f(t)$라 할 때, $f'(-3)=\dfrac{q}{p}$이다. $p+q$의 값을 구하시오. (단, p와 q는 서로소인 자연수이다.)

327

자연수 n에 대하여 함수
$$f(x)=(ax^2+2bx+n)e^x$$
이 극값을 갖지 않도록 하는 두 정수 a, b의 순서쌍 (a, b)의 개수를 $g(n)$이라 하자. $g(2)+g(3)$의 값은? (단, $a>0$)

① 9   ② 10   ③ 11
④ 12   ⑤ 13

328

함수 $f(x)=x^4-2kx^3+2(2k+3)x^2$에 대하여 곡선 $y=f(x)$ 위의 두 변곡점 A, B의 x좌표의 차는 4이고 선분 AB의 중점 C의 x좌표는 a이다. x좌표가 a인 곡선 $y=f(x)$ 위의 점을 점 D라 할 때, 삼각형 ABD의 넓이는? (단, $k>0$)

① 160   ② 161   ③ 162

④ 163   ⑤ 164

329

함수 $f(x)=\sin^2 x+2x$에 대하여 함수 $g(x)$를 $g(x)=(f\circ f)(x)$라 할 때, |보기|에서 옳은 것만을 있는 대로 고른 것은?

┤ 보기 ├

ㄱ. 실수 전체의 집합에서 함수 $g(x)$는 증가한다.

ㄴ. 열린구간 $(0,\ 2\pi)$에서 함수 $f(x)$의 변곡점의 x좌표의 합은 4π이다.

ㄷ. 자연수 n에 대하여 $g'(x)=4$인 실수 x가 열린구간 $(n\pi,\ (n+1)\pi)$에 적어도 하나 존재한다.

① ㄱ   ② ㄴ   ③ ㄱ, ㄴ

④ ㄱ, ㄷ   ⑤ ㄱ, ㄴ, ㄷ

330

함수 $f(x)=\dfrac{x+1}{e^x}$ 과 기울기가 음수이고 그 그래프가
점 $(2,\,k)$를 지나는 일차함수 $g(x)$에 대하여 함수
$$h(x)=\begin{cases} g(x) & (f(x)\leq g(x)) \\ f(x) & (f(x)>g(x)) \end{cases}$$
가 실수 전체의 집합에서 미분가능할 때, 상수 k의 값은?

$$\left(\text{단, } \lim_{x\to\infty} f(x)=0\right)$$

① $\dfrac{1}{2e}$ ② $\dfrac{1}{e}$ ③ 1

④ e ⑤ $2e$

331

오른쪽 그림과 같은 ㄱ자 모양
의 통로에서 한 쪽의 폭은 4 m,
다른 한 쪽의 폭은 50 cm이다.
어떤 사람이 직선 막대 AB를

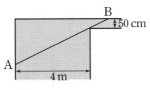

바닥과 평행하게 들고 구부러진 통로를 지나가려고 할 때, 지
나갈 수 있는 직선 막대 AB의 최대 길이는?

(단, 막대의 굵기는 생각하지 않는다.)

① $200\sqrt{5}$ cm   ② $250\sqrt{5}$ cm   ③ $400\sqrt{2}$ cm

④ $400\sqrt{3}$ cm   ⑤ 500 cm

332

실수 k에 대하여 x에 대한 방정식
$$(2+x^2)\{\ln(2+x^2)-k\}-3x^2=0$$
의 서로 다른 실근의 개수를 $f(k)$라 할 때,
$f(0)+f(\ln 2)+f(1)$의 값을 구하시오.

333

최고차항의 계수가 1인 삼차함수 $f(x)$의 역함수를 $g(x)$라 할 때, 실수 전체의 집합에서 미분가능한 함수 $g(x)$가 다음 조건을 만족시킨다.

(가) 함수 $g'(x)$는 $x=-1$에서 최댓값을 갖는다.

(나) $\displaystyle\lim_{x \to -1} \frac{f(x)-g(x)}{x+1} = \frac{3}{2}$

$f(2)+g(-1)$의 값을 구하시오.

334

함수 $f(x)=xe^{-x+t}$에 대하여 함수 $g(x)$를
$$g(x)=(f \circ f)(x)$$
라 할 때, 실수 t에 대하여 함수 $g(x)$가 극값을 갖는 서로 다른 실수 x의 개수를 $n(t)$라 하자. $\displaystyle\lim_{t \to 1+} n(t)+n\left(\frac{1}{2}\right)$의 값은?

(단, $\displaystyle\lim_{x \to \infty} f(x)=0$)

① 1　　　　　② 2　　　　　③ 3

④ 4　　　　　⑤ 5

335

함수 $f(x)$는 실수 전체의 집합에서 $f'(x)$, $f''(x)$가 존재하고 다음 조건을 만족시킨다.

(가) $f(0)=0$

(나) $f'(0)=0$

(다) $0<x<\pi$에서 $0<f''(x)<f(x)$

$0<x<\pi$에서 정의된 함수 $g(x)=\dfrac{f(x)}{\sin x}$에 대하여 |보기|에서 옳은 것만을 있는 대로 고른 것은?

┤ 보기 ├

ㄱ. $\displaystyle\lim_{x \to 0+} g(x)=0$

ㄴ. $0<x<\pi$에서 $f'(x)\sin x > f(x)\cos x$이다.

ㄷ. $0<x_1<x_2<\pi$인 임의의 두 실수 x_1, x_2에 대하여 $g(x_1)<g(x_2)$이다.

① ㄱ　　　　　② ㄷ　　　　　③ ㄱ, ㄴ

④ ㄱ, ㄷ　　　　⑤ ㄱ, ㄴ, ㄷ

336

함수 $f(x)=\dfrac{1}{3}x-\ln(x^2+8)$에 대하여 | 보기 |에서 옳은 것만을 있는 대로 고른 것은?

┤ 보기 ├

ㄱ. 함수 $f(x)+f(-x)$의 극댓값은 $-2\ln 8$이다.

ㄴ. 함수 $f(x)$의 역함수가 존재한다.

ㄷ. 곡선 $y=f(x)$는 두 개의 변곡점을 갖는다.

① ㄱ   ② ㄴ   ③ ㄱ, ㄴ

④ ㄱ, ㄷ   ⑤ ㄱ, ㄴ, ㄷ

337

함수 $f(x)$에 대하여
$$f(x)+ax^2+bx=e^x(x^2-5x+7)$$
이고, 함수 $f(x)$가 다음 조건을 만족시킨다.

(가) 함수 $f(x)$는 극댓값과 극솟값을 하나씩 갖는다.

(나) 함수 $f(x)$는 $x=k$에서 극값을 갖고, $f''(k)=0$을 만족시킨다.

두 상수 a, b에 대하여 $\dfrac{b}{a}$의 값은?

$$\left(\text{단, } \lim_{x\to-\infty} x^2 e^x=0, \ \lim_{x\to-\infty} xe^x=0\right)$$

① $\dfrac{41}{5}$ ② $\dfrac{42}{5}$ ③ $\dfrac{43}{5}$

④ $\dfrac{44}{5}$ ⑤ 9

Ⅲ 적분법

고난도 출제 포커스

여러 가지 함수의 정적분과 부분적분법, 치환적분법을 이용하여 정적분의
값을 구하는 문제가 출제된다.
정적분으로 정의된 함수에서 적분법뿐만 아니라 미분법과 관련된 내용으로
주어진 조건을 만족시키는 함수를 파악하거나, 함수의 그래프를 그린 후
정적분의 값을 구하는 문제가 출제되므로 미분법과 적분법을 유기적으로
연결하여 학습해 두어야 한다.

---

338 | 대표 유형 1 | 2019학년도 수능

실수 전체의 집합에서 미분가능한 함수 $f(x)$가 다음 조건을
만족시킬 때, $f(-1)$의 값은?

> (가) 모든 실수 x에 대하여
> $$2\{f(x)\}^2 f'(x) = \{f(2x+1)\}^2 f'(2x+1)$$ 이다.
> (나) $f\left(-\dfrac{1}{8}\right) = 1$, $f(6) = 2$

① $\dfrac{\sqrt[3]{3}}{6}$ ② $\dfrac{\sqrt[3]{3}}{3}$ ③ $\dfrac{\sqrt[3]{3}}{2}$

④ $\dfrac{2\sqrt[3]{3}}{3}$ ⑤ $\dfrac{5\sqrt[3]{3}}{6}$

---

339 | 대표 유형 2 | 2022학년도 평가원 9월

좌표평면에서 원점을 중심으로 하고 반지름의 길이가 2인 원
C와 두 점 $A(2, 0)$, $B(0, -2)$가 있다. 원 C 위에 있고
x좌표가 음수인 점 P에 대하여 $\angle PAB = \theta$라 하자.
점 $Q(0, 2\cos\theta)$에서 직선 BP에 내린 수선의 발을 R라 하
고, 두 점 P와 R 사이의 거리를 $f(\theta)$라 할 때,
$\displaystyle\int_{\frac{\pi}{6}}^{\frac{\pi}{3}} f(\theta)\, d\theta$의 값은?

① $\dfrac{2\sqrt{3}-3}{2}$ ② $\sqrt{3}-1$ ③ $\dfrac{3\sqrt{3}-3}{2}$

④ $\dfrac{2\sqrt{3}-1}{2}$ ⑤ $\dfrac{4\sqrt{3}-3}{2}$

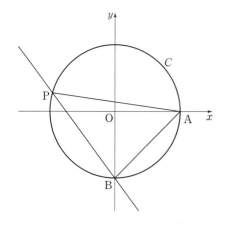

340 | 대표 유형 3 |

세 상수 a, b, c에 대하여 함수 $f(x)=ae^{2x}+be^x+c$가 다음 조건을 만족시킨다.

(가) $\displaystyle\lim_{x\to-\infty}\frac{f(x)+6}{e^x}=1$

(나) $f(\ln 2)=0$

함수 $f(x)$의 역함수를 $g(x)$라 할 때,

$\displaystyle\int_0^{14} g(x)\,dx=p+q\ln 2$이다. $p+q$의 값을 구하시오.

(단, p, q는 유리수이고, $\ln 2$는 무리수이다.)

341 | 대표 유형 4 |

실수 전체의 집합에서 연속인 함수 $f(x)$가 모든 실수 x에 대하여 $f(x)\ge 0$이고, $x<0$일 때 $f(x)=-4xe^{4x^2}$이다. 모든 양수 t에 대하여 x에 대한 방정식 $f(x)=t$의 서로 다른 실근의 개수는 2이고, 이 방정식의 두 실근 중 작은 값을 $g(t)$, 큰 값을 $h(t)$라 하자.

두 함수 $g(t)$, $h(t)$는 모든 양수 t에 대하여

$$2g(t)+h(t)=k \ (k\text{는 상수})$$

를 만족시킨다. $\displaystyle\int_0^7 f(x)\,dx=e^4-1$일 때, $\dfrac{f(9)}{f(8)}$의 값은?

① $\dfrac{3}{2}e^5$ ② $\dfrac{4}{3}e^7$ ③ $\dfrac{5}{4}e^9$

④ $\dfrac{6}{5}e^{11}$ ⑤ $\dfrac{7}{6}e^{13}$

342

모든 실수 x에 대하여 함수 $f(x)$와 도함수 $f'(x)$가 다음 조건을 만족시킨다.

> (가) $f(1)=2$
> (나) $f'(x)=f(x)-1$
> (다) $f(x)>1$

함수 $f(x)$의 역함수 $g(x)$에 대하여 함수

$$h(x)=\begin{cases} f(x) & (x<2) \\ g(x)+k & (x\geq2) \end{cases}$$

가 실수 전체의 집합에서 연속이 되도록 하는 상수 k의 값은?

① e 　　② 1 　　③ $\dfrac{1}{e}$

④ $\dfrac{1}{e^2}$ 　　⑤ $\dfrac{1}{e^3}$

343

실수 전체의 집합에서 미분가능한 두 함수 $f(x)$, $g(x)$가 다음 조건을 만족시킨다.

> (가) $\displaystyle\int_1^3 f(x)g'(x)\,dx=-12$
> (나) $f(1)=g(3)=2$, $f(3)=g(1)=4$

$\displaystyle\int_1^{\sqrt{3}} xf'(x^2)g(x^2)\,dx$의 값은?

① 6 　　② 7 　　③ 8

④ 9 　　⑤ 10

344

실수 전체의 집합에서 미분가능한 함수 $f(x)$가 다음 조건을 만족시킨다.

> (가) $\displaystyle\int_1^2 f(2x)\,dx=3$
> (나) $\displaystyle\int_2^4 \{f(x)+xf'(x)\}\,dx=10$

$\displaystyle\int_6^{12} xf'\left(\dfrac{x}{3}\right)dx$의 값을 구하시오.

345

실수 전체의 집합에서 미분가능한 함수 $f(x)$가 다음 조건을 만족시킨다.

(가) $\displaystyle\int_1^2 f(x)\,dx=10$

(나) $2\leq x\leq 4$일 때 $f(x)=f\left(\dfrac{x}{2}\right)+1$

$\displaystyle\int_1^4 \{f(x)+f'(x)\}\,dx$의 값을 구하시오.

346

자연수 n에 대하여

$$I_n=\int_0^1 x^n e^x\,dx$$

라 할 때, | 보기 |에서 옳은 것만을 있는 대로 고른 것은?

---| 보기 |---

ㄱ. $I_2=e-2$

ㄴ. $I_{n+1}+(n+1)I_n=e$

ㄷ. $I_{n+1}>I_n$

---

① ㄱ   ② ㄴ   ③ ㄱ, ㄴ

④ ㄴ, ㄷ   ⑤ ㄱ, ㄴ, ㄷ

347

함수 $f(x) = |x| \sin x$와 자연수 n에 대하여

$$a_n = \int_{-\frac{n}{2}\pi}^{\frac{n+1}{2}\pi} f(x)\, dx$$

라 할 때, |보기|에서 옳은 것만을 있는 대로 고른 것은?

┌ 보기 ├─────────────────

ㄱ. $f(-x) = -f(x)$

ㄴ. $a_2 = \pi + 1$

ㄷ. $\displaystyle\sum_{n=1}^{10} a_n = -2$

└──────────────────────

① ㄱ   ② ㄱ, ㄴ   ③ ㄱ, ㄷ

④ ㄴ, ㄷ   ⑤ ㄱ, ㄴ, ㄷ

348

정의역이 $\{x \,|\, 0 \le x \le 5\}$인 함수 $y = f(x)$의 그래프가 그림과 같다.

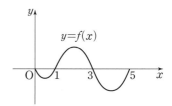

함수 $g(x) = \displaystyle\int_0^x f(t)\, dt$에 대하여 |보기|에서 옳은 것만을 있는 대로 고른 것은?

┌ 보기 ├─────────────────

ㄱ. $\displaystyle\lim_{h \to 0} \frac{1}{2h}\{g(1+h) - g(1)\} = 0$

ㄴ. 함수 $g(x)$는 $x = 1$에서 극솟값, $x = 3$에서 극댓값을 갖는다.

ㄷ. $g(5) = g(1) + \displaystyle\int_1^3 |f(t)|\, dt - \int_3^5 |f(t)|\, dt$

└──────────────────────

① ㄱ   ② ㄴ   ③ ㄱ, ㄷ

④ ㄴ, ㄷ   ⑤ ㄱ, ㄴ, ㄷ

349

함수 $y=f(x)$의 그래프가 점 $(1, 2)$를 지나고, 함수 $f(x)$의 역함수 $f^{-1}(x)$에 대하여 함수 $y=f^{-1}(x)$의 그래프는 점 $(8, 10)$을 지난다. $\lim\limits_{n\to\infty}\sum\limits_{k=1}^{n} f^{-1}\left(\dfrac{2n+6k}{n}\right)\dfrac{1}{n}=4$일 때,

$\lim\limits_{n\to\infty}\sum\limits_{k=1}^{n} f\left(\dfrac{n^2+9k^2}{n^2}\right)\dfrac{2k}{n^2}$의 값은?

① 2   ② 3   ③ 4

④ 5   ⑤ 6

350

정의역이 $\left\{x\,\middle|\,0\le x\le\dfrac{\pi}{2}\right\}$인 두 함수 $f(x)=\sqrt{2}\cos x$, $g(x)=2\sin x\cos x$가 있다. 두 곡선 $y=f(x)$, $y=g(x)$ 및 y축으로 둘러싸인 부분의 넓이를 S_1, 두 곡선 $y=f(x)$, $y=g(x)$ 및 x축으로 둘러싸인 부분의 넓이를 S_2라 하자. $\dfrac{S_2}{S_1}$의 값은?

① $2\sqrt{2}-2$ ② $2\sqrt{2}-1$ ③ $2\sqrt{2}$

④ $2\sqrt{2}+1$ ⑤ $2\sqrt{2}+2$

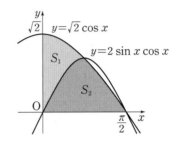

351

자연수 n에 대하여 닫힌구간 $[(n-1)\pi,\ n\pi]$에서 곡선 $y=e^{-x}\sin x$와 x축으로 둘러싸인 부분의 넓이를 S_n이라 할 때, │보기│에서 옳은 것만을 있는 대로 고른 것은?

┌─┤ 보기 ├──────────────────────┐

ㄱ. $S_1=\dfrac{1}{2}(e^{-\pi}+1)$

ㄴ. $S_{n+1}=e^{-\pi}S_n$

ㄷ. $\displaystyle\sum_{n=1}^{\infty}S_n=\dfrac{e^{\pi}+1}{2(e^{\pi}-1)}$

└──────────────────────────┘

① ㄱ   ② ㄱ, ㄴ   ③ ㄱ, ㄷ

④ ㄴ, ㄷ   ⑤ ㄱ, ㄴ, ㄷ

352

그림과 같이 중심이 원점이고 반지름의 길이가 3인 원 C_1의 내부에서 반지름의 길이가 1인 원 C_2를 원 C_1에 접하면서 미끄러지지 않게 굴린다. 원 C_2 위의 점 P의 처음 위치가 점 $(3,\ 0)$일 때, 점 P의 시각 t에서의 위치 $(x,\ y)$는

$$x=2\cos t+\cos 2t,\ y=2\sin t-\sin 2t$$

이다. 점 P가 출발 후 최초로 처음 위치로 돌아올 때까지 움직인 거리를 구하시오.

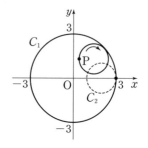

353

상수 a에 대하여 함수 $f(x)$는

$$f(x)=-\frac{1}{7}x^3-\frac{3a-2}{7}x^2+(a+2)x+a^2+a-2$$

이다. 첫째항이 정수인 수열 $\{a_n\}$이 다음 조건을 만족시킨다.

(가) 모든 자연수 n에 대하여 $a_n \geq 0$, $a_{n+1}=f(a_n)$이다.

(나) $0 < \sum\limits_{n=1}^{\infty} a_n \leq 5a_1$

방정식 $f(x)=0$이 서로 다른 두 실근을 가질 때, $\sum\limits_{n=1}^{\infty} a_n$의 값을 구하시오.

354

그림과 같이 두 직선 l, m이 이루는 예각의 크기가 $60°$이고, 두 직선 l, m에 접하고 반지름의 길이가 6인 원 O_1이 있다. 원 O_1 위에 네 점 A_1, B_1, C_1, E_1을 선분 A_1B_1의 길이가 원 O_1의 반지름의 길이와 같고 $\angle E_1A_1B_1 = 105°$, $\overline{A_1C_1} = \overline{B_1C_1}$이 되도록 잡는다. 두 선분 A_1C_1, B_1E_1이 만나는 점을 D_1이라 할 때, 다섯 개의 선분 A_1B_1, B_1C_1, C_1D_1, D_1E_1, E_1A_1로 둘러싸인 도형 $A_1B_1C_1D_1E_1$의 내부에 색칠하여 얻은 그림을 R_1이라 하자.

그림 R_1에서 두 직선 l, m에 접하면서 반지름의 길이가 원 O_1의 반지름의 길이보다 작고 원 O_1에 접하는 원 O_2를 그리고, 그림 R_1을 얻는 것과 같은 방법으로 도형 $A_2B_2C_2D_2E_2$를 그린 후 그 내부에 색칠하여 얻은 그림을 R_2라 하자.

이와 같은 과정을 계속하여 n번째 얻은 그림 R_n에 색칠되어 있는 부분의 넓이를 S_n이라 할 때, $\lim\limits_{n \to \infty} S_n$의 값은?

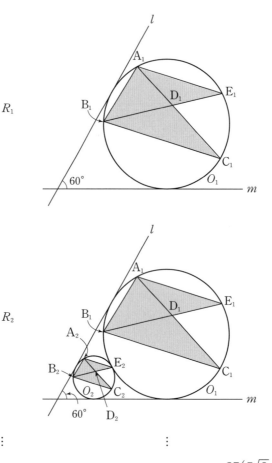

① $\dfrac{21(5\sqrt{3}+6)}{8}$ ② $3(5\sqrt{3}+6)$ ③ $\dfrac{27(5\sqrt{3}+6)}{8}$

④ $\dfrac{15(5\sqrt{3}+6)}{4}$ ⑤ $\dfrac{33(5\sqrt{3}+6)}{8}$

355 그림과 같이 원점 O를 지나고 x축의 양의 방향과 이루는 각의 크기가 θ인 직선을 l이라 하자. 두 원

$$C_1 : x^2+y^2=16, \quad C_2 : (x-2)^2+y^2=4$$

와 직선 l로 둘러싸인 도형 중 직선 l의 아래쪽이면서 제1사분면 위에 있는 색칠된 도형의 둘레의 길이를 $A(\theta)$라 하고, 원 C_2의 내부에서 원 C_2와 직선 l 및 x축에 동시에 접하는 원을 C_3이라 할 때, 원 C_3의 둘레의 길이를 $B(\theta)$라 하자. $\displaystyle\lim_{\theta \to 0+} \frac{A(\theta)-8\theta}{\theta \times B(\theta)}$의 값은?

$$\left(\text{단, } 0<\theta<\frac{\pi}{2}\right)$$

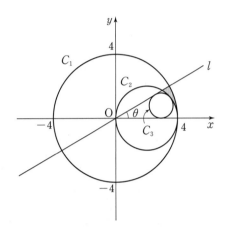

① $\dfrac{1}{2\pi}$ 　② $\dfrac{1}{\pi}$ 　③ $\dfrac{2}{\pi}$ 　④ $\dfrac{4}{\pi}$ 　⑤ $\dfrac{8}{\pi}$

356

함수 $f(x) = |(x^2 + 10x + n)e^{\frac{x}{2}}|$이 다음 조건을 만족시킨다.

(가) 함수 $f(x)$는 실수 전체의 집합에서 미분가능하다.

(나) $n(\{x | f'(x_1)f'(x_2) < 0, \ x_1 < x < x_2\}) \geq 1$

(단, $n(A)$는 집합 A의 원소의 개수이다.)

모든 정수 n의 개수는?

① 2   ② 3   ③ 4   ④ 5   ⑤ 6

357

일차함수 $f(x)$, 이차함수 $g(x)$에 대하여 좌표평면에서 원점을 지나는 매개변수 t로 나타내어진 곡선 C는

$$C : x(t) = (t^3 - 1)f(t), \ y(t) = (t^2 + 1)g(t)$$

일 때, 다음 조건을 만족시킨다.

(가) $\displaystyle\lim_{x \to \infty} \frac{f(x)}{x} = \lim_{x \to \infty} \frac{g(x)}{x^2} = 1$

(나) 원점에서 곡선 C에 그은 서로 다른 접선의 개수는 2이다.

원점에서 곡선 C에 그은 서로 다른 두 접선의 기울기의 곱을 S라 할 때, S의 최댓값은?

① $\dfrac{2}{3}$ ② $\dfrac{5}{6}$ ③ 1   ④ $\dfrac{7}{6}$ ⑤ $\dfrac{4}{3}$

358

이차함수 $f(x)$에 대하여 함수 $g(x)$를 $g(x)=f(e^{-x})$이라 하고, 실수 k에 대하여 함수 $|g(x)-k|$의 미분가능하지 않은 점의 개수를 $h(k)$라 할 때, 두 함수 $g(x)$, $h(k)$는 다음 조건을 만족시킨다.

(가) 함수 $g(x)$는 $x=0$에서 극값을 갖는다.

(나) 함수 $h(k)$는 $k=-\dfrac{1}{4}$, $k=\dfrac{1}{4}$에서만 불연속이다.

(다) x에 대한 방정식 $g(x)-g(t)=(x-t)g'(t)$가 오직 하나의 실근을 갖도록 하는 실수 t의 최댓값을 a라 하면 $g(a)=-\dfrac{1}{8}$이다.

$f(4)=\dfrac{q}{p}$일 때, $p+q$의 값을 구하시오. (단, p와 q는 서로소이다.)

359

두 실수 a, b $(ab<0)$에 대하여 실수 전체의 집합에서 정의된 두 함수

$$f(x)=\frac{1}{x^2+ax+b},\ g(x)=\frac{x^2}{x^2+ax+b}$$

이 다음 조건을 만족시킨다.

(가) 함수 $f(x)$는 $x=1$에서 극대이다.

(나) 함수 $g(x)$는 최댓값 $\dfrac{3}{2}$을 갖는다.

모든 실수 t와 x에 대하여 부등식

$$f(x-t)+|g(x)-k|\leq\frac{5}{4}$$

를 만족시키는 실수 k의 값을 α라 하고, 이 부등식의 등호가 성립할 때의 실수 t를 $t=\beta$ 또는 $t=\gamma$라 하자. $g(\alpha\beta\gamma)=p$일 때, $33p$의 값을 구하시오. (단, $\beta\neq\gamma$)

360

최고차항의 계수가 1인 사차함수 $f(x)$와 함수 $g(x)=xe^x$에 대하여 합성함수 $h(x)=(f\circ g)(x)$가 다음 조건을 만족시킨다.

> (가) 함수 $h(x)$는 $x=0$에서 극솟값을 갖는다.
> (나) 직선 $y=e^4$은 곡선 $y=h(x)$의 점근선이다.
> (다) 방정식 $h'(x)=0$은 서로 다른 세 실근을 갖고, 세 실근의 합은 0이다.

$f(e)$의 값은? (단, $\lim\limits_{x\to-\infty} g(x)=0$)

① e^4 ② $\dfrac{4}{3}e^4$ ③ $\dfrac{5}{3}e^4$ ④ $2e^4$ ⑤ $\dfrac{7}{3}e^4$

361

두 자연수 m, n에 대하여 $-2 \le x \le 4$에서 정의된 연속함수 $f(x)$가

$$f(1) = 3, \quad f'(x) = \begin{cases} m\pi \sin \pi x & (-2 < x < 0) \\ 2x - 2 & (0 < x < 2) \\ n\pi \cos \pi x & (2 < x < 4) \end{cases}$$

를 만족시킨다. 집합 $\{x \,|\, f(x) > k\}$가 공집합이 되도록 하는 실수 k의 최솟값이 10일 때,

$\displaystyle \int_{-1}^{3} f(x)\,dx$의 최댓값은?

① $\dfrac{50}{3} + \dfrac{6}{\pi}$ 　　　② $\dfrac{53}{3} + \dfrac{6}{\pi}$ 　　　③ $\dfrac{53}{3} + \dfrac{9}{\pi}$

④ $\dfrac{50}{3} + \dfrac{12}{\pi}$ 　　　⑤ $\dfrac{53}{3} + \dfrac{12}{\pi}$

362 실수 전체의 집합에서 미분가능한 함수

$$f(x) = \begin{cases} x^3 + ax^2 + bx + c & (x \le 1) \\ 2x^2 + px + q & (x > 1) \end{cases}$$

가 다음 조건을 만족시킨다.

(가) $f(0) + 1 = f(\pi) + 1 = 0$

(나) 함수 $f'(x)$는 $x = 1$에서 미분가능하다.

함수 $f(x)$에 대하여 함수 $g(x)$가

$$g(x) = \int_{-\frac{\pi}{2}}^{\frac{\pi}{2}} f\left(t + \frac{\pi}{2}\right) \sin\{(2t + \pi)x\}\, dt$$

일 때, 자연수 n에 대하여 $\displaystyle\lim_{n \to \infty} 8n^3 g(n)$의 값은? (단, a, b, c, p, q는 상수이다.)

① 5   ② 6   ③ 7   ④ 8   ⑤ 9

363 닫힌구간 $[1, e]$에서 정의된 함수 $f(x)$가

$$\int_1^x (x-t)f(t)\,dt = x(\ln x)^2 - 2x\ln x + 2x - 2$$

를 만족시킨다. 함수 $f(x)$의 역함수 $g(x)$에 대하여 $\displaystyle\int_0^{\frac{2}{e}} \{g(x)\}^2\,dx = ae+b$일 때, a^2+b^2의 값을 구하시오. (단, a, b는 유리수이다.)

364

$x < \ln 2$에서 정의된 미분가능한 함수 $f(x)$에 대하여

$$f(x) = \{f(x)\}^2 - 2\int_0^x [f(x-t)f'(x-t) - \{f(x-t)\}^2]e^t\,dt$$

일 때, |보기|에서 옳은 것만을 있는 대로 고른 것은? (단, $f(x) > 0$)

---| 보기 |---

ㄱ. $f(x) - f'(x) = \{f(x)\}^2$

ㄴ. 구간 $(-\infty, \ln 2)$에서 곡선 $y = f(x)$는 아래로 볼록하다.

ㄷ. $f\left(\ln \dfrac{3}{2}\right) = 3$

① ㄱ   ② ㄷ   ③ ㄱ, ㄷ   ④ ㄴ, ㄷ   ⑤ ㄱ, ㄴ, ㄷ

365
최고차항의 계수가 1인 삼차함수 $f(x)$와 상수 a에 대하여 함수 $F(x)$를

$$F(x) = \int_a^x |f(t)|\, dt$$

로 정의하자. 함수 $F(x)$의 역함수를 $G(x)$라 할 때, 두 함수 $F(x)$, $G(x)$는 다음 조건을 만족시킨다.

(가) 곡선 $y = |F(x)|$의 변곡점은 2개이다.

(나) 함수 $G(x)$는 $x = -44$, $x = 64$에서 미분계수가 존재하지 않는다.

$F(a+6)$의 값을 구하시오.

366 양의 실수 t에 대하여 곡선 $y=\ln x$ 위의 점 $(t, \ln t)$에서의 접선이 x축, y축과 만나는 점을 각각 A, B라 하고, 원점 O에 대하여 삼각형 OAB의 넓이를 $S(t)$라 하자. 음이 아닌 실수 k에 대하여 t에 대한 방정식 $S(t)=k$의 실근 중 가장 큰 근을 $M(k)$라 할 때,

$$\int_0^{M(t)} M(k)\,dk + \int_{\frac{1}{e}}^{M(t)} S(x)\,dx = e^{a+2\sqrt{2}} + be^2 + ce^{-2}$$

이다. $\dfrac{a-c}{b}$의 값을 구하시오.

(단, $S(0)=0$, $\displaystyle\lim_{x \to 0+} x(\ln x - 1)^2 = 0$이고, a, b, c는 유리수이다.)

메가스터디 N제

수학영역 미적분 | 3점·4점 공략

366제

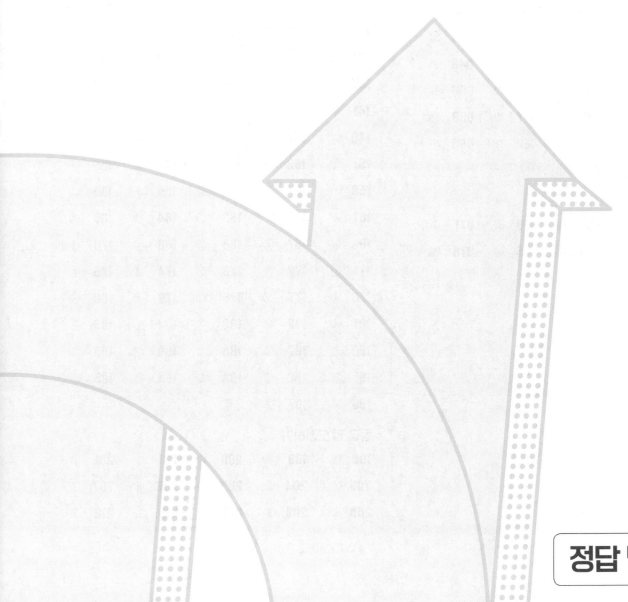

정답 및 해설

PART 1 수능 기본 다지기

I 수열의 극한

기출문제로 개념 확인하기

001	⑤	002	⑤	003	②	004	①	005	⑤
006	①	007	③	008	⑤				

유형별 문제로 수능 대비하기

009	③	010	24	011	⑤	012	③	013	④
014	④	015	3	016	③	017	③	018	④
019	⑤	020	①	021	36	022	⑤	023	⑤
024	⑤	025	⑤	026	②	027	13	028	③
029	⑤	030	5	031	③	032	③	033	③
034	④	035	①	036	②	037	②	038	7
039	③	040	②	041	③	042	④	043	24
044	②	045	60	046	50	047	②	048	①
049	②	050	①	051	④	052	21	053	6
054	③	055	④	056	②	057	②	058	133
059	③	060	②	061	89	062	18	063	②
064	12	065	②	066	①				

등급 업 도전하기

067	⑤	068	③	069	④	070	④	071	④
072	③	073	④	074	9	075	④	076	③
077	①								

II 미분법

기출문제로 개념 확인하기

078	④	079	4	080	7	081	2	082	②
083	①	084	⑤	085	③				

유형별 문제로 수능 대비하기

086	①	087	②	088	⑤	089	⑤	090	④
091	④	092	③	093	⑤	094	⑤	095	②
096	①	097	④	098	③	099	①	100	⑤
101	②	102	④	103	①	104	10	105	25
106	④	107	④	108	⑤	109	⑤	110	12
111	75	112	⑤	113	①	114	⑤	115	⑤
116	①	117	①	118	③	119	12	120	②
121	④	122	④	123	60	124	101	125	4
126	①	127	②	128	④	129	②	130	90
131	④	132	①	133	②	134	②	135	①
136	②	137	④	138	20	139	⑤	140	①
141	④	142	③	143	⑤	144	③	145	②
146	①	147	②	148	4	149	③	150	⑤
151	③	152	②	153	6	154	③	155	③
156	①	157	①	158	②	159	2	160	③
161	④	162	2	163	②	164	②	165	④
166	97	167	④	168	②	169	④	170	③
171	①	172	③	173	①	174	④	175	④
176	④	177	②	178	③	179	④	180	④
181	④	182	④	183	④	184	④	185	②
186	②	187	④	188	②	189	③	190	③
191	③	192	②	193	⑤	194	④	195	①
196	④	197	②						

등급 업 도전하기

198	③	199	40	200	②	201	③	202	①
203	①	204	②	205	①	206	②	207	③
208	⑤	209	③	210	②	211	27	212	②

Ⅲ 적분법

기출문제로 개념 확인하기

213	4	**214**	②	**215**	①	**216**	①	**217**	①
218	②								

유형별 문제로 수능 대비하기

219	②	**220**	④	**221**	⑤	**222**	⑤	**223**	④
224	①	**225**	⑤	**226**	③	**227**	④	**228**	③
229	④	**230**	2	**231**	②	**232**	⑤	**233**	60
234	①	**235**	⑤	**236**	16	**237**	③	**238**	⑤
239	④	**240**	③	**241**	②	**242**	68	**243**	⑤
244	②	**245**	④	**246**	20	**247**	③	**248**	②
249	①	**250**	③	**251**	⑤	**252**	①	**253**	7
254	8	**255**	②	**256**	③	**257**	⑤	**258**	33
259	③	**260**	②	**261**	①	**262**	④	**263**	②
264	①	**265**	49	**266**	7	**267**	②	**268**	⑤
269	④	**270**	①	**271**	②	**272**	①	**273**	②
274	①	**275**	②	**276**	③	**277**	②	**278**	④
279	①	**280**	③	**281**	②	**282**	④	**283**	③
284	①	**285**	⑤	**286**	24	**287**	②	**288**	②
289	④	**290**	⑤	**291**	②				

등급 업 도전하기

292	⑤	**293**	②	**294**	①	**295**	③	**296**	①
297	⑤	**298**	②	**299**	②	**300**	④	**301**	②
302	④	**303**	⑤						

PART 2 고난도 문제로 수능 대비하기

고난도 문제로 실전 대비하기

304	③	**305**	12	**306**	28	**307**	①	**308**	④
309	17	**310**	32	**311**	②	**312**	11	**313**	②
314	④	**315**	②	**316**	11	**317**	72	**318**	②
319	5	**320**	②	**321**	16	**322**	⑤	**323**	③
324	2	**325**	②	**326**	117	**327**	③	**328**	①
329	⑤	**330**	②	**331**	②	**332**	9	**333**	31
334	④	**335**	⑤	**336**	④	**337**	④	**338**	④
339	①	**340**	26	**341**	②	**342**	①	**343**	①
344	36	**345**	34	**346**	③	**347**	③	**348**	⑤
349	⑤	**350**	②	**351**	⑤	**352**	16		

최고난도 문제로 1등급 도전하기

353	8	**354**	③	**355**	①	**356**	③	**357**	⑤
358	21	**359**	9	**360**	②	**361**	⑤	**362**	②
363	20	**364**	④	**365**	84	**366**	29		

I 수열의 극한

기출문제로 개념 확인하기   본문 009쪽

001 ⑤

$$\lim_{n \to \infty} \frac{\dfrac{5}{n} + \dfrac{3}{n^2}}{\dfrac{1}{n} - \dfrac{2}{n^3}} = \lim_{n \to \infty} \frac{\left(\dfrac{5}{n} + \dfrac{3}{n^2}\right) \times n}{\left(\dfrac{1}{n} - \dfrac{2}{n^3}\right) \times n}$$

$$= \lim_{n \to \infty} \frac{5 + \dfrac{3}{n}}{1 - \dfrac{2}{n^2}} = \frac{5+0}{1-0} = 5$$

002 ⑤

$\lim\limits_{n \to \infty} (3a_n - 5n) = 2$에서 $3a_n - 5n = b_n$이라 하면

$\lim\limits_{n \to \infty} b_n = 2$이고, $a_n = \dfrac{b_n + 5n}{3}$이므로

$$\lim_{n \to \infty} \frac{(2n+1)a_n}{4n^2} = \lim_{n \to \infty} \left(\frac{2n+1}{4n^2} \times \frac{b_n + 5n}{3}\right)$$

$$= \lim_{n \to \infty} \left(\frac{2n+1}{4n} \times \frac{b_n + 5n}{3n}\right)$$

$$= \lim_{n \to \infty} \left(\frac{2 + \dfrac{1}{n}}{4} \times \frac{\dfrac{b_n}{n} + 5}{3}\right)$$

$$= \frac{2+0}{4} \times \frac{0+5}{3}$$

$$= \frac{5}{6}$$

003 ②

$2n^2 - 3 < a_n < 2n^2 + 4$에서

$\sum\limits_{k=1}^{n} (2k^2 - 3) < S_n < \sum\limits_{k=1}^{n} (2k^2 + 4)$이고

$\sum\limits_{k=1}^{n} (2k^2 - 3) = 2 \times \dfrac{n(n+1)(2n+1)}{6} - 3n = \dfrac{n(2n^2 + 3n - 8)}{3}$

$\sum\limits_{k=1}^{n} (2k^2 + 4) = 2 \times \dfrac{n(n+1)(2n+1)}{6} + 4n = \dfrac{n(2n^2 + 3n + 13)}{3}$

이므로

$$\frac{n(2n^2 + 3n - 8)}{3n^3} < \frac{S_n}{n^3} < \frac{n(2n^2 + 3n + 13)}{3n^3}$$

이때

$\lim\limits_{n \to \infty} \dfrac{n(2n^2 + 3n - 8)}{3n^3} = \lim\limits_{n \to \infty} \dfrac{2n^3 + 3n^2 - 8n}{3n^3} = \dfrac{2}{3}$,

$\lim\limits_{n \to \infty} \dfrac{n(2n^2 + 3n + 13)}{3n^3} = \lim\limits_{n \to \infty} \dfrac{2n^3 + 3n^2 + 13n}{3n^3} = \dfrac{2}{3}$

이므로 수열의 극한의 대소 관계에 의하여

$$\lim_{n \to \infty} \frac{S_n}{n^3} = \frac{2}{3}$$

004 ①

수열 $\{a_n\}$이 수렴하려면 $-1 < \dfrac{x^2 - 4x}{5} \leq 1$이어야 하므로

$-5 < x^2 - 4x \leq 5$

(i) $-5 < x^2 - 4x$, 즉 $x^2 - 4x + 5 > 0$일 때

　$(x-2)^2 + 1 > 0$

　즉, 모든 정수 x에 대하여 부등식이 성립한다.

(ii) $x^2 - 4x \leq 5$, 즉 $x^2 - 4x - 5 \leq 0$일 때

　$(x+1)(x-5) \leq 0$

　$\therefore -1 \leq x \leq 5$

(i), (ii)의 공통부분을 구하면

$-1 \leq x \leq 5$

따라서 구하는 모든 정수 x의 개수는

-1, 0, 1, 2, 3, 4, 5의 7이다.

005 ⑤

등비수열 $\{a_n\}$의 첫째항을 a $(a \neq 0)$, 공비를 r $(r \neq 0)$이라 하면

$a_n = ar^{n-1}$이므로

$$\lim_{n \to \infty} \frac{a_n + 1}{3^n + 2^{2n-1}} = \lim_{n \to \infty} \frac{ar^{n-1} + 1}{3^n + \dfrac{1}{2} \times 4^n}$$

(i) $|r| > 4$일 때

$\lim\limits_{n \to \infty} \left(\dfrac{1}{r}\right)^n = 0$, $\lim\limits_{n \to \infty} \left(\dfrac{3}{r}\right)^n = 0$, $\lim\limits_{n \to \infty} \left(\dfrac{4}{r}\right)^n = 0$이므로

$$\lim_{n \to \infty} \frac{ar^{n-1} + 1}{3^n + \dfrac{1}{2} \times 4^n} = \lim_{n \to \infty} \frac{\dfrac{a}{r} + \left(\dfrac{1}{r}\right)^n}{\left(\dfrac{3}{r}\right)^n + \dfrac{1}{2} \times \left(\dfrac{4}{r}\right)^n}$$

에서 극한값이 존재하지 않는다.

(ii) $r = 4$일 때

$$\lim_{n \to \infty} \frac{ar^{n-1} + 1}{3^n + \dfrac{1}{2} \times 4^n} = \lim_{n \to \infty} \frac{a \times 4^{n-1} + 1}{3^n + \dfrac{1}{2} \times 4^n}$$

$$= \lim_{n \to \infty} \frac{\dfrac{a}{4} + \left(\dfrac{1}{4}\right)^n}{\left(\dfrac{3}{4}\right)^n + \dfrac{1}{2}}$$

$$= \frac{\dfrac{a}{4} + 0}{0 + \dfrac{1}{2}} = \frac{a}{2} = 3$$

　이므로 $a = 6$ 　$\therefore a_n = 6 \times 4^{n-1}$

(iii) $0 < |r| < 4$일 때

$\lim\limits_{n \to \infty} \left(\dfrac{r}{4}\right)^n = 0$이므로

$$\lim_{n \to \infty} \frac{ar^{n-1} + 1}{3^n + \dfrac{1}{2} \times 4^n} = \lim_{n \to \infty} \frac{\dfrac{a}{r} \times \left(\dfrac{r}{4}\right)^n + \left(\dfrac{1}{4}\right)^n}{\left(\dfrac{3}{4}\right)^n + \dfrac{1}{2}}$$

$$= \frac{0+0}{0 + \dfrac{1}{2}} = 0 \neq 3$$

(iv) $r=-4$일 때

$$\lim_{n\to\infty}\frac{ar^{n-1}+1}{3^n+\frac{1}{2}\times 4^n}=\lim_{n\to\infty}\frac{a\times(-4)^{n-1}+1}{3^n+\frac{1}{2}\times 4^n}$$

$$=\lim_{n\to\infty}\frac{-\frac{a}{4}\times(-1)^n+\left(\frac{1}{4}\right)^n}{\left(\frac{3}{4}\right)^n+\frac{1}{2}}$$

$$=\lim_{n\to\infty}\left\{-\frac{a}{2}\times(-1)^n\right\}$$

이므로 진동이다.

(i)~(iv)에서 $a_n=6\times 4^{n-1}$이므로

$$a_2=6\times 4=24$$

참고

$$\lim_{n\to\infty}\frac{ar^{n-1}+1}{3^n+\frac{1}{2}\times 4^n}=3$$으로 극한값이 존재하고 분모에서 각 항의 공비가 $4>3$

이므로 $r=4$이다.

006 ①

$\sum\limits_{n=1}^{\infty}\dfrac{a_n}{n}$이 수렴하므로 $\lim\limits_{n\to\infty}\dfrac{a_n}{n}=0$

$$\therefore \lim_{n\to\infty}\frac{a_n+2a_n{}^2+3n^2}{a_n{}^2+n^2}=\lim_{n\to\infty}\frac{\frac{a_n}{n}\times\frac{1}{n}+2\left(\frac{a_n}{n}\right)^2+3}{\left(\frac{a_n}{n}\right)^2+1}$$

$$=\frac{0\times 0+2\times 0+3}{0+1}$$

$$=3$$

007 ③

등비수열 $\{a_n\}$의 첫째항을 $a\,(a\neq 0)$, 공비를 $r\,(r\neq 0)$이라 하면
$a_n=ar^{n-1}$이므로

$$\lim_{n\to\infty}\frac{3^n}{a_n+2^n}=\lim_{n\to\infty}\frac{3^n}{ar^{n-1}+2^n}=\lim_{n\to\infty}\frac{1}{\frac{a}{r}\left(\frac{r}{3}\right)^n+\left(\frac{2}{3}\right)^n}=6$$

$\lim\limits_{n\to\infty}\left(\dfrac{2}{3}\right)^n=0$이므로 $\lim\limits_{n\to\infty}\dfrac{a}{r}\left(\dfrac{r}{3}\right)^n=\dfrac{1}{6}$이어야 한다.

$r>3$이면 $\lim\limits_{n\to\infty}\dfrac{a}{r}\left(\dfrac{r}{3}\right)^n=\infty$,

$r<3$이면 $\lim\limits_{n\to\infty}\dfrac{a}{r}\left(\dfrac{r}{3}\right)^n=0$이므로

$r=3$

즉, $\lim\limits_{n\to\infty}\dfrac{a}{r}\left(\dfrac{r}{3}\right)^n=\lim\limits_{n\to\infty}\dfrac{a}{3}=\dfrac{1}{6}$이므로

$a=\dfrac{1}{2}$　　$\therefore a_n=\dfrac{1}{2}\times 3^{n-1}$

$$\therefore \sum_{n=1}^{\infty}\frac{1}{a_n}=\sum_{n=1}^{\infty}2\times\left(\frac{1}{3}\right)^{n-1}=\frac{2}{1-\frac{1}{3}}=3$$

008 ⑤

등차수열 $\{a_n\}$의 공차를 $d\,(d>0)$이라 하고 등비수열 $\{b_n\}$의 공비를 $r\,(r\neq 0)$이라 하면 $a_1=b_1=1$이므로

$$a_n=1+(n-1)d,\ b_n=r^{n-1}$$

또한, $a_2 b_2=1$이므로

$$(1+d)r=1,\ 1+d=\frac{1}{r}\quad\cdots\cdots\ \textcircled{\scriptsize$\daleth$}$$

이때 $d>0$이므로 $\dfrac{1}{r}=1+d>1$

$$\therefore 0<r<1$$

즉, 등비급수 $\sum\limits_{n=1}^{\infty}b_n$은 수렴하므로

$$\sum_{n=1}^{\infty}\left(\frac{1}{a_n a_{n+1}}+b_n\right)$$

$$=\sum_{n=1}^{\infty}\left\{\frac{1}{a_{n+1}-a_n}\left(\frac{1}{a_n}-\frac{1}{a_{n+1}}\right)+b_n\right\}$$

$$=\frac{1}{d}\sum_{n=1}^{\infty}\left(\frac{1}{a_n}-\frac{1}{a_{n+1}}\right)+\sum_{n=1}^{\infty}b_n$$

$$=\frac{1}{d}\lim_{n\to\infty}\sum_{k=1}^{n}\left(\frac{1}{a_k}-\frac{1}{a_{k+1}}\right)+\frac{1}{1-r}\quad(\because b_1=1)$$

$$=\frac{1}{d}\lim_{n\to\infty}\left\{\left(\frac{1}{a_1}-\frac{1}{a_2}\right)+\left(\frac{1}{a_2}-\frac{1}{a_3}\right)+\left(\frac{1}{a_3}-\frac{1}{a_4}\right)+\cdots\right.$$

$$\left.+\left(\frac{1}{a_n}-\frac{1}{a_{n+1}}\right)\right\}+\frac{1}{1-r}$$

$$=\frac{1}{d}\lim_{n\to\infty}\left(\frac{1}{a_1}-\frac{1}{a_{n+1}}\right)+\frac{1}{1-r}$$

$$=\frac{1}{d}\lim_{n\to\infty}\left(1-\frac{1}{1+dn}\right)+\frac{1}{1-r}$$

$$=\frac{1}{d}+\frac{1}{1-r}=2\quad\cdots\cdots\ \textcircled{\scriptsize$\maltese$}$$

$\textcircled{\scriptsize$\daleth$}$에서 $d=\dfrac{1}{r}-1=\dfrac{1-r}{r}$이므로 $\textcircled{\scriptsize$\maltese$}$에 대입하면

$$\frac{r}{1-r}+\frac{1}{1-r}=2,\ \frac{r+1}{1-r}=2$$

$$r+1=2(1-r),\ 3r=1\quad\quad\therefore r=\frac{1}{3}$$

$$\therefore \sum_{n=1}^{\infty}b_n=\frac{1}{1-\frac{1}{3}}=\frac{3}{2}$$

유형별 문제로 수능 대비하기 　본문 010~028쪽

009 ③

수열 $\{a_n\}$은 첫째항이 1이고 $a_{n+1}-a_n=3$에서 공차가 3인 등차수열이므로

$$a_n=1+(n-1)\times 3=3n-2$$

$\sum\limits_{k=1}^{n}\dfrac{1}{b_k}=n^2$이므로

$n\geq 2$일 때, 수열의 합과 일반항 사이의 관계에 의하여

$$\frac{1}{b_n}=\sum_{k=1}^{n}\frac{1}{b_k}-\sum_{k=1}^{n-1}\frac{1}{b_k}$$

$$=n^2-(n-1)^2$$

$$=n^2-(n^2-2n+1)$$

$$=2n-1$$

이때 $\dfrac{1}{b_1}=1$이므로

$$b_n=\frac{1}{2n-1}$$

$$\therefore \lim_{n \to \infty} a_n b_n = \lim_{n \to \infty} \left\{ (3n-2) \times \frac{1}{2n-1} \right\}$$
$$= \lim_{n \to \infty} \frac{3n-2}{2n-1}$$
$$= \lim_{n \to \infty} \frac{3-\dfrac{2}{n}}{2-\dfrac{1}{n}}$$
$$= \frac{3-0}{2-0} = \frac{3}{2}$$

010　24

$$\lim_{n \to \infty} \frac{(2n-1)^3}{1^2+2^2+3^2+\cdots+n^2} = \lim_{n \to \infty} \frac{8n^3-12n^2+6n-1}{\sum\limits_{k=1}^{n} k^2}$$
$$= \lim_{n \to \infty} \frac{8n^3-12n^2+6n-1}{\dfrac{n(n+1)(2n+1)}{6}}$$
$$= \lim_{n \to \infty} \frac{6(8n^3-12n^2+6n-1)}{2n^3+3n^2+n}$$
$$= \lim_{n \to \infty} \frac{6\left(8-\dfrac{12}{n}+\dfrac{6}{n^2}-\dfrac{1}{n^3}\right)}{2+\dfrac{3}{n}+\dfrac{1}{n^2}}$$
$$= \frac{6 \times (8-0+0-0)}{2+0+0} = 24$$

011　⑤

0이 아닌 극한값이 존재하므로 분자의 차수와 분모의 차수가 같아야 한다. 즉, $a=0$이므로

$$\lim_{n \to \infty} \frac{an^2+bn+1}{3n-2} = \lim_{n \to \infty} \frac{bn+1}{3n-2} = \lim_{n \to \infty} \frac{b+\dfrac{1}{n}}{3-\dfrac{2}{n}}$$
$$= \frac{b+0}{3-0} = \frac{b}{3} = 2$$

따라서 $b=6$이므로
$$a^2+b^2 = 0^2+6^2 = 36$$

> **플러스 특강**
>
> 두 다항식 $f(n)$, $g(n)$이 각각 p차식, q차식일 때, $\lim\limits_{n \to \infty} \dfrac{f(n)}{g(n)}$의 수렴,
> 발산은 다음과 같다.
>
> (1) $p<q$일 때, $\lim\limits_{n \to \infty} \dfrac{f(n)}{g(n)} = 0$ (수렴)
>
> (2) $p=q$일 때, $\lim\limits_{n \to \infty} \dfrac{f(n)}{g(n)} = \dfrac{(\text{분자의 최고차항의 계수})}{(\text{분모의 최고차항의 계수})}$ (수렴)
>
> (3) $p>q$일 때, 극한값은 없다. (발산)

012　③

이차방정식의 근과 계수의 관계에 의하여
$$a_n+b_n = -\frac{3n^2-1}{n+1}$$
$$a_n b_n = \frac{2n^2-3n+2}{n+1}$$

$$\therefore \lim_{n \to \infty} \left(\frac{1}{a_n}+\frac{1}{b_n}\right) = \lim_{n \to \infty} \frac{a_n+b_n}{a_n b_n}$$
$$= \lim_{n \to \infty} \frac{-\dfrac{3n^2-1}{n+1}}{\dfrac{2n^2-3n+2}{n+1}}$$
$$= \lim_{n \to \infty} \frac{-(3n^2-1)}{2n^2-3n+2}$$
$$= \lim_{n \to \infty} \frac{-3+\dfrac{1}{n^2}}{2-\dfrac{3}{n}+\dfrac{2}{n^2}}$$
$$= \frac{-3+0}{2-0+0} = -\frac{3}{2}$$

013　④

$$\lim_{n \to \infty} \left(\sqrt{an^2+n}-\sqrt{an^2-an}\right)$$
$$= \lim_{n \to \infty} \frac{\left(\sqrt{an^2+n}-\sqrt{an^2-an}\right)\left(\sqrt{an^2+n}+\sqrt{an^2-an}\right)}{\sqrt{an^2+n}+\sqrt{an^2-an}}$$
$$= \lim_{n \to \infty} \frac{(an^2+n)-(an^2-an)}{\sqrt{an^2+n}+\sqrt{an^2-an}}$$
$$= \lim_{n \to \infty} \frac{(1+a)n}{\sqrt{an^2+n}+\sqrt{an^2-an}}$$
$$= \lim_{n \to \infty} \frac{1+a}{\sqrt{a+\dfrac{1}{n}}+\sqrt{a-\dfrac{a}{n}}}$$
$$= \frac{1+a}{\sqrt{a+0}+\sqrt{a-0}}$$
$$= \frac{1+a}{2\sqrt{a}} = \frac{5}{4}$$
$$4(1+a) = 10\sqrt{a}$$

위의 식의 양변을 제곱하면
$$16(1+2a+a^2) = 100a, \quad 16a^2-68a+16 = 0$$
$$4a^2-17a+4 = 0, \quad (4a-1)(a-4) = 0$$
$$\therefore a = \frac{1}{4} \text{ 또는 } a = 4$$

따라서 구하는 모든 양수 a의 값의 합은
$$\frac{1}{4}+4 = \frac{17}{4}$$

014　④

$$\sqrt{n^2} < \sqrt{n^2+2n} < \sqrt{(n+1)^2}$$이므로
$$n < \sqrt{n^2+2n} < n+1 \qquad \therefore a_n = \sqrt{n^2+2n}-n$$
$$\therefore \lim_{n \to \infty} a_n = \lim_{n \to \infty} \left(\sqrt{n^2+2n}-n\right)$$
$$= \lim_{n \to \infty} \frac{\left(\sqrt{n^2+2n}-n\right)\left(\sqrt{n^2+2n}+n\right)}{\sqrt{n^2+2n}+n}$$
$$= \lim_{n \to \infty} \frac{2n}{\sqrt{n^2+2n}+n}$$
$$= \lim_{n \to \infty} \frac{2}{\sqrt{1+\dfrac{2}{n}}+1}$$
$$= \frac{2}{\sqrt{1+0}+1} = 1$$

015 3

$$S_n = 1+2+3+\cdots+n = \sum_{k=1}^{n} k = \frac{n(n+1)}{2}$$

$$T_n = 1+3+5+\cdots+(2n-1) = \sum_{k=1}^{n}(2k-1)$$

$$= 2 \times \frac{n(n+1)}{2} - n = n^2$$

$$\therefore \lim_{n \to \infty}(\sqrt{2S_n} - \sqrt{T_n}) = \lim_{n \to \infty}(\sqrt{n^2+n} - n)$$

$$= \lim_{n \to \infty} \frac{(\sqrt{n^2+n}-n)(\sqrt{n^2+n}+n)}{\sqrt{n^2+n}+n}$$

$$= \lim_{n \to \infty} \frac{n}{\sqrt{n^2+n}+n} = \lim_{n \to \infty} \frac{1}{\sqrt{1+\frac{1}{n}}+1}$$

$$= \frac{1}{\sqrt{1+0}+1} = \frac{1}{2}$$

따라서 $p=2$, $q=1$이므로

$$p+q = 2+1 = 3$$

016 ③

$$\lim_{n \to \infty} \frac{\sqrt{n^3+n-3} - \sqrt{n^3-1}}{n^k} = \lim_{n \to \infty} \frac{n-2}{n^k(\sqrt{n^3+n-3}+\sqrt{n^3-1})}$$

이때 주어진 극한이 0이 아닌 값으로 수렴하므로 분자의 차수와 분모의 차수가 같아야 한다.

즉, $1 = k + \frac{3}{2}$이므로 $k = -\frac{1}{2}$

$$\therefore \lim_{n \to \infty} \frac{n-2}{n^{-\frac{1}{2}}(\sqrt{n^3+n-3}+\sqrt{n^3-1})}$$

$$= \lim_{n \to \infty} \frac{n-2}{\sqrt{n^2+1-\frac{3}{n}}+\sqrt{n^2-\frac{1}{n}}}$$

$$= \lim_{n \to \infty} \frac{1-\frac{2}{n}}{\sqrt{1+\frac{1}{n^2}-\frac{3}{n^3}}+\sqrt{1-\frac{1}{n^3}}}$$

$$= \frac{1-0}{\sqrt{1+0-0}+\sqrt{1-0}} = \frac{1}{2}$$

따라서 $\alpha = \frac{1}{2}$이므로

$$k + \alpha = -\frac{1}{2} + \frac{1}{2} = 0$$

017 ③

등차수열 $\{a_n\}$의 공차를 d라 하면 $a_n = a_1 + (n-1)d$이므로

$$\lim_{n \to \infty} \frac{a_{2n}-6n}{a_n+5} = \lim_{n \to \infty} \frac{a_1+(2n-1)d-6n}{a_1+(n-1)d+5}$$

$$= \lim_{n \to \infty} \frac{(2d-6)n+a_1-d}{dn+a_1-d+5}$$

$$= \lim_{n \to \infty} \frac{2d-6+\frac{a_1-d}{n}}{d+\frac{a_1-d+5}{n}}$$

$$= \frac{2d-6+0}{d+0}$$

$$= \frac{2d-6}{d} = 4$$

$$2d-6 = 4d \qquad \therefore d = -3$$

$$\therefore a_2 - a_1 = d = -3$$

018 ④

$$\lim_{n \to \infty} \frac{3n-4}{a_n} = \lim_{n \to \infty} \frac{\frac{3n-4}{\sqrt{n^2+1}}}{\frac{a_n}{\sqrt{n^2+1}}} = \lim_{n \to \infty}\left(\frac{3-\frac{4}{n}}{\sqrt{1+\frac{1}{n^2}}} \times \frac{1}{\frac{a_n}{\sqrt{n^2+1}}}\right)$$

$$= \frac{3-0}{\sqrt{1+0}} \times \frac{1}{\frac{3}{4}} = 4$$

019 ⑤

$\lim\limits_{n \to \infty} a_n = \alpha$ (α는 상수)라 하면

$$\lim_{n \to \infty} \frac{2a_n+4}{a_n-3} = \frac{2\alpha+4}{\alpha-3} = \frac{3}{4}$$

$$4(2\alpha+4) = 3(\alpha-3),\ 5\alpha = -25$$

$$\therefore \alpha = -5$$

$$\therefore \lim_{n \to \infty} a_n = -5$$

020 ①

$\lim\limits_{n \to \infty}(a_n-4) = 1$이므로

$$\lim_{n \to \infty} a_n = \lim_{n \to \infty}\{(a_n-4)+4\} = \lim_{n \to \infty}(a_n-4) + \lim_{n \to \infty} 4$$

$$= 1+4 = 5$$

$\lim\limits_{n \to \infty}(b_n+3) = 5$이므로

$$\lim_{n \to \infty} b_n = \lim_{n \to \infty}\{(b_n+3)-3\} = \lim_{n \to \infty}(b_n+3) - \lim_{n \to \infty} 3$$

$$= 5-3 = 2$$

$$\therefore \lim_{n \to \infty}(3a_n-2b_n) = 3\lim_{n \to \infty} a_n - 2\lim_{n \to \infty} b_n$$

$$= 3 \times 5 - 2 \times 2 = 11$$

021 36

$\lim\limits_{n \to \infty} \frac{a_n}{2n+1} = 3$에서 $\frac{a_n}{2n+1} = p_n$이라 하면

$\lim\limits_{n \to \infty} p_n = 3$이고 $a_n = (2n+1)p_n$

$\lim\limits_{n \to \infty} \frac{b_n}{3n+2} = 4$에서 $\frac{b_n}{3n+2} = q_n$이라 하면

$\lim\limits_{n \to \infty} q_n = 4$이고 $b_n = (3n+2)q_n$

$$\therefore \lim_{n \to \infty} \frac{a_n b_n}{2n^2} = \lim_{n \to \infty} \frac{(2n+1)p_n \times (3n+2)q_n}{2n^2}$$

$$= \lim_{n \to \infty} \frac{(2n+1)(3n+2)}{2n^2} \times \lim_{n \to \infty} p_n \times \lim_{n \to \infty} q_n$$

$$= \lim_{n \to \infty} \frac{\left(2+\frac{1}{n}\right)\left(3+\frac{2}{n}\right)}{2} \times \lim_{n \to \infty} p_n \times \lim_{n \to \infty} q_n$$

$$= \frac{(2+0) \times (3+0)}{2} \times 3 \times 4 = 36$$

022 ⑤

$\lim\limits_{n \to \infty} \dfrac{a_n - 4}{2} = 3$에서 $\dfrac{a_n - 4}{2} = b_n$이라 하면

$\lim\limits_{n \to \infty} b_n = 3$이고 $a_n = 2b_n + 4$이므로

$$\lim_{n \to \infty} \frac{na_n + 3}{a_n - 2n} = \lim_{n \to \infty} \frac{n(2b_n + 4) + 3}{2b_n + 4 - 2n}$$

$$= \lim_{n \to \infty} \frac{2b_n + 4 + \dfrac{3}{n}}{\dfrac{2}{n} \times b_n + \dfrac{4}{n} - 2}$$

$$= \frac{2 \times 3 + 4 + 0}{0 \times 3 + 0 - 2} = -5$$

023 ⑤

$\sqrt{4n^2 - 2n} < na_n < \sqrt{4n^2 + 2n}$의 각 변을 n으로 나누면

$$\frac{\sqrt{4n^2 - 2n}}{n} < a_n < \frac{\sqrt{4n^2 + 2n}}{n}$$

이때 $\lim\limits_{n \to \infty} \dfrac{\sqrt{4n^2 - 2n}}{n} = \lim\limits_{n \to \infty} \dfrac{\sqrt{4n^2 + 2n}}{n} = 2$이므로

수열의 극한의 대소 관계에 의하여

$\lim\limits_{n \to \infty} a_n = 2$

$$\therefore \lim_{n \to \infty} \frac{2na_n - a_n}{3n + 4} = \lim_{n \to \infty} \frac{(2n - 1)a_n}{3n + 4}$$

$$= \lim_{n \to \infty} \frac{2n - 1}{3n + 4} \times \lim_{n \to \infty} a_n$$

$$= \lim_{n \to \infty} \frac{2 - \dfrac{1}{n}}{3 + \dfrac{4}{n}} \times \lim_{n \to \infty} a_n$$

$$= \frac{2 - 0}{3 + 0} \times 2 = \frac{4}{3}$$

024 ⑤

모든 자연수 n에 대하여 $|a_n - 3n^2| < 1$이므로

$3n^2 - 1 < a_n < 3n^2 + 1$

$12n^2 - 1 < a_{2n} < 12n^2 + 1$

각 변을 $2n^2 + 3$으로 나누면

$$\frac{12n^2 - 1}{2n^2 + 3} < \frac{a_{2n}}{2n^2 + 3} < \frac{12n^2 + 1}{2n^2 + 3}$$

이때 $\lim\limits_{n \to \infty} \dfrac{12n^2 - 1}{2n^2 + 3} = \lim\limits_{n \to \infty} \dfrac{12n^2 + 1}{2n^2 + 3} = 6$이므로

수열의 극한의 대소 관계에 의하여

$$\lim_{n \to \infty} \frac{a_{2n}}{2n^2 + 3} = 6$$

025 ⑤

$2a_n^2 < 4na_n + 3n - 2n^2$에서

$2a_n^2 - 4na_n + 2n^2 < 3n$, $2(a_n - n)^2 < 3n$

$$-\frac{\sqrt{6n}}{2} < a_n - n < \frac{\sqrt{6n}}{2}$$

$$5n - \frac{\sqrt{6n}}{2} < a_n + 4n < 5n + \frac{\sqrt{6n}}{2}$$

각 변을 $n - 1$로 나누면

$$\frac{10n - \sqrt{6n}}{2(n - 1)} < \frac{a_n + 4n}{n - 1} < \frac{10n + \sqrt{6n}}{2(n - 1)}$$

이때 $\lim\limits_{n \to \infty} \dfrac{10n - \sqrt{6n}}{2(n - 1)} = \lim\limits_{n \to \infty} \dfrac{10n + \sqrt{6n}}{2(n - 1)} = 5$이므로

수열의 극한의 대소 관계에 의하여

$$\lim_{n \to \infty} \frac{a_n + 4n}{n - 1} = 5$$

026 ②

(i) $-1 < \dfrac{x}{4} < 1$, 즉 $-4 < x < 4$일 때

$\lim\limits_{n \to \infty} \left(\dfrac{x}{4}\right)^{2n} = 0$, $\lim\limits_{n \to \infty} \left(\dfrac{x}{4}\right)^{2n+1} = 0$

$$\therefore f(x) = \lim_{n \to \infty} \frac{2 \times \left(\dfrac{x}{4}\right)^{2n+1} - 1}{\left(\dfrac{x}{4}\right)^{2n} + 3} = \frac{2 \times 0 - 1}{0 + 3} = -\frac{1}{3}$$

(ii) $\dfrac{x}{4} = 1$, 즉 $x = 4$일 때

$$f(x) = \lim_{n \to \infty} \frac{2 \times 1^{2n+1} - 1}{1^{2n} + 3} = \frac{2 \times 1 - 1}{1 + 3} = \frac{1}{4}$$

(iii) $\dfrac{x}{4} = -1$, 즉 $x = -4$일 때

$$f(x) = \lim_{n \to \infty} \frac{2 \times (-1)^{2n+1} - 1}{(-1)^{2n} + 3} = \frac{2 \times (-1) - 1}{1 + 3} = -\frac{3}{4}$$

(iv) $\dfrac{x}{4} < -1$ 또는 $\dfrac{x}{4} > 1$, 즉 $x < -4$ 또는 $x > 4$일 때

$\lim\limits_{n \to \infty} \left(\dfrac{x}{4}\right)^{2n} = \infty$

$$\therefore f(x) = \lim_{n \to \infty} \frac{2 \times \left(\dfrac{x}{4}\right)^{2n+1} - 1}{\left(\dfrac{x}{4}\right)^{2n} + 3} = \lim_{n \to \infty} \frac{2 \times \dfrac{x}{4} - \left(\dfrac{4}{x}\right)^{2n}}{1 + 3 \times \left(\dfrac{4}{x}\right)^{2n}}$$

$$= \frac{\dfrac{x}{2} - 0}{1 + 3 \times 0} = \frac{x}{2}$$

즉, $f(k) = \dfrac{k}{2} = -\dfrac{1}{3}$에서 $k = -\dfrac{2}{3}$이고 이는 정수가 아니므로

조건을 만족시키지 않는다.

(i)~(iv)에서 $f(k) = -\dfrac{1}{3}$을 만족시키는 정수 k의 개수는 -3, -2, -1, 0, 1, 2, 3의 7이다.

027   13

$$f\left(\frac{1}{3}\right) = \lim_{n \to \infty} \frac{\left(\dfrac{1}{3}\right)^{n+2} + 2^{n+1}}{\left(\dfrac{1}{3}\right)^n + 2^{n-1}} = \lim_{n \to \infty} \frac{\dfrac{1}{27} \times \left(\dfrac{1}{6}\right)^{n-1} + 4}{\dfrac{1}{3} \times \left(\dfrac{1}{6}\right)^{n-1} + 1} = 4$$

$$f(3) = \lim_{n \to \infty} \frac{3^{n+2} + 2^{n+1}}{3^n + 2^{n-1}} = \lim_{n \to \infty} \frac{9 + 2 \times \left(\dfrac{2}{3}\right)^n}{1 + \dfrac{1}{2} \times \left(\dfrac{2}{3}\right)^n} = 9$$

$$\therefore f\left(\frac{1}{3}\right) + f(3) = 4 + 9 = 13$$

028 ③

$\lim\limits_{n\to\infty}\dfrac{b\times4^n-3^{n+1}}{a\times3^n+2^n}=\lim\limits_{n\to\infty}\dfrac{b\times\left(\dfrac{4}{3}\right)^n-3}{a+\left(\dfrac{2}{3}\right)^n}$에서

$\lim\limits_{n\to\infty}\left(\dfrac{2}{3}\right)^n=0$이고 $\lim\limits_{n\to\infty}\left(\dfrac{4}{3}\right)^n=\infty$이므로

$b\neq0$이면 이 극한은 발산한다.

즉, $b=0$이어야 하므로

$\begin{aligned}\lim\limits_{n\to\infty}\dfrac{b\times4^n-3^{n+1}}{a\times3^n+2^n}&=\lim\limits_{n\to\infty}\dfrac{-3^{n+1}}{a\times3^n+2^n}\\&=\lim\limits_{n\to\infty}\dfrac{-3}{a+\left(\dfrac{2}{3}\right)^n}\\&=-\dfrac{3}{a}\ (\because\ a\neq0)\end{aligned}$

따라서 $-\dfrac{3}{a}=6$이므로

$a=-\dfrac{1}{2}$

$\therefore\ a+b=-\dfrac{1}{2}+0=-\dfrac{1}{2}$

029 ⑤

$r>-5$에서 $r+5>0$이므로

(ⅰ) $0<r+5<1$일 때

$\lim\limits_{n\to\infty}(r+5)^n=0$

$\therefore\ \lim\limits_{n\to\infty}\dfrac{3-2(r+5)^n}{1+(r+5)^n}=\dfrac{3-2\times0}{1+0}=3$

(ⅱ) $r+5=1$일 때

$\lim\limits_{n\to\infty}(r+5)^n=1$

$\therefore\ \lim\limits_{n\to\infty}\dfrac{3-2(r+5)^n}{1+(r+5)^n}=\dfrac{3-2\times1}{1+1}=\dfrac{1}{2}$

(ⅲ) $r+5>1$일 때

$\lim\limits_{n\to\infty}(r+5)^n=\infty$

$\begin{aligned}\therefore\ \lim\limits_{n\to\infty}\dfrac{3-2(r+5)^n}{1+(r+5)^n}&=\lim\limits_{n\to\infty}\dfrac{\dfrac{3}{(r+5)^n}-2}{\dfrac{1}{(r+5)^n}+1}\\&=\dfrac{0-2}{0+1}=-2\end{aligned}$

(ⅰ), (ⅱ), (ⅲ)에서 최솟값은 -2이므로

$a=-2$

$\begin{aligned}\therefore\ \lim\limits_{n\to\infty}\dfrac{8}{\sqrt{n^2-an}-n}&=\lim\limits_{n\to\infty}\dfrac{8}{\sqrt{n^2+2n}-n}\\&=\lim\limits_{n\to\infty}\dfrac{8(\sqrt{n^2+2n}+n)}{(\sqrt{n^2+2n}-n)(\sqrt{n^2+2n}+n)}\\&=\lim\limits_{n\to\infty}\dfrac{8(\sqrt{n^2+2n}+n)}{2n}\\&=\lim\limits_{n\to\infty}\dfrac{8\left(\sqrt{1+\dfrac{2}{n}}+1\right)}{2}\\&=\dfrac{8\times(\sqrt{1+0}+1)}{2}=8\end{aligned}$

030 5

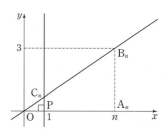

$A_n(n,0),\ B_n(n,3)$에서

$\overline{OA_n}=n,\ \overline{OB_n}=\sqrt{n^2+9}$

직선 OB_n의 방정식은 $y=\dfrac{3}{n}x$이고, 점 C_n의 x좌표가 1이므로

$C_n\left(1,\dfrac{3}{n}\right)$　　$\therefore\ \overline{PC_n}=\dfrac{3}{n}$

$\begin{aligned}\therefore\ \lim\limits_{n\to\infty}\dfrac{\overline{PC_n}}{\overline{OB_n}-\overline{OA_n}}&=\lim\limits_{n\to\infty}\dfrac{\dfrac{3}{n}}{\sqrt{n^2+9}-n}\\&=\lim\limits_{n\to\infty}\dfrac{\dfrac{3}{n}(\sqrt{n^2+9}+n)}{(\sqrt{n^2+9}-n)(\sqrt{n^2+9}+n)}\\&=\lim\limits_{n\to\infty}\dfrac{\dfrac{3}{n}(\sqrt{n^2+9}+n)}{9}\\&=\lim\limits_{n\to\infty}\dfrac{\sqrt{n^2+9}+n}{3n}\\&=\lim\limits_{n\to\infty}\dfrac{\sqrt{1+\dfrac{9}{n^2}}+1}{3}\\&=\dfrac{\sqrt{1+0}+1}{3}=\dfrac{2}{3}\end{aligned}$

따라서 $p=3,\ q=2$이므로

$p+q=3+2=5$

031 ③

두 점 $P(n,3n^2),\ Q(n+1,3(n+1)^2)$ 사이의 거리 a_n은

$\begin{aligned}a_n&=\sqrt{(n+1-n)^2+\{3(n+1)^2-3n^2\}^2}\\&=\sqrt{1+(6n+3)^2}\\&=\sqrt{36n^2+36n+10}\end{aligned}$

$\begin{aligned}\therefore\ \lim\limits_{n\to\infty}\dfrac{a_n}{n}&=\lim\limits_{n\to\infty}\dfrac{\sqrt{36n^2+36n+10}}{n}\\&=\lim\limits_{n\to\infty}\sqrt{36+\dfrac{36}{n}+\dfrac{10}{n^2}}\\&=\sqrt{36+0+0}=6\end{aligned}$

032 ③

$3x-y=4^n$ ······ ㉠

$x-3y=2^n$ ······ ㉡

㉠$\times3-$㉡을 하면

$8x=3\times4^n-2^n$

$\therefore\ x=a_n=\dfrac{3\times4^n-2^n}{8}$

$x=\dfrac{3\times4^n-2^n}{8}$을 ㉠에 대입하여 정리하면

$y=b_n=\dfrac{4^n-3\times2^n}{8}$

$\therefore \displaystyle\lim_{n\to\infty}\dfrac{b_n}{a_n}=\lim_{n\to\infty}\dfrac{\dfrac{4^n-3\times2^n}{8}}{\dfrac{3\times4^n-2^n}{8}}=\lim_{n\to\infty}\dfrac{4^n-3\times2^n}{3\times4^n-2^n}$

$=\displaystyle\lim_{n\to\infty}\dfrac{1-3\times\left(\dfrac{1}{2}\right)^n}{3-\left(\dfrac{1}{2}\right)^n}=\dfrac{1-3\times0}{3-0}=\dfrac{1}{3}$

033 ③

$A_1(1, 1)$이므로 주어진 조건에 의하여

$B_1(2, 1)$

$A_2(2, 2^2)$, $B_2(3, 2^2)$

$A_3(3, 3^2)$, $B_3(4, 3^2)$

⋮

즉, 두 점 A_n, B_n의 좌표는 각각 (n, n^2), $(n+1, n^2)$이므로

$\overline{A_nB_n}=(n+1)-n=1$

$\overline{B_nA_{n+1}}=(n+1)^2-n^2=2n+1$

따라서 삼각형 $A_nB_nA_{n+1}$의 넓이 S_n은

$S_n=\dfrac{1}{2}\times\overline{A_nB_n}\times\overline{B_nA_{n+1}}$

$=\dfrac{1}{2}\times1\times(2n+1)=\dfrac{2n+1}{2}$

$\therefore \displaystyle\lim_{n\to\infty}\dfrac{S_n}{n}=\lim_{n\to\infty}\dfrac{2n+1}{2n}=\lim_{n\to\infty}\dfrac{2+\dfrac{1}{n}}{2}=\dfrac{2+0}{2}=1$

034 ④

직선 $y=n$과 곡선 $y=\sqrt{3x}$가 만날 때,

$n=\sqrt{3x}$에서 $n^2=3x$ ∴ $x=\dfrac{n^2}{3}$

즉, 점 A_n의 좌표는 $\left(\dfrac{n^2}{3}, n\right)$

직선 $y=n$과 곡선 $y=\sqrt{x-1}$이 만날 때,

$n=\sqrt{x-1}$에서 $n^2=x-1$ ∴ $x=n^2+1$

즉, 점 B_n의 좌표는 (n^2+1, n)

따라서 선분 A_nB_n의 길이 a_n은

$a_n=(n^2+1)-\dfrac{n^2}{3}$

$=\dfrac{2}{3}n^2+1$

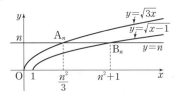

이므로

$a_{n+1}-a_n=\left\{\dfrac{2}{3}(n+1)^2+1\right\}-\left(\dfrac{2}{3}n^2+1\right)$

$=\dfrac{2}{3}\{(n+1)^2-n^2\}$

$=\dfrac{4}{3}n+\dfrac{2}{3}$

$\therefore \displaystyle\lim_{n\to\infty}\dfrac{a_{n+1}-a_n}{3n-1}=\lim_{n\to\infty}\dfrac{\dfrac{4}{3}n+\dfrac{2}{3}}{3n-1}=\lim_{n\to\infty}\dfrac{\dfrac{4}{3}+\dfrac{2}{3n}}{3-\dfrac{1}{n}}$

$=\dfrac{\dfrac{4}{3}+0}{3-0}=\dfrac{4}{9}$

035 ①

$x^2+y^2=(n+1)^2$에 $x=-1$을 대입하면

$y^2=(n+1)^2-(-1)^2=n^2+2n$

이때 점 A_n은 제2사분면 위의 점이므로 $y>0$

$\therefore A_n(-1, \sqrt{n^2+2n})$

$x^2+y^2=(n+2)^2$에 $x=2$를 대입하면

$y^2=(n+2)^2-2^2=n^2+4n$

이때 점 B_{n+1}은 제1사분면 위의 점이므로 $y>0$

$\therefore B_{n+1}(2, \sqrt{n^2+4n})$

따라서 두 점 A_n, B_{n+1}을 지나는 직선의 기울기 a_n은

$a_n=\dfrac{\sqrt{n^2+4n}-\sqrt{n^2+2n}}{2-(-1)}=\dfrac{\sqrt{n^2+4n}-\sqrt{n^2+2n}}{3}$

$\therefore \displaystyle\lim_{n\to\infty}a_n=\lim_{n\to\infty}\dfrac{\sqrt{n^2+4n}-\sqrt{n^2+2n}}{3}$

$=\displaystyle\lim_{n\to\infty}\dfrac{(\sqrt{n^2+4n}-\sqrt{n^2+2n})(\sqrt{n^2+4n}+\sqrt{n^2+2n})}{3(\sqrt{n^2+4n}+\sqrt{n^2+2n})}$

$=\displaystyle\lim_{n\to\infty}\dfrac{2n}{3(\sqrt{n^2+4n}+\sqrt{n^2+2n})}$

$=\displaystyle\lim_{n\to\infty}\dfrac{2}{3\left(\sqrt{1+\dfrac{4}{n}}+\sqrt{1+\dfrac{2}{n}}\right)}$

$=\dfrac{2}{3\times(\sqrt{1+0}+\sqrt{1+0})}=\dfrac{1}{3}$

036 ②

오른쪽 그림과 같이 한 원의 중심을 P_n이라 하고 점 P_n에서 y축과 선분 A_nB_n에 내린 수선의 발을 각각 H_n, C_n이라 하자.

$A_n(2^{-n}, n)$, $B_n(3^n, n)$이고 점 C_n은 선분 A_nB_n의 중점이므로

$C_n\left(\dfrac{3^n+2^{-n}}{2}, n\right)$

$\therefore \overline{P_nA_n}=\overline{P_nH_n}=\dfrac{3^n+2^{-n}}{2}$

한편, $\overline{A_nC_n}=\dfrac{1}{2}\overline{A_nB_n}=\dfrac{3^n-2^{-n}}{2}$이므로 직각삼각형 $P_nA_nC_n$에서

$\overline{P_nC_n}^2=\overline{P_nA_n}^2-\overline{A_nC_n}^2$

$=\left(\dfrac{3^n+2^{-n}}{2}\right)^2-\left(\dfrac{3^n-2^{-n}}{2}\right)^2$

$=\dfrac{4\times3^n\times2^{-n}}{4}=\left(\dfrac{3}{2}\right)^n$

이때 $a_n=2\overline{P_nC_n}$이므로

$a_n^2=4\overline{P_nC_n}^2=4\times\left(\dfrac{3}{2}\right)^n$

$$\therefore \lim_{n\to\infty}\frac{2^n\times a_n{}^2}{3^n+2^n}=\lim_{n\to\infty}\frac{4\times3^n}{3^n+2^n}=\lim_{n\to\infty}\frac{4}{1+\left(\frac{2}{3}\right)^n}$$
$$=\frac{4}{1+0}=4$$

037 ②

$P_n(a_n,\ a_n+1)$, $Q_n(\beta_n,\ \beta_n+1)$이라 하면
$$\overline{P_nQ_n}=\sqrt{(a_n-\beta_n)^2+\{(a_n+1)-(\beta_n+1)\}^2}$$
$$=\sqrt{2(a_n-\beta_n)^2}$$
$$=\sqrt{2}\,|a_n-\beta_n|$$

이때 선분 P_nQ_n을 대각선으로 하는 정사각형의 넓이는
$$\frac{1}{2}\times\overline{P_nQ_n}\times\overline{P_nQ_n}=\frac{1}{2}\times\sqrt{2}\,|a_n-\beta_n|\times\sqrt{2}\,|a_n-\beta_n|$$
$$=(a_n-\beta_n)^2$$
$$\therefore a_n=(a_n-\beta_n)^2$$

a_n, β_n은 이차방정식 $x^2-2nx-2n=x+1$, 즉
$$x^2-(2n+1)x-(2n+1)=0$$
의 서로 다른 두 실근이므로 이차방정식의 근과 계수의 관계에 의하여
$$a_n+\beta_n=2n+1,\ a_n\beta_n=-2n-1$$
$$\therefore (a_n-\beta_n)^2=(a_n+\beta_n)^2-4a_n\beta_n$$
$$=(2n+1)^2-4(-2n-1)$$
$$=4n^2+12n+5$$
$$=(2n+1)(2n+5)$$
$$\therefore a_n=(2n+1)(2n+5)$$
$$\therefore \sum_{n=1}^{\infty}\frac{1}{a_n}=\sum_{n=1}^{\infty}\frac{1}{(2n+1)(2n+5)}$$
$$=\sum_{n=1}^{\infty}\frac{1}{4}\left(\frac{1}{2n+1}-\frac{1}{2n+5}\right)$$
$$=\lim_{n\to\infty}\sum_{k=1}^{n}\frac{1}{4}\left(\frac{1}{2k+1}-\frac{1}{2k+5}\right)$$
$$=\lim_{n\to\infty}\frac{1}{4}\left\{\left(\frac{1}{3}-\frac{1}{7}\right)+\left(\frac{1}{5}-\frac{1}{9}\right)+\left(\frac{1}{7}-\frac{1}{11}\right)+\cdots\right.$$
$$\left.+\left(\frac{1}{2n-1}-\frac{1}{2n+3}\right)+\left(\frac{1}{2n+1}-\frac{1}{2n+5}\right)\right\}$$
$$=\lim_{n\to\infty}\frac{1}{4}\left(\frac{1}{3}+\frac{1}{5}-\frac{1}{2n+3}-\frac{1}{2n+5}\right)$$
$$=\frac{1}{4}\times\left(\frac{1}{3}+\frac{1}{5}-0-0\right)$$
$$=\frac{1}{4}\times\frac{8}{15}=\frac{2}{15}$$

038 7

급수 $\sum_{n=1}^{\infty}(a_{n+2}-a_n)$의 부분합을 S_n이라 하면
$$S_n=\sum_{k=1}^{n}(a_{k+2}-a_k)$$
$$=(a_3-a_1)+(a_4-a_2)+(a_5-a_3)+\cdots$$
$$+(a_{n+1}-a_{n-1})+(a_{n+2}-a_n)$$
$$=-a_1-a_2+a_{n+1}+a_{n+2}$$

이때 $\lim_{n\to\infty}a_{n+2}=\lim_{n\to\infty}a_{n+1}=\lim_{n\to\infty}a_n=5$이므로
$$\sum_{n=1}^{\infty}(a_{n+2}-a_n)=\lim_{n\to\infty}\sum_{k=1}^{n}(a_{k+2}-a_k)$$
$$=\lim_{n\to\infty}(-a_1-a_2+a_{n+1}+a_{n+2})$$
$$=-1-2+\lim_{n\to\infty}a_{n+1}+\lim_{n\to\infty}a_{n+2}$$
$$=-3+5+5=7$$

039 ③

$n=1$일 때, $a_1=S_1=2$

$n\geq2$일 때
$$a_n=S_n-S_{n-1}$$
$$=\frac{1}{3}(n^3+3n^2+2n)-\frac{1}{3}\{(n-1)^3+3(n-1)^2+2(n-1)\}$$
$$=n^2+n=n(n+1)\quad\cdots\cdots\ \text{㉠}$$

이때 $a_1=2$는 ㉠에 $n=1$을 대입한 것과 같으므로
$$a_n=n(n+1)$$
$$\therefore \sum_{n=1}^{\infty}\frac{1}{a_n}=\sum_{n=1}^{\infty}\frac{1}{n(n+1)}=\sum_{n=1}^{\infty}\left(\frac{1}{n}-\frac{1}{n+1}\right)$$
$$=\lim_{n\to\infty}\sum_{k=1}^{n}\left(\frac{1}{k}-\frac{1}{k+1}\right)$$
$$=\lim_{n\to\infty}\left\{\left(1-\frac{1}{2}\right)+\left(\frac{1}{2}-\frac{1}{3}\right)+\left(\frac{1}{3}-\frac{1}{4}\right)+\cdots\right.$$
$$\left.+\left(\frac{1}{n}-\frac{1}{n+1}\right)\right\}$$
$$=\lim_{n\to\infty}\left(1-\frac{1}{n+1}\right)=1-0=1$$

040 ②

$p(x)=x^2+2x-3$이라 하면 다항식 $p(x)$를 $x-2n$으로 나누었을 때의 나머지는 나머지정리에 의하여
$p(2n)=4n^2+4n-3$이므로
$$a_n=4n^2+4n-3=(2n-1)(2n+3)$$
$$\therefore \sum_{n=1}^{\infty}\frac{12}{a_n}=\sum_{n=1}^{\infty}\frac{12}{(2n-1)(2n+3)}$$
$$=3\sum_{n=1}^{\infty}\left(\frac{1}{2n-1}-\frac{1}{2n+3}\right)$$
$$=3\lim_{n\to\infty}\sum_{k=1}^{n}\left(\frac{1}{2k-1}-\frac{1}{2k+3}\right)$$
$$=3\lim_{n\to\infty}\left\{\left(1-\frac{1}{5}\right)+\left(\frac{1}{3}-\frac{1}{7}\right)+\left(\frac{1}{5}-\frac{1}{9}\right)+\cdots\right.$$
$$\left.+\left(\frac{1}{2n-3}-\frac{1}{2n+1}\right)+\left(\frac{1}{2n-1}-\frac{1}{2n+3}\right)\right\}$$
$$=3\lim_{n\to\infty}\left(1+\frac{1}{3}-\frac{1}{2n+1}-\frac{1}{2n+3}\right)$$
$$=3\times\left(1+\frac{1}{3}-0-0\right)=4$$

041 ③

$$\overline{OC}=\sqrt{(n+2)^2+n^2}$$
$$=\sqrt{2n^2+4n+4},$$
$$\overline{AC}=2$$

이고 $\overline{OA} \perp \overline{AC}$이므로 직각삼각형 OAC에서

$\overline{OA} = \sqrt{\overline{OC}^2 - \overline{AC}^2} = \sqrt{2n^2 + 4n} = \sqrt{2n(n+2)}$

이때 사각형 OACB의 넓이 a_n은

$a_n = 2 \times (\text{삼각형 OAC의 넓이}) = \overline{OA} \times \overline{AC} = \sqrt{8n(n+2)}$

$$\therefore \sum_{n=1}^{\infty} \frac{64}{a_n^2} = \sum_{n=1}^{\infty} \frac{8}{n(n+2)}$$

$$= 4 \sum_{n=1}^{\infty} \left(\frac{1}{n} - \frac{1}{n+2} \right)$$

$$= 4 \lim_{n \to \infty} \sum_{k=1}^{n} \left(\frac{1}{k} - \frac{1}{k+2} \right)$$

$$= 4 \lim_{n \to \infty} \left\{ \left(1 - \frac{1}{3} \right) + \left(\frac{1}{2} - \frac{1}{4} \right) + \left(\frac{1}{3} - \frac{1}{5} \right) + \cdots \right.$$

$$\left. + \left(\frac{1}{n-1} - \frac{1}{n+1} \right) + \left(\frac{1}{n} - \frac{1}{n+2} \right) \right\}$$

$$= 4 \lim_{n \to \infty} \left(1 + \frac{1}{2} - \frac{1}{n+1} - \frac{1}{n+2} \right)$$

$$= 4 \times \left(1 + \frac{1}{2} - 0 - 0 \right) = 6$$

042 ④

$a_n - \dfrac{2^{n+1}}{2^n + 1} = b_n$이라 하면 $a_n = b_n + \dfrac{2^{n+1}}{2^n + 1}$이고 $\sum\limits_{n=1}^{\infty} b_n$이 수렴하므로

$\lim\limits_{n \to \infty} b_n = 0$

$$\therefore \lim_{n \to \infty} a_n = \lim_{n \to \infty} \left(b_n + \frac{2^{n+1}}{2^n + 1} \right)$$

$$= \lim_{n \to \infty} \left(b_n + \frac{2}{1 + \frac{1}{2^n}} \right)$$

$$= 0 + \frac{2}{1+0} = 2$$

$$\therefore \lim_{n \to \infty} \frac{2^n \times a_n + 5 \times 2^{n+1}}{2^n + 3} = \lim_{n \to \infty} \frac{a_n + 10}{1 + \frac{3}{2^n}}$$

$$= \frac{2+10}{1+0} = 12$$

043 24

$\sum\limits_{n=1}^{\infty} (a_n + 3)$이 수렴하므로 $\lim\limits_{n \to \infty} (a_n + 3) = 0$

$\therefore \lim\limits_{n \to \infty} a_n = -3$

또한, $\sum\limits_{n=1}^{\infty} b_n$이 수렴하므로 $\lim\limits_{n \to \infty} b_n = 0$

$\therefore \lim\limits_{n \to \infty} \dfrac{24a_n + 3b_n}{a_n - b_n} = \dfrac{24 \times (-3) + 0}{-3 - 0} = 24$

044 ②

$\sum\limits_{n=1}^{\infty} \left(\dfrac{a_n}{n} - 2 \right)$가 수렴하므로

$\lim\limits_{n \to \infty} \left(\dfrac{a_n}{n} - 2 \right) = 0$

$\therefore \lim\limits_{n \to \infty} \dfrac{a_n}{n} = 2$

$$\therefore \lim_{n \to \infty} \frac{a_n + 4n - 1}{2a_n - n + 3} = \lim_{n \to \infty} \frac{\frac{a_n}{n} + 4 - \frac{1}{n}}{2 \times \frac{a_n}{n} - 1 + \frac{3}{n}}$$

$$= \frac{2 + 4 - 0}{2 \times 2 - 1 + 0} = 2$$

045 60

$\lim\limits_{n \to \infty} S_n = \sum\limits_{n=1}^{\infty} a_n$이 수렴하므로 $\lim\limits_{n \to \infty} a_n = 0$

이때 $\lim\limits_{n \to \infty} S_n = 3$에서

$\lim\limits_{n \to \infty} S_{n-1} = \lim\limits_{n \to \infty} S_{n+1} = 3$이므로

$\lim\limits_{n \to \infty} \dfrac{S_{n-1} \times S_{n+1}}{S_n} = \dfrac{3 \times 3}{3} = 3$

$\therefore 20 \lim\limits_{n \to \infty} \left(\dfrac{S_{n-1} \times S_{n+1}}{S_n} + 3a_n \right)$

$= 20 \left(\lim\limits_{n \to \infty} \dfrac{S_{n-1} \times S_{n+1}}{S_n} + 3 \lim\limits_{n \to \infty} a_n \right)$

$= 20 \times (3 + 3 \times 0) = 60$

046 50

$\sum\limits_{n=1}^{\infty} a_n$이 k로 수렴하므로

$\lim\limits_{n \to \infty} a_n = 0$이고 $\lim\limits_{n \to \infty} S_{2n-1} = \lim\limits_{n \to \infty} S_{2n} = k$

즉, $S_{2n-1} + S_{2n} = 1 + a_n + \dfrac{1}{n}$에서

$\lim\limits_{n \to \infty} (S_{2n-1} + S_{2n}) = \lim\limits_{n \to \infty} S_{2n-1} + \lim\limits_{n \to \infty} S_{2n} = k + k = 2k$

이고

$\lim\limits_{n \to \infty} \left(1 + a_n + \dfrac{1}{n} \right) = 1 + \lim\limits_{n \to \infty} a_n + \lim\limits_{n \to \infty} \dfrac{1}{n} = 1 + 0 + 0 = 1$

이므로 $2k = 1$ $\quad \therefore k = \dfrac{1}{2}$

$\therefore 100k = 100 \times \dfrac{1}{2} = 50$

047 ②

$\dfrac{(a_n - 3)n^2 + a_n + 1}{n^2 + 2} = b_n$이라 하면 $a_n = \dfrac{(n^2+2)b_n + 3n^2 - 1}{n^2 + 1}$이고

$\sum\limits_{n=1}^{\infty} \dfrac{(a_n - 3)n^2 + a_n + 1}{n^2 + 2}$이 수렴하므로

$\lim\limits_{n \to \infty} b_n = 0$

$$\therefore \lim_{n \to \infty} a_n = \lim_{n \to \infty} \frac{(n^2+2)b_n + 3n^2 - 1}{n^2 + 1}$$

$$= \lim_{n \to \infty} \frac{n^2 + 2}{n^2 + 1} b_n + \lim_{n \to \infty} \frac{3n^2 - 1}{n^2 + 1}$$

$$= \lim_{n \to \infty} \left(\frac{1 + \frac{2}{n^2}}{1 + \frac{1}{n^2}} \times b_n \right) + \lim_{n \to \infty} \frac{3 - \frac{1}{n^2}}{1 + \frac{1}{n^2}}$$

$$= \frac{1+0}{1+0} \times 0 + \frac{3-0}{1+0} = 3$$

$$\therefore \lim_{n \to \infty}(a_n{}^2+a_n)=\lim_{n \to \infty}a_n \times \lim_{n \to \infty}a_n+\lim_{n \to \infty}a_n$$
$$=3^2+3=12$$

048 ①

등차수열 $\{a_n\}$의 공차를 d라 하면 첫째항이 2이므로
$$a_n=2+(n-1)d$$
이때 $\dfrac{a_n}{n}-\dfrac{3n+2}{n+1}=b_n$이라 하면 $\dfrac{a_n}{n}=b_n+\dfrac{3n+2}{n+1}$이고 $\displaystyle\sum_{n=1}^{\infty} b_n$이 수렴

하므로
$$\lim_{n \to \infty}b_n=0$$
즉,
$$\lim_{n \to \infty}\frac{a_n}{n}=\lim_{n \to \infty}\frac{2+(n-1)d}{n}=\lim_{n \to \infty}\left(\frac{2}{n}+d-\frac{d}{n}\right)$$
$$=0+d-0=d$$
이고
$$\lim_{n \to \infty}\left(b_n+\frac{3n+2}{n+1}\right)=\lim_{n \to \infty}\left(b_n+\frac{3+\frac{2}{n}}{1+\frac{1}{n}}\right)=0+\frac{3+0}{1+0}=3$$

이므로 $d=3$
따라서 $a_n=3n-1$이므로
$$\sum_{n=1}^{\infty}\left(\frac{a_n}{n}-\frac{3n+2}{n+1}\right)=\sum_{n=1}^{\infty}\left(\frac{3n-1}{n}-\frac{3n+2}{n+1}\right)$$
$$=\sum_{n=1}^{\infty}\left\{\left(3-\frac{1}{n}\right)-\left(3-\frac{1}{n+1}\right)\right\}$$
$$=-\sum_{n=1}^{\infty}\left(\frac{1}{n}-\frac{1}{n+1}\right)$$
$$=-\lim_{n \to \infty}\sum_{k=1}^{n}\left(\frac{1}{k}-\frac{1}{k+1}\right)$$
$$=-\lim_{n \to \infty}\left\{\left(1-\frac{1}{2}\right)+\left(\frac{1}{2}-\frac{1}{3}\right)+\left(\frac{1}{3}-\frac{1}{4}\right)\right.$$
$$\left.+\cdots+\left(\frac{1}{n}-\frac{1}{n+1}\right)\right\}$$
$$=-\lim_{n \to \infty}\left(1-\frac{1}{n+1}\right)$$
$$=-(1-0)=-1$$

049 ②

등비수열 $\{a_n\}$의 첫째항을 a, 공비를 r라 하면
$$a_n=ar^{n-1}$$
이때
$$a_{2n-1}-a_{2n}=ar^{2n-2}-ar^{2n-1}$$
$$=ar^{2n-2}(1-r)$$
$$=a(1-r)(r^2)^{n-1}$$
이므로 수열 $\{a_{2n-1}-a_{2n}\}$은 첫째항이 $a(1-r)$이고 공비가 r^2인
등비수열이다.
즉, $\displaystyle\sum_{n=1}^{\infty}(a_{2n-1}-a_{2n})=3$에서
$$-1<r<1$$이고 $\dfrac{a(1-r)}{1-r^2}=3$

$$\therefore \frac{a}{1+r}=3 \quad \cdots\cdots \text{㉠}$$
또한, $a_n{}^2=(ar^{n-1})^2=a^2(r^2)^{n-1}$이므로
수열 $\{a_n{}^2\}$은 첫째항이 a^2이고 공비가 r^2인 등비수열이다.
즉, $\displaystyle\sum_{n=1}^{\infty}a_n{}^2=6$에서
$$\frac{a^2}{1-r^2}=\frac{a}{1-r}\times\frac{a}{1+r}=6$$
따라서 $\dfrac{a}{1-r}\times 3=6$ $(\because \text{㉠})$이므로
$$\frac{a}{1-r}=2$$
$$\therefore \sum_{n=1}^{\infty}a_n=\sum_{n=1}^{\infty}ar^{n-1}=\frac{a}{1-r}=2$$

050 ①

등비수열 $\{a_n\}$의 첫째항을 a, 공비를 r $(-1<r<1)$이라 하면
$a_2=-4$에서
$$ar=-4 \quad \cdots\cdots \text{㉠}$$
$\displaystyle\sum_{n=1}^{\infty}a_n=\dfrac{16}{3}$에서
$$\frac{a}{1-r}=\frac{16}{3} \quad \cdots\cdots \text{㉡}$$
㉠, ㉡을 연립하면
$$4r^2-4r-3=0, (2r+1)(2r-3)=0$$
$$\therefore r=-\frac{1}{2} \ (\because -1<r<1)$$
$r=-\dfrac{1}{2}$을 ㉠에 대입하면
$$-\frac{1}{2}a=-4 \quad \therefore a=8$$
따라서 등비수열 $\{a_n\}$의 첫째항과 공비의 합은
$$8+\left(-\frac{1}{2}\right)=\frac{15}{2}$$

051 ④

(i) $n=1$일 때
$$a_1=S_1=\frac{3}{2}$$
(ii) $n \geq 2$일 때
$$a_n=S_n-S_{n-1}=\left(2-\frac{1}{2\times 3^{n-1}}\right)-\left(2-\frac{1}{2\times 3^{n-2}}\right)=\frac{1}{3^{n-1}}$$
(i), (ii)에서
$$\sum_{n=1}^{\infty}a_{2n-1}=a_1+a_3+a_5+a_7+\cdots=\frac{3}{2}+\frac{1}{3^2}+\frac{1}{3^4}+\frac{1}{3^6}+\cdots$$
$$=\frac{3}{2}+\frac{\frac{1}{9}}{1-\frac{1}{9}}=\frac{13}{8}$$

052 21

5^n 이하의 자연수 중에서 5의 배수는 5^{n-1}개이므로 5^n과 서로소인
자연수의 개수 a_n은
$$a_n=5^n-5^{n-1}=4\times 5^{n-1}$$

$$\therefore \sum_{n=1}^{\infty} \frac{1}{a_n} = \sum_{n=1}^{\infty} \frac{1}{4 \times 5^{n-1}} = \sum_{n=1}^{\infty} \left\{ \frac{1}{4} \times \left(\frac{1}{5} \right)^{n-1} \right\} = \frac{\frac{1}{4}}{1 - \frac{1}{5}} = \frac{5}{16}$$

따라서 $p=16$, $q=5$이므로
$p+q=16+5=21$

053 6

$\sum_{n=1}^{\infty} a_n$이 수렴하려면 $-1 < \frac{r}{2} < 1$이어야 하고,

$\sum_{n=1}^{\infty} a_n{}^2$이 수렴하려면 $0 \le \frac{r^2}{4} < 1$이어야 한다.

$\therefore -2 < r < 2$ ······ ㉠

이때 $\sum_{n=1}^{\infty} a_n = \dfrac{\frac{a}{2}}{1 - \frac{r}{2}} = \dfrac{a}{2-r}$이고

$a_n{}^2 = \dfrac{a^2}{4} \times \left(\dfrac{r^2}{4} \right)^{n-1}$이므로

$$\sum_{n=1}^{\infty} a_n{}^2 = \frac{\frac{a^2}{4}}{1 - \frac{r^2}{4}} = \frac{a^2}{4 - r^2}$$

두 급수 $\sum_{n=1}^{\infty} a_n$, $\sum_{n=1}^{\infty} a_n{}^2$이 같은 값으로 수렴하므로

$\dfrac{a}{2-r} = \dfrac{a^2}{4 - r^2}$에서 $a = \dfrac{(2-r)(2+r)}{2-r} = 2 + r$

$a = 2 + r$이고 ㉠에 의하여 $0 < a < 4$

따라서 정수 a의 값은 1, 2, 3이므로 그 합은
$1 + 2 + 3 = 6$

054 ③

원 $x^2 + y^2 = \dfrac{1}{4^n}$에 접하고 기울기가 $\sqrt{2}$인 직선의 방정식은

$$y = \sqrt{2}x \pm \frac{\sqrt{3}}{2^n}$$

(i) 직선 $y = \sqrt{2}x + \dfrac{\sqrt{3}}{2^n}$이 x축, y축과 만나는 점은 각각

$$\mathrm{A}_n \left(-\frac{\sqrt{3}}{\sqrt{2} \times 2^n}, 0 \right), \mathrm{B}_n \left(0, \frac{\sqrt{3}}{2^n} \right)$$

(ii) 직선 $y = \sqrt{2}x - \dfrac{\sqrt{3}}{2^n}$이 x축, y축과 만나는 점은 각각

$$\mathrm{A}_n \left(\frac{\sqrt{3}}{\sqrt{2} \times 2^n}, 0 \right), \mathrm{B}_n \left(0, -\frac{\sqrt{3}}{2^n} \right)$$

(i), (ii)에서 $\overline{\mathrm{OA}_n} = \dfrac{\sqrt{3}}{\sqrt{2} \times 2^n}$, $\overline{\mathrm{OB}_n} = \dfrac{\sqrt{3}}{2^n}$이므로 삼각형 $\mathrm{OA}_n \mathrm{B}_n$의

넓이 S_n은

$$S_n = \frac{1}{2} \times \overline{\mathrm{OA}_n} \times \overline{\mathrm{OB}_n}$$

$$= \frac{1}{2} \times \frac{\sqrt{3}}{\sqrt{2} \times 2^n} \times \frac{\sqrt{3}}{2^n}$$

$$= \frac{3\sqrt{2}}{4} \times \frac{1}{4^n}$$

$$\therefore \sum_{n=1}^{\infty} S_n = \sum_{n=1}^{\infty} \left(\frac{3\sqrt{2}}{4} \times \frac{1}{4^n} \right)$$

$$= \frac{3\sqrt{2}}{4} \times \frac{\frac{1}{4}}{1 - \frac{1}{4}} = \frac{\sqrt{2}}{4}$$

055 ④

등비수열 $\{a_n\}$의 첫째항을 a, 공비를 r라 하면
$a_n = ar^{n-1}$이므로

$\sum_{n=1}^{\infty} a_n = \dfrac{a}{1-r}$에서 $\dfrac{a}{1-r} = \dfrac{2}{3}$ ······ ㉠

이때 $-1 < r < 1$에서 $0 < 1 - r < 2$이므로 $a > 0$

또한

$\sum_{n=1}^{\infty} a_n \ne \sum_{n=1}^{\infty} |a_n|$이므로 $r < 0$ $\therefore -1 < r < 0$

즉, $\sum_{n=1}^{\infty} |a_n| = \dfrac{a}{1 - |r|} = \dfrac{a}{1+r}$에서 $\dfrac{a}{1+r} = 2$ ······ ㉡

㉠, ㉡을 연립하여 풀면

$r = -\dfrac{1}{2}$, $a = 1$

$\therefore a_n = \left(-\dfrac{1}{2} \right)^{n-1}$

$$\therefore \sum_{n=1}^{\infty} a_n{}^2 = \sum_{n=1}^{\infty} \left(\frac{1}{4} \right)^{n-1} = \frac{1}{1 - \frac{1}{4}} = \frac{4}{3}$$

056 ②

등비수열 $\{a_n\}$의 첫째항을 a, 공비를 r라 하면
$a_n = ar^{n-1}$이므로
$b_n = a_{n+1} - a_n = ar^n - ar^{n-1} = ar^{n-1}(r-1)$
조건 (가)에서

$\lim_{n \to \infty} \dfrac{b_n}{a_n} = \lim_{n \to \infty} \dfrac{ar^{n-1}(r-1)}{ar^{n-1}} = r - 1 = -\dfrac{1}{3}$이므로 $r = \dfrac{2}{3}$

조건 (나)에서

$\lim_{n \to \infty} S_n = \sum_{n=1}^{\infty} a_n = \dfrac{a}{1 - \frac{2}{3}} = 9$이므로 $a = 3$

따라서 $a_n = 3 \times \left(\dfrac{2}{3} \right)^{n-1}$이므로

$a_2 = 3 \times \dfrac{2}{3} = 2$

057 ②

$n = 1, 2, 3, \cdots$일 때, $5^n + 2 = (6-1)^n + 2$를 6으로 나누었을 때의 나머지는 차례로 1, 3, 1, 3, 1, 3, $\cdots$

따라서 자연수 n에 대하여 $r_{2n-1} = 1$, $r_{2n} = 3$이므로

$$\sum_{n=1}^{\infty} \frac{r_n}{6^n} = \left(\frac{1}{6} + \frac{1}{6^3} + \frac{1}{6^5} + \cdots \right) + \left(\frac{3}{6^2} + \frac{3}{6^4} + \frac{3}{6^6} + \cdots \right)$$

$$= \frac{\frac{1}{6}}{1 - \frac{1}{36}} + \frac{\frac{1}{12}}{1 - \frac{1}{36}} = \frac{9}{35}$$

058
133

방정식 $9^n x^2 - (3^n + 2)x + \dfrac{1}{9^n} = 0$의 두 실근을 α_n, β_n ($\alpha_n > \beta_n$)이라 하면 이차방정식의 근과 계수의 관계에 의하여

$\alpha_n + \beta_n = \dfrac{3^n + 2}{9^n} = \dfrac{1}{3^n} + \dfrac{2}{9^n}$, $\alpha_n \beta_n = \dfrac{1}{81^n}$

이때 $l_n^2 = (\alpha_n - \beta_n)^2 = (\alpha_n + \beta_n)^2 - 4\alpha_n\beta_n$이므로

$l_n^2 = \left(\dfrac{1}{3^n} + \dfrac{2}{9^n}\right)^2 - 4 \times \dfrac{1}{81^n} = \dfrac{1}{9^n} + \dfrac{4}{27^n}$

$\therefore \displaystyle\sum_{n=1}^{\infty} l_n^2 = \sum_{n=1}^{\infty}\left(\dfrac{1}{9^n} + \dfrac{4}{27^n}\right)$

$\qquad = \dfrac{\dfrac{1}{9}}{1 - \dfrac{1}{9}} + \dfrac{\dfrac{4}{27}}{1 - \dfrac{1}{27}}$

$\qquad = \dfrac{1}{8} + \dfrac{2}{13} = \dfrac{29}{104}$

따라서 $p = 104$, $q = 29$이므로

$p + q = 104 + 29 = 133$

059
③

등비수열 $\{a_n\}$의 첫째항을 a, 공비를 r라 하면

조건 (가)에서

$\dfrac{a}{1-r} = 2(a + ar)$이고 $a \neq 0$이므로

$\dfrac{1}{1-r} = 2(1+r)$, $1 - r^2 = \dfrac{1}{2}$ $\qquad \therefore r^2 = \dfrac{1}{2}$

조건 (나)에서

$\dfrac{a^2}{1-r^2} = 2(a + ar^2)$이고 $r^2 = \dfrac{1}{2}$이므로

$\dfrac{a^2}{1 - \dfrac{1}{2}} = 2\left(a + \dfrac{1}{2}a\right)$, $2a^2 = 3a$ $\qquad \therefore a = \dfrac{3}{2}$ ($\because a \neq 0$)

따라서 $a_{2n-1} = a(r^2)^{n-1} = \dfrac{3}{2} \times \left(\dfrac{1}{2}\right)^{n-1}$이므로

$\displaystyle\sum_{n=1}^{\infty} a_{2n-1} = \dfrac{\dfrac{3}{2}}{1 - \dfrac{1}{2}} = 3$

060
②

직각삼각형 OC_1P_1에서

$\overline{OC_1} = 3k$, $\overline{C_1P_1} = 4k$ ($k > 0$)이라 하면

$\overline{OP_1} = \sqrt{\overline{OC_1}^2 + \overline{C_1P_1}^2} = \sqrt{(3k)^2 + (4k)^2} = 5k$이고 $\overline{OP_1} = 1$이므로

$\overline{OC_1} = \dfrac{3}{5}\overline{OP_1} = \dfrac{3}{5}$, $\overline{C_1P_1} = \dfrac{4}{5}\overline{OP_1} = \dfrac{4}{5}$

또한, 직각삼각형 $P_1C_1A_1$에서

$\overline{C_1A_1} = \overline{OA_1} - \overline{OC_1} = 1 - \dfrac{3}{5} = \dfrac{2}{5}$이므로

$\overline{P_1A_1} = \sqrt{\overline{C_1P_1}^2 + \overline{C_1A_1}^2} = \sqrt{\left(\dfrac{4}{5}\right)^2 + \left(\dfrac{2}{5}\right)^2} = \dfrac{2\sqrt{5}}{5}$

즉, 직각이등변삼각형 $P_1Q_1A_1$에서

$\overline{P_1Q_1} = \dfrac{\sqrt{2}}{2}\overline{P_1A_1} = \dfrac{\sqrt{10}}{5}$이므로

$S_1 = \dfrac{1}{2}\overline{P_1Q_1}^2 = \dfrac{1}{2} \times \left(\dfrac{\sqrt{10}}{5}\right)^2 = \dfrac{1}{5}$

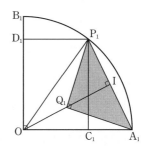

점 O에서 선분 P_1A_1에 내린 수선의 발을 I라 하면 두 삼각형 OA_1P_1, $P_1Q_1A_1$은 이등변삼각형이므로 점 Q_1은 선분 OI 위에 있다.

이등변삼각형 OA_1P_1에서

$\dfrac{1}{2} \times \overline{P_1A_1} \times \overline{OI} = \dfrac{1}{2} \times \overline{OA_1} \times \overline{P_1C_1}$

$\dfrac{1}{2} \times \dfrac{2\sqrt{5}}{5} \times \overline{OI} = \dfrac{1}{2} \times 1 \times \dfrac{4}{5}$

$\therefore \overline{OI} = \dfrac{2\sqrt{5}}{5}$

이때 $\overline{Q_1I} = \dfrac{1}{2}\overline{P_1A_1} = \dfrac{\sqrt{5}}{5}$이므로

$\overline{OQ_1} = \overline{OI} - \overline{Q_1I} = \dfrac{2\sqrt{5}}{5} - \dfrac{\sqrt{5}}{5} = \dfrac{\sqrt{5}}{5}$

두 부채꼴 OA_1B_1, OA_2B_2의 반지름의 길이의 비가

$\overline{OP_1} : \overline{OQ_1} = 1 : \dfrac{\sqrt{5}}{5}$이므로 그림 R_1에 색칠한 부분과 그림 R_2에 새로 색칠한 부분의 넓이의 비는 $1^2 : \left(\dfrac{\sqrt{5}}{5}\right)^2 = 1 : \dfrac{1}{5}$이다.

즉, 그림 R_n과 그림 R_{n+1}에 새로 색칠한 부분의 넓이의 비도 $1 : \dfrac{1}{5}$이다.

따라서 S_n은 첫째항이 $\dfrac{1}{5}$이고 공비가 $\dfrac{1}{5}$인 등비수열의 첫째항부터 제n항까지의 합이므로

$\displaystyle\lim_{n \to \infty} S_n = \dfrac{\dfrac{1}{5}}{1 - \dfrac{1}{5}} = \dfrac{\dfrac{1}{5}}{\dfrac{4}{5}} = \dfrac{1}{4}$

061
89

그림 R_1에 색칠한 삼각형 $A_1B_1B_2$의 넓이를 a_1이라 하자.

점 B_2는 선분 B_1C_1을 $1 : 3$으로 내분하는 점이므로

$\overline{B_1B_2} = \dfrac{1}{4}\overline{B_1C_1} = \dfrac{1}{4} \times 4 = 1$

$\therefore a_1 = \dfrac{1}{2} \times \overline{A_1B_1} \times \overline{B_1B_2} = \dfrac{1}{2} \times 2\sqrt{3} \times 1 = \sqrt{3}$

한편, 두 삼각형 $A_1B_1B_2$, $B_2C_1C_2$는 서로 닮음 (AA 닮음)이므로

$\overline{A_1B_1} : \overline{B_2C_1} = \overline{B_1B_2} : \overline{C_1C_2}$

즉, $2\sqrt{3} : 3 = 1 : \overline{C_1C_2}$에서 $2\sqrt{3} \times \overline{C_1C_2} = 3$

$\therefore \overline{C_1C_2} = \dfrac{\sqrt{3}}{2}$

또한, $\overline{A_2B_2} : \overline{B_2C_2} = \sqrt{3} : 2$이므로

$\overline{A_2B_2} = \sqrt{3}x$, $\overline{B_2C_2} = 2x$ ($x > 0$)이라 하면 직각삼각형 $B_2C_1C_2$에서

$$(2x)^2 = 3^2 + \left(\frac{\sqrt{3}}{2}\right)^2, \quad 4x^2 = \frac{39}{4}$$

$$x^2 = \frac{39}{16} \quad \therefore x = \frac{\sqrt{39}}{4} \ (\because x > 0)$$

$$\therefore \overline{A_2 B_2} = \frac{3\sqrt{13}}{4}$$

두 직사각형 $A_1 B_1 C_1 D_1$, $A_2 B_2 C_2 D_2$의 닮음비가

$\overline{A_1 B_1} : \overline{A_2 B_2} = 2\sqrt{3} : \frac{3\sqrt{13}}{4}$, 즉 $1 : \frac{\sqrt{39}}{8}$이므로 그림 R_1에 색칠한

부분과 그림 R_2에 새로 색칠한 부분의 넓이의 비는

$1 : \left(\frac{\sqrt{39}}{8}\right)^2 = 1 : \frac{39}{64}$이다.

즉, 그림 R_n과 그림 R_{n+1}에 새로 색칠한 부분의 넓이의 비도

$1 : \frac{39}{64}$이다.

S_n은 첫째항이 $\sqrt{3}$이고 공비가 $\frac{39}{64}$인 등비수열의 첫째항부터 제n항

까지의 합이므로

$$\lim_{n \to \infty} S_n = \frac{\sqrt{3}}{1 - \frac{39}{64}} = \frac{64\sqrt{3}}{25}$$

따라서 $p = 25$, $q = 64$이므로

$$p + q = 25 + 64 = 89$$

062 18

$\overline{A_0 B_0} = a$라 하면 $\overline{A_0 B_0} : \overline{B_0 C_0} = 1 : 2$이므로 $\overline{B_0 C_0} = 2a$

이때 $\overline{A_1 B_1} = x$라 하면

두 직각삼각형 $A_0 A_1 C_1$, $A_0 B_0 C_0$이 서로 닮음 (AA 닮음)이므로

$\overline{A_0 A_1} : \overline{A_1 C_1} = \overline{A_0 B_0} : \overline{B_0 C_0} = 1 : 2$

즉, $(a - x) : x = 1 : 2$에서

$x = 2(a - x) \quad \therefore x = \frac{2}{3}a$

$\therefore S_1 = \left(\frac{2}{3}a\right)^2 = \frac{4}{9}a^2$

또한, $\overline{A_0 B_0} : \overline{B_1 C_1} = a : \frac{2}{3}a = 3 : 2$에서 두 직각삼각형 $A_0 B_0 C_0$,

$C_1 B_1 C_0$이 서로 닮음 (AA 닮음)이고 닮음비가 $3 : 2$, 즉 $1 : \frac{2}{3}$이다.

즉, 두 정사각형 $A_1 B_0 B_1 C_1$, $A_2 B_1 B_2 C_2$의 닮음비가 $1 : \frac{2}{3}$이므로

두 정사각형 $A_1 B_0 B_1 C_1$, $A_2 B_1 B_2 C_2$의 넓이의 비는

$1^2 : \left(\frac{2}{3}\right)^2 = 1 : \frac{4}{9}$이고, 두 정사각형 $A_n B_{n-1} B_n C_n$, $A_{n+1} B_n B_{n+1} C_{n+1}$

의 넓이의 비도 $1 : \frac{4}{9}$이다.

따라서 수열 $\{S_n\}$은 첫째항이 $\frac{4}{9}a^2$이고 공비가 $\frac{4}{9}$인 등비수열이므로

$$\sum_{n=1}^{\infty} S_n = \frac{\frac{4}{9}a^2}{1 - \frac{4}{9}} = \frac{4}{5}a^2 = \frac{144}{5}$$

$a^2 = 36 \quad \therefore a = 6 \ (\because a > 0)$

$\therefore \overline{A_0 B_0} + \overline{B_0 C_0} = \overline{A_0 B_0} + 2\overline{A_0 B_0} = 3\overline{A_0 B_0} = 3 \times 6 = 18$

063 ②

반원에 내접하고 반원의 지름을 빗변으로 하는 이등변삼각형은 직각이등변삼각형이므로 S_1은 그림 R_1에서 반지름의 길이가 1인 반원의 넓이에서 빗변의 길이가 2인 직각이등변삼각형의 넓이를 뺀 것과 같다.

$$S_1 = \pi \times 1^2 \times \frac{1}{2} - \frac{1}{2} \times \sqrt{2} \times \sqrt{2} = \frac{\pi}{2} - 1 = \frac{\pi - 2}{2}$$

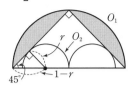

오른쪽 그림과 같이 그림 R_1에서 그린 반원을 O_1, 그림 R_2에서 새로 그린 두 반원 중 하나를 O_2라 하고, O_2의 반지름의 길이를 r라 하면

$r : (1 - r) = 1 : \sqrt{2}$

$\sqrt{2}r = 1 - r \quad \therefore r = \frac{1}{\sqrt{2} + 1} = \sqrt{2} - 1$

즉, 두 반원 O_1, O_2의 반지름의 길이의 비가 $1 : (\sqrt{2} - 1)$이므로 그림 R_1의 반원과 그림 R_2에 새로 그린 반원 하나의 넓이의 비는

$1 : (\sqrt{2} - 1)^2 = 1 : (3 - 2\sqrt{2})$이고, 그림 R_n과 그림 R_{n+1}에 새로 그린 반원 하나의 넓이의 비도 $1 : (3 - 2\sqrt{2})$이다.

또한, 그림 R_{n+1}에 새로 그린 도형의 개수는 그림 R_n에서 새로 그린 도형의 개수의 2배이다.

따라서 S_n은 첫째항이 $\frac{\pi - 2}{2}$이고 공비가 $2(3 - 2\sqrt{2})$인 등비수열의 첫째항부터 제n항까지의 합이므로

$$\lim_{n \to \infty} S_n = \frac{\frac{\pi - 2}{2}}{1 - 2(3 - 2\sqrt{2})} = \frac{\pi - 2}{2(4\sqrt{2} - 5)} = \frac{(\pi - 2)(5 + 4\sqrt{2})}{14}$$

$$\therefore \frac{14}{\pi - 2} \times \lim_{n \to \infty} S_n = 5 + 4\sqrt{2}$$

064 12

[그림 1]과 같이 선분 $B_1 C_1$의 중점을 M_1이라 하면 삼각형 $A_1 B_1 C_1$이 이등변삼각형이므로 두 선분 $A_1 M_1$, $B_1 C_1$은 서로 수직이다.

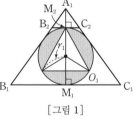

[그림 1]

이때 직각삼각형 $A_1 B_1 M_1$에서

$\overline{A_1 B_1} = 10$, $\overline{B_1 M_1} = 6$이므로

$\overline{A_1 M_1} = \sqrt{\overline{A_1 B_1}^2 - \overline{B_1 M_1}^2} = \sqrt{10^2 - 6^2} = 8$

원 O_1의 중심은 선분 $A_1 M_1$ 위에 있으므로 원 O_1의 반지름의 길이를 r_1이라 하면 삼각형 $A_1 B_1 C_1$의 넓이에서

$\frac{1}{2} \times r_1 \times (10 + 12 + 10) = \frac{1}{2} \times 12 \times 8$

$\therefore r_1 = 3$

정삼각형의 외심, 내심, 무게중심은 일치하므로 [그림 2]에서 원 O_1에 내접하는 정삼각형의 넓이는

$\frac{1}{2} \times 3\sqrt{3} \times \left(3 + \frac{3}{2}\right) = \frac{27\sqrt{3}}{4}$

$\therefore S_1 = 9\pi - \frac{27\sqrt{3}}{4}$

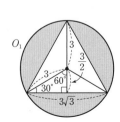

[그림 2]

[그림 1]에서 선분 B_2C_2의 중점을 M_2라 하면 점 M_2는 선분 A_1M_1 위의 점이므로

$\overline{A_1M_2} = \overline{A_1M_1} - 2r_1 = 8 - 6 = 2$

두 원 O_1, O_2의 닮음비가 $8 : 2$, 즉 $1 : \dfrac{1}{4}$이므로 그림 R_1에 색칠한 부분과 그림 R_2에 새로 색칠한 부분의 넓이의 비는

$1^2 : \left(\dfrac{1}{4}\right)^2 = 1 : \dfrac{1}{16}$이다.

즉, 그림 R_n과 그림 R_{n+1}에 새로 색칠한 부분의 넓이의 비도 $1 : \dfrac{1}{16}$이다.

S_n은 첫째항이 $9\pi - \dfrac{27\sqrt{3}}{4}$이고 공비가 $\dfrac{1}{16}$인 등비수열의 첫째항부터 제n항까지의 합이므로

$\lim\limits_{n \to \infty} S_n = \dfrac{9\pi - \dfrac{27\sqrt{3}}{4}}{1 - \dfrac{1}{16}} = \dfrac{48\pi - 36\sqrt{3}}{5}$

따라서 $p = 48$, $q = -36$이므로

$p + q = 48 + (-36) = 12$

065 ②

S_1은 반지름의 길이가 1인 원 C_1의 넓이이므로

$S_1 = \pi \times 1^2 = \pi$

두 원 C_1, C_2의 원의 중심을 각각 A, B라 하고, 원 C_2의 반지름의 길이를 r라 하자.

선분 AB를 빗변으로 하고 $\angle C = 90°$인 직각삼각형 ABC를 오른쪽 그림과 같이 그리면 $\angle ABC = 30°$이므로

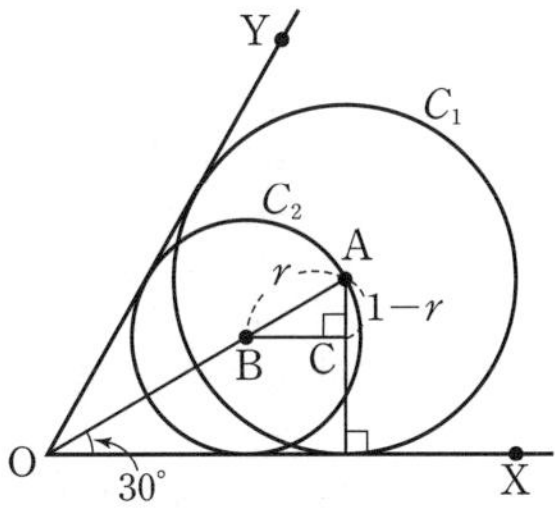

$r : (1 - r) = 2 : 1$

$r = 2(1 - r)$ $\therefore r = \dfrac{2}{3}$

두 원 C_1, C_2의 반지름의 길이의 비가 $1 : \dfrac{2}{3}$이므로 두 원 C_1, C_2의 넓이의 비는 $1^2 : \left(\dfrac{2}{3}\right)^2 = 1 : \dfrac{4}{9}$이다.

즉, 두 원 C_n과 C_{n+1}의 넓이의 비도 $1 : \dfrac{4}{9}$이다.

따라서 S_n은 첫째항이 π이고 공비가 $\dfrac{4}{9}$인 등비수열의 첫째항부터 제n항까지의 합이므로

$\lim\limits_{n \to \infty} S_n = \dfrac{\pi}{1 - \dfrac{4}{9}} = \dfrac{9}{5}\pi$

066 ①

S_1은 한 변의 길이가 1인 정사각형 $OB_1A_1C_1$의 넓이에서 반지름의 길이가 1이고 중심각의 크기가 90°인 부채꼴 OB_1C_1의 넓이를 뺀 것과 같으므로

$S_1 = 1^2 - \pi \times 1^2 \times \dfrac{1}{4} = 1 - \dfrac{\pi}{4}$

또한, $\overline{OA_2} = \overline{OB_1} = 1$이므로

$\overline{OB_2} = \dfrac{1}{\sqrt{2}}$ $\therefore A_2\left(\dfrac{1}{\sqrt{2}}, \dfrac{1}{\sqrt{2}}\right)$

이때 두 정사각형 $OB_1A_1C_1$, $OB_2A_2C_2$는 서로 닮음이고 닮음비가 $\sqrt{2} : 1$, 즉 $1 : \dfrac{\sqrt{2}}{2}$이므로 그림 R_1에 색칠한 부분과 그림 R_2에 새로 색칠한 부분의 넓이의 비는 $1^2 : \left(\dfrac{\sqrt{2}}{2}\right)^2 = 1 : \dfrac{1}{2}$이다.

즉, 그림 R_n과 그림 R_{n+1}에 새로 색칠한 부분의 넓이의 비도 $1 : \dfrac{1}{2}$이다.

따라서 S_n은 첫째항이 $1 - \dfrac{\pi}{4}$이고 공비가 $\dfrac{1}{2}$인 등비수열의 첫째항부터 제n항까지의 합이므로

$\lim\limits_{n \to \infty} S_n = \dfrac{1 - \dfrac{\pi}{4}}{1 - \dfrac{1}{2}} = 2 - \dfrac{\pi}{2}$

067 ⑤

(i) 정삼각뿔 모양에서 각 층에 있는 공의 개수를 나열해 보면

1, 1+2, 1+2+3, $\cdots$

n층의 공의 개수를 a_n이라 하면

$a_n = \dfrac{n(n+1)}{2}$

$\therefore T_n = \sum\limits_{k=1}^{n} \dfrac{k(k+1)}{2}$

$= \dfrac{1}{2} \sum\limits_{k=1}^{n} (k^2 + k)$

$= \dfrac{1}{2} \left\{ \dfrac{n(n+1)(2n+1)}{6} + \dfrac{n(n+1)}{2} \right\}$

$= \dfrac{n(n+1)(n+2)}{6}$

(ii) 정사각뿔 모양에서 각 층에 있는 공의 개수를 나열해 보면

1, 4, 9, $\cdots$

n층의 공의 개수를 b_n이라 하면

$b_n = n^2$

$\therefore R_n = \sum\limits_{k=1}^{n} k^2 = \dfrac{n(n+1)(2n+1)}{6}$

(i), (ii)에서

$\lim\limits_{n \to \infty} \dfrac{R_n}{T_n} = \dfrac{\dfrac{n(n+1)(2n+1)}{6}}{\dfrac{n(n+1)(n+2)}{6}} = \lim\limits_{n \to \infty} \dfrac{2n+1}{n+2}$

$= \lim\limits_{n \to \infty} \dfrac{2 + \dfrac{1}{n}}{1 + \dfrac{2}{n}}$

$= \dfrac{2+0}{1+0} = 2$

068 ③

조건 (가)에서 $2a_{n+1}=a_n+a_{n+2}$이므로 수열 $\{a_n\}$은 등차수열이고 $a_n>0$이므로 첫째항과 공차는 모두 양수이다.

등차수열 $\{a_n\}$의 첫째항을 a, 공차를 d라 하면

$a_n=a+(n-1)d$이므로 조건 (나)에서

$$\lim_{n\to\infty}\frac{a_n}{n}=\lim_{n\to\infty}\frac{dn+a-d}{n}=d \qquad \therefore d=4$$

$$\therefore \lim_{n\to\infty}(\sqrt{S_{n+1}}-\sqrt{S_n})$$

$$=\lim_{n\to\infty}\frac{S_{n+1}-S_n}{\sqrt{S_{n+1}}+\sqrt{S_n}}=\lim_{n\to\infty}\frac{a_{n+1}}{\sqrt{S_{n+1}}+\sqrt{S_n}}$$

$$=\lim_{n\to\infty}\frac{a+4n}{\sqrt{\dfrac{(n+1)(2a+4n)}{2}}+\sqrt{\dfrac{n\{2a+4(n-1)\}}{2}}}$$

$$=\lim_{n\to\infty}\frac{\dfrac{a}{n}+4}{\sqrt{\dfrac{(n+1)(2a+4n)}{2n^2}}+\sqrt{\dfrac{n\{2a+4(n-1)\}}{2n^2}}}$$

$$=\frac{4}{\sqrt{2}+\sqrt{2}}=\sqrt{2}$$

069 ④

조건 (나)에서

$\dfrac{5n^2-n}{2n+1}<a_n+b_n<\dfrac{5n^2+n}{2n-1}$의 각 변을 n으로 나누면

$$\frac{5n^2-n}{2n^2+n}<\frac{a_n}{n}+\frac{b_n}{n}<\frac{5n^2+n}{2n^2-n}$$

이때 $\displaystyle\lim_{n\to\infty}\frac{5n^2-n}{2n^2+n}=\lim_{n\to\infty}\frac{5n^2+n}{2n^2-n}=\frac{5}{2}$이므로

수열의 극한의 대소 관계에 의하여

$$\lim_{n\to\infty}\left(\frac{a_n}{n}+\frac{b_n}{n}\right)=\frac{5}{2}$$

조건 (가)에서 $\displaystyle\lim_{n\to\infty}\frac{a_n}{n}=\frac{3}{5}$이므로

$$\lim_{n\to\infty}\frac{b_n}{n}=\lim_{n\to\infty}\left\{\left(\frac{a_n}{n}+\frac{b_n}{n}\right)-\frac{a_n}{n}\right\}=\lim_{n\to\infty}\left(\frac{a_n}{n}+\frac{b_n}{n}\right)-\lim_{n\to\infty}\frac{a_n}{n}$$

$$=\frac{5}{2}-\frac{3}{5}=\frac{19}{10}$$

$$\therefore \lim_{n\to\infty}\frac{b_n}{a_n}=\lim_{n\to\infty}\frac{\dfrac{b_n}{n}}{\dfrac{a_n}{n}}=\frac{\dfrac{19}{10}}{\dfrac{3}{5}}=\frac{19}{6}$$

070 ④

삼각형 OA_nB_n의 넓이 S_n은

$$S_n=\frac{1}{2}\times\frac{12}{n+1}\times\frac{18}{n+2}=\frac{108}{(n+1)(n+2)}$$

$S_n<1$에서 $\dfrac{108}{(n+1)(n+2)}<1$

$(n+1)(n+2)>108$

이때 $9\times10=90<108$, $10\times11=110>108$이므로 $S_n<1$을 만족시키는 자연수 n의 최솟값은 9이다.

$\therefore m=9$

$$\therefore \sum_{n=9}^{\infty}S_n=\sum_{n=9}^{\infty}\frac{108}{(n+1)(n+2)}$$

$$=108\sum_{k=9}^{\infty}\left(\frac{1}{n+1}-\frac{1}{n+2}\right)$$

$$=108\lim_{n\to\infty}\sum_{k=9}^{n}\left(\frac{1}{k+1}-\frac{1}{k+2}\right)$$

$$=108\lim_{n\to\infty}\left\{\left(\frac{1}{10}-\frac{1}{11}\right)+\left(\frac{1}{11}-\frac{1}{12}\right)+\left(\frac{1}{12}-\frac{1}{13}\right)\right.$$

$$\left.+\cdots+\left(\frac{1}{n+1}-\frac{1}{n+2}\right)\right\}$$

$$=108\lim_{n\to\infty}\left(\frac{1}{10}-\frac{1}{n+2}\right)$$

$$=108\times\frac{1}{10}=\frac{54}{5}$$

071 ④

점 $A_n\left(1,\dfrac{1}{n}\right)$을 지나고 x축에 평행한 직선의 방정식은

$$y=\frac{1}{n}$$

점 B_n의 y좌표가 $\dfrac{1}{n}$이므로 x좌표는

$\dfrac{1}{n}=\dfrac{3n}{x}$에서 $x=3n^2$

$$\therefore B_n\left(3n^2,\frac{1}{n}\right)$$

또한, 점 $A_n\left(1,\dfrac{1}{n}\right)$을 지나고 y축에 평행한 직선의 방정식은

$$x=1$$

점 C_n의 x좌표가 1이므로 $y=3n$

$$\therefore C_n(1,\,3n)$$

즉, $\overline{A_nB_n}=3n^2-1$, $\overline{A_nC_n}=3n-\dfrac{1}{n}$이므로 삼각형 $A_nB_nC_n$의 넓이 S_n은

$$S_n=\frac{1}{2}\times\overline{A_nB_n}\times\overline{A_nC_n}$$

$$=\frac{1}{2}(3n^2-1)\left(3n-\frac{1}{n}\right)$$

$$=\frac{(3n^2-1)^2}{2n}$$

한편, 삼각형 $A_nB_nC_n$의 무게중심 $G_n(x_n,\,y_n)$의 x좌표와 y좌표는 각각

$$x_n=\frac{1+3n^2+1}{3}=\frac{3n^2+2}{3},$$

$$y_n=\frac{\dfrac{1}{n}+\dfrac{1}{n}+3n}{3}=\frac{3n^2+2}{3n}$$

$$\therefore \overline{OG_n}=\sqrt{\left(\frac{3n^2+2}{3}\right)^2+\left(\frac{3n^2+2}{3n}\right)^2}$$

$$=\sqrt{\frac{9n^6+12n^4+4n^2+9n^4+12n^2+4}{9n^2}}$$

$$=\sqrt{\frac{9n^6+21n^4+16n^2+4}{9n^2}}$$

$$\therefore \lim_{n\to\infty}\frac{nS_n}{\overline{OG_n}^2}=\lim_{n\to\infty}\frac{n\times\dfrac{(3n^2-1)^2}{2n}}{\dfrac{9n^6+21n^4+16n^2+4}{9n^2}}$$

$$=\lim_{n\to\infty}\frac{\dfrac{9n^4-6n^2+1}{2}}{n^4+\dfrac{7}{3}n^2+\dfrac{16}{9}+\dfrac{4}{9n^2}}$$

$$=\lim_{n\to\infty}\frac{\dfrac{9}{2}-\dfrac{3}{n^2}+\dfrac{1}{2n^4}}{1+\dfrac{7}{3n^2}+\dfrac{16}{9n^4}+\dfrac{4}{9n^6}}$$

$$=\frac{\dfrac{9}{2}-0+0}{1+0+0+0}=\frac{9}{2}$$

072 ③

오른쪽 그림과 같이 점 Q_n에서 선분 BS_n에 내린 수선의 발을 H_n이라 하면 두 삼각형 P_nBS_n, $Q_nH_nS_n$은 서로 닮음 (AA 닮음)이다.

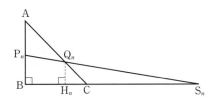

이때 $\overline{CQ_n}=\dfrac{1}{n}$이므로

$$\overline{Q_nH_n}=\overline{CH_n}=\frac{\sqrt{2}}{2n}$$이고

$$\overline{H_nS_n}=\overline{BS_n}-\left(1-\frac{\sqrt{2}}{2n}\right)=\overline{BS_n}+\frac{\sqrt{2}}{2n}-1$$

따라서 $\overline{P_nB}:\overline{BS_n}=\overline{Q_nH_n}:\overline{H_nS_n}$이므로

$$\frac{1}{n}:\overline{BS_n}=\frac{\sqrt{2}}{2n}:\left(\overline{BS_n}+\frac{\sqrt{2}}{2n}-1\right)$$

$$\frac{\sqrt{2}}{2n}\overline{BS_n}=\frac{1}{n}\left(\overline{BS_n}+\frac{\sqrt{2}}{2n}-1\right)$$

$$\frac{\sqrt{2}-2}{2n}\overline{BS_n}=\frac{1}{n}\left(\frac{\sqrt{2}}{2n}-1\right)$$

$$\therefore \overline{BS_n}=\frac{\sqrt{2}(1-\sqrt{2}n)}{n(\sqrt{2}-2)}=\frac{\sqrt{2}n-1}{n(\sqrt{2}-1)}$$

$$\therefore \lim_{n\to\infty}\overline{BS_n}=\lim_{n\to\infty}\frac{\sqrt{2}n-1}{n(\sqrt{2}-1)}=\lim_{n\to\infty}\frac{\sqrt{2}-\dfrac{1}{n}}{\sqrt{2}-1}$$

$$=\frac{\sqrt{2}-0}{\sqrt{2}-1}=2+\sqrt{2}$$

다른 풀이

삼각형 ABC는 빗변인 선분 AC의 길이가 $\sqrt{2}$인 직각이등변삼각형이므로 $\overline{AB}=\overline{BC}=1$

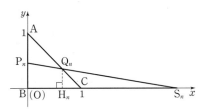

위의 그림과 같이 점 B를 원점, 두 직선 BC, BA를 각각 x축, y축

으로 하는 좌표평면을 잡으면 $A(0, 1)$, $C(1, 0)$, $P_n\left(0, \dfrac{1}{n}\right)$이다.
점 Q_n에서 x축에 내린 수선의 발을 H_n이라 하면 삼각형 CQ_nH_n은 빗변 CQ_n의 길이가 $\dfrac{1}{n}$인 직각이등변삼각형이므로

$$\overline{CH_n}=\overline{Q_nH_n}=\frac{1}{\sqrt{2}n}\qquad\therefore Q_n\left(1-\frac{1}{\sqrt{2}n}, \frac{1}{\sqrt{2}n}\right)$$

또한, 두 점 $P_n\left(0, \dfrac{1}{n}\right)$, $Q_n\left(1-\dfrac{1}{\sqrt{2}n}, \dfrac{1}{\sqrt{2}n}\right)$을 지나는 직선의 방정식은

$$y-\frac{1}{n}=\frac{\dfrac{1}{\sqrt{2}n}-\dfrac{1}{n}}{\left(1-\dfrac{1}{\sqrt{2}n}\right)-0}(x-0),\ 즉\ y=\frac{1-\sqrt{2}}{\sqrt{2}n-1}x+\frac{1}{n}$$

$$\therefore S_n\left(\frac{\sqrt{2}n-1}{n(\sqrt{2}-1)}, 0\right)$$

073 ④

$f_1(2)=a_1$, $f_2(2)=a_2$, $\cdots$, $f_n(2)=a_n$이라 하면

$$a_{n+1}=\sqrt{10a_n-9}$$

이때 $\lim\limits_{n\to\infty}a_n=\alpha$라 하면

$$\lim_{n\to\infty}a_{n+1}=\lim_{n\to\infty}\sqrt{10a_n-9}=\alpha에서$$

$\alpha=\sqrt{10\alpha-9}$, $\alpha^2-10\alpha+9=0$

$(\alpha-1)(\alpha-9)=0$

$\therefore \alpha=1$ 또는 $\alpha=9$

그런데 오른쪽 그림에서

$a_1<a_2<a_3<\cdots$이므로

$$\lim_{n\to\infty}a_n=\alpha>a_1=\sqrt{11}$$

$$\therefore \lim_{n\to\infty}a_n=\alpha=9$$

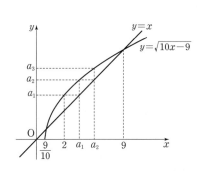

마찬가지 방법으로

$\lim\limits_{n\to\infty}f_n(8)=9$이므로

$$\lim_{n\to\infty}f_n(2)+\lim_{n\to\infty}f_n(8)$$

$$=9+9=18$$

플러스 특강

무리함수 $f(x)$에 대하여
$$f_1(x)=f(x),\ f_{n+1}(x)=f(f_n(x))\ (n=1, 2, 3, \cdots)$$
이라 하고, $f(x)=x$의 두 근을 α, β $(\alpha<\beta)$라 할 때 $\alpha<x<\beta$에서
(1) $f(x)>x$이면 $\lim\limits_{n\to\infty}f_n(x)=\beta$ (2) $f(x)<x$이면 $\lim\limits_{n\to\infty}f_n(x)=\alpha$

074 9

원 C_n의 중심을 $C_n(2n, 3n-1)$이라 하면
원 C_n의 반지름의 길이는 선분 OC_n의 길이와 같으므로

$$\overline{C_nP_n}=\overline{OC_n}$$

$$=\sqrt{(2n)^2+(3n-1)^2}$$

$$=\sqrt{13n^2-6n+1}$$

점 $A(0, -3)$과 원 C_n의 중심 $C_n(2n, 3n-1)$ 사이의 거리는

$$\overline{AC_n} = \sqrt{(2n-0)^2 + \{3n-1-(-3)\}^2}$$
$$= \sqrt{(2n)^2 + (3n+2)^2}$$
$$= \sqrt{13n^2 + 12n + 4}$$

이므로 선분 AP_n의 길이 a_n은

$$a_n = \overline{AC_n} + \overline{C_nP_n}$$
$$= \sqrt{13n^2 + 12n + 4} + \sqrt{13n^2 - 6n + 1}$$

오른쪽 그림과 같이 원 C_n이 y축과 만나는 두 점 중 원점이 아닌 점을 Q_n, 원의 중심 C_n에서 y축에 내린 수선의 발을 H_n이라 하면 점 H_n의 좌표는 $(0, 3n-1)$이고 점 H_n은 선분 OQ_n의 중점이므로 원 C_n이 y축과 만나서 생기는 현의 길이 b_n은

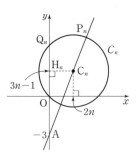

$$b_n = \overline{OQ_n} = 2\overline{OH_n}$$
$$= 2(3n-1)$$
$$= 6n-2$$

$$\therefore \lim_{n \to \infty} \frac{b_n}{a_n} = \lim_{n \to \infty} \frac{6n-2}{\sqrt{13n^2 + 12n + 4} + \sqrt{13n^2 - 6n + 1}}$$

$$= \lim_{n \to \infty} \frac{6 - \dfrac{2}{n}}{\sqrt{13 + \dfrac{12}{n} + \dfrac{4}{n^2}} + \sqrt{13 - \dfrac{6}{n} + \dfrac{1}{n^2}}}$$

$$= \frac{6-0}{\sqrt{13+0+0} + \sqrt{13-0+0}}$$

$$= \frac{3}{\sqrt{13}}$$

따라서 $p = \dfrac{3}{\sqrt{13}}$이므로

$$13p^2 = 13 \times \left(\frac{3}{\sqrt{13}}\right)^2 = 9$$

075 ④

$B_1(a, b)$라 하면 직선 A_1B_1이 직선 $y = \dfrac{1}{2}x$와 수직이므로

$$\frac{b}{a-5} = -2$$

$$\therefore 2a + b = 10 \quad \cdots\cdots \text{㉠}$$

또한, 선분 A_1B_1의 중점 $\left(\dfrac{a+5}{2}, \dfrac{b}{2}\right)$가 직선 $y = \dfrac{1}{2}x$ 위의 점이므로

$$\frac{b}{2} = \frac{a+5}{4}$$

$$\therefore a - 2b = -5 \quad \cdots\cdots \text{㉡}$$

㉠, ㉡을 연립하여 풀면

$a = 3$, $b = 4$

$\therefore B_1(3, 4)$

즉, $\overline{A_1B_1} = \sqrt{(3-5)^2 + (4-0)^2} = 2\sqrt{5}$, $\overline{B_1A_2} = 4$이므로

$$\overline{A_1B_1} + \overline{B_1A_2} = 2\sqrt{5} + 4$$

한편, 두 삼각형 OA_1B_1, OA_2B_2는 서로 닮음 (AA 닮음)이고,

$\overline{OA_1} = 5$, $\overline{OA_2} = 3$이므로 닮음 비는 $5 : 3$, 즉 $1 : \dfrac{3}{5}$이다.

따라서 $\overline{A_2B_2} = 2\sqrt{5} \times \dfrac{3}{5}$,

$\overline{B_2A_3} = 4 \times \dfrac{3}{5}$이므로

$$\overline{A_2B_2} + \overline{B_2A_3} = (2\sqrt{5} + 4) \times \frac{3}{5}$$

$$\vdots$$

$$\therefore \overline{A_nB_n} + \overline{B_nA_{n+1}} = (2\sqrt{5} + 4) \times \left(\frac{3}{5}\right)^{n-1}$$

$$\therefore \sum_{n=1}^{\infty} (\overline{A_nB_n} + \overline{B_nA_{n+1}}) = \sum_{n=1}^{\infty} (2\sqrt{5} + 4) \times \left(\frac{3}{5}\right)^{n-1}$$

$$= \frac{2\sqrt{5} + 4}{1 - \dfrac{3}{5}} = 5(2 + \sqrt{5})$$

076 ③

$\displaystyle\lim_{n \to \infty} \dfrac{a^{n+1} + b^{n+1}}{a^n + b^n} = 4$를 만족시키는 자연수 a, b의 순서쌍 (a, b)를 a, b 사이의 대소 관계에 따라 나누어 구하면 다음과 같다.

(i) $a > b$일 때

$$\lim_{n \to \infty} \frac{a^{n+1} + b^{n+1}}{a^n + b^n} = \lim_{n \to \infty} \frac{a + b \times \left(\dfrac{b}{a}\right)^n}{1 + \left(\dfrac{b}{a}\right)^n} = a = 4$$

즉, 구하는 순서쌍 (a, b)는 $(4, 1)$, $(4, 2)$, $(4, 3)$이다.

(ii) $a = b$일 때

$$\lim_{n \to \infty} \frac{a^{n+1} + b^{n+1}}{a^n + b^n} = \lim_{n \to \infty} \frac{2a^{n+1}}{2a^n} = a = 4$$

즉, 구하는 순서쌍 (a, b)는 $(4, 4)$이다.

(iii) $a < b$일 때

$$\lim_{n \to \infty} \frac{a^{n+1} + b^{n+1}}{a^n + b^n} = \lim_{n \to \infty} \frac{a \times \left(\dfrac{a}{b}\right)^n + b}{\left(\dfrac{a}{b}\right)^n + 1} = b = 4$$

즉, 구하는 순서쌍 (a, b)는 $(1, 4)$, $(2, 4)$, $(3, 4)$이다.

한편, 수열 $\left\{\dfrac{(b+1)^n}{a^{2n}}\right\}$, 즉 $\left\{\left(\dfrac{b+1}{a^2}\right)^n\right\}$은 첫째항과 공비가 모두 $\dfrac{b+1}{a^2}$인 등비수열이므로 이 수열이 수렴하려면

$$-1 < \frac{b+1}{a^2} \leq 1$$

이어야 한다.

즉, $-a^2 - 1 < b \leq a^2 - 1 \quad \cdots\cdots \text{㉠}$

(i), (ii), (iii)에서 ㉠을 만족시키는 순서쌍 (a, b)의 개수는

$(4, 1)$, $(4, 2)$, $(4, 3)$, $(4, 4)$, $(3, 4)$

의 5이다.

077 답 ①

오른쪽 그림과 같이 그림 R_1에서 반지름의 길이가 2인 반원의 중심을 O_1, 반원에 내접하는 원의 중심을 O_2, 새로 그린 반원의 중심을 O_3이라 하자.

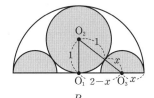

이때 내접하는 원의 반지름의 길이는 1이므로 작은 반원의 반지름의 길이를 x라 하면 직각삼각형 $O_2O_1O_3$에서

$$(1+x)^2 = 1^2 + (2-x)^2$$

$$6x = 4 \qquad \therefore x = \frac{2}{3}$$

$$\therefore S_1 = \pi \times 1^2 + \pi \times \left(\frac{2}{3}\right)^2 = \frac{13}{9}\pi$$

반지름의 길이가 2인 반원과 그림 R_1에서 새로 그린 반원의 닮음비는 $2 : \frac{2}{3}$, 즉 $1 : \frac{1}{3}$이므로 그림 R_1에서 새로 그린 반원과 그림 R_2에서 새로 그린 반원의 닮음비도 $1 : \frac{1}{3}$이다.

$$\therefore S_2 = S_1 - 2 \times \left\{ \pi \times \left(\frac{1}{3}\right)^2 + \pi \times \left(\frac{2}{3^2}\right)^2 \right\}$$

$$= \frac{13}{9}\pi - \frac{13}{9}\pi \times \frac{2}{9}$$

또한, 그림 R_2에서 새로 그린 반원과 그림 R_3에서 새로 그린 반원의 닮음비도 $1 : \frac{1}{3}$이므로

$$S_3 = S_2 + 2^2 \times \left\{ \pi \times \left(\frac{1}{3^2}\right)^2 + \pi \times \left(\frac{2}{3^3}\right)^2 \right\}$$

$$= \frac{13}{9}\pi - \frac{13}{9}\pi \times \frac{2}{9} + \frac{13}{9}\pi \times \left(\frac{2}{9}\right)^2$$

$$\vdots$$

$$\therefore S_n = \frac{13}{9}\pi - \frac{13}{9}\pi \times \frac{2}{9} + \frac{13}{9}\pi \times \left(\frac{2}{9}\right)^2 - \cdots$$

$$+ \frac{13}{9}\pi \times \left(-\frac{2}{9}\right)^{n-1}$$

$$= \sum_{k=1}^{n} \frac{13}{9}\pi \times \left(-\frac{2}{9}\right)^{k-1}$$

따라서 S_n은 첫째항이 $\frac{13}{9}\pi$이고 공비가 $-\frac{2}{9}$인 등비수열의 첫째항부터 제n항까지의 합이므로

$$\lim_{n \to \infty} S_n = \frac{\frac{13}{9}\pi}{1 - \left(-\frac{2}{9}\right)} = \frac{13}{11}\pi$$

II 미분법

기출문제로 개념 확인하기   본문 037쪽

078 답 ④

$$\lim_{x \to 0} \frac{\ln(x+1)}{\sqrt{x+4}-2}$$

$$= \lim_{x \to 0} \left\{ \frac{\ln(x+1)}{x} \times \frac{x}{\sqrt{x+4}-2} \right\}$$

$$= \lim_{x \to 0} \frac{\ln(x+1)}{x} \times \lim_{x \to 0} \frac{x(\sqrt{x+4}+2)}{(\sqrt{x+4}-2)(\sqrt{x+4}+2)}$$

$$= \lim_{x \to 0} \frac{\ln(x+1)}{x} \times \lim_{x \to 0} \frac{x(\sqrt{x+4}+2)}{x}$$

$$= \lim_{x \to 0} \frac{\ln(x+1)}{x} \times \lim_{x \to 0} (\sqrt{x+4}+2)$$

$$= 1 \times (\sqrt{0+4}+2) = 4$$

079 답 4

$f(x) = x^3 \ln x$에서

$$f'(x) = 3x^2 \ln x + x^3 \times \frac{1}{x} = 3x^2 \ln x + x^2$$

$$\therefore \frac{f'(e)}{e^2} = \frac{3e^2 + e^2}{e^2} = 4$$

080 답 7

$\cos\theta = \frac{1}{7}$이므로

$$\csc\theta \times \tan\theta = \frac{1}{\sin\theta} \times \frac{\sin\theta}{\cos\theta} = \frac{1}{\cos\theta} = 7$$

081 답 2

$\overline{OP} = \sqrt{t^2 + \sin^2 t}$이고 원 C의 반지름의 길이 $\overline{PQ} = \sin t$이므로

$\overline{RP} = \sin t$

$$\therefore \overline{OR} = \overline{OP} - \overline{RP} = \sqrt{t^2 + \sin^2 t} - \sin t$$

$$\therefore \lim_{t \to 0+} \frac{\overline{OQ}}{\overline{OR}} = \lim_{t \to 0+} \frac{t}{\sqrt{t^2 + \sin^2 t} - \sin t}$$

$$= \lim_{t \to 0+} \frac{t(\sqrt{t^2 + \sin^2 t} + \sin t)}{(\sqrt{t^2 + \sin^2 t} - \sin t)(\sqrt{t^2 + \sin^2 t} + \sin t)}$$

$$= \lim_{t \to 0+} \frac{t(\sqrt{t^2 + \sin^2 t} + \sin t)}{t^2 + \sin^2 t - \sin^2 t}$$

$$= \lim_{t \to 0+} \frac{\sqrt{t^2 + \sin^2 t} + \sin t}{t}$$

$$= \lim_{t \to 0+} \left\{ \sqrt{1 + \left(\frac{\sin t}{t}\right)^2} + \frac{\sin t}{t} \right\}$$

$$= \sqrt{1 + 1^2} + 1$$

$$= 1 + \sqrt{2}$$

따라서 $a=1$, $b=1$이므로
$a+b=1+1=2$

082 답 ②

$\dfrac{dx}{dt}=e^t-\sin t$, $\dfrac{dy}{dt}=\cos t$이므로

$\dfrac{dy}{dx}=\dfrac{\dfrac{dy}{dt}}{\dfrac{dx}{dt}}=\dfrac{\cos t}{e^t-\sin t}$

따라서 $t=0$일 때 $\dfrac{dy}{dx}$의 값은

$\dfrac{1}{e^0-0}=1$

083 답 ①

$x^2-y\ln x+x=e$의 양변을 x에 대하여 미분하면

$2x-\left(\dfrac{dy}{dx}\times\ln x+y\times\dfrac{1}{x}\right)+1=0$

$\dfrac{dy}{dx}\times\ln x=2x-\dfrac{y}{x}+1$

$\therefore \dfrac{dy}{dx}=\dfrac{2x-\dfrac{y}{x}+1}{\ln x}$ (단, $x\neq1$) ...... ㉠

따라서 점 $(e,\ e^2)$에서의 접선의 기울기는 $x=e$, $y=e^2$을 ㉠에 대입하면 되므로

$\dfrac{2e-\dfrac{e^2}{e}+1}{\ln e}=e+1$

084 답 ⑤

$f(x)=e^{2x}+e^x-1$에서

$f'(x)=2e^{2x}+e^x$

$f(0)=1+1-1=1$이므로

$g(5f(0))=g(5)=k$라 하면 $f(k)=5$에서

$e^{2k}+e^k-1=5$, $e^{2k}+e^k-6=0$

$(e^k+3)(e^k-2)=0$

$e^k=2$ ($\because e^k>0$)

$\therefore k=\ln 2$

$\therefore g(5)=\ln 2$

$h(x)=g(5f(x))$라 하면

$f(0)=1$, $f'(0)=2+1=3$이므로

$h'(x)=g'(5f(x))\times5f'(x)$에서

$h'(0)=15g'(5)$

$=\dfrac{15}{f'(g(5))}$

$=\dfrac{15}{f'(\ln 2)}$

$=\dfrac{15}{8+2}=\dfrac{3}{2}$

085 답 ③

점 P의 시각 t에서의 위치 $x=t+\sin t\cos t$, $y=\tan t$에서

$\dfrac{dx}{dt}=1+\{\cos t\cos t+\sin t\times(-\sin t)\}$

$=1+\cos^2 t-\sin^2 t=1+\cos^2 t-(1-\cos^2 t)$

$=2\cos^2 t$

$\dfrac{dy}{dt}=\sec^2 t$

즉, 점 P의 시각 t에서의 속도는 $(2\cos^2 t,\ \sec^2 t)$이므로
점 P의 시각 t에서의 속력은

$\sqrt{(2\cos^2 t)^2+(\sec^2 t)^2}=\sqrt{4\cos^4 t+\sec^4 t}$

$\cos t=s$라 하면

$\sqrt{4\cos^4 t+\sec^4 t}=\sqrt{4s^4+\dfrac{1}{s^4}}$

이때 $0<t<\dfrac{\pi}{2}$에서 $s>0$이므로 산술평균과 기하평균의 관계에 의하여

$4s^4+\dfrac{1}{s^4}\geq2\sqrt{4s^4\times\dfrac{1}{s^4}}$

$=2\times2=4$ (단, 등호는 $4\cos^4 t=\sec^4 t$일 때 성립)

따라서 점 P의 속력의 최솟값은 $\sqrt{4}=2$이다.

유형별 문제로 수능 대비하기   본문 038~068쪽

086 답 ①

$\displaystyle\lim_{x\to0}\dfrac{2^{ax+b}-8}{2^{bx}-1}=16$에서 $x\to0$일 때 극한값이 존재하고

(분모) $\to0$이므로 (분자) $\to0$이어야 한다.

즉, $\displaystyle\lim_{x\to0}(2^{ax+b}-8)=0$에서 $2^b-8=0$, $2^b=8$

$\therefore b=3$

$\displaystyle\lim_{x\to0}\dfrac{2^{ax+3}-8}{2^{3x}-1}=\lim_{x\to0}\dfrac{8(2^{ax}-1)}{8^x-1}=8a\lim_{x\to0}\left(\dfrac{2^{ax}-1}{ax}\times\dfrac{x}{8^x-1}\right)$

$=8a\times\ln 2\times\dfrac{1}{\ln 8}=8a\times\ln 2\times\dfrac{1}{3\ln 2}$

$=\dfrac{8}{3}a=16$

에서 $a=6$

$\therefore a+b=6+3=9$

087 답 ②

$x-1=t$라 하면 $x=t+1$이고, $x\to1$일 때 $t\to0$이므로

$\displaystyle\lim_{x\to1}\dfrac{x^3-e^{x-1}}{x-1}=\lim_{t\to0}\dfrac{(t+1)^3-e^t}{t}$

$=\lim_{t\to0}\dfrac{t^3+3t^2+3t-(e^t-1)}{t}$

$=\lim_{t\to0}\left(t^2+3t+3-\dfrac{e^t-1}{t}\right)$

$=\lim_{t\to0}(t^2+3t+3)-\lim_{t\to0}\dfrac{e^t-1}{t}$

$=3-1=2$

088 답 ⑤

$$\lim_{x \to 0} \frac{\ln(a+3x^6)}{x^b} = 3 \quad \cdots\cdots ㉠$$

에서 $x \to 0$일 때 극한값이 존재하고 (분모) $\to 0$이므로
(분자) $\to 0$이어야 한다.

즉, $\lim_{x \to 0} \ln(a+3x^6) = 0$에서

$\ln a = 0 \quad \therefore a = 1$

$a = 1$을 ㉠에 대입하면

$$\begin{aligned}
\lim_{x \to 0} \frac{\ln(a+3x^6)}{x^b} &= \lim_{x \to 0} \frac{\ln(1+3x^6)}{x^b} \\
&= 3\lim_{x \to 0} \frac{\ln(1+3x^6)}{3x^6} \times \lim_{x \to 0} \frac{x^6}{x^b} \\
&= 3\lim_{x \to 0} \frac{x^6}{x^b} = 3
\end{aligned}$$

에서 $b = 6$

$\therefore a + b = 1 + 6 = 7$

089 답 ⑤

$\lim_{x \to 1} x^{\frac{3}{1-x}}$에서

$x - 1 = t$라 하면 $x = 1 + t$이고, $x \to 1$일 때 $t \to 0$이므로

$a = \lim_{x \to 1} x^{\frac{3}{1-x}} = \lim_{t \to 0} (1+t)^{\frac{3}{-t}} = \lim_{t \to 0} \{(1+t)^{\frac{1}{t}}\}^{-3} = e^{-3}$

$b = \lim_{x \to \infty} \left(\frac{x+4}{x}\right)^{2x} = \lim_{x \to \infty} \left\{\left(1+\frac{4}{x}\right)^{\frac{x}{4}}\right\}^8 = e^8$

$\therefore ab = e^{-3} \times e^8 = e^5$

090 답 ④

함수 $f(x)$가 실수 전체의 집합에서 연속이므로 $x=0$에서 연속이다.

즉, $\lim_{x \to 0} f(x) = f(0)$이므로

$$\lim_{x \to 0} \frac{\ln(a+6x)}{x} = b$$

이때 $x \to 0$일 때 극한값이 존재하고 (분모) $\to 0$이므로
(분자) $\to 0$이어야 한다.

즉, $\lim_{x \to 0} \ln(a+6x) = 0$에서 $\ln a = 0 \quad \therefore a = 1$

$\therefore b = \lim_{x \to 0} \frac{\ln(1+6x)}{x} = 6\lim_{x \to 0} \frac{\ln(1+6x)}{6x} = 6 \times 1 = 6$

$\therefore a + b = 1 + 6 = 7$

091 답 ④

부등식 $\ln(1+2x^2) < f(x) < x(e^{2x}-1)$의 각 변을 x^2 $(x \neq 0)$으로 나누면

$$\frac{\ln(1+2x^2)}{x^2} < \frac{f(x)}{x^2} < \frac{e^{2x}-1}{x}$$

이때

$$\lim_{x \to 0} \frac{\ln(1+2x^2)}{x^2} = 2\lim_{x \to 0} \frac{\ln(1+2x^2)}{2x^2} = 2 \times 1 = 2,$$

$$\lim_{x \to 0} \frac{e^{2x}-1}{x} = 2\lim_{x \to 0} \frac{e^{2x}-1}{2x} = 2 \times 1 = 2$$

이므로 함수의 극한의 대소 관계에 의하여

$$\lim_{x \to 0} \frac{f(x)}{x^2} = 2$$

092 답 ③

$\lim_{x \to e} \frac{f(x)-g(x)}{x-e} = 0$에서 $x \to e$일 때 극한값이 존재하고
(분모) $\to 0$이므로 (분자) $\to 0$이어야 한다.

즉, $\lim_{x \to e} \{f(x)-g(x)\} = 0$이므로 $f(e) - g(e) = 0$

$f(e) = g(e)$에서

$a^e = 2\log_b e \quad \therefore a^e = \frac{2}{\ln b} \quad \cdots\cdots ㉠$

두 함수 $f(x)$, $g(x)$가 $x > 0$에서 미분가능하므로

$f(x) = a^x$에서

$f'(x) = a^x \ln a \quad \therefore f'(e) = a^e \ln a$

$g(x) = 2\log_b x$에서

$g'(x) = \frac{2}{x \ln b} \quad \therefore g'(e) = \frac{2}{e \ln b}$

이때

$$\begin{aligned}
&\lim_{x \to e} \frac{f(x)-g(x)}{x-e} \\
&= \lim_{x \to e} \frac{\{f(x)-f(e)\}-\{g(x)-g(e)\}}{x-e} \ (\because f(e)=g(e)) \\
&= f'(e) - g'(e) \\
&= a^e \ln a - \frac{2}{e \ln b} \\
&= a^e \ln a - \frac{a^e}{e} \ (\because ㉠) \\
&= \left(\ln a - \frac{1}{e}\right)a^e = 0
\end{aligned}$$

에서 $a^e \neq 0$이므로

$\ln a - \frac{1}{e} = 0, \ \ln a = \frac{1}{e} \quad \therefore a = e^{\frac{1}{e}}$

$a = e^{\frac{1}{e}}$을 ㉠에 대입하면

$(e^{\frac{1}{e}})^e = \frac{2}{\ln b}, \ e = \frac{2}{\ln b}$

$\ln b = \frac{2}{e} \quad \therefore b = e^{\frac{2}{e}}$

$\therefore a \times b = e^{\frac{1}{e}} \times e^{\frac{2}{e}} = e^{\frac{3}{e}}$

093 답 ⑤

$f(x) = e^x + ax$에서

$$\begin{aligned}
\lim_{x \to 0} \frac{f(x)-1}{x} &= \lim_{x \to 0} \frac{e^x + ax - 1}{x} \\
&= \lim_{x \to 0} \left(\frac{e^x-1}{x} + a\right) \\
&= \lim_{x \to 0} \frac{e^x-1}{x} + \lim_{x \to 0} a \\
&= 1 + a
\end{aligned}$$

이므로 $1+a=2$ $\quad\therefore a=1$

즉, $f(x)=e^x+x$에서 $f'(x)=e^x+1$이므로

$\lim\limits_{h \to 0}\dfrac{f(h+\ln 4)-f(\ln 4)}{h}=f'(\ln 4)=e^{\ln 4}+1$

$\qquad\qquad\qquad\qquad\qquad\qquad\quad =4+1=5$

다른 풀이

$\lim\limits_{x \to 0}\dfrac{f(x)-1}{x}=2$에서 $x \to 0$일 때 극한값이 존재하고

(분모) $\to 0$이므로 (분자) $\to 0$이어야 한다.

즉, $\lim\limits_{x \to 0}\{f(x)-1\}=0$에서 $f(0)-1=0$ $\quad\therefore f(0)=1$

$\lim\limits_{x \to 0}\dfrac{f(x)-1}{x}=\lim\limits_{x \to 0}\dfrac{f(x)-f(0)}{x-0}=f'(0)$이고

$f(x)=e^x+ax$에서 $f'(x)=e^x+a$이므로

$f'(0)=1+a=2$

$\therefore a=1$

094 답 ⑤

$\dfrac{1}{n}=h$라 하면 $n \to \infty$일 때 $h \to 0$이므로

$\lim\limits_{n \to \infty}n\left\{f\left(1+\dfrac{2}{n}\right)-f\left(1-\dfrac{1}{n}\right)\right\}$

$=\lim\limits_{h \to 0}\dfrac{f(1+2h)-f(1-h)}{h}$

$=\lim\limits_{h \to 0}\dfrac{f(1+2h)-f(1)+f(1)-f(1-h)}{h}$

$=2\lim\limits_{h \to 0}\dfrac{f(1+2h)-f(1)}{2h}+\lim\limits_{h \to 0}\dfrac{f(1-h)-f(1)}{-h}$

$=2f'(1)+f'(1)=3f'(1)$

이때 $f(x)=x^4+x\ln x$에서

$f'(x)=4x^3+\ln x+1$이므로

$f'(1)=4+0+1=5$

$\therefore \lim\limits_{n \to \infty}n\left\{f\left(1+\dfrac{2}{n}\right)-f\left(1-\dfrac{1}{n}\right)\right\}=3f'(1)$

$\qquad\qquad\qquad\qquad\qquad\qquad\qquad\quad =3\times5=15$

095 답 ②

$f(x)=e^x$, $g(x)=\ln(1+x)$에서

$f(0)=e^0=1$, $g(0)=\ln 1=0$이므로

$\lim\limits_{h \to 0}\dfrac{f(h)-g(-h)-1}{h}$

$=\lim\limits_{h \to 0}\dfrac{f(0+h)-f(0)}{h}+\lim\limits_{h \to 0}\dfrac{g(0-h)-g(0)}{-h}$

$=f'(0)+g'(0)$

이때 $f'(x)=e^x$, $g'(x)=\dfrac{1}{1+x}$이므로

$f'(0)=e^0=1$, $g'(0)=\dfrac{1}{1+0}=1$

$\therefore \lim\limits_{h \to 0}\dfrac{f(h)-g(-h)-1}{h}=f'(0)+g'(0)$

$\qquad\qquad\qquad\qquad\qquad\qquad =1+1=2$

096 답 ①

함수 $f(x)$가 $x=e$에서 미분가능하려면 $x=e$에서 연속이어야 하므로

$\lim\limits_{x \to e+}(bx\ln x+1)=\lim\limits_{x \to e-}(2x+a)=f(e)$에서

$be+1=2e+a$

$\therefore a=be-2e+1$ $\qquad\cdots\cdots\ \bigcirc$

또한, $f'(e)$가 존재해야 하므로

$\lim\limits_{h \to 0+}\dfrac{f(e+h)-f(e)}{h}$

$=\lim\limits_{h \to 0+}\dfrac{\{b(e+h)\ln(e+h)+1\}-(be\ln e+1)}{h}$

$=\lim\limits_{h \to 0+}\dfrac{b(e+h)\ln(e+h)-be\ln e}{h}$

$=\lim\limits_{h \to 0+}\dfrac{be\{\ln(e+h)-\ln e\}+bh\ln(e+h)}{h}$

$=\lim\limits_{h \to 0+}\dfrac{be\ln\left(1+\dfrac{h}{e}\right)+bh\ln(e+h)}{h}$

$=b\lim\limits_{h \to 0+}\dfrac{e}{h}\ln\left(1+\dfrac{h}{e}\right)+b\lim\limits_{h \to 0+}\ln(e+h)$

$=b+b=2b$

$\lim\limits_{h \to 0-}\dfrac{f(e+h)-f(e)}{h}$

$=\lim\limits_{h \to 0-}\dfrac{\{2(e+h)+a\}-(2e+a)}{h}$

$=\lim\limits_{h \to 0-}\dfrac{2h}{h}=2$

에서 $2b=2$ $\quad\therefore b=1$

$b=1$을 $\bigcirc$에 대입하여 정리하면

$a=1-e$

$\therefore a+b=(1-e)+1=2-e$

097 답 ④

$f(x)=-x+e^{ax}$, $g(x)=\ln x$에서

$f'(x)=-1+ae^{ax}$, $g'(x)=\dfrac{1}{x}$

이때 $f'(0)=g'(1)$이므로

$-1+a=1$ $\quad\therefore a=2$

$\therefore \lim\limits_{t \to 0+}\{f'(2t)-1\}g'(t)=\lim\limits_{t \to 0+}\left\{(-2+2e^{4t})\times\dfrac{1}{t}\right\}$

$\qquad\qquad\qquad\qquad\qquad =2\lim\limits_{t \to 0+}\dfrac{e^{4t}-1}{t}$

$\qquad\qquad\qquad\qquad\qquad =8\lim\limits_{t \to 0+}\dfrac{e^{4t}-1}{4t}$

$\qquad\qquad\qquad\qquad\qquad =8\times1=8$

098 답 ③

$\cos\theta=-\dfrac{3}{5}$을 $\sin^2\theta+\cos^2\theta=1$에 대입하면

$\sin^2\theta+\left(-\dfrac{3}{5}\right)^2=1$, $\sin^2\theta=\dfrac{16}{25}$

$\therefore \sin\theta=\dfrac{4}{5}\left(\because \dfrac{\pi}{2}<\theta<\pi\right)$

$$\therefore \csc(\pi+\theta)=\frac{1}{\sin(\pi+\theta)}$$
$$=-\frac{1}{\sin\theta}$$
$$=-\frac{5}{4}$$

099 답 ①

$$\frac{\tan\theta}{1+\sec\theta}-\frac{\tan\theta}{1-\sec\theta}=\frac{\tan\theta(1-\sec\theta)-\tan\theta(1+\sec\theta)}{(1+\sec\theta)(1-\sec\theta)}$$
$$=\frac{-2\tan\theta\sec\theta}{1-\sec^2\theta}$$
$$=\frac{-2\tan\theta\sec\theta}{-\tan^2\theta}$$
$$=\frac{2\sec\theta}{\tan\theta}=\frac{\dfrac{2}{\cos\theta}}{\dfrac{\sin\theta}{\cos\theta}}$$
$$=\frac{2}{\sin\theta}=2\csc\theta$$

즉, $2\csc\theta=2\sqrt{2}$이므로

$\csc\theta=\sqrt{2}$　$\therefore \csc^2\theta=2$

100 답 ⑤

$\tan\theta=-\dfrac{1}{2}$을 $1+\tan^2\theta=\sec^2\theta$에 대입하면

$1+\left(-\dfrac{1}{2}\right)^2=\sec^2\theta$이므로 $\dfrac{1}{\cos^2\theta}=\dfrac{5}{4}$, 즉 $\cos^2\theta=\dfrac{4}{5}$

$\therefore \cos\theta=-\dfrac{2}{\sqrt{5}}\ \left(\because \dfrac{\pi}{2}<\theta<\pi\right)$

$$\therefore \csc\left(\frac{3}{2}\pi+\theta\right)+\cot(\pi-\theta)=\frac{1}{\sin\left(\dfrac{3}{2}\pi+\theta\right)}+\frac{1}{\tan(\pi-\theta)}$$
$$=-\frac{1}{\cos\theta}-\frac{1}{\tan\theta}$$
$$=\frac{\sqrt{5}}{2}+2=\frac{4+\sqrt{5}}{2}$$

101 답 ②

$2\cos\alpha=3\sin\alpha$에서 $\dfrac{\sin\alpha}{\cos\alpha}=\dfrac{2}{3}$이므로

$\tan\alpha=\dfrac{2}{3}$

$$\tan(\alpha+\beta)=\frac{\tan\alpha+\tan\beta}{1-\tan\alpha\tan\beta}$$
$$=\frac{\dfrac{2}{3}+\tan\beta}{1-\dfrac{2}{3}\tan\beta}$$
$$=\frac{2+3\tan\beta}{3-2\tan\beta}$$

이고, $\tan(\alpha+\beta)=1$이므로

$\dfrac{2+3\tan\beta}{3-2\tan\beta}=1$, $2+3\tan\beta=3-2\tan\beta$

$\therefore \tan\beta=\dfrac{1}{5}$

102 답 ④

$$\frac{\sin 2\theta}{\sin\theta}-\frac{\cos 2\theta}{\cos\theta}=\frac{\sin 2\theta\cos\theta-\cos 2\theta\sin\theta}{\sin\theta\cos\theta}$$
$$=\frac{\sin(2\theta-\theta)}{\sin\theta\cos\theta}$$
$$=\frac{\sin\theta}{\sin\theta\cos\theta}$$
$$=\frac{1}{\cos\theta}=\sec\theta$$

103 답 ①

$\sin x+\cos y=\dfrac{1+\sqrt{3}}{2}$의 양변을 제곱하면

$\sin^2 x+2\sin x\cos y+\cos^2 y=1+\dfrac{\sqrt{3}}{2}$ ······ ㉠

$\cos x+\sin y=\dfrac{1-\sqrt{3}}{2}$의 양변을 제곱하면

$\cos^2 x+2\cos x\sin y+\sin^2 y=1-\dfrac{\sqrt{3}}{2}$ ······ ㉡

㉠+㉡을 하면

$(\sin^2 x+\cos^2 x)+2(\sin x\cos y+\cos x\sin y)$
$\qquad\qquad\qquad\qquad +(\cos^2 y+\sin^2 y)=2$

$2+2(\sin x\cos y+\cos x\sin y)=2$

$\sin x\cos y+\cos x\sin y=0$

$\therefore \sin(x+y)=\sin x\cos y+\cos x\sin y=0$

104 답 10

이차방정식 $4x^2-px+2=0$에서 근과 계수의 관계에 의하여

$\tan\alpha+\tan\beta=\dfrac{p}{4}$, $\tan\alpha\tan\beta=\dfrac{1}{2}$이므로

$$\tan(\alpha+\beta)=\frac{\tan\alpha+\tan\beta}{1-\tan\alpha\tan\beta}$$
$$=\frac{\dfrac{p}{4}}{1-\dfrac{1}{2}}=\frac{p}{2}$$

즉, $\dfrac{p}{2}=5$이므로 $p=10$

105 답 25

$g\left(\dfrac{1}{3}\right)=\alpha$, $g\left(\dfrac{1}{2}\right)=\beta\left(0<\alpha<\dfrac{\pi}{2},\ 0<\beta<\dfrac{\pi}{2}\right)$라 하면

$f(\alpha)=\dfrac{1}{3}$, $f(\beta)=\dfrac{1}{2}$

즉, $\tan\alpha=\dfrac{1}{3}$, $\tan\beta=\dfrac{1}{2}$이므로

$$\tan(\alpha+\beta)=\frac{\tan\alpha+\tan\beta}{1-\tan\alpha\tan\beta}$$
$$=\frac{\dfrac{1}{3}+\dfrac{1}{2}}{1-\dfrac{1}{3}\times\dfrac{1}{2}}=1$$

이때 $0<\alpha+\beta<\pi$이므로 $\alpha+\beta=\dfrac{\pi}{4}$

즉, $\theta=g\left(\dfrac{1}{3}\right)+g\left(\dfrac{1}{2}\right)=\alpha+\beta=\dfrac{\pi}{4}$이므로

$\sin\theta=\cos\theta=\dfrac{\sqrt{2}}{2}$

$\therefore 50\sin\theta\cos\theta=50\times\dfrac{\sqrt{2}}{2}\times\dfrac{\sqrt{2}}{2}=25$

다른 풀이

$\tan\alpha=\dfrac{1}{3}$, $\tan\beta=\dfrac{1}{2}$이므로

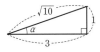

오른쪽 직각삼각형에서

$\sin\alpha=\dfrac{1}{\sqrt{10}}$, $\cos\alpha=\dfrac{3}{\sqrt{10}}$, $\sin\beta=\dfrac{1}{\sqrt{5}}$, $\cos\beta=\dfrac{2}{\sqrt{5}}$

$\therefore 50\sin\theta\cos\theta$

$=50\sin(\alpha+\beta)\cos(\alpha+\beta)$

$=50(\sin\alpha\cos\beta+\cos\alpha\sin\beta)(\cos\alpha\cos\beta-\sin\alpha\sin\beta)$

$=50\left(\dfrac{1}{\sqrt{10}}\times\dfrac{2}{\sqrt{5}}+\dfrac{3}{\sqrt{10}}\times\dfrac{1}{\sqrt{5}}\right)\left(\dfrac{3}{\sqrt{10}}\times\dfrac{2}{\sqrt{5}}-\dfrac{1}{\sqrt{10}}\times\dfrac{1}{\sqrt{5}}\right)$

$=50\times\dfrac{5}{\sqrt{50}}\times\dfrac{5}{\sqrt{50}}=25$

106 답 ④

$\sin^{2}\left(\dfrac{\pi}{3}+\theta\right)=\left(\sin\dfrac{\pi}{3}\cos\theta+\cos\dfrac{\pi}{3}\sin\theta\right)^{2}$

$\qquad=\left(\dfrac{\sqrt{3}}{2}\cos\theta+\dfrac{1}{2}\sin\theta\right)^{2}$

$\qquad=\dfrac{3}{4}\cos^{2}\theta+\dfrac{\sqrt{3}}{2}\cos\theta\sin\theta+\dfrac{1}{4}\sin^{2}\theta$

$\sin^{2}\left(\dfrac{\pi}{3}-\theta\right)=\left(\sin\dfrac{\pi}{3}\cos\theta-\cos\dfrac{\pi}{3}\sin\theta\right)^{2}$

$\qquad=\left(\dfrac{\sqrt{3}}{2}\cos\theta-\dfrac{1}{2}\sin\theta\right)^{2}$

$\qquad=\dfrac{3}{4}\cos^{2}\theta-\dfrac{\sqrt{3}}{2}\cos\theta\sin\theta+\dfrac{1}{4}\sin^{2}\theta$

$\therefore k\sin^{2}\theta+\sin^{2}\left(\dfrac{\pi}{3}+\theta\right)+\sin^{2}\left(\dfrac{\pi}{3}-\theta\right)$

$=k\sin^{2}\theta+2\left(\dfrac{3}{4}\cos^{2}\theta+\dfrac{1}{4}\sin^{2}\theta\right)$

$=k\sin^{2}\theta+\dfrac{3}{2}\cos^{2}\theta+\dfrac{1}{2}\sin^{2}\theta$

$=\left(k+\dfrac{1}{2}\right)\sin^{2}\theta+\dfrac{3}{2}\cos^{2}\theta$

$=\left(k+\dfrac{1}{2}\right)\sin^{2}\theta+\dfrac{3}{2}(1-\sin^{2}\theta)$

$=(k-1)\sin^{2}\theta+\dfrac{3}{2}=\dfrac{3}{2}$

위의 식이 임의의 각 θ에 대한 항등식이므로

$k-1=0$ $\therefore k=1$

107 답 ④

삼각형 ABC에서 $\angle A+\angle B+\angle C=\pi$이므로 $\angle C=\gamma$라 하면

$\tan\gamma=\tan\{\pi-(\alpha+\beta)\}=-\tan(\alpha+\beta)$

$\qquad=-\left(-\dfrac{3}{2}\right)=\dfrac{3}{2}$

이때 삼각형 ABC는 $\overline{AB}=\overline{AC}$인 이등변삼각형이므로

$\gamma=\beta$ $\therefore \tan\beta=\tan\gamma=\dfrac{3}{2}$

$\therefore \tan\alpha=\tan\{\pi-(\beta+\gamma)\}=-\tan(\beta+\gamma)$

$\qquad=-\tan(\beta+\beta)$

$\qquad=-\dfrac{2\tan\beta}{1-\tan^{2}\beta}$

$\qquad=-\dfrac{2\times\dfrac{3}{2}}{1-\left(\dfrac{3}{2}\right)^{2}}$

$\qquad=\dfrac{12}{5}$

108 답 ⑤

직각삼각형 ABD에서 $\overline{AD}=\sqrt{5^{2}-4^{2}}=3$이고

직각삼각형 ADC에서 $\overline{CD}=\sqrt{(3\sqrt{10})^{2}-3^{2}}=9$이므로

$\angle ABC=\alpha$, $\angle ACB=\beta$라 하면

$\sin\alpha=\dfrac{3}{5}$, $\cos\alpha=\dfrac{4}{5}$,

$\sin\beta=\dfrac{3}{3\sqrt{10}}=\dfrac{1}{\sqrt{10}}$, $\cos\beta=\dfrac{9}{3\sqrt{10}}=\dfrac{3}{\sqrt{10}}$

$\therefore \cos\theta=\cos(\alpha-\beta)=\cos\alpha\cos\beta+\sin\alpha\sin\beta$

$\qquad=\dfrac{4}{5}\times\dfrac{3}{\sqrt{10}}+\dfrac{3}{5}\times\dfrac{1}{\sqrt{10}}$

$\qquad=\dfrac{15}{5\sqrt{10}}=\dfrac{3\sqrt{10}}{10}$

109 답 ⑤

오른쪽 그림과 같이 점 D에서 선분 AE에 내린 수선의 발을 H라 하고, $\angle GAH=\alpha$라 하면

$\angle DAH=\dfrac{\pi}{6}$이므로 $\theta=\dfrac{\pi}{6}-\alpha$

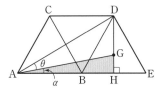

$\therefore \cos\theta=\cos\left(\dfrac{\pi}{6}-\alpha\right)=\cos\dfrac{\pi}{6}\cos\alpha+\sin\dfrac{\pi}{6}\sin\alpha$

또한, 정삼각형 ABC의 한 변의 길이를 a라 하면

직각삼각형 GAH에서

$\overline{AH}=\overline{AB}+\overline{BH}=a+\dfrac{1}{2}a=\dfrac{3}{2}a$,

$\overline{GH}=\dfrac{1}{3}\overline{DH}=\dfrac{1}{3}\times\dfrac{\sqrt{3}}{2}a=\dfrac{\sqrt{3}}{6}a$,

$\overline{AG}=\sqrt{\overline{AH}^{2}+\overline{GH}^{2}}=\sqrt{\left(\dfrac{3}{2}a\right)^{2}+\left(\dfrac{\sqrt{3}}{6}a\right)^{2}}=\dfrac{\sqrt{21}}{3}a$

이므로 $\cos\alpha=\dfrac{\dfrac{3}{2}a}{\dfrac{\sqrt{21}}{3}a}=\dfrac{3\sqrt{21}}{14}$, $\sin\alpha=\dfrac{\dfrac{\sqrt{3}}{6}a}{\dfrac{\sqrt{21}}{3}a}=\dfrac{\sqrt{7}}{14}$

$\therefore \cos\theta=\cos\left(\dfrac{\pi}{6}-\alpha\right)=\cos\dfrac{\pi}{6}\cos\alpha+\sin\dfrac{\pi}{6}\sin\alpha$

$\qquad=\dfrac{\sqrt{3}}{2}\times\dfrac{3\sqrt{21}}{14}+\dfrac{1}{2}\times\dfrac{\sqrt{7}}{14}$

$\qquad=\dfrac{9\sqrt{7}}{28}+\dfrac{\sqrt{7}}{28}=\dfrac{5\sqrt{7}}{14}$

110 답 12

오른쪽 그림과 같이 $\angle APO = \alpha$,
$\angle BPO = \beta$라 하면
$\theta = \beta - \alpha$

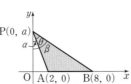

한편, $\tan\alpha = \dfrac{2}{a}$, $\tan\beta = \dfrac{8}{a}$이므로

$\tan\theta = \tan(\beta - \alpha) = \dfrac{\tan\beta - \tan\alpha}{1 + \tan\beta\tan\alpha}$

$= \dfrac{\dfrac{8}{a} - \dfrac{2}{a}}{1 + \dfrac{8}{a} \times \dfrac{2}{a}} = \dfrac{6}{a + \dfrac{16}{a}}$

이때 $a + \dfrac{16}{a}$의 값이 최소일 때 $\tan\theta$의 값이 최대가 된다.
그런데 $a > 0$이므로 산술평균과 기하평균의 관계에 의하여

$a + \dfrac{16}{a} \geq 2\sqrt{a \times \dfrac{16}{a}} = 8$ $\left(\text{단, 등호는 } a = \dfrac{16}{a}\text{일 때 성립}\right)$

따라서 $a = \dfrac{16}{a}$, 즉 $a = 4$일 때 $\tan\theta$의 값이 최대이므로

이때의 삼각형 ABP의 넓이는

$\dfrac{1}{2} \times (8-2) \times 4 = 12$

111 답 75

원 $x^2 + y^2 = 5$ 위의 점 $P(2, -1)$에서의 접선 l의 방정식은
$2x - y = 5$, 즉 $y = 2x - 5$
$\therefore \tan\alpha = 2$ ······ ㉠
오른쪽 그림과 같이 점 $P(2, -1)$을
직선 $y = x$에 대하여 대칭이동한 점을
$Q(-1, 2)$라 하면
점 Q는 원 $x^2 + y^2 = 5$ 위의 점이므로
점 Q에서의 접선의 방정식은
$-x + 2y = 5$, 즉 $y = \dfrac{1}{2}x + \dfrac{5}{2}$
$\therefore \tan\beta = \dfrac{1}{2}$ ······ ㉡
㉠, ㉡에서

$\tan(\alpha - \beta) = \dfrac{\tan\alpha - \tan\beta}{1 + \tan\alpha\tan\beta}$

$= \dfrac{2 - \dfrac{1}{2}}{1 + 2 \times \dfrac{1}{2}}$

$= \dfrac{3}{4}$

$\therefore 100\tan(\alpha - \beta) = 100 \times \dfrac{3}{4} = 75$

112 답 ⑤

$\overline{BD} = x$, $\angle CAB = \alpha$, $\angle DAB = \beta$라 하면
$\angle CAD = \alpha - \beta$
이때 $0 < \angle CAD < \dfrac{\pi}{2}$이므로

$\cos(\angle CAD) = \sqrt{1 - \sin^2(\angle CAD)}$

$= \sqrt{1 - \left(\dfrac{2\sqrt{85}}{85}\right)^2}$

$= \dfrac{9\sqrt{85}}{85}$

에서

$\tan(\angle CAD) = \dfrac{\sin(\angle CAD)}{\cos(\angle CAD)}$

$= \dfrac{\dfrac{2\sqrt{85}}{85}}{\dfrac{9\sqrt{85}}{85}}$

$= \dfrac{2}{9}$

이때 $\tan\alpha = \dfrac{x+2}{8}$, $\tan\beta = \dfrac{x}{8}$이므로

$\tan(\angle CAD) = \tan(\alpha - \beta) = \dfrac{\tan\alpha - \tan\beta}{1 + \tan\alpha\tan\beta}$

$= \dfrac{\dfrac{x+2}{8} - \dfrac{x}{8}}{1 + \dfrac{x+2}{8} \times \dfrac{x}{8}}$

$= \dfrac{\dfrac{1}{4}}{1 + \dfrac{x(x+2)}{64}}$

$= \dfrac{16}{x^2 + 2x + 64}$

즉, $\dfrac{16}{x^2 + 2x + 64} = \dfrac{2}{9}$이므로

$144 = 2(x^2 + 2x + 64)$

$x^2 + 2x - 8 = 0$, $(x+4)(x-2) = 0$

$\therefore x = 2$ ($\because x > 0$)

따라서 선분 BD의 길이는 2이다.

113 답 ①

오른쪽 그림과 같이 원 C 위의 점 P
에서의 접선 l이 x축과 만나는 점을
Q라 하고 x축 위에 점 Q보다 오른
쪽에 점 R를 잡는다.
이때 두 직선 OQ, PQ는 각각 원 C
의 접선이므로
$\overline{OQ} = \overline{PQ}$이고

$\angle POQ = \theta \left(0 < \theta < \dfrac{\pi}{2}\right)$라 하면

$\angle OPQ = \theta$, $\angle PQR = 2\theta$

접선 l의 기울기가 $\dfrac{12}{5}$이므로

$\tan 2\theta = \tan(\theta + \theta) = \dfrac{12}{5}$에서

$\dfrac{2\tan\theta}{1 - \tan^2\theta} = \dfrac{12}{5}$, $10\tan\theta = 12(1 - \tan^2\theta)$

$6\tan^2\theta + 5\tan\theta - 6 = 0$

$(2\tan\theta + 3)(3\tan\theta - 2) = 0$

이때 $\tan\theta > 0 \left(\because 0 < \theta < \dfrac{\pi}{2}\right)$이므로

$\tan\theta = \dfrac{2}{3}$

따라서 직선 m의 기울기는 $\dfrac{2}{3}$이다.

114 답 ⑤

다음 그림과 같이 선분 AB의 중점을 O라 하면
$2\overgroup{\text{AC}} = \overgroup{\text{BC}}$이므로

$\angle\text{COA} = \dfrac{\pi}{3}$

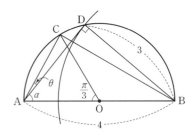

이때 $\overline{\text{CO}} = \overline{\text{AO}}$이므로

$\angle\text{CAO} = \dfrac{\pi}{3}$

또한, 선분 AB가 반원 O의 지름이므로

$\angle\text{ADB} = \dfrac{\pi}{2}$

$\overline{\text{BD}} = 3$이므로

$\overline{\text{AD}} = \sqrt{\overline{\text{AB}}^2 - \overline{\text{BD}}^2} = \sqrt{4^2 - 3^2} = \sqrt{7}$

직각삼각형 ABD에서 $\angle\text{DAB} = \alpha$라 하면

$\sin\alpha = \dfrac{3}{4}$, $\cos\alpha = \dfrac{\sqrt{7}}{4}$

$\theta = \dfrac{\pi}{3} - \alpha$이므로

$\sin\theta = \sin\left(\dfrac{\pi}{3} - \alpha\right)$

$\qquad = \sin\dfrac{\pi}{3}\cos\alpha - \cos\dfrac{\pi}{3}\sin\alpha$

$\qquad = \dfrac{\sqrt{3}}{2} \times \dfrac{\sqrt{7}}{4} - \dfrac{1}{2} \times \dfrac{3}{4}$

$\qquad = \dfrac{\sqrt{21} - 3}{8}$

115 답 ⑤

$(e^{2x} - 1)^2 f(x) = a - 4\cos\dfrac{\pi}{2}x$에서

양변에 $x = 0$을 대입하면

$0 = a - 4$ $\quad \therefore a = 4$

$x \neq 0$이면 $e^{2x} - 1 \neq 0$이므로

$f(x) = \dfrac{4 - 4\cos\dfrac{\pi}{2}x}{(e^{2x} - 1)^2}$ (단, $x \neq 0$)

이때 함수 $f(x)$는 실수 전체의 집합에서 연속이므로 $x = 0$에서 연속이다.

즉, $\displaystyle\lim_{x \to 0} f(x) = f(0)$이므로

$f(0) = \displaystyle\lim_{x \to 0} f(x)$

$\qquad = \displaystyle\lim_{x \to 0} \dfrac{4 - 4\cos\dfrac{\pi}{2}x}{(e^{2x} - 1)^2}$

$\qquad = \displaystyle\lim_{x \to 0} \dfrac{4\left(1 - \cos\dfrac{\pi}{2}x\right)\left(1 + \cos\dfrac{\pi}{2}x\right)}{(e^{2x} - 1)^2 \left(1 + \cos\dfrac{\pi}{2}x\right)}$

$\qquad = \displaystyle\lim_{x \to 0} \dfrac{4\left(1 - \cos^2\dfrac{\pi}{2}x\right)}{(e^{2x} - 1)^2 \left(1 + \cos\dfrac{\pi}{2}x\right)}$

$\qquad = \displaystyle\lim_{x \to 0} \dfrac{4\sin^2\dfrac{\pi}{2}x}{(e^{2x} - 1)^2 \left(1 + \cos\dfrac{\pi}{2}x\right)}$

$\qquad = \displaystyle\lim_{x \to 0} \dfrac{\left(\dfrac{\sin\dfrac{\pi}{2}x}{\dfrac{\pi}{2}x}\right)^2}{\left(\dfrac{e^{2x} - 1}{2x}\right)^2} \times \displaystyle\lim_{x \to 0} \dfrac{\dfrac{\pi^2}{4}}{1 + \cos\dfrac{\pi}{2}x}$

$\qquad = \dfrac{1^2}{1^2} \times \dfrac{\dfrac{\pi^2}{4}}{1 + 1} = \dfrac{\pi^2}{8}$

$\therefore a \times f(0) = 4 \times \dfrac{\pi^2}{8} = \dfrac{\pi^2}{2}$

116 답 ①

$\displaystyle\lim_{x \to 0} \dfrac{1 - \cos 2x}{x^2} = \lim_{x \to 0} \dfrac{(1 - \cos 2x)(1 + \cos 2x)}{x^2 (1 + \cos 2x)}$

$\qquad = \displaystyle\lim_{x \to 0} \dfrac{1 - \cos^2 2x}{x^2 (1 + \cos 2x)}$

$\qquad = \displaystyle\lim_{x \to 0} \dfrac{\sin^2 2x}{x^2 (1 + \cos 2x)}$

$\qquad = 4\displaystyle\lim_{x \to 0} \left(\dfrac{\sin 2x}{2x}\right)^2 \times \displaystyle\lim_{x \to 0} \dfrac{1}{1 + \cos 2x}$

$\qquad = 4 \times 1^2 \times \dfrac{1}{1 + 1} = 2$

117 답 ①

$x - 2 = t$라 하면 $x = t + 2$이고, $x \to 2$일 때 $t \to 0$이므로

$\displaystyle\lim_{x \to 2} \dfrac{x - 2}{\sin\dfrac{\pi}{2}x} = \lim_{t \to 0} \dfrac{t}{\sin\left\{\dfrac{\pi}{2}(t + 2)\right\}}$

$\qquad = \displaystyle\lim_{t \to 0} \dfrac{t}{\sin\left(\pi + \dfrac{\pi}{2}t\right)}$

$\qquad = \displaystyle\lim_{t \to 0} \dfrac{t}{-\sin\dfrac{\pi}{2}t}$

$\qquad = -\dfrac{2}{\pi} \displaystyle\lim_{t \to 0} \dfrac{\dfrac{\pi}{2}t}{\sin\dfrac{\pi}{2}t}$

$\qquad = -\dfrac{2}{\pi} \times 1 = -\dfrac{2}{\pi}$

118 답 ③

$$\lim_{x \to 0} \frac{\tan(ax+b)}{\sin x} = 2 \qquad \cdots\cdots \ \text{㉠}$$

에서 $x \to 0$일 때 극한값이 존재하고 (분모) $\to 0$이므로

(분자) $\to 0$이어야 한다.

즉, $\lim\limits_{x \to 0} \tan(ax+b)=0$에서 $\tan b=0$이고

$0 \le b < \pi$이므로 $b=0$

$b=0$을 ㉠에 대입하면

$$\begin{aligned}
\lim_{x \to 0} \frac{\tan(ax+b)}{\sin x} &= \lim_{x \to 0} \frac{\tan ax}{\sin x} \\
&= a \lim_{x \to 0} \frac{\tan ax}{ax} \times \lim_{x \to 0} \frac{x}{\sin x} \\
&= a \times 1 \times 1 \\
&= a = 2
\end{aligned}$$

$\therefore\ a+b=2+0=2$

119 답 12

$$\lim_{x \to 0} \frac{a-2\cos x}{bx \sin x} = \frac{1}{10} \qquad \cdots\cdots \ \text{㉠}$$

에서 $x \to 0$일 때 극한값이 존재하고 (분모) $\to 0$이므로

(분자) $\to 0$이어야 한다.

즉, $\lim\limits_{x \to 0}(a-2\cos x)=0$에서 $a-2=0$ $\quad \therefore\ a=2$

$a=2$를 ㉠에 대입하면

$$\begin{aligned}
\lim_{x \to 0} \frac{a-2\cos x}{bx \sin x} &= \lim_{x \to 0} \frac{2(1-\cos x)}{bx \sin x} \\
&= \lim_{x \to 0} \frac{2(1-\cos x)(1+\cos x)}{bx \sin x(1+\cos x)} \\
&= \lim_{x \to 0} \frac{2(1-\cos^2 x)}{bx \sin x(1+\cos x)} \\
&= \lim_{x \to 0} \frac{2\sin^2 x}{bx \sin x(1+\cos x)} \\
&= \frac{2}{b} \lim_{x \to 0} \frac{\sin x}{x} \times \lim_{x \to 0} \frac{1}{1+\cos x} \\
&= \frac{2}{b} \times 1 \times \frac{1}{1+1} \\
&= \frac{1}{b} = \frac{1}{10}
\end{aligned}$$

에서 $b=10$

$\therefore\ a+b=2+10=12$

120 답 ②

함수 $f(x)$가 $x=1$에서 연속이므로 $\lim\limits_{x \to 1} f(x)=f(1)$이다.

즉, $\lim\limits_{x \to 1} \dfrac{\sin a(x-1)}{x-1}=2$

이때 $x-1=t$라 하면 $x \to 1$일 때 $t \to 0$이므로

$$\begin{aligned}
\lim_{x \to 1} \frac{\sin a(x-1)}{x-1} &= \lim_{t \to 0} \frac{\sin at}{t} \\
&= a \lim_{t \to 0} \frac{\sin at}{at} \\
&= a \times 1 = a
\end{aligned}$$

$\therefore\ a=2$

121 답 ④

$$\begin{aligned}
&\lim_{x \to 0} \frac{\tan bx - \cos^2 x \tan bx}{\ln(x^a+1)} \\
&= \lim_{x \to 0} \frac{(1-\cos^2 x)\tan bx}{\ln(x^a+1)} \\
&= \lim_{x \to 0} \frac{\sin^2 x \tan bx}{\ln(x^a+1)} \\
&= \lim_{x \to 0} \left(\frac{\sin x}{x}\right)^2 \times \lim_{x \to 0} \frac{x^a}{\ln(x^a+1)} \times \lim_{x \to 0} \frac{\tan bx}{bx} \times \lim_{x \to 0} \frac{bx^3}{x^a} \\
&= 1^2 \times 1 \times 1 \times \lim_{x \to 0} \frac{bx^3}{x^a} \\
&= \lim_{x \to 0} \frac{bx^3}{x^a} \\
&= 100
\end{aligned}$$

따라서 $a=3$, $b=100$이므로

$a+b=3+100=103$

122 답 ④

$$\begin{aligned}
f(n) &= \frac{1}{\lim\limits_{x \to 0} \dfrac{\sin x + \sin 2x + \sin 3x + \cdots + \sin nx}{x}} \\
&= \frac{1}{\lim\limits_{x \to 0} \left(\dfrac{\sin x}{x} + \dfrac{\sin 2x}{x} + \dfrac{\sin 3x}{x} + \cdots + \dfrac{\sin nx}{x}\right)}
\end{aligned}$$

이때

$$\begin{aligned}
&\lim_{x \to 0} \left(\frac{\sin x}{x} + \frac{\sin 2x}{x} + \frac{\sin 3x}{x} + \cdots + \frac{\sin nx}{x}\right) \\
&= \lim_{x \to 0} \frac{\sin x}{x} + 2\lim_{x \to 0} \frac{\sin 2x}{2x} + 3\lim_{x \to 0} \frac{\sin 3x}{3x} + \cdots + n\lim_{x \to 0} \frac{\sin nx}{nx} \\
&= 1+2+3+\cdots+n \\
&= \frac{n(n+1)}{2}
\end{aligned}$$

따라서 $f(n)=\dfrac{2}{n(n+1)}$이므로

$$\begin{aligned}
&\lim_{n \to \infty} \sum_{k=1}^{n} f(k) \\
&= \lim_{n \to \infty} \sum_{k=1}^{n} \frac{2}{k(k+1)} \\
&= 2\lim_{n \to \infty} \sum_{k=1}^{n} \left(\frac{1}{k} - \frac{1}{k+1}\right) \\
&= 2\lim_{n \to \infty} \left\{\left(\frac{1}{1} - \frac{1}{2}\right) + \left(\frac{1}{2} - \frac{1}{3}\right) + \cdots + \left(\frac{1}{n} - \frac{1}{n+1}\right)\right\} \\
&= 2\lim_{n \to \infty} \left(1 - \frac{1}{n+1}\right) \\
&= 2 \times (1-0) \\
&= 2
\end{aligned}$$

123 답 60

$\overset{\frown}{EF} : \overset{\frown}{FD} = 2 : 1$이고, $\angle BAG = \theta$이므로

$\angle EAF = 2\theta$

$\therefore\ g(\theta) = \dfrac{1}{2} \times 1^2 \times 2\theta = \theta$

한편, 직각삼각형 ABG에서

$\overline{\text{BG}} = \overline{\text{AB}} \tan \theta = 2 \tan \theta$

$\therefore f(\theta) = \dfrac{1}{2} \times \overline{\text{AB}} \times \overline{\text{BG}} - \dfrac{1}{2} \times 1^2 \times \theta$

$\qquad = \dfrac{1}{2} \times 2 \times 2 \tan \theta - \dfrac{\theta}{2}$

$\qquad = 2 \tan \theta - \dfrac{\theta}{2}$

따라서

$\displaystyle \lim_{\theta \to 0+} \dfrac{f(\theta)}{g(\theta)} = \lim_{\theta \to 0+} \dfrac{2 \tan \theta - \dfrac{\theta}{2}}{\theta}$

$\qquad\qquad = \lim_{\theta \to 0+} \left(\dfrac{2 \tan \theta}{\theta} - \dfrac{1}{2} \right)$

$\qquad\qquad = 2 \lim_{\theta \to 0+} \dfrac{\tan \theta}{\theta} - \dfrac{1}{2}$

$\qquad\qquad = 2 \times 1 - \dfrac{1}{2}$

$\qquad\qquad = \dfrac{3}{2}$

이므로

$40 \times \displaystyle\lim_{\theta \to 0+} \dfrac{f(\theta)}{g(\theta)} = 40 \times \dfrac{3}{2} = 60$

124 답 101

$\overline{\text{OC}} = x$라 하면

(삼각형 OAC의 넓이) $= \dfrac{1}{2} \times 10 \times x \times \sin \theta = 5x \sin \theta$

(삼각형 OCB의 넓이) $= \dfrac{1}{2} \times 6 \times x \times \sin 2\theta = 3x \sin 2\theta$

(삼각형 OAB의 넓이) $= \dfrac{1}{2} \times 10 \times 6 \times \sin 3\theta = 30 \sin 3\theta$

이때

(삼각형 OAC의 넓이) + (삼각형 OCB의 넓이)

= (삼각형 OAB의 넓이)

이므로

$5x \sin \theta + 3x \sin 2\theta = 30 \sin 3\theta$

$5x \sin \theta + 6x \sin \theta \cos \theta = 30 \sin 3\theta$

$x \sin \theta (5 + 6 \cos \theta) = 30 \sin 3\theta$

$\therefore x = \dfrac{30 \sin 3\theta}{\sin \theta (5 + 6 \cos \theta)}$

$\therefore \displaystyle\lim_{\theta \to 0+} \overline{\text{OC}} = \lim_{\theta \to 0+} \dfrac{30 \sin 3\theta}{\sin \theta (5 + 6 \cos \theta)}$

$\qquad\qquad = \displaystyle\lim_{\theta \to 0+} \dfrac{30 \sin 3\theta}{\sin \theta} \times \lim_{\theta \to 0+} \dfrac{1}{5 + 6 \cos \theta}$

$\qquad\qquad = 30 \displaystyle\lim_{\theta \to 0+} \dfrac{\dfrac{\sin 3\theta}{3\theta} \times 3}{\dfrac{\sin \theta}{\theta}} \times \lim_{\theta \to 0+} \dfrac{1}{5 + 6 \cos \theta}$

$\qquad\qquad = 30 \times \dfrac{1 \times 3}{1} \times \dfrac{1}{5 + 6}$

$\qquad\qquad = \dfrac{90}{11}$

따라서 $p = 11$, $q = 90$이므로

$p + q = 11 + 90 = 101$

125 답 4

다음 그림의 직각삼각형 APB에서 $\overline{\text{AP}} = 2 \sin \theta$이므로

$\overline{\text{AT}} = \overline{\text{AP}} = 2 \sin \theta \qquad \cdots\cdots \㉠$

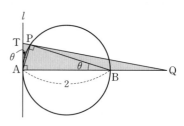

$\angle \text{TAB} = \dfrac{\pi}{2}$이므로 직각삼각형 ABP에서 $\angle \text{PAB} = \dfrac{\pi}{2} - \theta$이고,

이등변삼각형 PAT에서

$\angle \text{PAT} = \angle \text{TAB} - \angle \text{PAB}$

$\qquad\quad = \dfrac{\pi}{2} - \left(\dfrac{\pi}{2} - \theta \right) = \theta$

$\therefore \angle \text{PTA} = \dfrac{\pi}{2} - \dfrac{\theta}{2}$

직각삼각형 QAT에서 $\angle \text{AQT} = \dfrac{\pi}{2} - \left(\dfrac{\pi}{2} - \dfrac{\theta}{2} \right) = \dfrac{\theta}{2}$이므로

$\overline{\text{AQ}} = \dfrac{\overline{\text{AT}}}{\tan \dfrac{\theta}{2}} = \dfrac{2 \sin \theta}{\tan \dfrac{\theta}{2}} \qquad \cdots\cdots \㉡$

따라서

$f(\theta) = \dfrac{1}{2} \times \overline{\text{AQ}} \times \overline{\text{AT}}$

$\qquad = \dfrac{1}{2} \times \dfrac{2 \sin \theta}{\tan \dfrac{\theta}{2}} \times 2 \sin \theta$

$\qquad = \dfrac{2 \sin^2 \theta}{\tan \dfrac{\theta}{2}}$

이므로

$\displaystyle\lim_{\theta \to 0+} \dfrac{f(\theta)}{\theta} = \lim_{\theta \to 0+} \dfrac{2 \sin^2 \theta}{\theta \tan \dfrac{\theta}{2}}$

$\qquad\qquad = 4 \times \displaystyle\lim_{\theta \to 0+} \left(\dfrac{\sin \theta}{\theta} \right)^2 \times \lim_{\theta \to 0+} \dfrac{\dfrac{\theta}{2}}{\tan \dfrac{\theta}{2}}$

$\qquad\qquad = 4 \times 1^2 \times 1 = 4$

126 답 ①

삼각형 AOP에서

$\angle \text{PAO} = \angle \text{OPA} = \theta$이므로 $\angle \text{POH} = 2\theta$

직각삼각형 POH에서 $\overline{\text{OP}} = 4$이므로

$\overline{\text{PH}} = \overline{\text{OP}} \sin 2\theta = 4 \sin 2\theta$

$\overline{\text{OH}} = \overline{\text{OP}} \cos 2\theta = 4 \cos 2\theta$

삼각형 POH에 내접하는 원의 반지름의 길이를 r라 하면

(삼각형 POH의 넓이) $= \dfrac{1}{2} \times \overline{\text{OH}} \times \overline{\text{PH}}$

$\qquad\qquad\qquad\qquad = \dfrac{1}{2} \times r \times (\overline{\text{OH}} + \overline{\text{PH}} + \overline{\text{OP}})$

에서

$\dfrac{1}{2} \times 4 \cos 2\theta \times 4 \sin 2\theta = \dfrac{1}{2} \times r \times (4 \cos 2\theta + 4 \sin 2\theta + 4)$

$$8\cos 2\theta \sin 2\theta = 2r(\cos 2\theta + \sin 2\theta + 1)$$

$$\therefore r = \frac{4\cos 2\theta \sin 2\theta}{\cos 2\theta + \sin 2\theta + 1}$$

따라서 $S(\theta) = \pi \left(\dfrac{4\cos 2\theta \sin 2\theta}{\cos 2\theta + \sin 2\theta + 1} \right)^2$ 이므로

$$\lim_{\theta \to 0+} \frac{S(\theta)}{\pi \times \theta^2} = \lim_{\theta \to 0+} \left\{ \frac{1}{\pi \times \theta^2} \times \pi \left(\frac{4\cos 2\theta \sin 2\theta}{\cos 2\theta + \sin 2\theta + 1} \right)^2 \right\}$$

$$= 4^2 \times 2^2 \times \lim_{\theta \to 0+} \left(\frac{\sin 2\theta}{2\theta} \right)^2$$

$$\times \lim_{\theta \to 0+} \left(\frac{\cos 2\theta}{\cos 2\theta + \sin 2\theta + 1} \right)^2$$

$$= 64 \times 1^2 \times \left(\frac{1}{1+0+1} \right)^2 = 16$$

127　답 ②

오른쪽 그림과 같이 선분 AB의
중점을 O라 하면 $\overline{OA} = \overline{OB} = 1$,
$\angle POB = 2\theta$이므로
$l(\theta) = 1 \times 2\theta = 2\theta$

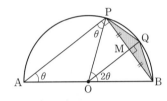

선분 PB의 중점을 M이라 하면

선분 PB의 수직이등분선은 점 O를 지나고 $\angle APB = \dfrac{\pi}{2}$이므로

두 삼각형 PAB, MOB는 서로 닮음 (AA 닮음)이다.

즉, $\angle MOB = \theta$이고 두 삼각형 PAB, MOB의 닮음비는 2 : 1이
므로

$$\overline{PA} = 2\cos\theta, \quad \overline{OM} = \cos\theta, \quad \overline{PB} = 2\sin\theta$$

$$\therefore S(\theta) = \frac{1}{2} \times \overline{PB} \times \overline{QM}$$

$$= \frac{1}{2} \times 2\sin\theta \times (1 - \cos\theta)$$

$$= \sin\theta(1 - \cos\theta)$$

$$\therefore \lim_{\theta \to 0+} \frac{\theta\{l(\theta)\}^2}{S(\theta)} = \lim_{\theta \to 0+} \frac{\theta(2\theta)^2}{\sin\theta(1-\cos\theta)}$$

$$= \lim_{\theta \to 0+} \frac{4\theta^3}{\sin\theta(1-\cos\theta)}$$

$$= \lim_{\theta \to 0+} \frac{4\theta^3(1+\cos\theta)}{\sin\theta(1-\cos\theta)(1+\cos\theta)}$$

$$= \lim_{\theta \to 0+} \frac{4\theta^3(1+\cos\theta)}{\sin\theta(1-\cos^2\theta)}$$

$$= \lim_{\theta \to 0+} \frac{4\theta^3(1+\cos\theta)}{\sin^3\theta}$$

$$= 4 \lim_{\theta \to 0+} \left(\frac{\theta}{\sin\theta} \right)^3 \times \lim_{\theta \to 0+} (1+\cos\theta)$$

$$= 4 \times 1^3 \times (1+1) = 8$$

128　답 ④

$f(x) = \sin(x+\alpha) + 2\cos(x+\alpha)$에서

$f'(x) = \cos(x+\alpha) - 2\sin(x+\alpha)$이므로

$$f'\left(\frac{\pi}{4} \right) = \cos\left(\frac{\pi}{4} + \alpha \right) - 2\sin\left(\frac{\pi}{4} + \alpha \right) = 0$$

$$\cos\left(\frac{\pi}{4} + \alpha \right) = 2\sin\left(\frac{\pi}{4} + \alpha \right)$$

즉, $\tan\left(\dfrac{\pi}{4} + \alpha \right) = \dfrac{1}{2}$이므로

$$\frac{\tan\frac{\pi}{4} + \tan\alpha}{1 - \tan\frac{\pi}{4}\tan\alpha} = \frac{1}{2}$$

$$\frac{1 + \tan\alpha}{1 - \tan\alpha} = \frac{1}{2}, \quad 2(1 + \tan\alpha) = 1 - \tan\alpha$$

$$3\tan\alpha = -1 \qquad \therefore \tan\alpha = -\frac{1}{3}$$

129　답 ②

$$f(x) = \sin\left(x + \frac{\pi}{4} \right) \cos x$$

$$= \left(\sin x \cos\frac{\pi}{4} + \cos x \sin\frac{\pi}{4} \right) \cos x$$

$$= \frac{\sqrt{2}}{2} (\sin x + \cos x) \cos x$$

따라서

$$f'(x) = \frac{\sqrt{2}}{2} \{ (\sin x + \cos x)' \cos x + (\sin x + \cos x)(\cos x)' \}$$

$$= \frac{\sqrt{2}}{2} \{ (\cos x - \sin x)\cos x - (\sin x + \cos x)\sin x \}$$

$$= \frac{\sqrt{2}}{2} (\cos^2 x - 2\sin x \cos x - \sin^2 x)$$

이므로

$$f'\left(\frac{3}{2}\pi \right) = \frac{\sqrt{2}}{2} \times \{ 0 - 0 - (-1)^2 \} = -\frac{\sqrt{2}}{2}$$

130　답 90

$$\lim_{h \to 0} \frac{f\left(\frac{\pi}{3} + 2h \right) - f\left(\frac{\pi}{3} - h \right)}{h}$$

$$= \lim_{h \to 0} \frac{f\left(\frac{\pi}{3} + 2h \right) - f\left(\frac{\pi}{3} \right) + f\left(\frac{\pi}{3} \right) - f\left(\frac{\pi}{3} - h \right)}{h}$$

$$= 2 \lim_{h \to 0} \frac{f\left(\frac{\pi}{3} + 2h \right) - f\left(\frac{\pi}{3} \right)}{2h} + \lim_{h \to 0} \frac{f\left(\frac{\pi}{3} - h \right) - f\left(\frac{\pi}{3} \right)}{-h}$$

$$= 2f'\left(\frac{\pi}{3} \right) + f'\left(\frac{\pi}{3} \right) = 3f'\left(\frac{\pi}{3} \right)$$

이때 $f(x) = 6\sin x + 2\cos x$에서

$f'(x) = 6\cos x - 2\sin x$이므로

$$\lim_{h \to 0} \frac{f\left(\frac{\pi}{3} + 2h \right) - f\left(\frac{\pi}{3} - h \right)}{h} = 3f'\left(\frac{\pi}{3} \right)$$

$$= 3\left(6\cos\frac{\pi}{3} - 2\sin\frac{\pi}{3} \right)$$

$$= 3\left(6 \times \frac{1}{2} - 2 \times \frac{\sqrt{3}}{2} \right)$$

$$= 9 - 3\sqrt{3}$$

따라서 $p = 9$, $q = -3$이므로

$$p^2 + q^2 = 9^2 + (-3)^2 = 90$$

131 답 ④

$$\lim_{x \to 0} \frac{f(\sin 4x) - f(\tan 2x)}{x}$$

$$= \lim_{x \to 0} \frac{f(\sin 4x) - f(0) + f(0) - f(\tan 2x)}{x}$$

$$= \lim_{x \to 0} \frac{f(\sin 4x) - f(0)}{x} - \lim_{x \to 0} \frac{f(\tan 2x) - f(0)}{x}$$

$$= \lim_{x \to 0} \left\{ \frac{f(\sin 4x) - f(0)}{\sin 4x} \times \frac{\sin 4x}{4x} \times 4 \right\}$$

$$\qquad - \lim_{x \to 0} \left\{ \frac{f(\tan 2x) - f(0)}{\tan 2x} \times \frac{\tan 2x}{2x} \times 2 \right\}$$

$$= 4f'(0) - 2f'(0) = 2f'(0) = 6$$

$$\therefore f'(0) = 3$$

이때 $f(x) = ax + 2 + \sin x$에서

$f'(x) = a + \cos x$이므로

$f'(0) = a + 1 = 3 \qquad \therefore a = 2$

따라서 $f(x) = 2x + 2 + \sin x$이므로

$$f\left(\frac{\pi}{a} \right) = f\left(\frac{\pi}{2} \right) = 2 \times \frac{\pi}{2} + 2 + 1 = \pi + 3$$

132 답 ①

$f(x) = \sin^2 x$에서

$f'(x) = 2 \sin x \cos x = \sin 2x$

곡선 $f(x) = \sin^2 x$ 위의 두 점 $\mathrm{P}(\alpha, f(\alpha))$, $\mathrm{Q}(\beta, f(\beta))$에서의 두 접선이 서로 수직이므로

$f'(\alpha) \times f'(\beta) = -1$

즉, $\sin 2\alpha \times \sin 2\beta = -1$

(i) $\sin 2\alpha = -1$, $\sin 2\beta = 1$일 때

$\quad 0 < \alpha < \frac{\pi}{2}$이므로 $0 < 2\alpha < \pi$에서 $\sin 2\alpha = -1$을 만족시키는

$\quad \alpha$의 값은 존재하지 않는다.

(ii) $\sin 2\alpha = 1$, $\sin 2\beta = -1$일 때

$\quad 0 < \alpha < \frac{\pi}{2}$이므로 $0 < 2\alpha < \pi$에서 $2\alpha = \frac{\pi}{2}$

$\quad \therefore \alpha = \frac{\pi}{4}$

$\quad \frac{\pi}{2} < \beta < \pi$이므로 $\pi < 2\beta < 2\pi$에서 $2\beta = \frac{3}{2}\pi$

$\quad \therefore \beta = \frac{3}{4}\pi$

(i), (ii)에서 $\alpha = \frac{\pi}{4}$, $\beta = \frac{3}{4}\pi$이므로

$$\cos(\alpha + \beta) = \cos\left(\frac{\pi}{4} + \frac{3}{4}\pi \right) = \cos \pi = -1$$

133 답 ②

$\lim\limits_{x \to 2} \dfrac{f(x) - 3}{x - 2} = 5$에서 $x \to 2$일 때 극한값이 존재하고

(분모) $\to 0$이므로 (분자) $\to 0$이어야 한다.

즉, $\lim\limits_{x \to 2} \{ f(x) - 3 \} = 0$

이때 함수 $f(x)$가 실수 전체의 집합에서 미분가능하므로 함수 $f(x)$는 실수 전체의 집합에서 연속이다.

즉, $\lim\limits_{x \to 2} \{ f(x) - 3 \} = f(2) - 3 = 0$에서

$f(2) = 3$

또한, $\lim\limits_{x \to 2} \dfrac{f(x) - 3}{x - 2} = \lim\limits_{x \to 2} \dfrac{f(x) - f(2)}{x - 2} = 5$이므로

$f'(2) = 5$

이때 $g(x) = \dfrac{f(x)}{e^{x-2}}$에서

$$g'(x) = \frac{f'(x) \times e^{x-2} - f(x) \times (e^{x-2})'}{(e^{x-2})^2}$$

$$= \frac{\{ f'(x) - f(x) \} \times e^{x-2}}{(e^{x-2})^2}$$

$$= \frac{f'(x) - f(x)}{e^{x-2}} \quad (\because e^{x-2} > 0)$$

$$\therefore g'(2) = \frac{f'(2) - f(2)}{e^{2-2}} = \frac{5-3}{1} = 2$$

134 답 ②

$f(x) = \dfrac{\cos x}{\sin x + \cos x}$에서

$$f'(x) = \frac{-\sin x(\sin x + \cos x) - \cos x(\cos x - \sin x)}{(\sin x + \cos x)^2}$$

$$= \frac{-\sin^2 x - \sin x \cos x - \cos^2 x + \cos x \sin x}{(\sin x + \cos x)^2}$$

$$= \frac{-1}{1 + 2 \sin x \cos x} \quad (\because \sin^2 x + \cos^2 x = 1)$$

$$\therefore f'\left(\frac{\pi}{4} \right) = \frac{-1}{1 + 2 \times \frac{\sqrt{2}}{2} \times \frac{\sqrt{2}}{2}} = -\frac{1}{2}$$

135 답 ①

$\lim\limits_{h \to 0} \dfrac{f(2h)}{h} = 4$에서 $h \to 0$일 때 극한값이 존재하고

(분모) $\to 0$이므로 (분자) $\to 0$이어야 한다.

즉, $\lim\limits_{h \to 0} f(2h) = 0$에서 $f(0) = 0$

이때 $f(x) = \dfrac{ax + b}{x^2 + 1}$에서 $f(0) = b$이므로 $b = 0$

$\therefore f(x) = \dfrac{ax}{x^2 + 1}$

또한

$$\lim_{h \to 0} \frac{f(2h)}{h} = 2 \lim_{h \to 0} \frac{f(2h) - f(0)}{2h}$$

$$= 2f'(0) = 4$$

이므로 $f'(0) = 2$

이때

$$f'(x) = \frac{a(x^2 + 1) - ax \times 2x}{(x^2 + 1)^2} = \frac{-a(x^2 - 1)}{(x^2 + 1)^2}$$

에서 $f'(0) = a \qquad \therefore a = 2$

따라서 $f'(x) = \dfrac{-2(x^2 - 1)}{(x^2 + 1)^2}$이므로

$$f'(2) = \frac{-2 \times (2^2 - 1)}{(2^2 + 1)^2} = -\frac{6}{25}$$

136 답 ②

$\dfrac{f(x)}{g(x)}=\cos x-\sin x$의 양변에 $x=\dfrac{\pi}{2}$를 대입하면

$\dfrac{f\left(\frac{\pi}{2}\right)}{g\left(\frac{\pi}{2}\right)}=\cos\dfrac{\pi}{2}-\sin\dfrac{\pi}{2}=-1$

$\therefore f\left(\dfrac{\pi}{2}\right)=-g\left(\dfrac{\pi}{2}\right)=-1\ \left(\because g\left(\dfrac{\pi}{2}\right)=1\right)$

또한, $\dfrac{f(x)}{g(x)}=\cos x-\sin x$의 양변을 x에 대하여 미분하면

$\dfrac{f'(x)g(x)-f(x)g'(x)}{\{g(x)\}^2}=-\sin x-\cos x$

위의 식의 양변에 $x=\dfrac{\pi}{2}$를 대입하면

$\dfrac{f'\left(\frac{\pi}{2}\right)g\left(\frac{\pi}{2}\right)-f\left(\frac{\pi}{2}\right)g'\left(\frac{\pi}{2}\right)}{\left\{g\left(\frac{\pi}{2}\right)\right\}^2}=-\sin\dfrac{\pi}{2}-\cos\dfrac{\pi}{2}$

$\dfrac{f'\left(\frac{\pi}{2}\right)\times1-(-1)\times g'\left(\frac{\pi}{2}\right)}{1^2}=-1$

$\therefore f'\left(\dfrac{\pi}{2}\right)+g'\left(\dfrac{\pi}{2}\right)=-1$

137 답 ④

$f(x^3+x)=e^x$의 양변을 x에 대하여 미분하면

$f'(x^3+x)\times(3x^2+1)=e^x$ ······ ㉠

이때 $x^3+x=2$에서

$x^3+x-2=0,\ (x-1)(x^2+x+2)=0$

$\therefore x=1\ (\because x^2+x+2>0)$

따라서 ㉠의 양변에 $x=1$을 대입하면

$f'(1+1)\times(3+1)=e$

이므로

$f'(2)=\dfrac{e}{4}$

138 답 20

$g(x)=\{xf(x)\}^2$에서

$g'(x)=2\{xf(x)\}\{xf(x)\}'$

$\qquad=2\{xf(x)\}\{f(x)+xf'(x)\}$

$\therefore g'(1)=2\{1\times f(1)\}\{f(1)+1\times f'(1)\}$

$\qquad=2\times(1\times2)\times(2+1\times3)$

$\qquad=20$

139 답 ⑤

$\lim\limits_{x\to0}\dfrac{f(x)}{x}=5$에서 $x\to0$일 때 극한값이 존재하고

(분모) $\to0$이므로 (분자) $\to0$이어야 한다.

즉, $\lim\limits_{x\to0}f(x)=0$에서 $f(0)=0$

이때 $f(x)=\ln(ax+b)$에서

$f(0)=\ln b=0$이므로 $b=1$

$\therefore f(x)=\ln(ax+1)$

또한, $\lim\limits_{x\to0}\dfrac{f(x)}{x}=\lim\limits_{x\to0}\dfrac{f(x)-f(0)}{x-0}=f'(0)=5$이고,

$f'(x)=\dfrac{a}{ax+1}$에서 $f'(0)=a$이므로 $a=5$

따라서 $f(x)=\ln(5x+1)$이므로

$f(3)=\ln16=4\ln2$

140 답 ①

$f(x)=-\dfrac{x}{x^2+1}$에서

$f'(x)=-\dfrac{(x^2+1)-x\times2x}{(x^2+1)^2}=\dfrac{x^2-1}{(x^2+1)^2}$

$(h\circ g)(x)=G(x)$라 하면

$F(x)=(G\circ f)(x)=G(f(x))$에서

$F'(x)=G'(f(x))f'(x)$

$F'(0)=10$이므로

$G'(f(0))f'(0)=10$

이때 $f(0)=0,\ f'(0)=-1$이므로

$G'(0)\times(-1)=10$ $\therefore G'(0)=-10$

$\therefore (h\circ g)'(0)=G'(0)=-10$

141 답 ④

$x=\dfrac{5t}{t^2+1},\ y=3\ln(t^2+1)$에서

$\dfrac{dx}{dt}=\dfrac{5(t^2+1)-5t\times2t}{(t^2+1)^2}=\dfrac{5(1-t^2)}{(t^2+1)^2}$,

$\dfrac{dy}{dt}=3\times\dfrac{2t}{t^2+1}=\dfrac{6t}{t^2+1}$이므로

$\dfrac{dy}{dx}=\dfrac{\frac{dy}{dt}}{\frac{dx}{dt}}=\dfrac{\frac{6t}{t^2+1}}{\frac{5(1-t^2)}{(t^2+1)^2}}=\dfrac{6t(t^2+1)}{5(1-t^2)}$

따라서 $t=2$일 때, $\dfrac{dy}{dx}$의 값은

$\dfrac{12\times(4+1)}{5\times(1-4)}=-4$

142 답 ③

$x=(3-t)^2,\ y=2t^2$에서

$\dfrac{dx}{dt}=2(3-t)\times(-1)=2(t-3),\ \dfrac{dy}{dt}=4t$이므로

$\dfrac{dy}{dx}=\dfrac{\frac{dy}{dt}}{\frac{dx}{dt}}=\dfrac{4t}{2(t-3)}=\dfrac{2t}{t-3}$ (단, $t\neq3$)

한편, $x=(3-t)^2=1$에서 $3-t=\pm1$

$\therefore t=2$ 또는 $t=4$

$t=2$일 때, $\dfrac{dy}{dx}=\dfrac{2\times2}{2-3}=-4$

$t=4$일 때, $\dfrac{dy}{dx}=\dfrac{2\times 4}{4-3}=8$

따라서 $x=1$일 때, 모든 $\dfrac{dy}{dx}$의 값의 합은

$(-4)+8=4$

143 답 ⑤

$x=e^t \sin t$, $y=e^t \cos t$에서

$\dfrac{dx}{dt}=e^t \sin t+e^t \cos t$, $\dfrac{dy}{dt}=e^t \cos t-e^t \sin t$이므로

$\dfrac{dy}{dx}=\dfrac{\dfrac{dy}{dt}}{\dfrac{dx}{dt}}=\dfrac{e^t \cos t-e^t \sin t}{e^t \sin t+e^t \cos t}$

$\qquad =\dfrac{\cos t-\sin t}{\sin t+\cos t}$

따라서 $t=\dfrac{\pi}{6}$일 때, $\dfrac{dy}{dx}$의 값은

$\dfrac{\cos \dfrac{\pi}{6}-\sin \dfrac{\pi}{6}}{\sin \dfrac{\pi}{6}+\cos \dfrac{\pi}{6}}=\dfrac{\dfrac{\sqrt{3}}{2}-\dfrac{1}{2}}{\dfrac{1}{2}+\dfrac{\sqrt{3}}{2}}=\dfrac{\sqrt{3}-1}{1+\sqrt{3}}$

$\qquad\qquad =\dfrac{-(1-\sqrt{3})^2}{(1+\sqrt{3})(1-\sqrt{3})}$

$\qquad\qquad =2-\sqrt{3}$

144 답 ③

$x=2\cos\theta-5$, $y=\cos 2\theta$에서

$\theta=\dfrac{\pi}{3}$일 때, $x=2\cos \dfrac{\pi}{3}-5=-4$, $y=\cos \dfrac{2\pi}{3}=-\dfrac{1}{2}$이므로

$a=-4$, $b=-\dfrac{1}{2}$

또한, $\dfrac{dx}{d\theta}=-2\sin\theta$, $\dfrac{dy}{d\theta}=-2\sin 2\theta$이므로

$\dfrac{dy}{dx}=\dfrac{\dfrac{dy}{d\theta}}{\dfrac{dx}{d\theta}}=\dfrac{-2\sin 2\theta}{-2\sin\theta}$

$\qquad =\dfrac{\sin 2\theta}{\sin\theta}=\dfrac{2\sin\theta\cos\theta}{\sin\theta}$

$\qquad =2\cos\theta$ (단, $\sin\theta\neq 0$)

$\theta=\dfrac{\pi}{3}$일 때, $\dfrac{dy}{dx}$의 값이 $2\cos \dfrac{\pi}{3}=1$이므로

$c=1$

$\therefore a+b+c=(-4)+\left(-\dfrac{1}{2}\right)+1=-\dfrac{7}{2}$

145 답 ②

$x=2\cos\theta+1$, $y=3\sin\theta+4$에서

$\dfrac{dx}{d\theta}=-2\sin\theta$, $\dfrac{dy}{d\theta}=3\cos\theta$이므로

$\dfrac{dy}{dx}=\dfrac{\dfrac{dy}{d\theta}}{\dfrac{dx}{d\theta}}=\dfrac{3\cos\theta}{-2\sin\theta}=-\dfrac{3}{2}\cot\theta$ (단, $\theta\neq n\pi$, n은 정수)

한편, $x=2\cos\theta+1=2$에서 $\cos\theta=\dfrac{1}{2}$

$0\leq\theta\leq 2\pi$이므로 $\theta=\dfrac{\pi}{3}$ 또는 $\theta=\dfrac{5}{3}\pi$

$\theta=\dfrac{\pi}{3}$일 때, $\dfrac{dy}{dx}=-\dfrac{3}{2}\cot \dfrac{\pi}{3}=-\dfrac{\sqrt{3}}{2}$

$\theta=\dfrac{5}{3}\pi$일 때, $\dfrac{dy}{dx}=-\dfrac{3}{2}\cot \dfrac{5}{3}\pi=\dfrac{\sqrt{3}}{2}$

따라서 두 접선의 기울기는 각각 $-\dfrac{\sqrt{3}}{2}$, $\dfrac{\sqrt{3}}{2}$이므로

$|m_1-m_2|=\sqrt{3}$

146 답 ①

$x=e^{2t}\cos \dfrac{t}{2}$, $y=e^{2t}\sin \dfrac{t}{2}$에서

$\dfrac{dx}{dt}=2e^{2t}\cos \dfrac{t}{2}-\dfrac{1}{2}e^{2t}\sin \dfrac{t}{2}$,

$\dfrac{dy}{dt}=2e^{2t}\sin \dfrac{t}{2}+\dfrac{1}{2}e^{2t}\cos \dfrac{t}{2}$이므로

$\dfrac{dy}{dx}=\dfrac{\dfrac{dy}{dt}}{\dfrac{dx}{dt}}=\dfrac{2e^{2t}\sin \dfrac{t}{2}+\dfrac{1}{2}e^{2t}\cos \dfrac{t}{2}}{2e^{2t}\cos \dfrac{t}{2}-\dfrac{1}{2}e^{2t}\sin \dfrac{t}{2}}$

$\qquad =\dfrac{2\sin \dfrac{t}{2}+\dfrac{1}{2}\cos \dfrac{t}{2}}{2\cos \dfrac{t}{2}-\dfrac{1}{2}\sin \dfrac{t}{2}}$

따라서 $t=\dfrac{\pi}{2}$일 때, $\dfrac{dy}{dx}$의 값은

$\dfrac{2\sin \dfrac{\pi}{4}+\dfrac{1}{2}\cos \dfrac{\pi}{4}}{2\cos \dfrac{\pi}{4}-\dfrac{1}{2}\sin \dfrac{\pi}{4}}=\dfrac{\sqrt{2}+\dfrac{\sqrt{2}}{4}}{\sqrt{2}-\dfrac{\sqrt{2}}{4}}=\dfrac{5}{3}$

147 답 ③

$x=2t^3+kt$, $y=2t^2$에서

$\dfrac{dx}{dt}=6t^2+k$, $\dfrac{dy}{dt}=4t$이므로

$\dfrac{dy}{dx}=\dfrac{\dfrac{dy}{dt}}{\dfrac{dx}{dt}}=\dfrac{4t}{6t^2+k}=\dfrac{4}{6t+\dfrac{k}{t}}$

이때 $t>0$이므로 산술평균과 기하평균의 관계에 의하여

$6t+\dfrac{k}{t}\geq 2\sqrt{6t\times\dfrac{k}{t}}$

$\qquad\qquad =2\sqrt{6k}$ $\left(\text{단, 등호는 } 6t=\dfrac{k}{t}\text{일 때 성립}\right)$

이므로

$\dfrac{4}{6t+\dfrac{k}{t}}\leq\dfrac{4}{2\sqrt{6k}}=\dfrac{2}{\sqrt{6k}}$

즉, $\dfrac{dy}{dx}$는 $6t=\dfrac{k}{t}$일 때 최댓값 $\dfrac{2}{\sqrt{6k}}$를 갖는다.

따라서 $\dfrac{2}{\sqrt{6k}}=\dfrac{1}{3}$이므로

$\sqrt{6k}=6$, $6k=36$

$\therefore k=6$

148 답 4

점 $(a, 0)$은 곡선 $x^3-y^3=e^{xy}$ 위의 점이므로

$x^3-y^3=e^{xy}$에 $x=a$, $y=0$을 대입하면

$a^3=1$

$\therefore a=1$ ($\because a$는 실수)

$x^3-y^3=e^{xy}$의 양변을 x에 대하여 미분하면

$3x^2-3y^2\dfrac{dy}{dx}=ye^{xy}+xe^{xy}\dfrac{dy}{dx}$

$\therefore \dfrac{dy}{dx}=\dfrac{3x^2-ye^{xy}}{xe^{xy}+3y^2}$ (단, $xe^{xy}+3y^2\neq 0$) ······ ㉠

따라서 곡선 $x^3-y^3=e^{xy}$ 위의 점 $(1, 0)$에서의 접선의 기울기는

㉠에 $x=1$, $y=0$을 대입한 값과 같으므로

$b=\dfrac{3-0}{1+0}=3$

$\therefore a+b=1+3=4$

149 답 ③

$x^2-xy+y^2=7$에 $x=2$를 대입하면

$4-2y+y^2=7$, $y^2-2y-3=0$

$(y+1)(y-3)=0$

$\therefore y=-1$ 또는 $y=3$

즉, $x=2$일 때 곡선 $x^2-xy+y^2=7$ 위의 점의 좌표는 각각

$(2, -1)$, $(2, 3)$이다.

$x^2-xy+y^2=7$의 양변을 x에 대하여 미분하면

$2x-y-x\dfrac{dy}{dx}+2y\dfrac{dy}{dx}=0$

$\therefore \dfrac{dy}{dx}=\dfrac{2x-y}{x-2y}$ (단, $x-2y\neq 0$) ······ ㉠

㉠에 $x=2$, $y=-1$을 대입하면

$\dfrac{dy}{dx}=\dfrac{4-(-1)}{2-(-2)}=\dfrac{5}{4}$

㉠에 $x=2$, $y=3$을 대입하면

$\dfrac{dy}{dx}=\dfrac{4-3}{2-6}=-\dfrac{1}{4}$

따라서 모든 $\dfrac{dy}{dx}$의 값의 합은

$\dfrac{5}{4}+\left(-\dfrac{1}{4}\right)=1$

150 답 ⑤

$y=x+1$을 $x^2+y^3=9$에 대입하여 정리하면

$x^3+4x^2+3x-8=0$

$(x-1)(x^2+5x+8)=0$

$\therefore x=1$ ($\because x^2+5x+8>0$)

$\therefore$ A$(1, 2)$

$x^2+y^3=9$의 양변을 x에 대하여 미분하면

$2x+3y^2\dfrac{dy}{dx}=0$

$\therefore \dfrac{dy}{dx}=-\dfrac{2x}{3y^2}$ (단, $y\neq 0$) ······ ㉠

따라서 곡선 $x^2+y^3=9$ 위의 점 A에서의 접선의 기울기는 ㉠에

$x=1$, $y=2$를 대입한 값과 같으므로

$-\dfrac{2}{12}=-\dfrac{1}{6}$

151 답 ③

점 A$(a, 3a)$는 곡선 $xy=x^2+2y$ 위의 점이므로

$xy=x^2+2y$에 $x=a$, $y=3a$를 대입하면

$3a^2=a^2+6a$, $2a^2-6a=0$

$2a(a-3)=0$

$\therefore a=3$ ($\because a\neq 0$)

$\therefore$ A$(3, 9)$

$xy=x^2+2y$의 양변을 x에 대하여 미분하면

$y+x\dfrac{dy}{dx}=2x+2\dfrac{dy}{dx}$

$\therefore \dfrac{dy}{dx}=\dfrac{2x-y}{x-2}$ (단, $x-2\neq 0$) ······ ㉠

따라서 곡선 $xy=x^2+2y$ 위의 점 A에서의 접선의 기울기는 ㉠에

$x=3$, $y=9$를 대입한 값과 같으므로

$m=\dfrac{6-9}{3-2}=-3$

$\therefore \dfrac{a}{m}=\dfrac{3}{-3}=-1$

152 답 ②

$\lim\limits_{x\to 2}\dfrac{f(x)-2}{x-2}=\dfrac{1}{3}$에서 $x\to 2$일 때 극한값이 존재하고

(분모) $\to 0$이므로 (분자) $\to 0$이어야 한다.

즉, $\lim\limits_{x\to 2}\{f(x)-2\}=0$이므로 $f(2)=2$

$\therefore g(2)=2$

또한,

$\lim\limits_{x\to 2}\dfrac{f(x)-2}{x-2}=\lim\limits_{x\to 2}\dfrac{f(x)-f(2)}{x-2}$

$\qquad\qquad\qquad =f'(2)$

$\qquad\qquad\qquad =\dfrac{1}{3}$

$\therefore g'(2)=\dfrac{1}{f'(g(2))}$

$\qquad\quad =\dfrac{1}{f'(2)}$

$\qquad\quad =3$

따라서 $h(x)=\dfrac{g(x)}{f(x)}$에서

$h'(x)=\dfrac{g'(x)f(x)-g(x)f'(x)}{\{f(x)\}^2}$

$\therefore h'(2)=\dfrac{g'(2)f(2)-g(2)f'(2)}{\{f(2)\}^2}$

$\qquad\quad =\dfrac{3\times 2-2\times\dfrac{1}{3}}{2^2}$

$\qquad\quad =\dfrac{4}{3}$

153 답 6

$\dfrac{1}{n}=h$라 하면 $n=\dfrac{1}{h}$이고 $n \to \infty$일 때 $h \to 0$이므로

$\displaystyle\lim_{n \to \infty} n\left\{g\left(2+\dfrac{1}{n}\right)-g\left(2-\dfrac{1}{n}\right)\right\}$

$=\displaystyle\lim_{h \to 0} \dfrac{g(2+h)-g(2-h)}{h}$

$=\displaystyle\lim_{h \to 0} \dfrac{g(2+h)-g(2)+g(2)-g(2-h)}{h}$

$=\displaystyle\lim_{h \to 0} \dfrac{g(2+h)-g(2)}{h}+\lim_{h \to 0} \dfrac{g(2-h)-g(2)}{-h}$

$=g'(2)+g'(2)$

$=2g'(2)=\dfrac{1}{3}$

$\therefore g'(2)=\dfrac{1}{6}$

이때 함수 $g(x)$는 $f(x)$의 역함수이므로

$f(3)=2$

$\therefore f'(3)=\dfrac{1}{g'(f(3))}=\dfrac{1}{g'(2)}=6$

154 답 ③

$f(x)=\dfrac{1}{3}x^3+2x-12$에서

$f'(x)=x^2+2$이므로

$f(3)=3$, $f'(3)=11$

함수 $f(x)$의 역함수가 $g(x)$이므로 $g(3)=3$이고

$g'(3)=\dfrac{1}{f'(g(3))}=\dfrac{1}{f'(3)}=\dfrac{1}{11}$

$h(x)=f(x)g(x)$라 하면

$h(3)=f(3)g(3)=9$이므로

$\displaystyle\lim_{x \to 3} \dfrac{f(x)g(x)-9}{x^2-9}=\lim_{x \to 3}\left\{\dfrac{h(x)-h(3)}{x-3}\times\dfrac{1}{x+3}\right\}$

$\qquad\qquad\qquad\qquad=\dfrac{1}{6}h'(3)$

이때 $h(x)=f(x)g(x)$에서

$h'(x)=f'(x)g(x)+f(x)g'(x)$이므로

$h'(3)=f'(3)g(3)+f(3)g'(3)$

$\qquad=11\times3+3\times\dfrac{1}{11}=\dfrac{366}{11}$

$\therefore \displaystyle\lim_{x \to 3} \dfrac{f(x)g(x)-9}{x^2-9}=\dfrac{1}{6}h'(3)=\dfrac{1}{6}\times\dfrac{366}{11}=\dfrac{61}{11}$

155 답 ③

함수 $f(x)=3\times9^{x-1}+3^x$의 역함수는 $g(x)$이므로

$g(36)=k$라 하면 $f(k)=36$에서

$3\times9^{k-1}+3^k=36$, $3^{2k-1}+3^k-36=0$

$3^{2k}+3\times3^k-108=0$, $(3^k-9)(3^k+12)=0$

$3^k>0$이므로 $3^k=9=3^2$

$\therefore k=2$

따라서 $g(36)=2$이므로

$f'(x)=3\times9^{x-1}\ln 9+3^x\ln 3$에서

$\dfrac{1}{g'(36)}=f'(g(36))$

$\qquad\quad=f'(2)$

$\qquad\quad=3\times9\times\ln 9+3^2\times\ln 3$

$\qquad\quad=27\ln 9+9\ln 3$

$\qquad\quad=54\ln 3+9\ln 3=63\ln 3$

156 답 ①

함수 $f(x)$의 역함수는 $g(x)$이고

$f(1)=2$이므로 $g(2)=1$ ...... ㉠

$f'(1)=2$이므로 $g'(2)=\dfrac{1}{f'(1)}=\dfrac{1}{2}$ ...... ㉡

한편, $h(x)=\log_2 g(x)$라 하면

$h(2)=\log_2 g(2)=0$이므로

$\displaystyle\lim_{x \to 2} \dfrac{\log_2 g(x)}{x-2}=\lim_{x \to 2} \dfrac{h(x)-h(2)}{x-2}=h'(2)$

이때 $h'(x)=\dfrac{g'(x)}{g(x)\ln 2}$ ...... ㉢

이므로 ㉠, ㉡, ㉢에서

$\displaystyle\lim_{x \to 2} \dfrac{\log_2 g(x)}{x-2}=h'(2)=\dfrac{g'(2)}{g(2)\ln 2}=\dfrac{1}{2\ln 2}$

157 답 ①

$\displaystyle\lim_{h \to 0} \dfrac{f'(a+h)-f'(a)}{h}=f''(a)=2$

이때 $f(x)=\dfrac{1}{x+3}$에서

$f'(x)=-\dfrac{1}{(x+3)^2}$

$f''(x)=-\left\{-\dfrac{2(x+3)}{(x+3)^4}\right\}=\dfrac{2}{(x+3)^3}$

따라서 $f''(a)=\dfrac{2}{(a+3)^3}=2$이므로

$(a+3)^3=1$, $a+3=1$

$\therefore a=-2$

158 답 ②

$\displaystyle\lim_{x \to 1} \dfrac{f'(x)-f'(1)}{x^3-1}=\lim_{x \to 1}\left\{\dfrac{f'(x)-f'(1)}{x-1}\times\dfrac{1}{x^2+x+1}\right\}$

$\qquad\qquad\qquad\qquad=\dfrac{1}{3}f''(1)$

이때 $f(x)=e^{x^2+2x-3}$에서

$f'(x)=(x^2+2x-3)'e^{x^2+2x-3}$

$\qquad=(2x+2)e^{x^2+2x-3}$

$f''(x)=(2x+2)'e^{x^2+2x-3}+(2x+2)(e^{x^2+2x-3})'$

$\qquad=2e^{x^2+2x-3}+(2x+2)^2e^{x^2+2x-3}$

$\qquad=(4x^2+8x+6)e^{x^2+2x-3}$

따라서 $f''(1)=18e^0=18$이므로

$\displaystyle\lim_{x \to 1} \dfrac{f'(x)-f'(1)}{x^3-1}=\dfrac{1}{3}f''(1)=\dfrac{1}{3}\times18=6$

159 답 2

$f(x)=\{\ln(x-2)\}^2$에서

$f'(x)=2\ln(x-2)\times\{\ln(x-2)\}'$

$\qquad =2\ln(x-2)\times\dfrac{1}{x-2}$

$\qquad =\dfrac{2\ln(x-2)}{x-2}$

이므로 $f'(3)=0$

$\therefore \displaystyle\lim_{x\to3}\dfrac{f'(x)}{x-3}=\lim_{x\to3}\dfrac{f'(x)-f'(3)}{x-3}$

$\qquad\qquad\qquad =f''(3)$

이때

$f''(x)=\dfrac{\{2\ln(x-2)\}'\times(x-2)-2\ln(x-2)\times(x-2)'}{(x-2)^2}$

$\qquad =\dfrac{\dfrac{2}{x-2}\times(x-2)-2\ln(x-2)}{(x-2)^2}$

$\qquad =\dfrac{2-2\ln(x-2)}{(x-2)^2}$

이므로

$\displaystyle\lim_{x\to3}\dfrac{f'(x)}{x-3}=f''(3)=\dfrac{2-2\ln1}{1^2}=2$

160 답 ③

$f(x)=e^{2x}-f(f(x))-1$의 양변을 x에 대하여 미분하면

$f'(x)=2e^{2x}-f'(f(x))\times f'(x)$ $\qquad\cdots\cdots$ ㉠

㉠의 양변에 $x=0$을 대입하면

$f'(0)=2-\{f'(0)\}^2$ $(\because f(0)=0)$

$\therefore \{f'(0)\}^2+f'(0)=2$ $\qquad\cdots\cdots$ ㉡

㉠의 양변을 x에 대하여 미분하면

$f''(x)=4e^{2x}-f''(f(x))\times\{f'(x)\}^2-f'(f(x))\times f''(x)$

$\qquad\qquad\qquad\qquad\qquad\qquad\qquad\cdots\cdots$ ㉢

㉢의 양변에 $x=0$을 대입하면

$f''(0)=4-f''(0)\{f'(0)\}^2-f'(0)f''(0)$ $(\because f(0)=0)$

$\qquad =4-f''(0)[\{f'(0)\}^2+f'(0)]$

$\qquad =4-2f''(0)$ $(\because ㉡)$

이므로 $3f''(0)=4$

$\therefore f''(0)=\dfrac{4}{3}$

161 답 ④

곡선 $y=e^{|x|}=\begin{cases}e^{-x} & (x<0)\\e^x & (x\geq0)\end{cases}$ 은 y축에 대하여 대칭이므로 원점에서

이 곡선에 그은 두 접선도 y축에 대하여 서로 대칭이다.

$x\geq0$일 때 접점의 좌표를 (t, e^t) $(t>0)$이라 하면

$y'=e^x$이므로 접선의 방정식은

$y-e^t=e^t(x-t)$

이 직선이 원점을 지나므로

$-e^t=e^t\times(-t)$ $\qquad\therefore t=1$ $(\because e^t>0)$

따라서 원점에서 곡선 $y=e^x$에 그은 접선의 기울기는 e이고, 이 접

선과 y축에 대하여 대칭인 접선의 기울기는 $-e$이다.

$\therefore \tan\theta=\left|\dfrac{-e-e}{1+(-e)\times e}\right|=\left|\dfrac{-2e}{1-e^2}\right|=\dfrac{2e}{e^2-1}$

162 답 2

$y=(x-1)e^x$에서 $y'=e^x+(x-1)e^x=xe^x$이므로 접점의 좌표를 $(t, (t-1)e^t)$이라 하면 접선의 방정식은

$y-(t-1)e^t=te^t(x-t)$

이 직선이 점 $(k, 0)$을 지나므로

$-(t-1)e^t=te^t(k-t)$

$e^t>0$이므로 양변을 e^t으로 나눈 후 정리하면

$t^2-(k+1)t+1=0$ $\qquad\cdots\cdots$ ㉠

이때 점 $(k, 0)$에서 그은 접선이 2개 존재하려면 접점이 2개 존재해야 한다.

즉, t에 대한 이차방정식 ㉠이 서로 다른 두 실근을 가져야 하므로 판별식을 D라 하면

$D=(k+1)^2-4>0$, $k^2+2k-3>0$

$(k+3)(k-1)>0$ $\qquad\therefore k<-3$ 또는 $k>1$

따라서 자연수 k의 최솟값은 2이다.

163 답 ②

$x^3-y\ln x-e^2x=0$의 양변을 x에 대하여 미분하면

$3x^2-\dfrac{dy}{dx}\ln x-\dfrac{y}{x}-e^2=0$

$\dfrac{dy}{dx}\ln x=3x^2-\dfrac{y}{x}-e^2$

$\therefore \dfrac{dy}{dx}=\dfrac{1}{\ln x}\left(3x^2-\dfrac{y}{x}-e^2\right)$ (단, $x\neq0$, $x\neq1$)

이때 점 $(e, 0)$에서의 접선의 기울기는

$\dfrac{1}{\ln e}(3e^2-e^2)=2e^2$이므로 접선의 방정식은

$y=2e^2(x-e)$ $\qquad\therefore y=2e^2x-2e^3$

따라서 $m=2e^2$, $n=-2e^3$이므로

$\dfrac{m}{n}=\dfrac{2e^2}{-2e^3}=-\dfrac{1}{e}$

164 답 ②

곡선 $y=e^x$ 위의 접점의 좌표를 (t, e^t)이라 하면

$y'=e^x$이므로 접선의 방정식은

$y-e^t=e^t(x-t)$ $\qquad\cdots\cdots$ ㉠

직선 ㉠이 원점을 지나므로

$-e^t=e^t\times(-t)$ $\qquad\therefore t=1$ $(\because e^t>0)$

즉, 직선 ㉠의 기울기는 e이다.

또한, 곡선 $y=\ln x$ 위의 접점의 좌표를 $(s, \ln s)$라 하면

$y'=\dfrac{1}{x}$이므로 접선의 방정식은

$y-\ln s=\dfrac{1}{s}(x-s)$ $\qquad\cdots\cdots$ ㉡

직선 ⓛ이 원점을 지나므로

$$-\ln s = \frac{1}{s} \times (-s),\ \ln s = 1$$

$$\therefore s = e$$

즉, 직선 ⓛ의 기울기는 $\frac{1}{e}$이다.

$$\therefore \tan\theta = \left| \frac{e - \frac{1}{e}}{1 + e \times \frac{1}{e}} \right| = \frac{e - e^{-1}}{2}$$

165　답 ④

$x = e^{t-1} + t$, $y = 2t + \frac{1}{t}$에서

$t=1$일 때, $x = e^0 + 1 = 2$, $y = 2 + 1 = 3$이므로 $t=1$에 대응하는 점의 좌표는 $(2, 3)$이다.

한편, $\dfrac{dx}{dt} = e^{t-1} + 1$, $\dfrac{dy}{dt} = 2 - \dfrac{1}{t^2}$

이므로

$$\frac{dy}{dx} = \frac{\dfrac{dy}{dt}}{\dfrac{dx}{dt}} = \frac{2 - \dfrac{1}{t^2}}{e^{t-1} + 1}$$

이때 $t=1$에 대응하는 점에서의 접선의 기울기는

$$\frac{dy}{dx} = \frac{2-1}{e^0+1} = \frac{1}{2}$$

이므로 $t=1$에 대응하는 점에서의 접선의 방정식은

$$y - 3 = \frac{1}{2}(x-2)$$

$$\therefore y = \frac{1}{2}x + 2$$

이 직선이 $(8, a)$를 지나므로

$$a = \frac{1}{2} \times 8 + 2 = 6$$

166　답 97

함수 $y = f(x)$의 그래프 위의 점 $(1, f(1))$에서의 접선의 방정식이 $y = 2x - 3$이므로

$f(1) = -1$, $f'(1) = 2$

함수 $y = g(x)$의 그래프 위의 점 $(-1, g(-1))$에서의 접선의 방정식이 $y = 2x - 3$이므로

$g(-1) = -5$, $g'(-1) = 2$

$h(x) = (g \circ f)(x) = g(f(x))$에서

$h'(x) = g'(f(x))f'(x)$이므로

$$\begin{aligned} h'(1) &= g'(f(1))f'(1) \\ &= g'(-1) \times 2 \\ &= 2 \times 2 = 4 \end{aligned}$$

$$\begin{aligned} h(1) &= g(f(1)) \\ &= g(-1) \\ &= -5 \end{aligned}$$

즉, 함수 $y = h(x)$의 그래프 위의 점 $(1, -5)$에서의 접선의 방정식은

$$y + 5 = 4(x-1) \qquad \therefore y = 4x - 9$$

따라서 $a = 4$, $b = -9$이므로

$$a^2 + b^2 = 4^2 + (-9)^2 = 97$$

167　답 ④

$f(x) = (x^2 - 3)e^{-x}$에서

$$\begin{aligned} f'(x) &= 2xe^{-x} - (x^2 - 3)e^{-x} \\ &= -(x^2 - 2x - 3)e^{-x} \\ &= -(x+1)(x-3)e^{-x} \end{aligned}$$

$f'(x) = 0$에서 $x = -1$ 또는 $x = 3$

함수 $f(x)$의 증가와 감소를 표로 나타내면 다음과 같다.

x	$\cdots$	-1	$\cdots$	3	$\cdots$
$f'(x)$	$-$	0	$+$	0	$-$
$f(x)$	$\searrow$	극소	$\nearrow$	극대	$\searrow$

함수 $f(x)$는 $x = -1$에서 극솟값 $f(-1) = -2e$, $x = 3$에서 극댓값 $f(3) = \dfrac{6}{e^3}$을 가지므로

$$a = \frac{6}{e^3},\ b = -2e$$

$$\therefore a \times b = \frac{6}{e^3} \times (-2e) = -\frac{12}{e^2}$$

168　답 ②

$f(x) = \dfrac{x^2}{5^x} = x^2 5^{-x}$이므로

$$\begin{aligned} f'(x) &= 2x \times 5^{-x} - x^2 \times 5^{-x} \times \ln 5 \\ &= x5^{-x}(2 - x\ln 5) \end{aligned}$$

$f'(x) = 0$에서 $x = 0$ 또는 $x = \dfrac{2}{\ln 5}$

함수 $f(x)$의 증가와 감소를 표로 나타내면 다음과 같다.

x	$\cdots$	0	$\cdots$	$\dfrac{2}{\ln 5}$	$\cdots$
$f'(x)$	$-$	0	$+$	0	$-$
$f(x)$	$\searrow$	극소	$\nearrow$	극대	$\searrow$

함수 $f(x)$는 $x = \dfrac{2}{\ln 5}$에서 극대이고 $x \geq \dfrac{2}{\ln 5}$에서 감소한다.

따라서 구하는 양수 k의 최솟값은 $\dfrac{2}{\ln 5}$이다.

169　답 ④

$f(x) = \dfrac{2x}{x^2 + 1}$에서

$$\begin{aligned} f'(x) &= \frac{2(x^2+1) - 2x \times 2x}{(x^2+1)^2} \\ &= -\frac{2(x^2 - 1)}{(x^2+1)^2} \end{aligned}$$

$f'(x) = 0$에서 $x^2 - 1 = 0$

$(x+1)(x-1) = 0 \qquad \therefore x = -1$ 또는 $x = 1$

함수 $f(x)$의 증가와 감소를 표로 나타내면 다음과 같다.

x	$\cdots$	-1	$\cdots$	1	$\cdots$
$f'(x)$	$-$	0	$+$	0	$-$
$f(x)$	$\searrow$	극소	$\nearrow$	극대	$\searrow$

함수 $f(x)$는 $x=1$에서 극댓값 $M=f(1)=1$, $x=-1$에서 극솟값 $m=f(-1)=-1$을 가지므로
$$M^2+m^2=1^2+(-1)^2=2$$

170 답 ③

$f(x)=2\ln x+\dfrac{a}{x}-x$에서

$f'(x)=\dfrac{2}{x}-\dfrac{a}{x^2}-1=\dfrac{-x^2+2x-a}{x^2}$ (단, $x>0$)

함수 $f(x)$가 극댓값과 극솟값을 모두 가지려면 방정식 $f'(x)=0$
은 서로 다른 두 양의 실근을 가져야 한다.

즉, $x^2-2x+a=0$에서
$g(x)=x^2-2x+a$라 하면 함수 $y=g(x)$
의 그래프가 오른쪽 그림과 같아야 하므로
$g(0)>0$, $g(1)<0$에서
$a>0$, $-1+a<0$ $\quad\therefore 0<a<1$

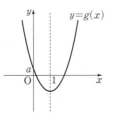

💡 **플러스 특강**

이차방정식의 근의 위치

이차함수 $f(x)=ax^2+bx+c$ $(a>0)$에 대하여 이차방정식 $f(x)=0$의 실근의 위치와 이차함수 $y=f(x)$의 그래프의 관계는 다음과 같다.

(1) 두 근이 모두 p보다 클 조건
 (i) 판별식 $D\geq0$ (ii) $f(p)>0$ (iii) $-\dfrac{b}{2a}>p$

(2) 두 근이 모두 p, q $(p<q)$ 사이에 있을 조건
 (i) 판별식 $D\geq0$ (ii) $f(p)>0$, $f(q)>0$ (iii) $p<-\dfrac{b}{2a}<q$

171 답 ①

$f(x)=e^{-3x}\cos x$에서

$f'(x)=-3e^{-3x}\cos x+e^{-3x}(-\sin x)$
$\qquad=-e^{-3x}(3\cos x+\sin x)$

$f''(x)=-(-3)e^{-3x}(3\cos x+\sin x)-e^{-3x}(-3\sin x+\cos x)$
$\qquad=e^{-3x}(9\cos x+3\sin x)-e^{-3x}(-3\sin x+\cos x)$
$\qquad=e^{-3x}(6\sin x+8\cos x)$
$\qquad=2e^{-3x}(3\sin x+4\cos x)$

$f(x)$가 $x=\theta$에서 극솟값을 가지므로 $f'(\theta)=0$이고,
$f''(\theta)>0$이어야 한다.

이때 $e^{-3x}>0$이므로

$3\cos\theta+\sin\theta=0$ $\quad\therefore \sin\theta=-3\cos\theta$ $\quad\cdots\cdots$ ㉠

$3\sin\theta+4\cos\theta>0$ $\quad\cdots\cdots$ ㉡

㉠을 ㉡에 대입하면

$3\times(-3\cos\theta)+4\cos\theta=-5\cos\theta>0$ $\quad\therefore\cos\theta<0$

한편, $\cos^2\theta+\sin^2\theta=1$에서

$\cos^2\theta+(-3\cos\theta)^2=1$ (∵ ㉠) $\quad\therefore\cos^2\theta=\dfrac{1}{10}$

$\therefore\cos\theta=-\dfrac{\sqrt{10}}{10}$ (∵ $\cos\theta<0$)

$\therefore 10\cos\theta=-\sqrt{10}$

172 답 ③

$f(x)=x^n e^{-x}$에서

$f'(x)=nx^{n-1}\times e^{-x}+x^n\times(-e^{-x})=x^{n-1}e^{-x}(n-x)$

$f'(x)=0$에서 $x=0$ 또는 $x=n$

함수 $f(x)$의 증가와 감소를 표로 나타내면 다음과 같다.

	x	$\cdots$	0	$\cdots$	n	$\cdots$
n이 짝수	$f'(x)$	$-$	0	$+$	0	$-$
	$f(x)$	$\searrow$	0	$\nearrow$	$\left(\dfrac{n}{e}\right)^n$	$\searrow$
n이 홀수	$f'(x)$	$+$	0	$+$	0	$-$
	$f(x)$	$\nearrow$	0	$\nearrow$	$\left(\dfrac{n}{e}\right)^n$	$\searrow$

한편, $\displaystyle\lim_{x\to\infty}f(x)=\lim_{x\to\infty}x^n e^{-x}=\lim_{x\to\infty}\dfrac{x^n}{e^x}=0$이고

$$\lim_{x\to-\infty}f(x)=\begin{cases}\displaystyle\lim_{x\to-\infty}\dfrac{x^n}{e^x}=\infty & (n\text{이 짝수일 때})\\[2mm]\displaystyle\lim_{x\to-\infty}\dfrac{x^n}{e^x}=-\infty & (n\text{이 홀수일 때})\end{cases}$$

이므로 함수 $y=f(x)$의 그래프는 n이 짝수일 때와 홀수일 때로 나누
어 다음과 같이 그릴 수 있다.

(i) n이 짝수일 때   (ii) n이 홀수일 때

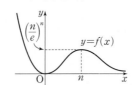 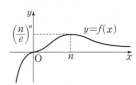

ㄱ, ㄴ. n이 짝수일 때, $f(x)$는 $x=0$에서 극솟값 0을 갖고, $x=n$
에서 극댓값을 갖는다. (참)

ㄷ. n이 홀수일 때, $f(x)$는 $x=n$에서 극댓값을 갖고, 극솟값은
존재하지 않는다. (거짓)

따라서 옳은 것은 ㄱ, ㄴ이다.

173 답 ①

$f(x)=e^{2x}+ae^x+2x$에서

$f'(x)=2e^{2x}+ae^x+2$

이때 함수 $f(x)$가 극댓값과 극솟값을 모두 가지므로

방정식 $f'(x)=0$은 서로 다른 두 실근을 갖는다.

즉, $e^x=t$ $(t>0)$이라 하면 이차방정식 $2t^2+at+2=0$은 서로 다
른 두 양의 실근을 가져야 한다.

이차방정식 $2t^2+at+2=0$의 판별식을 D라 하면

$D=a^2-16>0$

$\therefore a<-4$ 또는 $a>4$ $\quad\cdots\cdots$ ㉠

또한, 곡선 $y=2t^2+at+2$의 축의 방정식이

$t=-\dfrac{a}{4}>0$이므로

$a<0$ ······ ⓛ

㉠, ⓛ에서 $a<-4$

한편, 이차방정식 $2t^2+at+2=0$의 두 실근을 α, $\beta\;(\alpha>0,\;\beta>0)$

이라 하면 근과 계수의 관계에 의하여

$\alpha+\beta=-\dfrac{a}{2}$, $\alpha\beta=1$ ······ ㉢

$e^x=\alpha$ 또는 $e^x=\beta$라 하면

$x=\ln\alpha$ 또는 $x=\ln\beta$이므로

$f(\ln\alpha)$, $f(\ln\beta)$가 함수 $f(x)$의 극댓값 또는 극솟값이다.

$\therefore f(\ln\alpha)+f(\ln\beta)=-11$

$f(\ln\alpha)=\alpha^2+a\alpha+2\ln\alpha$,

$f(\ln\beta)=\beta^2+a\beta+2\ln\beta$이므로

$(\alpha^2+\beta^2)+a(\alpha+\beta)+2(\ln\alpha+\ln\beta)=-11$

$(\alpha+\beta)^2-2\alpha\beta+a(\alpha+\beta)+2\ln\alpha\beta=-11$ ······ ㉣

㉢을 ㉣에 대입하면

$\left(-\dfrac{a}{2}\right)^2-2+a\times\left(-\dfrac{a}{2}\right)=-11$, $a^2=36$

$\therefore a=-6\;(\because a<-4)$

174   답 ④

$f(x)=ax^2-2\sin 2x$라 하면

$f'(x)=2ax-4\cos 2x$

$f''(x)=2a+8\sin 2x$

$f''(x)=0$에서 $2a+8\sin 2x=0$

$\therefore \sin 2x=-\dfrac{a}{4}$

곡선 $y=f(x)$가 변곡점을 가지려면 $f''(x)=0$을 만족시키는 실수

x가 존재해야 한다.

이때 모든 실수 x에 대하여 $-1\le\sin 2x\le 1$이므로

$-1<-\dfrac{a}{4}<1$ $\therefore -4<a<4$

따라서 정수 a의 개수는 -3, -2, -1, $\cdots$, 3의 7이다.

175   답 ④

$f(x)=\cos^2 x+1\;\left(-\dfrac{\pi}{2}<x<\dfrac{\pi}{2}\right)$라 하면

$f'(x)=2\cos x(-\sin x)=-\sin 2x$

$f''(x)=-2\cos 2x$

이때 $-\dfrac{\pi}{2}<x<\dfrac{\pi}{2}$에서 $-\pi<2x<\pi$이므로

$f''(x)=0$에서 $2x=-\dfrac{\pi}{2}$ 또는 $2x=\dfrac{\pi}{2}$

$\therefore x=-\dfrac{\pi}{4}$ 또는 $x=\dfrac{\pi}{4}$

이때 $x<-\dfrac{\pi}{4}$ 또는 $x>\dfrac{\pi}{4}$에서 $f''(x)>0$이고

$-\dfrac{\pi}{4}<x<\dfrac{\pi}{4}$에서 $f''(x)<0$이다.

즉, $x=-\dfrac{\pi}{4}$, $x=\dfrac{\pi}{4}$의 좌우에서 $f''(x)$의 부호가 바뀌므로

곡선 $y=f(x)$의 변곡점의 좌표는 $\left(-\dfrac{\pi}{4},\;\dfrac{3}{2}\right)$, $\left(\dfrac{\pi}{4},\;\dfrac{3}{2}\right)$이다.

따라서 두 변곡점 사이의 거리는 $\left|\dfrac{\pi}{4}-\left(-\dfrac{\pi}{4}\right)\right|=\dfrac{\pi}{2}$이다.

176   답 ④

$f(x)=\dfrac{kx}{e^x}$라 하면

$f'(x)=\dfrac{k\times e^x-kx\times e^x}{(e^x)^2}$

$\qquad=\dfrac{k(1-x)}{e^x}$

$f''(x)=\dfrac{-k\times e^x-k(1-x)\times e^x}{(e^x)^2}$

$\qquad=\dfrac{k(x-2)}{e^x}$

$e^x>0$이므로 $f''(x)=0$에서 $k(x-2)=0$

$\therefore x=2\;(\because k>0)$

이때 $x<2$에서 $f''(x)<0$이고 $x>2$에서 $f''(x)>0$이므로

곡선 $y=f(x)$의 변곡점의 좌표는 $(2,\;f(2))$이다.

한편, 원점에서의 접선과 변곡점에서의 접선이 서로 수직이므로

$f'(0)f'(2)=k\times\left(-\dfrac{k}{e^2}\right)=-1$, $k^2=e^2$

$\therefore k=e\;(\because k>0)$

177   답 ②

$f(x)=e^x(x^2+ax+7)$에서

$f'(x)=e^x(x^2+ax+7)+e^x(2x+a)$

$\qquad=e^x\{x^2+(a+2)x+a+7\}$

$f''(x)=e^x\{x^2+(a+2)x+a+7\}+e^x(2x+a+2)$

$\qquad=e^x\{x^2+(a+4)x+2a+9\}$

$e^x>0$이고, $x^2+(a+4)x+2a+9$의 최고차항인 이차항의 계수가

양수이므로 변곡점이 존재하지 않으려면, 즉 이계도함수가 존재하

지 않으려면 모든 실수 x에 대하여 $f''(x)\ge 0$이어야 한다.

즉, 이차방정식 $x^2+(a+4)x+2a+9=0$의 판별식을 D라 하면

$D=(a+4)^2-4(2a+9)\le 0$, $a^2-20\le 0$

$\therefore -2\sqrt{5}\le a\le 2\sqrt{5}$

따라서 상수 a의 최댓값은 $2\sqrt{5}$이다.

178   답 ③

$f(x)=x(e\ln x)^2+1$에서

$f'(x)=(e\ln x)^2+2x(e\ln x)\times\dfrac{e}{x}$

$\qquad=(e\ln x)^2+2e^2\ln x$

$\qquad=e^2\ln x(\ln x+2)$

$f'(x)=0$에서 $\ln x=0$ 또는 $\ln x=-2$

$\therefore x=1$ 또는 $x=e^{-2}$

$x>0$에서 함수 $f(x)$의 증가와 감소를 표로 나타내면 다음과 같다.

x	(0)	$\cdots$	e^{-2}	$\cdots$	1	$\cdots$
$f'(x)$		$+$	0	$-$	0	$+$
$f(x)$		↗	극대	↘	극소	↗

함수 $f(x)$는 $x=e^{-2}$에서 극댓값 $f(e^{-2})=5$, $x=1$에서 극솟값 $f(1)=1$을 갖고

$$\lim_{x \to 0+} f(x) = \lim_{x \to 0+} \{x(e \ln x)^2 + 1\}$$
$$= \lim_{x \to 0+} \{e^2 x (\ln x)^2 + 1\}$$
$$= 1$$

이므로 함수 $y=f(x)$의 그래프의 개형은 다음 그림과 같다.

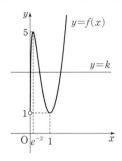

즉, 곡선 $y=f(x)$와 직선 $y=k$가 서로 다른 세 점에서 만나려면 $1<k<5$이어야 한다.

따라서 정수 k의 개수는 $2, 3, 4$의 3이다.

179 답 ④

$f(x)=(x^2+2x+2)e^{-x}+5x$에서

$f'(x)=(2x+2)e^{-x}-(x^2+2x+2)e^{-x}+5=-x^2e^{-x}+5$

$f''(x)=-2xe^{-x}-(-x^2)\times e^{-x}=x(x-2)e^{-x}$

$f''(x)=0$에서 $x=0$ 또는 $x=2$

함수 $y=f'(x)$의 증가와 감소를 표로 나타내면 다음과 같다.

x	$\cdots$	0	$\cdots$	2	$\cdots$
$f''(x)$	$+$	0	$-$	0	$+$
$f'(x)$	↗	5	↘	$5-4e^{-2}$	↗

$\lim_{x \to \infty} f'(x)=5$, $\lim_{x \to -\infty} f'(x)=-\infty$이므로 함수 $y=f'(x)$의 그래프의 개형은 다음 그림과 같다.

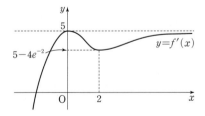

함수 $y=f(x)$의 그래프의 접선의 기울기가 $f'(x)$이므로 $g(t)$는 방정식 $f'(x)=t$의 실근의 개수이다.

즉, $g(t)$는 $y=f'(x)$의 그래프와 직선 $y=t$의 교점의 개수와 같으므로 함수 $y=g(t)$의 그래프는 오른쪽 그림과 같다.

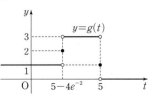

따라서
$g(5-5e^{-2})=1$, $g(5-3e^{-2})=3$, $g(5+e^2)=0$
이므로
$g(5-5e^{-2})+g(5-3e^{-2})+g(5+e^2)=1+3+0=4$

180 답 ④

$f(x)=x \ln x - 2x + 1 \ (x>0)$에서

$f'(x)=\ln x + 1 - 2 = \ln x - 1$

$f'(x)=0$에서 $\ln x - 1 = 0$

$\therefore x=e$

$x>0$에서 함수 $f(x)$의 증가와 감소를 표로 나타내면 다음과 같다.

x	(0)	$\cdots$	e	$\cdots$
$f'(x)$		$-$	0	$+$
$f(x)$		↘	$1-e$	↗

함수 $f(x)$는 $x=e$에서 극솟값 $f(e)=1-e$를 갖는다.

ㄱ. 함수 $f(x)$의 치역은 $\{y \mid y \geq 1-e\}$이다. (거짓)

ㄴ. 평균값 정리에 의하여 $\dfrac{f(x_2)-f(x_1)}{x_2-x_1}=f'(c)$인 c가 열린구간 (x_1, x_2)에 적어도 하나 존재한다.

이때 $f''(x)=\dfrac{1}{x}>0 \ (\because x>0)$이므로 함수 $y=f'(x)$의 그래프는 증가한다.

즉, $\dfrac{1}{e} \leq x_1 < x_2 \leq e^4$에서 $f'\left(\dfrac{1}{e}\right)=-2$, $f'(e^4)=3$이므로

$-2 < f'(c) < 3$

$\therefore -2 < \dfrac{f(x_2)-f(x_1)}{x_2-x_1} < 3$ (참)

ㄷ. $x>0$에서 $f''(x)=\dfrac{1}{x}>0$이므로 함수 $y=f(x)$의 그래프는 아래로 볼록하다.

$\therefore f\left(\dfrac{x_1+x_2}{2}\right) < \dfrac{f(x_1)+f(x_2)}{2}$ (참)

따라서 옳은 것은 ㄴ, ㄷ이다.

🔅 플러스 특강

곡선의 오목과 볼록

어떤 구간에서 곡선 $y=f(x)$ 위의 임의의 서로 다른 두 점 $P(a, f(a))$, $Q(b, f(b))$에 대하여 두 점 P, Q 사이에 있는 곡선 부분이 선분 PQ보다 항상 아래쪽에 있으면 $\dfrac{f(a)+f(b)}{2}>f\left(\dfrac{a+b}{2}\right)$이므로 곡선 $y=f(x)$는 이 구간에서 아래로 볼록하다.

또한, 두 점 P, Q 사이에 있는 곡선 부분이 선분 PQ보다 항상 위쪽에 있으면 $\dfrac{f(a)+f(b)}{2}<f\left(\dfrac{a+b}{2}\right)$이므로 곡선 $y=f(x)$는 이 구간에서 위로 볼록하다.

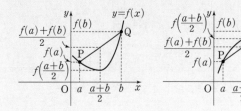

181 답 ④

$f(x)=2e^{-x}$이라 하면 $f'(x)=-2e^{-x}$

곡선 $y=2e^{-x}$ 위의 점 $P(t, 2e^{-t})$ $(t>0)$에서의 접선의 기울기는

$f'(t)=-2e^{-t}$이므로 접선의 방정식은

$y-2e^{-t}=-2e^{-t}(x-t)$

$\therefore y=-2e^{-t}x+2te^{-t}+2e^{-t}$

즉, $A(0, 2e^{-t})$, $B(0, 2te^{-t}+2e^{-t})$이므로

삼각형 APB의 넓이를 $S(t)$라 하면

$S(t)=\dfrac{1}{2}\times\overline{PA}\times\overline{AB}$

$\qquad=\dfrac{1}{2}\times t\times(2te^{-t}+2e^{-t}-2e^{-t})$

$\qquad=t^2e^{-t}$

$S'(t)=2te^{-t}-t^2e^{-t}=te^{-t}(2-t)$

$S'(t)=0$에서 $t=2$ $(\because t>0)$

$t>0$에서 함수 $S(t)$의 증가와 감소를 표로 나타내면 다음과 같다.

t	(0)	$\cdots$	2	$\cdots$
$S'(t)$		$+$	0	$-$
$S(t)$		↗	극대	↘

따라서 $t=2$일 때 $S(t)$는 극대이면서 최대이다.

182 답 ④

$f(x)=x^3+3(a+1)x^2+12x-6$에서

$f'(x)=3x^2+6(a+1)x+12$

함수 $f(x)$가 극값을 갖지 않으려면 모든 실수 x에 대하여 $f'(x)\geq0$이어야 한다.

방정식 $f'(x)=0$, 즉 $3x^2+6(a+1)x+12=0$의 판별식을 D라 하면

$\dfrac{D}{4}=9(a+1)^2-36\leq0$

$a^2+2a-3\leq0$, $(a+3)(a-1)\leq0$

$\therefore -3\leq a\leq1$

한편, $g(a)=ae^{2a}$을 a에 대하여 미분하면

$g'(a)=e^{2a}+2ae^{2a}=(2a+1)e^{2a}$

$g'(a)=0$에서 $a=-\dfrac{1}{2}$

$-3\leq a\leq1$에서 함수 $g(a)$의 증가와 감소를 표로 나타내면 다음과 같다.

a	-3	$\cdots$	$-\dfrac{1}{2}$	$\cdots$	1
$g'(a)$		$-$	0	$+$	
$g(a)$	$-3e^{-6}$	↘	$-\dfrac{1}{2e}$	↗	e^2

따라서 함수 $g(a)$의 최댓값은 $g(1)=e^2$이고

최솟값은 $g\left(-\dfrac{1}{2}\right)=-\dfrac{1}{2e}$이므로

최댓값과 최솟값의 곱은

$e^2\times\left(-\dfrac{1}{2e}\right)=-\dfrac{e}{2}$

183 답 ④

$f(x)=e^x+\dfrac{1}{x}$에서

$f'(x)=e^x-\dfrac{1}{x^2}$, $f''(x)=e^x+\dfrac{2}{x^3}$

ㄱ. 함수 $f(x)$는 $x=a$에서 극값을 가지므로 $f'(a)=0$

즉, $e^a-\dfrac{1}{a^2}=0$에서 $e^a=\dfrac{1}{a^2}$이므로

$a=\ln\dfrac{1}{a^2}$ $\therefore a=-2\ln a$ (참)

ㄴ. 모든 양의 실수 x에 대하여 $f''(x)>0$이므로 곡선 $y=f(x)$의 변곡점은 존재하지 않는다. (거짓)

ㄷ. $f'(a)=0$이고 모든 양의 실수 x에 대하여 $f''(x)>0$이므로 함수 $y=f(x)$의 그래프는 아래로 볼록하다.

즉, 함수 $f(x)$는 $x=a$에서 극소이면서 최소이므로 함수 $f(x)$는 $x=a$에서 최솟값을 갖는다. (참)

따라서 옳은 것은 ㄱ, ㄷ이다.

184 답 ④

$f(x)=\dfrac{x^2+3}{\sqrt{e^x}}$에서

$f'(x)=\dfrac{2x\sqrt{e^x}-(x^2+3)\times\dfrac{1}{2}\sqrt{e^x}}{e^x}$

$\qquad=-\dfrac{(x^2-4x+3)\sqrt{e^x}}{2e^x}$

$\qquad=-\dfrac{(x-1)(x-3)\sqrt{e^x}}{2e^x}$

$f'(x)=0$에서 $x=1$ $(\because 0\leq x\leq2)$

$0\leq x\leq2$에서 함수 $f(x)$의 증가와 감소를 표로 나타내면 다음과 같다.

x	0	$\cdots$	1	$\cdots$	2
$f'(x)$		$-$	0	$+$	
$f(x)$	3	↘	극소	↗	$\dfrac{7}{e}$

함수 $f(x)$는 $x=1$에서 극솟값 $\dfrac{4}{\sqrt{e}}$를 갖고, $0\leq x\leq2$에서 $y=f(x)$의 그래프의 개형은 다음 그림과 같다.

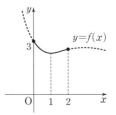

즉, $f(0)=3$, $f(2)=\dfrac{7}{e}$로 $f(0)>f(2)$이고, 함수 $f(x)$는 $x=1$일 때 극소이면서 최소이므로 $0\leq x\leq2$에서 함수 $f(x)$의 최댓값은 $M=3$, 최솟값은 $m=\dfrac{4}{\sqrt{e}}$이다.

$\therefore M\times m=3\times\dfrac{4}{\sqrt{e}}=\dfrac{12}{\sqrt{e}}$

185 답 ②

$f(x)=-\ln x$라 하면 $f'(x)=-\dfrac{1}{x}$이므로

한 점 $\mathrm{A}(0,\,t)$ $(t>0)$에서 곡선 $y=-\ln x$에 그은 접선의 접점의

좌표를 $(a,\,-\ln a)$라 하자.

점 $(a,\,-\ln a)$에서의 접선의 기울기는 $f'(a)=-\dfrac{1}{a}$이므로 접선

의 방정식은

$y=-\dfrac{1}{a}(x-a)-\ln a$

이 접선이 점 $\mathrm{A}(0,\,t)$를 지나므로

$t=-\dfrac{1}{a}(0-a)-\ln a$

$t=1-\ln a,\ \ln a=1-t$

$\therefore a=e^{1-t}$ ……㉠

또한, 접선이 x축과 만나는 점의 x좌표는

$0=-\dfrac{1}{a}(x-a)-\ln a$

$0=-\dfrac{x}{a}+1-\ln a,\ \dfrac{x}{a}=1-\ln a$

$\therefore x=a(1-\ln a)=te^{1-t}\ (\because ㉠)$

즉, 점 B의 좌표는 $(te^{1-t},\,0)$이다.

삼각형 AOB의 넓이를 $S(t)$라 하면

$S(t)=\dfrac{1}{2}\times\overline{\mathrm{OB}}\times\overline{\mathrm{OA}}=\dfrac{1}{2}\times te^{1-t}\times t=\dfrac{t^2e^{1-t}}{2}$

$S'(t)=\dfrac{2t\times e^{1-t}+t^2\times e^{1-t}\times(-1)}{2}$

$\qquad=\dfrac{e^{1-t}}{2}(2t-t^2)$

$S'(t)=0$에서 $t=2\ (\because t>0)$

$t>0$에서 함수 $S(t)$의 증가와 감소를 표로 나타내면 다음과 같다.

t	(0)	$\cdots$	2	$\cdots$
$S'(t)$		$+$	0	$-$
$S(t)$		↗	극대	↘

따라서 함수 $S(t)$는 $t=2$일 때 극대이면서 최대이므로

삼각형 AOB의 넓이의 최댓값은

$S(2)=\dfrac{2^2e^{1-2}}{2}=\dfrac{2}{e}$

186 답 ②

다음 그림과 같이 직선 OA, OB를 각각 x축, y축으로 하는 좌표

평면을 생각하자.

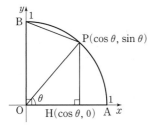

$\angle\mathrm{POA}=\theta$라 하면

$\mathrm{B}(0,\,1)$, $\mathrm{P}(\cos\theta,\,\sin\theta)$, $\mathrm{H}(\cos\theta,\,0)$이므로

$\overline{\mathrm{BP}}=\sqrt{\cos^2\theta+(1-\sin\theta)^2}=\sqrt{2-2\sin\theta}$,

$\overline{\mathrm{PH}}=\sin\theta$

이때 $f(\theta)=\overline{\mathrm{BP}}+\overline{\mathrm{PH}}\left(0<\theta<\dfrac{\pi}{2}\right)$라 하면

$f(\theta)=\sqrt{2-2\sin\theta}+\sin\theta$

$f'(\theta)=\dfrac{-2\cos\theta}{2\sqrt{2-2\sin\theta}}+\cos\theta$

$\qquad=\dfrac{\cos\theta(\sqrt{2-2\sin\theta}-1)}{\sqrt{2-2\sin\theta}}$

$f'(\theta)=0$에서 $\sqrt{2-2\sin\theta}=1$

$2-2\sin\theta=1,\ \sin\theta=\dfrac{1}{2}$ $\therefore \theta=\dfrac{\pi}{6}\left(\because 0<\theta<\dfrac{\pi}{2}\right)$

$0<\theta<\dfrac{\pi}{2}$에서 함수 $f(\theta)$의 증가와 감소를 표로 나타내면 다음과

같다.

θ	(0)	$\cdots$	$\dfrac{\pi}{6}$	$\cdots$	$\left(\dfrac{\pi}{2}\right)$
$f'(\theta)$		$+$	0	$-$	
$f(\theta)$		↗	극대	↘	

따라서 함수 $f(\theta)$는 $\theta=\dfrac{\pi}{6}$에서 극대이면서 최대이므로

$\overline{\mathrm{BP}}+\overline{\mathrm{PH}}$의 최댓값은

$f\left(\dfrac{\pi}{6}\right)=\sqrt{2-2\sin\dfrac{\pi}{6}}+\sin\dfrac{\pi}{6}=1+\dfrac{1}{2}=\dfrac{3}{2}$

187 답 ④

두 함수 $f(x)=e^x$, $g(x)=k\sin x$에 대하여 방정식 $f(x)=g(x)$

의 서로 다른 양의 실근의 개수가 3이려면 두 함수 $y=f(x)$,

$y=g(x)$의 그래프가 다음 그림과 같이 서로 다른 세 점에서 만나

야 한다.

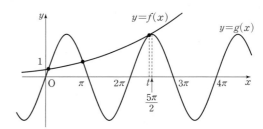

이때 두 함수 $y=f(x)$, $y=g(x)$의 그래프가 서로 다른 세 점에서

만나려면 한 점에서 접해야 하고, 이 접점의 x좌표를 t라 하면

$2\pi<t<\dfrac{5\pi}{2}$이어야 한다.

$x=t$일 때, 두 함수 $y=f(x)$, $y=g(x)$의 그래프가 접하므로

$f(t)=g(t)$에서 $e^t=k\sin t$

$f'(t)=g'(t)$에서 $e^t=k\cos t$

즉, $k\sin t=k\cos t$에서

$\dfrac{\sin t}{\cos t}=1,\ \tan t=1$

$\therefore t=\dfrac{9\pi}{4}\left(\because 2\pi<t<\dfrac{5\pi}{2}\right)$

따라서 $t=\dfrac{9\pi}{4}$일 때, 두 함수 $y=f(x)$, $y=g(x)$의 그래프가 접하

므로

$f\left(\dfrac{9\pi}{4}\right)=g\left(\dfrac{9\pi}{4}\right)$에서 $e^{\frac{9\pi}{4}}=k\sin\dfrac{9\pi}{4}$

$\therefore k=\sqrt{2}\,e^{\frac{9\pi}{4}}$

188 답 ②

$f(x)=e^{2x}$이라 하자.

주어진 방정식이 오직 하나의 실근을 가지려면 함수 $y=f(x)$의 그래프와 직선 $y=\dfrac{2}{\sqrt{e}}x+k$가 접해야 한다.

$f'(x)=2e^{2x}$이고 접점의 좌표를 $(t,\ e^{2t})$이라 하면 접선의 기울기가 $\dfrac{2}{\sqrt{e}}$이므로

$f'(t)=\dfrac{2}{\sqrt{e}}$에서 $2e^{2t}=\dfrac{2}{\sqrt{e}}$

$e^{2t}=e^{-\frac{1}{2}}$, $2t=-\dfrac{1}{2}$ $\therefore t=-\dfrac{1}{4}$

따라서 접점의 좌표가 $\left(-\dfrac{1}{4},\ \dfrac{1}{\sqrt{e}}\right)$이므로 접선의 방정식은

$y=\dfrac{2}{\sqrt{e}}\left(x+\dfrac{1}{4}\right)+\dfrac{1}{\sqrt{e}}$ $\therefore y=\dfrac{2}{\sqrt{e}}x+\dfrac{3}{2\sqrt{e}}$

$\therefore k=\dfrac{3}{2\sqrt{e}}$

189 답 ③

$f(x)=2\sqrt{x}$, $g(x)=k\ln x$라 하자.

부등식 $2\sqrt{x}>k\ln x$, 즉 $f(x)>g(x)$가 성립하려면 함수 $y=f(x)$의 그래프가 함수 $y=g(x)$의 그래프보다 항상 위쪽에 있어야 한다.

두 함수 $y=f(x)$, $y=g(x)$의 그래프가 접할 때의 접점의 x좌표를 t라 하면

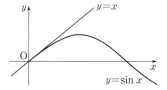

$f(t)=g(t)$에서

$2\sqrt{t}=k\ln t$ $\cdots\cdots$ ㉠

$f'(t)=g'(t)$에서

$\dfrac{1}{\sqrt{t}}=\dfrac{k}{t}$ $\cdots\cdots$ ㉡

㉡에서 $k=\sqrt{t}$이므로 이것을 ㉠에 대입하면

$2\sqrt{t}=\sqrt{t}\ln t$, $\ln t=2$ $\therefore t=e^2$

$\therefore k=e$

따라서 두 함수 $y=f(x)$, $y=g(x)$의 그래프는 $k=e$일 때 접하므로 구하는 양수 k의 값의 범위는 $0<k<e$이다.

190 답 ③

$\ln(x-1)=2x-k$에서 $2x-\ln(x-1)=k$

$f(x)=2x-\ln(x-1)\ (x>1)$이라 하면

$f'(x)=2-\dfrac{1}{x-1}=\dfrac{2x-3}{x-1}$

$f'(x)=0$에서 $x=\dfrac{3}{2}$

$x>1$에서 함수 $f(x)$의 증가와 감소를 표로 나타내면 다음과 같다.

x	(1)	$\cdots$	$\dfrac{3}{2}$	$\cdots$
$f'(x)$		$-$	0	$+$
$f(x)$		↘	극소	↗

함수 $f(x)$는 $x=\dfrac{3}{2}$일 때 극소이면서 최소이므로 최솟값은

$f\left(\dfrac{3}{2}\right)=2\times\dfrac{3}{2}-\ln\dfrac{1}{2}$

$\qquad\quad =3+\ln 2$

오른쪽 그림과 같이 방정식 $2x-\ln(x-1)=k$가 실근을 갖지 않으려면 함수 $y=f(x)$의 그래프와 직선 $y=k$가 서로 만나지 않아야 하므로 $k<3+\ln 2$

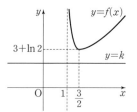

191 답 ③

$f(x)\ge k$에서 $\dfrac{x^2}{2}+\cos x\ge k$

즉, $\dfrac{x^2}{2}+\cos x-k\ge 0$

$g(x)=\dfrac{x^2}{2}+\cos x-k$라 하면

$g'(x)=x-\sin x$

이때 $(\sin x)'=\cos x$에서 $x=0$일 때 $\cos 0=1$이고, 곡선 $y=\sin x$ 위의 점 $(0,\ 0)$에서의 접선의 기울기가 1이므로 다음 그림과 같이 $x\ge 0$에서 직선 $y=x$는 곡선 $y=\sin x$보다 항상 위에 있다.

$x\ge 0$에서 $x\ge\sin x$이므로 $g'(x)\ge 0$

즉, $x\ge 0$에서 함수 $g(x)$는 증가하므로 $x\ge 0$에서 $g(x)\ge 0$이 성립하려면 최솟값 $g(0)$이 0보다 크거나 같아야 한다.

$g(0)=0+\cos 0-k=1-k\ge 0$

$\therefore k\le 1$

따라서 실수 k의 최댓값은 1이다.

192 답 ②

$f(x)=\dfrac{ax+1}{x^2+2}$에서

$f'(x)=\dfrac{a(x^2+2)-(ax+1)\times 2x}{(x^2+2)^2}$

$\qquad =\dfrac{-ax^2-2x+2a}{(x^2+2)^2}$

이때 함수 $f(x)$가 $x=\dfrac{4}{3}$에서 극댓값을 가지므로 $f'\left(\dfrac{4}{3}\right)=0$이고 $(x^2+2)^2>0$이므로

$-\dfrac{16}{9}a-\dfrac{8}{3}+2a=0,\ \dfrac{2}{9}a=\dfrac{8}{3}$

$\therefore a=12$

즉, $f(x)=\dfrac{12x+1}{x^2+2}$ 이므로

$f'(x)=\dfrac{-12x^2-2x+24}{(x^2+2)^2}$

$=\dfrac{-2(2x+3)(3x-4)}{(x^2+2)^2}$

$f'(x)=0$ 에서 $x=-\dfrac{3}{2}$ 또는 $x=\dfrac{4}{3}$

함수 $f(x)$의 증가와 감소를 표로 나타내면 다음과 같다.

x	$\cdots$	$-\dfrac{3}{2}$	$\cdots$	$\dfrac{4}{3}$	$\cdots$
$f'(x)$	$-$	0	$+$	0	$-$
$f(x)$	$\searrow$	극소	$\nearrow$	극대	$\searrow$

한편, $\lim\limits_{x\to\infty}f(x)=0,\ \lim\limits_{x\to-\infty}f(x)=0$ 이므로 함수 $y=f(x)$의 그래프는 다음 그림과 같다.

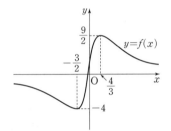

ㄱ. 함수 $f(x)$는 $x=-\dfrac{3}{2}$에서 극솟값

$f\left(-\dfrac{3}{2}\right)=\dfrac{-18+1}{\dfrac{9}{4}+2}=-4$

를 갖는다. (거짓)

ㄴ. 함수 $f(x)$는 $x=\dfrac{4}{3}$일 때 극대이면서 최대이므로 최댓값은

$f\left(\dfrac{4}{3}\right)=\dfrac{16+1}{\dfrac{16}{9}+2}=\dfrac{9}{2}$ (참)

ㄷ. 방정식 $f(x)=k$가 오직 하나의 실근을 갖는 경우는 함수 $y=f(x)$의 그래프와 직선 $y=k$의 교점이 하나일 때이므로 이때의 실수 k의 값은 $-4,\ 0,\ \dfrac{9}{2}$이다.

즉, 구하는 모든 실수 k의 값의 합은

$-4+0+\dfrac{9}{2}=\dfrac{1}{2}$ (거짓)

따라서 옳은 것은 ㄴ이다.

193 답 ⑤

ㄱ. 조건 (나)에서 $x\geq1$일 때, $f(x)=\dfrac{3-\ln x}{3x^2}$ 이므로

$f'(x)=\dfrac{-\dfrac{1}{x}\times3x^2-(3-\ln x)\times6x}{9x^4}$

$=\dfrac{-7+2\ln x}{3x^3}$

즉, $1<x<e$에서 $f'(x)<0$이므로 함수 $f(x)$는 열린구간 $(1,\ e)$에서 감소한다. (참)

ㄴ. $x>1$일 때, ㄱ에서

$f''(x)=\dfrac{\dfrac{2}{x}\times3x^3-(-7+2\ln x)\times9x^2}{9x^6}$

$=\dfrac{23-6\ln x}{3x^4}$

즉, $1<x<e$에서 $f''(x)>0$이므로 $f(x)$는 열린구간 $(1,\ e)$에서 아래로 볼록하다. (참)

ㄷ. 조건 (가)에서 $f(f(x))=x$이므로 닫힌구간 $[0,\ e]$에서 함수 $y=f(x)$의 그래프는 직선 $y=x$에 대하여 대칭이다.

또한, 조건 (나)에서 $f(1)=1$이므로 ㄱ, ㄴ에서 함수 $y=f(x)$의 그래프는 오른쪽 그림과 같다.

즉, 함수 $y=f(x)$의 그래프와 직선 $y=x$는 점 $(1,\ 1)$에서만 만나므로 방정식 $f(x)=x$, 즉 $f(x)-x=0$은 오직 하나의 실근을 갖는다. (참)

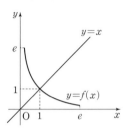

따라서 옳은 것은 ㄱ, ㄴ, ㄷ이다.

194 답 ④

$x=t\ln t,\ y=\dfrac{4t}{\ln t}$에서

$\dfrac{dx}{dt}=\ln t+1,\ \dfrac{dy}{dx}=\dfrac{4\ln t-4}{(\ln t)^2}$

이므로 점 P의 시각 t에서의 속력은

$\sqrt{\left(\dfrac{dx}{dt}\right)^2+\left(\dfrac{dy}{dt}\right)^2}=\sqrt{(\ln t+1)^2+\left\{\dfrac{4\ln t-4}{(\ln t)^2}\right\}^2}$

따라서 시각 $t=e^2$에서 점 P의 속력은

$\sqrt{(2+1)^2+\left(\dfrac{8-4}{4}\right)^2}=\sqrt{10}$

195 답 ①

$x=t-\ln t,\ y=1+4\sqrt{t}$에서

$\dfrac{dx}{dt}=1-\dfrac{1}{t},\ \dfrac{dy}{dt}=\dfrac{2}{\sqrt{t}}$

이므로 점 P의 시각 t에서의 속력은

$\sqrt{\left(\dfrac{dx}{dt}\right)^2+\left(\dfrac{dy}{dt}\right)^2}=\sqrt{\left(1-\dfrac{1}{t}\right)^2+\left(\dfrac{2}{\sqrt{t}}\right)^2}$

$=\sqrt{1-\dfrac{2}{t}+\dfrac{1}{t^2}+\dfrac{4}{t}}$

$=\sqrt{\left(1+\dfrac{1}{t}\right)^2}$

$=1+\dfrac{1}{t}\ (\because t>0)$

점 P의 시각 $t=a$에서 속력이 10이므로

$1+\dfrac{1}{a}=10$ $\therefore a=\dfrac{1}{9}$

196 답 ④

$x = 3 \cos t - \cos 3t$, $y = 3 \sin t - \sin 3t$에서

$\dfrac{dx}{dt} = -3 \sin t + 3 \sin 3t$, $\dfrac{dy}{dt} = 3 \cos t - 3 \cos 3t$

이므로 점 P의 시각 t에서의 속력은

$\sqrt{\left(\dfrac{dx}{dt}\right)^2 + \left(\dfrac{dy}{dt}\right)^2}$

$= \sqrt{(-3\sin t + 3\sin 3t)^2 + (3\cos t - 3\cos 3t)^2}$

$= \sqrt{18 - 18(\sin 3t \sin t + \cos 3t \cos t)}$

$= \sqrt{18(1 - \cos 2t)}$

이때 $-1 \le \cos 2t \le 1$이므로 $\cos 2t = -1$인 시각 t에서 점 P의 속력은 최대가 된다.

또한, 점 P의 시각 t에서의 가속도는

$\dfrac{d^2x}{dt^2} = -3 \cos t + 9 \cos 3t$, $\dfrac{d^2y}{dt^2} = -3 \sin t + 9 \sin 3t$

이므로 점 P의 시각 t에서의 가속도의 크기는

$\sqrt{\left(\dfrac{d^2x}{dt^2}\right)^2 + \left(\dfrac{d^2y}{dt^2}\right)^2}$

$= \sqrt{(-3\cos t + 9\cos 3t)^2 + (-3\sin t + 9\sin 3t)^2}$

$= \sqrt{90 - 54(\cos 3t \cos t + \sin 3t \sin t)}$

$= \sqrt{90 - 54 \cos 2t}$

따라서 $\cos 2t = -1$인 시각 t에서의 점 P의 가속도의 크기는

$\sqrt{90 + 54} = \sqrt{144} = 12$

197 답 ②

$x = \dfrac{3}{2}t^2 + \dfrac{1}{9t}$, $y = \dfrac{4\sqrt{3t}}{3}$에서

$\dfrac{dx}{dt} = 3t - \dfrac{1}{9t^2}$, $\dfrac{dy}{dt} = \dfrac{2}{\sqrt{3t}}$

이므로 점 P의 시각 t에서의 속력은

$\sqrt{\left(\dfrac{dx}{dt}\right)^2 + \left(\dfrac{dy}{dt}\right)^2} = \sqrt{\left(3t - \dfrac{1}{9t^2}\right)^2 + \left(\dfrac{2}{\sqrt{3t}}\right)^2}$

$= \sqrt{9t^2 - \dfrac{2}{3t} + \dfrac{1}{81t^4} + \dfrac{4}{3t}}$

$= \sqrt{9t^2 + \dfrac{2}{3t} + \dfrac{1}{81t^4}}$

$= \sqrt{\left(3t + \dfrac{1}{9t^2}\right)^2}$

$= 3t + \dfrac{1}{9t^2}$ $(\because t > 0)$

$f(t) = 3t + \dfrac{1}{9t^2}$ $(t > 0)$이라 하면 $f'(t) = 3 - \dfrac{2}{9t^3}$

$f'(t) = 0$에서 $t = \dfrac{\sqrt[3]{2}}{3}$

$t > 0$에서 함수 $f(t)$의 증가와 감소를 표로 나타내면 다음과 같다.

t	(0)	$\cdots$	$\dfrac{\sqrt[3]{2}}{3}$	$\cdots$
$f'(t)$		$-$	0	$+$
$f(t)$		$\searrow$	극소	$\nearrow$

따라서 함수 $f(t)$는 $t = \dfrac{\sqrt[3]{2}}{3}$에서 극소이면서 최소이므로

$a = \dfrac{\sqrt[3]{2}}{3}$ $\therefore a^3 = \dfrac{2}{27}$

198 답 ③

$\displaystyle\lim_{x\to\infty} \dfrac{a^{\frac{1}{x}} - 1}{\log_a\left(1 + \dfrac{1}{3x}\right)} = \lim_{x\to\infty}\left\{\dfrac{a^{\frac{1}{x}} - 1}{\dfrac{1}{x}} \times \dfrac{\dfrac{1}{3x}}{\log_a\left(1 + \dfrac{1}{3x}\right)} \times 3\right\}$

$= 3 \times \displaystyle\lim_{x\to\infty} \dfrac{a^{\frac{1}{x}} - 1}{\dfrac{1}{x}} \times \lim_{x\to\infty} \dfrac{\dfrac{1}{3x}}{\log_a\left(1 + \dfrac{1}{3x}\right)}$

이때 $\dfrac{1}{x} = t$라 하면 $x \to \infty$일 때 $t \to 0$이고,

$\dfrac{1}{3x} = s$라 하면 $x \to \infty$일 때 $s \to 0$이므로

$\displaystyle\lim_{x\to\infty} \dfrac{a^{\frac{1}{x}} - 1}{\log_a\left(1 + \dfrac{1}{3x}\right)} = 3 \times \lim_{x\to\infty} \dfrac{a^{\frac{1}{x}} - 1}{\dfrac{1}{x}} \times \lim_{x\to\infty} \dfrac{\dfrac{1}{3x}}{\log_a\left(1 + \dfrac{1}{3x}\right)}$

$= 3 \times \displaystyle\lim_{t\to 0} \dfrac{a^t - 1}{t} \times \lim_{s\to 0} \dfrac{s}{\log_a(1 + s)}$

$= 3 \times \ln a \times \ln a$

$= 3(\ln a)^2$

즉, $3(\ln a)^2 = 27(\ln 3)^2$에서

$(\ln a)^2 = 9(\ln 3)^2 = (3\ln 3)^2$이므로

$\ln a = 3 \ln 3$ 또는 $\ln a = -3 \ln 3$

$\therefore a = 27$ 또는 $a = \dfrac{1}{27}$

따라서 모든 실수 a의 값의 곱은

$27 \times \dfrac{1}{27} = 1$

199 답 40

삼각형 ABD가 직각삼각형이므로

$\overline{AD} = \sqrt{\overline{AB}^2 + \overline{BD}^2}$

$= \sqrt{2^2 + (\sqrt{21})^2} = 5$

$\angle DAB = \alpha$라 하면

$\sin \alpha = \dfrac{\sqrt{21}}{5}$, $\cos \alpha = \dfrac{2}{5}$

또한, 삼각형 ACD가 직각삼각형이므로

$\overline{AC} = \sqrt{\overline{AD}^2 - \overline{CD}^2}$

$= \sqrt{5^2 - 3^2} = 4$

$\angle DAC = \beta$라 하면

$\sin \beta = \dfrac{3}{5}$, $\cos \beta = \dfrac{4}{5}$

삼각형 ABC에서 $\angle CAB = \theta$라 하면 $\theta = \alpha - \beta$이므로

$$\begin{aligned}
\sin\theta &= \sin(\alpha - \beta)\\
&= \sin\alpha\cos\beta - \cos\alpha\sin\beta\\
&= \frac{\sqrt{21}}{5} \times \frac{4}{5} - \frac{2}{5} \times \frac{3}{5}\\
&= \frac{4\sqrt{21}-6}{25}
\end{aligned}$$

이때 삼각형 ABC의 넓이는

$$\begin{aligned}
\frac{1}{2} \times \overline{AB} \times \overline{AC} \times \sin\theta &= \frac{1}{2} \times 2 \times 4 \times \frac{4\sqrt{21}-6}{25}\\
&= \frac{16\sqrt{21}-24}{25}
\end{aligned}$$

따라서 $p=16$, $q=-24$이므로

$p-q=16-(-24)=40$

200 답 ②

$h(x)=(g \circ g)(x)=g(g(x))$이므로 $h(k)=k$에서

$g(g(k))=k$ ...... ㉠

㉠의 양변에 함수 f를 합성하면

$f(g(g(k)))=f(k)$

$\therefore g(k)=f(k)$ $(\because f^{-1}(x)=g(x))$

이때 함수 $f(x)$가 실수 전체의 집합에서 증가하므로

함수 $y=f(x)$의 그래프와 그 역함수 $y=g(x)$의 그래프의 교점은 직선 $y=x$ 위에 존재한다.

$\therefore f(k)=g(k)=k$

$h'(k)=g'(k)g'(g(k))=g'(k) \times g'(k)=\{g'(k)\}^2$이고

$h'(k)=25$이므로 $\{g'(k)\}^2=25$

따라서 $f'(k)=\dfrac{1}{g'(f(k))}=\dfrac{1}{g'(k)}$이고

$f'(k)>0$이므로 $g'(k)>0$

$\therefore f'(k)=\dfrac{1}{g'(k)}=\dfrac{1}{5}$

201 답 ③

$\displaystyle\lim_{x \to 2}\frac{g(x)}{x-2}=b$ ...... ㉠

에서 $x \to 2$일 때 극한값이 존재하고 (분모) $\to 0$이므로 (분자) $\to 0$이어야 한다.

즉, $\displaystyle\lim_{x \to 2}g(x)=0$이고 함수 $g(x)$가 미분가능하므로

$g(2)=0$

㉠에서

$b=\displaystyle\lim_{x \to 2}\frac{g(x)-g(2)}{x-2}=g'(2)$

또한, 함수 $f(x)$의 역함수가 $g(x)$이고 $g(2)=0$이므로

$f(0)=\dfrac{ae^0}{1+e^0}=\dfrac{a}{2}=2$

$\therefore a=4$

$f(x)=\dfrac{4e^x}{1+e^x}$에서

$$\begin{aligned}
f'(x) &= \frac{4e^x(1+e^x)-4e^x \times e^x}{(1+e^x)^2}\\
&= \frac{4e^x}{(1+e^x)^2}
\end{aligned}$$

한편, $g(f(x))=x$이므로 양변을 x에 대하여 미분하면

$g'(f(x))f'(x)=1$에서

$g'(f(x))=\dfrac{1}{f'(x)}$

$$\begin{aligned}
\therefore g'(2)=g'(f(0)) &= \frac{1}{f'(0)}\\
&= \frac{(1+e^0)^2}{4e^0}=1
\end{aligned}$$

$\therefore a+b=a+g'(2)=4+1=5$

202 답 ①

$\displaystyle\lim_{x \to 1}\dfrac{f(x)-\dfrac{\pi}{3}}{x-1}=k$에서 $x \to 1$일 때, 극한값이 존재하고

(분모) $\to 0$이므로 (분자) $\to 0$이어야 한다.

즉, $\displaystyle\lim_{x \to 1}\left\{f(x)-\dfrac{\pi}{3}\right\}=0$이고 함수 $f(x)$가 미분가능하므로

$f(1)=\dfrac{\pi}{3}$

$h(x)=(g \circ f)(x)$라 하면

$h'(x)=g'(f(x))f'(x)$

위의 식의 양변에 $x=1$을 대입하면

$$\begin{aligned}
h'(1)=g'(f(1))f'(1) &= g'\left(\frac{\pi}{3}\right)f'(1)\\
&= -\sin\frac{\pi}{3} \times f'(1) \ (\because g'(x)=-\sin x)\\
&= -\frac{\sqrt{3}}{2}f'(1)
\end{aligned}$$

이때 합성함수 $y=(g \circ f)(x)$의 그래프 위의 점 $(1, (g \circ f)(1))$에서의 접선의 기울기가 $\dfrac{1}{2}$이므로

$h'(1)=\dfrac{1}{2}$에서 $-\dfrac{\sqrt{3}}{2}f'(1)=\dfrac{1}{2}$

$\therefore f'(1)=-\dfrac{1}{\sqrt{3}}$

따라서

$$\begin{aligned}
\lim_{x \to 1}\frac{f(x)-\dfrac{\pi}{3}}{x-1} &= \lim_{x \to 1}\frac{f(x)-f(1)}{x-1}\\
&= f'(1)=-\frac{1}{\sqrt{3}}
\end{aligned}$$

이므로 $k=-\dfrac{1}{\sqrt{3}}$

203 답 ①

다음 그림과 같이 변 DE의 중점을 M′이라 하고 정육각형 ABCDEF의 한 변의 길이를 $6a$라 하자.

또한, 삼각형 AEF의 꼭짓점 F에서 선분 AE에 내린 수선의 발을 H라 하자.

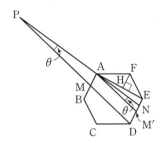

$\angle \text{AFH}=60°$이므로 $\overline{\text{AH}}=3\sqrt{3}a$이고,

$\overline{\text{AE}}=6\sqrt{3}a$, $\overline{\text{EM}'}=3a$, $\overline{\text{EN}}=2a$

또한, $\overline{\text{AM}'} /\!/ \overline{\text{MD}}$이므로 $\angle \text{NAM}'=\theta$이고,

$\angle \text{M}'\text{AE}=\alpha$, $\angle \text{NAE}=\beta$라 하면 $\angle \text{AED}=\dfrac{\pi}{2}$이므로

$\tan \alpha = \dfrac{\overline{\text{EM}'}}{\overline{\text{AE}}}=\dfrac{3a}{6\sqrt{3}a}=\dfrac{1}{2\sqrt{3}}$,

$\tan \beta = \dfrac{\overline{\text{EN}}}{\overline{\text{AE}}}=\dfrac{2a}{6\sqrt{3}a}=\dfrac{1}{3\sqrt{3}}$

$\therefore \tan \theta = \tan(\alpha - \beta)$

$\qquad = \dfrac{\tan \alpha - \tan \beta}{1+\tan \alpha \tan \beta}$

$\qquad = \dfrac{\dfrac{1}{2\sqrt{3}}-\dfrac{1}{3\sqrt{3}}}{1+\dfrac{1}{2\sqrt{3}}\times \dfrac{1}{3\sqrt{3}}}$

$\qquad = \dfrac{\dfrac{\sqrt{3}}{18}}{\dfrac{19}{18}}=\dfrac{\sqrt{3}}{19}$

204 답 ②

점 A에서 선분 BC에 내린 수선의 발을
H_1이라 하면
$\overline{\text{BH}_1}=\overline{\text{CH}_1}$
직각삼각형 ABH_1에서
$\overline{\text{BH}_1}=\overline{\text{AB}}\sin \dfrac{\theta}{2}=2\sin \dfrac{\theta}{2}$이므로

$\overline{\text{BC}}=2\overline{\text{BH}_1}=4\sin \dfrac{\theta}{2}$

이때 $\overline{\text{BC}}=\overline{\text{BD}}$이므로

$\angle \text{BCD}=\angle \text{CDB}$

이고, 두 삼각형 ABC, BCD는 서로 닮음 (AA 닮음)이다.

$\therefore \angle \text{CBD}=\angle \text{CAB}=\theta$

점 B에서 선분 CD에 내린 수선의 발을 H_2라 하면 직각삼각형 BCH_2에서

$\overline{\text{CH}_2}=\overline{\text{BC}}\sin \dfrac{\theta}{2}$

$\qquad =4\sin \dfrac{\theta}{2}\times \sin \dfrac{\theta}{2}$

$\qquad =4\sin^2 \dfrac{\theta}{2}$

$\therefore \overline{\text{CD}}=2\overline{\text{CH}_2}=8\sin^2 \dfrac{\theta}{2}$

또한, 두 삼각형 BCD, CED는 서로 닮음 (AA 닮음)이다.

$\therefore \overline{\text{CE}}=\overline{\text{CD}}=8\sin^2 \dfrac{\theta}{2}$

이때

$\angle \text{BCE}=\angle \text{DEC}-\angle \text{EBC}$

$\qquad =\dfrac{\pi - \theta}{2}-\theta = \dfrac{\pi}{2}-\dfrac{3}{2}\theta$

이므로

$S(\theta)=\dfrac{1}{2}\times \overline{\text{BC}}\times \overline{\text{CE}}\times \sin(\angle \text{BCE})$

$\qquad =\dfrac{1}{2}\times 4\sin \dfrac{\theta}{2}\times 8\sin^2 \dfrac{\theta}{2}\times \sin\left(\dfrac{\pi}{2}-\dfrac{3}{2}\theta\right)$

$\qquad =16\sin^3 \dfrac{\theta}{2}\cos \dfrac{3}{2}\theta$

$\therefore \lim_{\theta \to 0+}\dfrac{S(\theta)}{\theta^3}=\lim_{\theta \to 0+}\dfrac{16\sin^3 \dfrac{\theta}{2}\cos \dfrac{3}{2}\theta}{\theta^3}$

$\qquad\qquad =2\lim_{\theta \to 0+}\left\{\left(\dfrac{\sin \dfrac{\theta}{2}}{\dfrac{\theta}{2}}\right)^3 \times \cos \dfrac{3}{2}\theta\right\}$

$\qquad\qquad =2\times 1^3 \times 1=2$

205 답 ①

$f(x)=\begin{cases} x+a & (x<1) \\ b\sin \pi x+c & (x\geq 1) \end{cases}$의 그래프가 점 $\left(\dfrac{3}{2}, 1\right)$을 지나므로

$f\left(\dfrac{3}{2}\right)=b\sin \dfrac{3}{2}\pi + c=1$

$\therefore -b+c=1$ ······ ㉠

함수 $f(x)=\begin{cases} x+a & (x<1) \\ b\sin \pi x+c & (x\geq 1) \end{cases}$이 $x=1$에서 연속이므로

$\lim_{x\to 1+}(b\sin \pi x+c)=\lim_{x\to 1-}(x+a)$

$\therefore c=1+a$ ······ ㉡

㉠, ㉡에서 $a=b$

즉, 함수 $f(x)=\begin{cases} x+a & (x<1) \\ a\sin \pi x+a+1 & (x\geq 1) \end{cases}$이 $x=1$에서 미분가능

하므로

$\lim_{x\to 1+}\dfrac{f(x)-f(1)}{x-1}=\lim_{x\to 1-}\dfrac{f(x)-f(1)}{x-1}$

이때

$\lim_{x\to 1+}\dfrac{f(x)-f(1)}{x-1}=\lim_{x\to 1+}\dfrac{(a\sin \pi x+a+1)-(a+1)}{x-1}$

$\qquad\qquad =\lim_{x\to 1+}\dfrac{a\sin \pi x}{x-1}$

$x-1=t$라 하면 $x\to 1+$일 때 $t\to 0+$이므로

$\lim_{x\to 1+}\dfrac{f(x)-f(1)}{x-1}=\lim_{x\to 1+}\dfrac{a\sin \pi x}{x-1}$

$\qquad\qquad =a\lim_{t\to 0+}\dfrac{\sin \pi(t+1)}{t}$

$\qquad\qquad =a\lim_{t\to 0+}\dfrac{\sin \pi t \cos \pi - \cos \pi t \sin \pi}{t}$

$\qquad\qquad =a\lim_{t\to 0+}\dfrac{-\sin \pi t}{t}$

$\qquad\qquad =a\lim_{t\to 0+}\left(\dfrac{-\sin \pi t}{\pi t}\times \pi\right)$

$\qquad\qquad =-a\pi$

$$\lim_{x \to 1-} \frac{f(x)-f(1)}{x-1} = \lim_{x \to 1-} \frac{(x+a)-(a+1)}{x-1}$$
$$= \lim_{x \to 1-} \frac{x-1}{x-1} = 1$$

에서 $-a\pi = 1$

$$\therefore a = -\frac{1}{\pi}$$

따라서 $f(x) = \begin{cases} x - \dfrac{1}{\pi} & (x<1) \\ -\dfrac{1}{\pi}\sin \pi x - \dfrac{1}{\pi} + 1 & (x \geq 1) \end{cases}$ 이므로

$$f(0)+f(2) = \left(0 - \frac{1}{\pi}\right) + \left(-\frac{1}{\pi}\sin 2\pi - \frac{1}{\pi} + 1\right)$$
$$= 1 - \frac{2}{\pi}$$

206 답 ②

$x+f(x) = x + \sin x + \dfrac{\pi}{3}$ 이므로

$$\{x+f(x)\}' = 1 + f'(x)$$
$$= 1 + \cos x \geq 0 \ (\because -1 \leq \cos x \leq 1)$$

즉, 함수 $x+f(x)$는 실수 전체의 집합에서 증가한다.

또한, $\lim\limits_{x \to -\infty} \{x+f(x)\} = -\infty$, $\lim\limits_{x \to \infty} \{x+f(x)\} = \infty$ 이므로

함수 $y=x+f(x)$의 그래프는 x축과 한 점에서 만난다.

이때 함수 $F(x)$가 실수 전체의 집합에서 미분가능하려면

$x+f(x)=k$를 만족시키는 x의 값에서 $\{x+f(x)\}'=0$이어야 한다.

즉, $\{x+f(x)\}' = 1 + \cos x = 0$에서

$\cos x = -1$

따라서 $x = 2n\pi + \pi$ (n은 정수)이므로

$$k = 2n\pi + \pi + f(2n\pi + \pi)$$
$$= 2n\pi + \pi + \frac{\pi}{3} + \sin(2n\pi + \pi)$$
$$= 2n\pi + \frac{4}{3}\pi$$

$\therefore k = -\dfrac{8}{3}\pi$ 또는 $k = -\dfrac{2}{3}\pi$ 또는 $k = \dfrac{4}{3}\pi$ $(\because -3\pi < k < 3\pi)$

따라서 구하는 모든 실수 k의 값의 합은

$$-\frac{8}{3}\pi + \left(-\frac{2}{3}\pi\right) + \frac{4}{3}\pi = -2\pi$$

207 답 ③

$f(x) = \dfrac{\sin x}{3+\cos x} = 0$에서 $\sin x = 0$

즉, $x = n\pi$ (n은 양의 정수)이므로

$x_n = n\pi$

$$f'(x) = \frac{\cos x(3+\cos x) - \sin x \times (-\sin x)}{(3+\cos x)^2}$$
$$= \frac{3\cos x + \cos^2 x + \sin^2 x}{(3+\cos x)^2}$$
$$= \frac{3\cos x + 1}{(3+\cos x)^2}$$

점 $(x_n, 0)$에서의 접선 l_n의 방정식은

$$l_n : y = \frac{3\cos n\pi + 1}{(3+\cos n\pi)^2}(x - n\pi)$$

(i) n이 홀수일 때

$\cos n\pi = -1$이므로 $l_n : y = -\dfrac{1}{2}x + \dfrac{n}{2}\pi$에서

직선 l_n의 y절편은 $\dfrac{n}{2}\pi$이다.

(ii) n이 짝수일 때

$\cos n\pi = 1$이므로 $l_n : y = \dfrac{1}{4}x - \dfrac{n}{4}\pi$에서

직선 l_n의 y절편은 $-\dfrac{n}{4}\pi$이다.

(i), (ii)에서

$$\sum_{n=1}^{10} y_n = \left(\frac{\pi}{2} + \frac{3}{2}\pi + \frac{5}{2}\pi + \frac{7}{2}\pi + \frac{9}{2}\pi\right)$$
$$+ \left(-\frac{2}{4}\pi - \frac{4}{4}\pi - \frac{6}{4}\pi - \frac{8}{4}\pi - \frac{10}{4}\pi\right)$$
$$= \frac{\pi}{2}(1+3+5+7+9) - \frac{\pi}{2}(1+2+3+4+5)$$
$$= \frac{25}{2}\pi - \frac{15}{2}\pi = 5\pi$$

208 답 ⑤

$f(x) = \ln(x^2+a)$에서

$$f'(x) = \frac{2x}{x^2+a}$$

$f'(x)=0$에서 $x=0$

함수 $f(x)$의 증가와 감소를 표로 나타내면 다음과 같다.

x	$\cdots$	0	$\cdots$
$f'(x)$	$-$	0	$+$
$f(x)$	$\searrow$	극소	$\nearrow$

함수 $f(x)$는 $x=0$에서 극솟값 $2\ln 2$를 가지므로

$f(0) = 2\ln 2$, $\ln a = 2\ln 2$

$\ln a = \ln 4$ $\quad \therefore a = 4$

$f(x) = \ln(x^2+4)$에서

$$f'(x) = \frac{2x}{x^2+4}$$
$$f''(x) = \frac{2(x^2+4) - 2x \times 2x}{(x^2+4)^2} = \frac{-2x^2+8}{(x^2+4)^2}$$

$f''(x)=0$에서 $-2x^2+8=0$, $-2(x^2-4)=0$

$-2(x+2)(x-2)=0$ $\quad \therefore x=-2$ 또는 $x=2$

이때 $x=-2$, $x=2$의 좌우에서 $f''(x)$의 부호가 바뀌므로 곡선 $y=f(x)$의 변곡점의 x좌표는 $x=-2$, $x=2$이고 함수 $y=f(x)$의 그래프의 개형은 다음 그림과 같다.

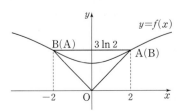

이때 A$(2, 3\ln 2)$, B$(-2, 3\ln 2)$ 또는 A$(-2, 3\ln 2)$,
B$(2, 3\ln 2)$이므로
$\overline{AB}=|2-(-2)|=4$
따라서 삼각형 OAB의 넓이는
$\dfrac{1}{2}\times 4\times 3\ln 2=6\ln 2$
이므로 $\ln b=6\ln 2=\ln 64$ $\quad \therefore b=64$
$\therefore a+b=4+64=68$

209 답 ③

함수 $f(x)$는 실수 전체의 집합에서 연속이고, 부등식
$$\lim_{x\to a-}\frac{f'(x)-f'(a)}{x-a}\times \lim_{x\to a+}\frac{f'(x)-f'(a)}{x-a}<0$$
이므로 $x=a$의 좌우에서 $f''(x)$의 부호가 바뀌므로 $f''(a)=0$이
고, 점 $(a, f(a))$는 곡선 $y=f(x)$의 변곡점이다.
즉, 이 부등식을 만족시키는 실수 a의 개수가 1이므로 곡선
$y=f(x)$는 오직 하나의 변곡점을 갖는다.
$f(x)=\sin 2x+kx^3-kx$에서
$f'(x)=2\cos 2x+3kx^2-k$
$f''(x)=-4\sin 2x+6kx$
$f''(x)=0$에서 $-4\sin 2x+6kx=0$
$2\sin 2x=3kx$
이때 $g(x)=2\sin 2x$, $h(x)=3kx$라 하면
$g(0)=h(0)$이므로 $a=0$

즉, 곡선 $y=f(x)$가 오직 하나의
변곡점을 가지려면 오른쪽 그림과
같이 $x=0$의 좌우에서
$g(x)-h(x)$의 부호가 바뀌어야
하고, $g'(0)\le h'(0)$이어야 한다.
$g'(x)=4\cos 2x$, $h'(x)=3k$에
서 $g'(0)=4$, $h'(0)=3k$이므로
$3k\ge 4$ $\quad \therefore k\ge \dfrac{4}{3}$

따라서 $f'(0)=2\cos 0-k=2-k\le 2-\dfrac{4}{3}=\dfrac{2}{3}$이므로 $f'(0)$의
최댓값은 $\dfrac{2}{3}$이다.

210 답 ②

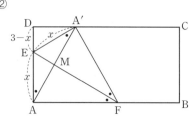

위의 그림에서 점 A가 선분 CD 위에 오도록 접었을 때, 선분 CD
위에 놓인 점을 A′이라 하고, $\overline{AE}=x\left(\dfrac{3}{2}<x\le 3\right)$이라 하면
$\overline{A'E}=x$, $\overline{DE}=3-x$

직각삼각형 A′DE에서
$\overline{A'D}=\sqrt{x^2-(3-x)^2}=\sqrt{6x-9}$
또한, 접는 선이 선분 AB와 만나는 점을 F라 하고, 선분 AA′과
선분 EF가 만나는 점을 M이라 하면
$\angle A'FE=\angle AFE=\angle EA'M=\angle EAM$이므로
두 삼각형 DAA′, AFE는 서로 닮음 (AA 닮음)이다.
$\overline{A'D}:\overline{AD}=\overline{AE}:\overline{AF}$에서
$\sqrt{6x-9}:3=x:\overline{AF}$
$\therefore \overline{AF}=\dfrac{3x}{\sqrt{6x-9}}$
직각삼각형 AFE에서
$\overline{EF}^2=\overline{AE}^2+\overline{AF}^2$
$\qquad =x^2+\dfrac{9x^2}{6x-9}$
$\qquad =x^2+\dfrac{3x^2}{2x-3}$
$f(x)=x^2+\dfrac{3x^2}{2x-3}\left(\dfrac{3}{2}<x\le 3\right)$이라 하면
$f'(x)=2x+\dfrac{6x(2x-3)-3x^2\times 2}{(2x-3)^2}$
$\qquad =\dfrac{2x(2x-3)^2+12x^2-18x-6x^2}{(2x-3)^2}$
$\qquad =\dfrac{8x^3-24x^2+18x+12x^2-18x-6x^2}{(2x-3)^2}$
$\qquad =\dfrac{8x^3-18x^2}{(2x-3)^2}=\dfrac{2x^2(4x-9)}{(2x-3)^2}$
$f'(x)=0$에서 $x=\dfrac{9}{4}\left(\because \dfrac{3}{2}<x\le 3\right)$
$\dfrac{3}{2}<x\le 3$에서 함수 $f(x)$의 증가와 감소를 표로 나타내면 다음과
같다.

x	$\left(\dfrac{3}{2}\right)$	$\cdots$	$\dfrac{9}{4}$	$\cdots$	3
$f'(x)$		$-$	0	$+$	
$f(x)$		$\searrow$	극소	$\nearrow$	

함수 $f(x)$는 $x=\dfrac{9}{4}$일 때 극소이면서 최소이다.

따라서 접는 선, 즉 선분 EF의 길이는 선분 AE의 길이가 $\dfrac{9}{4}$일 때,
최솟값을 갖는다.

211 답 27

$f(x)=x^n e^{-x}$에서
$f'(x)=nx^{n-1}e^{-x}-x^n e^{-x}=-x^{n-1}(x-n)e^{-x}$
$f'(x)=0$에서 $x=0$ 또는 $x=n$
(i) n이 짝수일 때
함수 $f(x)$의 증가와 감소를 표로 나타내면 다음과 같다.

x	$\cdots$	0	$\cdots$	n	$\cdots$
$f'(x)$	$-$	0	$+$	0	$-$
$f(x)$	$\searrow$	극소	$\nearrow$	극대	$\searrow$

함수 $f(x)$는 $x=0$에서 극소이고, $x=n$에서 극대이다.

(ii) n이 3 이상의 홀수일 때

함수 $f(x)$의 증가와 감소를 표로 나타내면 다음과 같다.

x	$\cdots$	0	$\cdots$	n	$\cdots$
$f'(x)$	$+$	0	$+$	0	$-$
$f(x)$	↗		↗	극대	↘

함수 $f(x)$는 $x=n$에서 극대이다.

함수 $f(x)$가 $x=n$에서만 극값을 가지므로 (i), (ii)에서 n은 3 이상의 홀수이다. 즉, n의 최솟값은 3이다.

한편,

$$g(x)=4\sin^2 x-\cos^2 x$$
$$=4\sin^2 x-(1-\sin^2 x)$$
$$=5\sin^2 x-1$$

이므로

$$-1\le g(x)\le 4$$

$(f\circ g)(x)=f(g(x))$에서 $g(x)=t$라 하면

$$-1\le t\le 4$$

$n=3$일 때, $f(t)=t^3 e^{-t}$이므로

$$f'(t)=3t^2 e^{-t}-t^3 e^{-t}$$
$$=-t^2(t-3)e^{-t}$$

$f'(t)=0$에서 $t=0$ 또는 $t=3$

$-1\le t\le 4$에서 함수 $f(t)$의 증가와 감소를 표로 나타내면 다음과 같다.

t	-1	$\cdots$	0	$\cdots$	3	$\cdots$	4
$f'(t)$		$+$	0	$+$	0	$-$	
$f(t)$	$-e$	↗	0	↗	극대	↘	$64e^{-4}$

함수 $f(t)$는 $t=3$일 때 극대이면서 최대이다.

$f(-1)=-e$, $f(3)=27e^{-3}$, $f(4)=64e^{-4}$이고, 함수 $y=f(t)$의 그래프의 개형은 다음 과 같다.

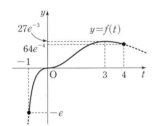

따라서 $M=f(3)=27e^{-3}$, $m=f(-1)=-e$이므로

$$e^4\times\left|\frac{M}{m}\right|=e^4\times\left|\frac{27e^{-3}}{-e}\right|=27$$

212 답 ②

ㄱ. 곡선 $y=f(x)$ 위의 임의의 점 $P(x, f(x))$와 원점 사이의 거리의 제곱인 $F(x)$는

$$F(x)=x^2+\{f(x)\}^2$$이므로

$$F'(x)=2x+2f(x)f'(x)$$

함수 $F(x)$가 $x=-1$ 또는 $x=1$에서 최솟값을 갖지 않으므로 $x=k$에서 최소이면서 극소이다.

즉, $F'(k)=0$이 성립하므로

$$2k+2f(k)f'(k)=0$$

$$\therefore f(k)f'(k)=-k \text{ (거짓)}$$

ㄴ. $F'(x)=2x+2f(x)f'(x)$에서

$$F''(x)=2+2\{f'(x)\}^2+2f(x)f''(x)$$

이때 곡선 $y=f(x)$가 아래로 볼록하면 $f''(x)>0$이고 열린구간 $(-1, 1)$에서 $f(x)>0$이므로 $F''(x)>0$이다.

즉, 곡선 $y=F(x)$도 아래로 볼록하다. (참)

ㄷ. [반례] $f(x)=-\dfrac{1}{8}x^2+2\ (-1\le x\le 1)$이라 하면

곡선 $y=f(x)$는 위로 볼록하지만

$$F(x)=x^2+\left(-\frac{1}{8}x^2+2\right)^2=\frac{1}{64}x^4+\frac{1}{2}x^2+4$$에서

$$F'(x)=\frac{1}{16}x^3+x,\ F''(x)=\frac{3}{16}x^2+1$$

이므로 $F''(x)>0$이 되어 곡선 $y=F(x)$는 아래로 볼록하다.

(거짓)

따라서 옳은 것은 ㄴ이다.

기출문제로 개념 확인하기   본문 079쪽

213   4

$\int_2^4 2e^{2x-4}\,dx = \left[e^{2x-4}\right]_2^4 = e^4 - 1$

따라서 $k = e^4 - 1$이므로

$\ln(k+1) = \ln\{(e^4-1)+1\} = \ln e^4 = 4$

214   ②

$f(x) = x + \ln x$에서 $f'(x) = 1 + \dfrac{1}{x}$이므로

$\int_1^e \left(1 + \dfrac{1}{x}\right)f(x)\,dx = \int_1^e f'(x)f(x)\,dx$

$f(x) = t$라 하면 $f'(x) = \dfrac{dt}{dx}$이고

$x=1$일 때 $t=1$, $x=e$일 때 $t=e+1$이므로

$\begin{aligned}\int_1^e f'(x)f(x)\,dx &= \int_1^{e+1} t\,dt = \left[\dfrac{1}{2}t^2\right]_1^{e+1}\\ &= \dfrac{1}{2}(e+1)^2 - \dfrac{1}{2}\\ &= \dfrac{e^2}{2} + e\end{aligned}$

215   ①

$u(x) = x-1$, $v'(x) = e^{-x}$이라 하면

$u'(x) = 1$, $v(x) = -e^{-x}$이므로

$\begin{aligned}\int_1^2 (x-1)e^{-x}\,dx &= \left[(x-1)(-e^{-x})\right]_1^2 - \int_1^2 (-e^{-x})\,dx\\ &= -\dfrac{1}{e^2} - \left[e^{-x}\right]_1^2\\ &= -\dfrac{1}{e^2} - \left(\dfrac{1}{e^2} - \dfrac{1}{e}\right)\\ &= \dfrac{1}{e} - \dfrac{2}{e^2}\end{aligned}$

216   ①

$\begin{aligned}\lim_{n\to\infty}\dfrac{1}{n}\sum_{k=1}^n \sqrt{\dfrac{3n}{3n+k}} &= \lim_{n\to\infty}\dfrac{1}{n}\sum_{k=1}^n \sqrt{\dfrac{3}{3+\frac{k}{n}}}\\ &= \int_3^4 \sqrt{\dfrac{3}{x}}\,dx\\ &= \sqrt{3}\int_3^4 x^{-\frac{1}{2}}\,dx\\ &= \sqrt{3}\left[2x^{\frac{1}{2}}\right]_3^4\\ &= 2\sqrt{3}(2-\sqrt{3}) = 4\sqrt{3} - 6\end{aligned}$

217   ①

직선 $y=g(x)$가 점 A$(1,\ 2)$를 지나고 x축에 평행하므로 $g(x)=2$이다.

직선 $y=2$와 곡선 $y = 2\sqrt{2}\sin\dfrac{\pi}{4}x$의 교점의 x좌표는

$2 = 2\sqrt{2}\sin\dfrac{\pi}{4}x$에서 $\sin\dfrac{\pi}{4}x = \dfrac{\sqrt{2}}{2}$

$\therefore x=1$ 또는 $x=3$

따라서 구하는 넓이는

$\begin{aligned}&\int_1^3 \{f(x)-g(x)\}\,dx\\ &= \int_1^3 \left(2\sqrt{2}\sin\dfrac{\pi}{4}x - 2\right)dx\\ &= \left[-2\sqrt{2}\times\dfrac{4}{\pi}\cos\dfrac{\pi}{4}x - 2x\right]_1^3\\ &= \left\{-2\sqrt{2}\times\dfrac{4}{\pi}\times\left(-\dfrac{\sqrt{2}}{2}\right) - 6\right\} - \left(-2\sqrt{2}\times\dfrac{4}{\pi}\times\dfrac{\sqrt{2}}{2} - 2\right)\\ &= \dfrac{8}{\pi} - 6 + \dfrac{8}{\pi} + 2\\ &= \dfrac{16}{\pi} - 4\end{aligned}$

218   ②

오른쪽 그림과 같이 주어진 입체도형을 x좌표가 $t\ (0\le t\le k)$인 점을 지나고 x축에 수직인 평면으로 자른 단면은 한 변의 길이가

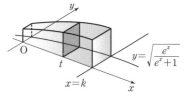

$\sqrt{\dfrac{e^t}{e^t+1}}$인 정사각형이므로 단면의 넓이를 $S(t)$라 하면

$S(t) = \left(\sqrt{\dfrac{e^t}{e^t+1}}\right)^2 = \dfrac{e^t}{e^t+1}$

$\int_0^k S(t)\,dt = \int_0^k \dfrac{e^t}{e^t+1}\,dt$에서

$e^t+1 = s$라 하면 $e^t = \dfrac{ds}{dt}$이고

$t=0$일 때 $s=2$, $t=k$일 때 $s = e^k+1$이므로

$\begin{aligned}\int_0^k S(t)\,dt &= \int_0^k \dfrac{e^t}{e^t+1}\,dt\\ &= \int_2^{e^k+1} \dfrac{1}{s}\,ds\\ &= \left[\ln s\right]_2^{e^k+1}\\ &= \ln(e^k+1) - \ln 2\\ &= \ln\dfrac{e^k+1}{2}\end{aligned}$

이때 입체도형의 부피가 $\ln 7$이므로

$\dfrac{e^k+1}{2} = 7$, $e^k = 13$

$\therefore k = \ln 13$

219   ②

$f'(x)=2-\dfrac{3}{x^2}$ 에서

$f(x)=\displaystyle\int\left(2-\dfrac{3}{x^2}\right)dx=2x+\dfrac{3}{x}+C_1$ (단, C_1은 적분상수)

이때 $f(1)=5$이므로

$2+3+C_1=5$ $\therefore C_1=0$

$\therefore f(x)=2x+\dfrac{3}{x}$

한편, $x<0$에서

$g'(x)=f'(-x)=2-\dfrac{3}{x^2}$이므로

$g(x)=\displaystyle\int\left(2-\dfrac{3}{x^2}\right)dx=2x+\dfrac{3}{x}+C_2$ (단, C_2는 적분상수)

이때 $f(2)+g(-2)=9$이므로

$\left(4+\dfrac{3}{2}\right)+\left(-4-\dfrac{3}{2}+C_2\right)=9$ $\therefore C_2=9$

따라서 $g(x)=2x+\dfrac{3}{x}+9$이므로

$g(-3)=-6-1+9=2$

220   ④

$f(x)=\displaystyle\int(\sin^2 x+2\cos x)\,dx$에서

$f'(x)=\sin^2 x+2\cos x$이므로

$\displaystyle\lim_{h\to 0}\dfrac{f\left(\dfrac{\pi}{3}+h\right)-f\left(\dfrac{\pi}{3}-h\right)}{h}$

$=\displaystyle\lim_{h\to 0}\dfrac{f\left(\dfrac{\pi}{3}+h\right)-f\left(\dfrac{\pi}{3}\right)+f\left(\dfrac{\pi}{3}\right)-f\left(\dfrac{\pi}{3}-h\right)}{h}$

$=\displaystyle\lim_{h\to 0}\dfrac{f\left(\dfrac{\pi}{3}+h\right)-f\left(\dfrac{\pi}{3}\right)}{h}+\lim_{h\to 0}\dfrac{f\left(\dfrac{\pi}{3}-h\right)-f\left(\dfrac{\pi}{3}\right)}{-h}$

$=f'\left(\dfrac{\pi}{3}\right)+f'\left(\dfrac{\pi}{3}\right)$

$=2f'\left(\dfrac{\pi}{3}\right)$

$=2\left(\sin^2\dfrac{\pi}{3}+2\cos\dfrac{\pi}{3}\right)$

$=2\left\{\left(\dfrac{\sqrt{3}}{2}\right)^2+2\times\dfrac{1}{2}\right\}$

$=\dfrac{7}{2}$

221   ⑤

$f'(x)=\sin 2x$에서

$f(x)=\displaystyle\int\sin 2x\,dx$

$=-\dfrac{1}{2}\cos 2x+C$ (단, C는 적분상수)

이때 $f(0)=2$이므로

$-\dfrac{1}{2}+C=2$ $\therefore C=\dfrac{5}{2}$

따라서 $f(x)=-\dfrac{1}{2}\cos 2x+\dfrac{5}{2}$이므로

$f\left(\dfrac{\pi}{6}\right)=-\dfrac{1}{2}\cos\dfrac{\pi}{3}+\dfrac{5}{2}$

$=-\dfrac{1}{2}\times\dfrac{1}{2}+\dfrac{5}{2}=\dfrac{9}{4}$

222   ⑤

함수 $y=f(x)$의 그래프 위의 임의의 점 $(x, f(x))$에서의 접선의

기울기가 $\dfrac{x+\sqrt{x}}{x\sqrt{x}}$이므로

$f'(x)=\dfrac{x+\sqrt{x}}{x\sqrt{x}}=\dfrac{1}{\sqrt{x}}+\dfrac{1}{x}$이고

$f(x)=\displaystyle\int\left(\dfrac{1}{\sqrt{x}}+\dfrac{1}{x}\right)dx$

$=\displaystyle\int x^{-\frac{1}{2}}\,dx+\int\dfrac{1}{x}\,dx$

$=2\sqrt{x}+\ln|x|+C$ (단, C는 적분상수)

함수 $y=f(x)$의 그래프가 점 $(1, 3)$을 지나므로 $f(1)=3$에서

$2+0+C=3$ $\therefore C=1$

따라서 $f(x)=2\sqrt{x}+\ln|x|+1$이므로

$f(e^2)=2\sqrt{e^2}+\ln e^2+1$

$=2e+2+1$

$=2e+3$

223   ④

$f'(x)=\dfrac{xe^x-1}{x}=e^x-\dfrac{1}{x}$이므로

$f(x)=\displaystyle\int\left(e^x-\dfrac{1}{x}\right)dx$

$=e^x-\ln|x|+C$ (단, C는 적분상수)

이때 $f(1)=e$이므로

$e-0+C=e$ $\therefore C=0$

따라서 $f(x)=e^x-\ln|x|$이므로

$f(e)=e^e-\ln e=e^e-1$

224   ①

$f'(x)=\dfrac{8^x+1}{2^x+1}=\dfrac{(2^x)^3+1}{2^x+1}$

$=\dfrac{(2^x+1)(4^x-2^x+1)}{2^x+1}$

$=4^x-2^x+1$

이므로

$f(x)=\displaystyle\int(4^x-2^x+1)\,dx$

$=\dfrac{4^x}{\ln 4}-\dfrac{2^x}{\ln 2}+x+C$ (단, C는 적분상수)

$$\therefore f(1)-f(0)$$
$$=\left(\frac{4}{\ln 4}-\frac{2}{\ln 2}+1+C\right)-\left(\frac{1}{\ln 4}-\frac{1}{\ln 2}+0+C\right)$$
$$=\frac{3}{\ln 4}-\frac{1}{\ln 2}+1=\frac{3}{2\ln 2}-\frac{1}{\ln 2}+1$$
$$=1+\frac{1}{2\ln 2}$$

225 ⑤

$$f(x)=\int(\sin x+a)\,dx$$
$$=-\cos x+ax+C\ (\text{단, }C\text{는 적분상수})\quad\cdots\cdots\ \bigcirc$$
$\displaystyle\lim_{x\to 0}\frac{f(x)-2}{x}=1$에서 $x\to 0$일 때 극한값이 존재하고

(분모) $\to 0$이므로 (분자) $\to 0$이어야 한다.

즉, $\displaystyle\lim_{x\to 0}\{f(x)-2\}=0$에서 $f(0)-2=0$

$$\therefore f(0)=2$$

$\bigcirc$에서

$$f(0)=-1+C=2\qquad\therefore C=3$$

한편,

$$\lim_{x\to 0}\frac{f(x)-2}{x}=\lim_{x\to 0}\frac{f(x)-f(0)}{x}=f'(0)$$

이므로 $f'(0)=1$

$f'(x)=\sin x+a$에서 $f'(0)=a=1$

따라서 $f(x)=-\cos x+x+3$이므로

$$f(\pi)=1+\pi+3=\pi+4$$

226 ③

$$f'(x)=\begin{cases}\cos x & (x<0)\\ 2\sin x & (x>0)\end{cases}\text{에서}$$
$$f(x)=\begin{cases}\sin x+C_1 & (x<0)\\ -2\cos x+C_2 & (x>0)\end{cases}\ (\text{단, }C_1,\ C_2\text{는 적분상수})$$

이때 $f(\pi)=6$이므로

$$-2\cos\pi+C_2=2+C_2=6\qquad\therefore C_2=4$$

$x>0$일 때 $f(x)=-2\cos x+4$이고

함수 $f(x)$는 $x=0$에서 연속이므로

$$\lim_{x\to 0+}(-2\cos x+4)=\lim_{x\to 0-}(\sin x+C_1)$$
$$-2+4=0+C_1\qquad\therefore C_1=2$$

따라서 $x<0$일 때 $f(x)=\sin x+2$이므로

$$f(-\pi)=\sin(-\pi)+2=0+2=2$$

227 ④

$$f'(x)=\frac{\sin(\ln x)}{x}\text{이므로}$$
$$f(x)=\int\frac{\sin(\ln x)}{x}\,dx\text{에서}$$

$\ln x=t$라 하면 $\dfrac{1}{x}=\dfrac{dt}{dx}$이므로

$$f(x)=\int\frac{\sin(\ln x)}{x}\,dx$$
$$=\int\sin t\,dt$$
$$=-\cos t+C$$
$$=-\cos(\ln x)+C\ (\text{단, }C\text{는 적분상수})$$

이때 $f(1)=2$이므로

$$-\cos 0+C=-1+C=2\qquad\therefore C=3$$

따라서 $f(x)=-\cos(\ln x)+3$이므로

$$f(e^\pi)=-\cos(\ln e^\pi)+3$$
$$=-\cos\pi+3$$
$$=1+3=4$$

228 ③

$(3+2\sin x)'=2\cos x$이므로

$$f(x)=\int\frac{\cos x}{3+2\sin x}\,dx$$
$$=\frac{1}{2}\int\frac{2\cos x}{3+2\sin x}\,dx$$
$$=\frac{1}{2}\ln|3+2\sin x|+C\ (\text{단, }C\text{는 적분상수})$$

곡선 $y=f(x)$가 점 $\left(-\dfrac{\pi}{2},\ 0\right)$을 지나므로

$$f\left(-\frac{\pi}{2}\right)=0\text{에서}$$
$$\frac{1}{2}\ln|3+2\times(-1)|+C=\frac{1}{2}\ln 1+C=0\qquad\therefore C=0$$

따라서 $f(x)=\dfrac{1}{2}\ln|3+2\sin x|$이므로

$$f\left(\frac{\pi}{2}\right)=\frac{1}{2}\ln|3+2\times 1|=\frac{1}{2}\ln 5=\ln\sqrt{5}$$

229 ④

곡선 $y=f(x)$ 위의 임의의 점 $(x,\ f(x))$에서의 접선의 기울기가

$x\ln x$이므로

$$f'(x)=x\ln x$$
$$\therefore f(x)=\int x\ln x\,dx$$

$u(x)=\ln x,\ v'(x)=x$라 하면

$u'(x)=\dfrac{1}{x},\ v(x)=\dfrac{1}{2}x^2$이므로

$$f(x)=\frac{1}{2}x^2\ln x-\int\frac{1}{2}x\,dx$$
$$=\frac{1}{2}x^2\ln x-\frac{1}{4}x^2+C\ (\text{단, }C\text{는 적분상수})$$

곡선 $y=f(x)$가 점 $\left(1,\ -\dfrac{1}{4}\right)$을 지나므로

$$f(1)=-\frac{1}{4}\text{에서}\ -\frac{1}{4}+C=-\frac{1}{4}\qquad\therefore C=0$$

따라서 $f(x)=\dfrac{1}{2}x^2\ln x-\dfrac{1}{4}x^2$이므로

$$f(e)=\frac{e^2}{2}-\frac{e^2}{4}=\frac{e^2}{4}$$

230 2

$xf(x)=F(x)+x^2\sin x$의 양변을 x에 대하여 미분하면

$f(x)+xf'(x)=f(x)+2x\sin x+x^2\cos x$

$xf'(x)=x(2\sin x+x\cos x)$

$x\neq 0$일 때, $f'(x)=2\sin x+x\cos x$이고

$f'(0)=0$이므로 $f'(x)=2\sin x+x\cos x$

$\therefore f(x)=\int(2\sin x+x\cos x)\,dx$

$\qquad =2\int\sin x\,dx+\int x\cos x\,dx$

$\qquad =-2\cos x+\int x\cos x\,dx$

$u(x)=x,\ v'(x)=\cos x$라 하면

$u'(x)=1,\ v(x)=\sin x$이므로

$f(x)=-2\cos x+x\sin x-\int\sin x\,dx$

$\qquad =-2\cos x+x\sin x+\cos x+C$

$\qquad =x\sin x-\cos x+C$ (단, C는 적분상수)

이때 $f(0)=0$이므로

$0-1+C=0\qquad \therefore C=1$

따라서 $f(x)=x\sin x-\cos x+1$이므로

$f(\pi)=0+1+1=2$

231 ②

$2f(x)+\dfrac{1}{x^2}f\left(\dfrac{1}{x}\right)=\dfrac{1}{x}+\dfrac{1}{x^2}$ ······ ㉠

㉠의 x에 $\dfrac{1}{x}$을 대입하면

$2f\left(\dfrac{1}{x}\right)+x^2 f(x)=x+x^2$

위의 식의 양변을 $2x^2$으로 나누면

$\dfrac{1}{x^2}f\left(\dfrac{1}{x}\right)+\dfrac{1}{2}f(x)=\dfrac{1}{2x}+\dfrac{1}{2}$ ······ ㉡

㉠$-$㉡을 하면

$\dfrac{3}{2}f(x)=\dfrac{1}{2x}+\dfrac{1}{x^2}-\dfrac{1}{2}$

따라서 $f(x)=\dfrac{1}{3x}+\dfrac{2}{3x^2}-\dfrac{1}{3}$이므로

$\displaystyle\int_{\frac{1}{2}}^{2}f(x)\,dx=\int_{\frac{1}{2}}^{2}\left(\dfrac{1}{3x}+\dfrac{2}{3x^2}-\dfrac{1}{3}\right)dx$

$\qquad =\left[\dfrac{1}{3}\ln|x|-\dfrac{2}{3x}-\dfrac{1}{3}x\right]_{\frac{1}{2}}^{2}$

$\qquad =\left(\dfrac{1}{3}\ln 2-\dfrac{1}{3}-\dfrac{2}{3}\right)-\left(\dfrac{1}{3}\ln\dfrac{1}{2}-\dfrac{4}{3}-\dfrac{1}{6}\right)$

$\qquad =\dfrac{2\ln 2}{3}+\dfrac{1}{2}$

다른 풀이

$\displaystyle\int_{\frac{1}{2}}^{2}\dfrac{1}{x^2}f\left(\dfrac{1}{x}\right)dx$에서 $\dfrac{1}{x}=t$라 하면 $-\dfrac{1}{x^2}=\dfrac{dt}{dx}$이고

$x=\dfrac{1}{2}$일 때 $t=2$, $x=2$일 때 $t=\dfrac{1}{2}$이므로

$\displaystyle\int_{\frac{1}{2}}^{2}\dfrac{1}{x^2}f\left(\dfrac{1}{x}\right)dx=\int_{2}^{\frac{1}{2}}\{-f(t)\}dt=\int_{\frac{1}{2}}^{2}f(t)\,dt$

따라서 $\displaystyle\int_{\frac{1}{2}}^{2}2f(x)\,dx+\int_{\frac{1}{2}}^{2}\dfrac{1}{x^2}f\left(\dfrac{1}{x}\right)dx=\int_{\frac{1}{2}}^{2}\left(\dfrac{1}{x}+\dfrac{1}{x^2}\right)dx$에서

$\displaystyle\int_{\frac{1}{2}}^{2}2f(x)\,dx+\int_{\frac{1}{2}}^{2}f(x)\,dx=\int_{\frac{1}{2}}^{2}\left(\dfrac{1}{x}+\dfrac{1}{x^2}\right)dx$

$\displaystyle 3\int_{\frac{1}{2}}^{2}f(x)\,dx=\left[\ln|x|-\dfrac{1}{x}\right]_{\frac{1}{2}}^{2}=\left(\ln 2-\dfrac{1}{2}\right)-(-\ln 2-2)$

$\qquad\qquad\qquad =2\ln 2+\dfrac{3}{2}$

$\displaystyle\therefore\int_{\frac{1}{2}}^{2}f(x)\,dx=\dfrac{2\ln 2}{3}+\dfrac{1}{2}$

232 ⑤

$\displaystyle\int_{-1}^{1}\dfrac{kx}{x+2}\,dx=\int_{-1}^{1}\dfrac{k(x+2)-2k}{x+2}\,dx=\int_{-1}^{1}\left(k-\dfrac{2k}{x+2}\right)dx$

$\qquad =\left[kx-2k\ln|x+2|\right]_{-1}^{1}$

$\qquad =(k-2k\ln 3)-(-k-2k\ln 1)$

$\qquad =2k(1-\ln 3)$

즉, $2k(1-\ln 3)=6-6\ln 3=6(1-\ln 3)$이므로

$2k=6\qquad \therefore k=3$

233 60

$\displaystyle\int_{1}^{4}\left(ax-\dfrac{b}{\sqrt{x}}\right)^2 dx$

$\displaystyle =\int_{1}^{4}\left(a^2x^2-2ab\sqrt{x}+\dfrac{b^2}{x}\right)dx$

$\displaystyle =\left[\dfrac{a^2}{3}x^3-\dfrac{4ab}{3}x^{\frac{3}{2}}+b^2\ln|x|\right]_{1}^{4}$

$=\left(\dfrac{a^2}{3}\times 4^3-\dfrac{4ab}{3}\times 4^{\frac{3}{2}}+b^2\ln 4\right)-\left(\dfrac{a^2}{3}-\dfrac{4ab}{3}+b^2\ln 1\right)$

$=21a^2-\dfrac{28}{3}ab+2b^2\ln 2$

즉, $21a^2-\dfrac{28}{3}ab+2b^2\ln 2=28+18\ln 2$이고

$a,\ b$가 양의 유리수이므로

$21a^2-\dfrac{28}{3}ab=28$ ······ ㉠

$2b^2=18$ ······ ㉡

㉡에서 $b^2=9\qquad \therefore b=3\ (\because b>0)$

$b=3$을 ㉠에 대입하면

$21a^2-28a=28,\ 3a^2-4a-4=0$

$(3a+2)(a-2)=0\qquad \therefore a=2\ (\because a>0)$

$\therefore 10ab=10\times 2\times 3=60$

234 ①

$\displaystyle\int xf'(x)\,dx=(x-1)e^x+x\sin x+\cos x$ ······ ㉠

㉠의 양변을 x에 대하여 미분하면

$xf'(x)=e^x+(x-1)e^x+\sin x+x\cos x-\sin x$

$\qquad =xe^x+x\cos x$

$x \neq 0$일 때, $f'(x) = e^x + \cos x$이므로

$f(x) = \int (e^x + \cos x)\,dx = e^x + \sin x + C$ (단, C는 적분상수)

$f(0) = 1$이고 함수 $f(x)$는 $x = 0$에서 연속이므로

$\displaystyle\lim_{x \to 0} f(x) = f(0) = 1$에서 $1 + 0 + C = 1$ $\therefore C = 0$

따라서 $f(x) = e^x + \sin x$이므로

$$\int_{-1}^{1} f(x)\,dx = \int_{-1}^{1} (e^x + \sin x)\,dx$$
$$= \Big[e^x - \cos x \Big]_{-1}^{1}$$
$$= (e - \cos 1) - \{ e^{-1} - \cos(-1) \}$$
$$= e - \frac{1}{e} \ (\because \cos 1 = \cos(-1))$$

235 ⑤

$\sin 2x = t$라 하면 $2 \cos 2x = \dfrac{dt}{dx}$이고

$x = 0$일 때 $t = 0$, $x = \dfrac{\pi}{4}$일 때 $t = 1$이므로

$$\int_{0}^{\frac{\pi}{4}} 2 \cos 2x \sin^2 2x\,dx = \int_{0}^{1} t^2\,dt$$
$$= \Big[\frac{1}{3} t^3 \Big]_{0}^{1} = \frac{1}{3}$$

236 16

$f(x) = t$라 하면 $f'(x) = \dfrac{dt}{dx}$이고

$x = 1$일 때 $t = f(1) = 2$, $x = 2$일 때 $t = f(2) = 6$이므로

$$\int_{1}^{2} f(x) f'(x)\,dx = \int_{2}^{6} t\,dt = \Big[\frac{1}{2} t^2 \Big]_{2}^{6}$$
$$= \frac{1}{2}(6^2 - 2^2) = 16$$

237 ③

$$\int_{0}^{\frac{\pi}{6}} \sin^3 2x\,dx = \int_{0}^{\frac{\pi}{6}} (\sin^2 2x \times \sin 2x)\,dx$$
$$= \int_{0}^{\frac{\pi}{6}} (1 - \cos^2 2x) \sin 2x\,dx$$

에서 $\cos 2x = t$라 하면 $-2 \sin 2x = \dfrac{dt}{dx}$이고

$x = 0$일 때 $t = 1$, $x = \dfrac{\pi}{6}$일 때 $t = \dfrac{1}{2}$이므로

$$\int_{0}^{\frac{\pi}{6}} \sin^3 2x\,dx = \int_{0}^{\frac{\pi}{6}} (1 - \cos^2 2x) \sin 2x\,dx$$
$$= -\frac{1}{2} \int_{1}^{\frac{1}{2}} (1 - t^2)\,dt$$
$$= \frac{1}{2} \int_{\frac{1}{2}}^{1} (1 - t^2)\,dt$$
$$= \frac{1}{2} \Big[t - \frac{1}{3} t^3 \Big]_{\frac{1}{2}}^{1}$$
$$= \frac{1}{2} \times \left(\frac{2}{3} - \frac{11}{24} \right) = \frac{5}{48}$$

238 ⑤

$\displaystyle\int_{1}^{5} (x-1) f\left(\frac{x-1}{2} \right) dx$에서

$\dfrac{x-1}{2} = t$라 하면 $\dfrac{1}{2} = \dfrac{dt}{dx}$이고

$x = 1$일 때 $t = 0$, $x = 5$일 때 $t = 2$이므로

$$\int_{1}^{5} (x-1) f\left(\frac{x-1}{2} \right) dx = \int_{0}^{2} \{ 2t f(t) \times 2 \}\,dt$$
$$= 4 \int_{0}^{2} t f(t)\,dt$$
$$= 4 \int_{0}^{2} x f(x)\,dx$$
$$= 4 \times 4 = 16$$

239 ④

$\ln x = t$라 하면 $\dfrac{1}{x} = \dfrac{dt}{dx}$이고

$x = 1$일 때 $t = 0$, $x = e$일 때 $t = 1$이므로

$$a_n = \int_{1}^{e} \frac{(\ln x)^n}{x}\,dx$$
$$= \int_{0}^{1} t^n\,dt$$
$$= \Big[\frac{1}{n+1} t^{n+1} \Big]_{0}^{1}$$
$$= \frac{1}{n+1}$$

$\therefore \displaystyle\sum_{n=1}^{\infty} a_n a_{n+1}$

$$= \sum_{n=1}^{\infty} \frac{1}{(n+1)(n+2)}$$
$$= \lim_{n \to \infty} \sum_{k=1}^{n} \frac{1}{(k+1)(k+2)}$$
$$= \lim_{n \to \infty} \sum_{k=1}^{n} \left(\frac{1}{k+1} - \frac{1}{k+2} \right)$$
$$= \lim_{n \to \infty} \left\{ \left(\frac{1}{2} - \frac{1}{3} \right) + \left(\frac{1}{3} - \frac{1}{4} \right) + \cdots + \left(\frac{1}{n+1} - \frac{1}{n+2} \right) \right\}$$
$$= \lim_{n \to \infty} \left(\frac{1}{2} - \frac{1}{n+2} \right) = \frac{1}{2}$$

240 ③

$f(x) = \dfrac{x}{e^x}$에서

$f'(x) = \dfrac{e^x - x e^x}{e^{2x}} = \dfrac{1-x}{e^x} = g(x)$

$\displaystyle\int_{-1}^{0} \{ f(x) \}^2 g(x)\,dx$에서 $f(x) = t$라 하면

$f'(x) = \dfrac{dt}{dx}$, 즉 $g(x) = \dfrac{dt}{dx}$이고

$x = -1$일 때 $t = f(-1) = \dfrac{-1}{e^{-1}} = -e$,

$x = 0$일 때 $t = f(0) = \dfrac{0}{e^0} = 0$이므로

$$\int_{-1}^{0} \{ f(x) \}^2 g(x)\,dx = \int_{-e}^{0} t^2\,dt = \Big[\frac{t^3}{3} \Big]_{-e}^{0} = \frac{e^3}{3}$$

241 ②

$$\int_0^\pi x \cos\left(\frac{\pi}{2}-x\right)dx = \int_0^\pi x \sin x\, dx$$

이때 $u(x)=x$, $v'(x)=\sin x$라 하면

$u'(x)=1$, $v(x)=-\cos x$이므로

$$\int_0^\pi x \sin x\, dx = \left[-x\cos x\right]_0^\pi - \int_0^\pi (-\cos x)\,dx$$
$$= \pi + \int_0^\pi \cos x\, dx = \pi + \left[\sin x\right]_0^\pi$$
$$= \pi + 0 = \pi$$

242 68

$\int_1^4 \sqrt{x}\, \ln x\, dx$에서

$f(x)=\ln x$, $g'(x)=\sqrt{x}$라 하면

$f'(x)=\dfrac{1}{x}$, $g(x)=\dfrac{2}{3}x^{\frac{3}{2}}$이므로

$$\int_1^4 \sqrt{x}\,\ln x\, dx = \left[\frac{2}{3}x^{\frac{3}{2}}\ln x\right]_1^4 - \int_1^4 \left(\frac{1}{x}\times\frac{2}{3}x^{\frac{3}{2}}\right)dx$$
$$= \frac{2}{3}\times 4^{\frac{3}{2}}\ln 4 - \left[\frac{4}{9}x^{\frac{3}{2}}\right]_1^4$$
$$= \frac{32}{3}\ln 2 - \frac{4}{9}\left(4^{\frac{3}{2}}-1\right)$$
$$= \frac{32}{3}\ln 2 - \frac{28}{9}$$

따라서 $a=\dfrac{32}{3}$, $b=-\dfrac{28}{9}$이므로

$$9(a+b)=9\left(\frac{32}{3}-\frac{28}{9}\right)=96-28=68$$

243 ⑤

$\int_0^\pi f(x)\sin 2x\, dx$에서

$u(x)=f(x)$, $v'(x)=\sin 2x$라 하면

$u'(x)=f'(x)$, $v(x)=-\dfrac{1}{2}\cos 2x$이므로

$$\int_0^\pi f(x)\sin 2x\, dx$$
$$= \left[f(x)\left(-\frac{1}{2}\cos 2x\right)\right]_0^\pi - \int_0^\pi f'(x)\left(-\frac{1}{2}\cos 2x\right)dx$$
$$= -\frac{1}{2}\{f(\pi)-f(0)\} + \frac{1}{2}\int_0^\pi f'(x)\cos 2x\, dx$$
$$= \frac{1}{2}\int_0^\pi f'(x)\cos 2x\, dx \ (\because f(0)=f(\pi))$$

$$\therefore k=\frac{1}{2}$$

244 ②

$\int_0^\pi x^2 \sin 2x\, dx$에서

$f(x)=x^2$, $g'(x)=\sin 2x$라 하면

$f'(x)=2x$, $g(x)=-\dfrac{1}{2}\cos 2x$이므로

$$\int_0^\pi x^2\sin 2x\, dx = \left[-\frac{1}{2}x^2\cos 2x\right]_0^\pi - \int_0^\pi 2x\times\left(-\frac{1}{2}\cos 2x\right)dx$$
$$= -\frac{\pi^2}{2} + \int_0^\pi x\cos 2x\, dx \quad \cdots\cdots \text{㉠}$$

$\int_0^\pi x\cos 2x\, dx$에서

$u(x)=x$, $v'(x)=\cos 2x$라 하면

$u'(x)=1$, $v(x)=\dfrac{1}{2}\sin 2x$이므로

$$\int_0^\pi x\cos 2x\, dx = \left[\frac{1}{2}x\sin 2x\right]_0^\pi - \int_0^\pi \frac{1}{2}\sin 2x\, dx$$
$$= 0 - \left[-\frac{1}{4}\cos 2x\right]_0^\pi$$
$$= \frac{1}{4}(1-1)=0 \quad \cdots\cdots \text{㉡}$$

㉡을 ㉠에 대입하면

$$\int_0^\pi x^2\sin 2x\, dx = -\frac{\pi^2}{2}$$

245 ④

$\int_1^2 (x-1)f'\left(\dfrac{x}{2}\right)dx$에서

$u(x)=x-1$, $v'(x)=f'\left(\dfrac{x}{2}\right)$라 하면

$u'(x)=1$, $v(x)=2f\left(\dfrac{x}{2}\right)$이므로

$$\int_1^2 (x-1)f'\left(\frac{x}{2}\right)dx = \left[2(x-1)f\left(\frac{x}{2}\right)\right]_1^2 - \int_1^2 2f\left(\frac{x}{2}\right)dx$$
$$= 2f(1) - 2\int_1^2 f\left(\frac{x}{2}\right)dx$$
$$= 8 - 2\int_1^2 f\left(\frac{x}{2}\right)dx \ (\because f(1)=4)$$

즉, $8-2\int_1^2 f\left(\dfrac{x}{2}\right)dx=2$이므로 $\int_1^2 f\left(\dfrac{x}{2}\right)dx=3$

$\int_1^2 f\left(\dfrac{x}{2}\right)dx$에서 $\dfrac{x}{2}=t$라 하면 $\dfrac{1}{2}=\dfrac{dt}{dx}$이고

$x=1$일 때 $t=\dfrac{1}{2}$, $x=2$일 때 $t=1$이므로

$$\int_1^2 f\left(\frac{x}{2}\right)dx = 2\int_{\frac{1}{2}}^1 f(t)\,dt$$

$$\therefore \int_{\frac{1}{2}}^1 f(x)\,dx = \frac{1}{2}\int_1^2 f\left(\frac{x}{2}\right)dx = \frac{1}{2}\times 3 = \frac{3}{2}$$

246 20

$\int_3^5 \dfrac{f(x+1)}{x^2-1}\,dx=10$에서

$x+1=t$라 하면 $1=\dfrac{dt}{dx}$이고

$x=3$일 때 $t=4$, $x=5$일 때 $t=6$이므로

$$\int_3^5 \frac{f(x+1)}{x^2-1}\,dx = \int_4^6 \frac{f(t)}{(t-1)^2-1}\,dt = \int_4^6 \frac{f(t)}{t(t-2)}\,dt = 10$$

$\int_3^4 \dfrac{f(2x-2)}{(x-1)(x-2)}\,dx$에서 $2x-2=s$라 하면 $2=\dfrac{ds}{dx}$이고

$x=3$일 때 $s=4$, $x=4$일 때 $s=6$이므로

$$\int_3^4 \frac{f(2x-2)}{(x-1)(x-2)}\,dx = \int_4^6 \left\{ \frac{f(s)}{\frac{s}{2}\left(\frac{s}{2}-1\right)} \times \frac{1}{2} \right\}\,ds$$

$$= 2\int_4^6 \frac{f(s)}{s(s-2)}\,ds = 2\int_4^6 \frac{f(t)}{t(t-2)}\,dt$$

$$= 2 \times 10 = 20$$

247 ③

$0<x<\pi$이므로 $f'(x)=0$, 즉 $x\cos 2x=0$에서

$\cos 2x=0$ $\therefore x=\dfrac{\pi}{4}$ 또는 $x=\dfrac{3}{4}\pi$

$0<x<\pi$에서 함수 $f(x)$의 증가와 감소를 표로 나타내면 다음과 같다.

x	(0)	$\cdots$	$\dfrac{\pi}{4}$	$\cdots$	$\dfrac{3}{4}\pi$	$\cdots$	(π)
$f'(x)$		$+$	0	$-$	0	$+$	
$f(x)$		↗	극대	↘	극소	↗	

즉, 함수 $f(x)$는 $x=\dfrac{\pi}{4}$에서 극대, $x=\dfrac{3}{4}\pi$에서 극소이다.

한편, $f(x)=\displaystyle\int x\cos 2x\,dx$에서

$u(x)=x$, $v'(x)=\cos 2x$라 하면

$u'(x)=1$, $v(x)=\dfrac{1}{2}\sin 2x$이므로

$$f(x)=x \times \frac{1}{2}\sin 2x - \int \frac{1}{2}\sin 2x\,dx$$

$$= \frac{1}{2}x\sin 2x + \frac{1}{4}\cos 2x + C \ (\text{단, } C\text{는 적분상수})$$

이때 $f(x)$의 극댓값이 $\dfrac{\pi}{4}$이므로

$f\left(\dfrac{\pi}{4}\right)=\dfrac{\pi}{8}+C=\dfrac{\pi}{4}$ $\therefore C=\dfrac{\pi}{8}$

따라서 $f(x)=\dfrac{1}{2}x\sin 2x + \dfrac{1}{4}\cos 2x + \dfrac{\pi}{8}$이므로

$f(x)$의 극솟값은

$f\left(\dfrac{3}{4}\pi\right)=-\dfrac{3}{8}\pi+\dfrac{\pi}{8}=-\dfrac{\pi}{4}$

248 ②

조건 (가)에서 함수 $f(x)$는 주기가 3인 주기함수이므로

$100=3\times 33+1$, $101=3\times 33+2$에서 주어진 조건에 의하여

$$\int_{100}^{101} f(x)\,dx = \int_1^2 f(x)\,dx$$

$$= \int_1^2 \frac{1}{x(1+\log_2 x)^2}\,dx$$

이때 $1+\log_2 x=t$라 하면 $\dfrac{1}{x\ln 2}=\dfrac{dt}{dx}$이고

$x=1$일 때 $t=1$, $x=2$일 때 $t=2$이므로

$$\int_1^2 \frac{1}{x(1+\log_2 x)^2}\,dx = \int_1^2 \frac{\ln 2}{t^2}\,dt = \left[-\frac{\ln 2}{t}\right]_1^2$$

$$= -\ln 2\left(\frac{1}{2}-1\right) = \frac{1}{2}\ln 2$$

249 ①

조건 (가)에서

$$\int_0^1 e^x\{f(x)+f'(x)\}\,dx = \int_0^1 e^x f(x)\,dx + \int_0^1 e^x f'(x)\,dx$$

$\displaystyle\int_0^1 e^x f(x)\,dx$에서

$u(x)=f(x)$, $v'(x)=e^x$이라 하면

$u'(x)=f'(x)$, $v(x)=e^x$이므로

$$\int_0^1 e^x f(x)\,dx = \left[e^x f(x)\right]_0^1 - \int_0^1 e^x f'(x)\,dx$$

$$= ef(1)-f(0) - \int_0^1 e^x f'(x)\,dx$$

$\therefore \displaystyle\int_0^1 e^x\{f(x)+f'(x)\}\,dx$

$$= ef(1)-f(0) - \int_0^1 e^x f'(x)\,dx + \int_0^1 e^x f'(x)\,dx$$

$$= ef(1)-f(0)$$

즉, $ef(1)-f(0)=e$ $\cdots\cdots$ ㉠

같은 방법으로 조건 (나)에서

$$\int_0^1 e^{-x}\{f(x)-f'(x)\}\,dx$$

$$= \left[-e^{-x}f(x)\right]_0^1 + \int_0^1 e^{-x}f'(x)\,dx - \int_0^1 e^{-x}f'(x)\,dx$$

$$= \left[-e^{-x}f(x)\right]_0^1 = -\frac{1}{e}f(1)+f(0)$$

즉, $-\dfrac{1}{e}f(1)+f(0)=-\dfrac{1}{e}$ $\cdots\cdots$ ㉡

㉠, ㉡을 연립하여 풀면 $f(1)=1$, $f(0)=0$

$f(x)$는 일차함수이므로

$f(x)=ax+b$ (a, b는 상수, $a\neq 0$)이라 하면

$f(1)=a+b=1$, $f(0)=b=0$

$\therefore f(x)=x$

$\displaystyle\int_0^1 (e^x+e^{-x})f(x)\,dx = \int_0^1 x(e^x+e^{-x})\,dx$에서

$s(x)=x$, $t'(x)=e^x+e^{-x}$이라 하면

$s'(x)=1$, $t(x)=e^x-e^{-x}$이므로

$$\int_0^1 (e^x+e^{-x})f(x)\,dx = \int_0^1 x(e^x+e^{-x})\,dx$$

$$= \left[x(e^x-e^{-x})\right]_0^1 - \int_0^1 (e^x-e^{-x})\,dx$$

$$= \left(e-\frac{1}{e}\right) - \left[e^x+e^{-x}\right]_0^1$$

$$= \left(e-\frac{1}{e}\right) - \left(e+\frac{1}{e}-2\right) = 2-\frac{2}{e}$$

250 ③

$$\int_0^{\ln t} f(x)\,dx = (t\ln t + a)^2 - a \qquad \cdots\cdots ㉠$$

㉠의 양변에 $t=1$을 대입하면

$$\int_0^0 f(x)\,dx = a^2-a, \quad 0=a(a-1)$$

$\therefore a=1$ ($\because a\neq 0$)

⊙의 양변을 t에 대하여 미분하면

$f(\ln t) \times \dfrac{1}{t} = 2(t \ln t + 1)(\ln t + 1)$

$\therefore f(\ln t) = 2t(t \ln t + 1)(\ln t + 1)$ ...... ⓛ

ⓛ에 $t = e$를 대입하면

$f(1) = 2e(e+1) \times (1+1)$

$\qquad = 4e^2 + 4e$

251 ⑤

$\displaystyle\int_1^e \dfrac{f(t)}{t}\, dt = k$ (k는 상수)라 하면 ...... ⊙

$f(x) = x - k$

$f(t) = t - k$를 ⊙의 좌변에 대입하면

$\displaystyle\int_1^e \dfrac{t-k}{t}\, dt = \int_1^e \left(1 - \dfrac{k}{t}\right) dt$

$\qquad\qquad\qquad = \Big[t - k \ln t \Big]_1^e$

$\qquad\qquad\qquad = e - k - 1$

즉, $e - k - 1 = k$이므로

$k = \dfrac{e-1}{2}$

따라서 $f(x) = x - \dfrac{e-1}{2}$이므로

$f(e) = e - \dfrac{e-1}{2} = \dfrac{e+1}{2}$

252 ①

함수 $f(x)$의 한 부정적분을 $F(x)$라 하면

$\displaystyle\lim_{x \to 0} \dfrac{1}{x}\int_\pi^{\pi+x} f(t)\, dt = \lim_{x \to 0} \dfrac{F(\pi+x) - F(\pi)}{x}$

$\qquad\qquad\qquad\qquad = F'(\pi) = f(\pi)$

$\qquad\qquad\qquad\qquad = e^\pi(\sin\pi + \cos\pi)$

$\qquad\qquad\qquad\qquad = e^\pi(0 - 1)$

$\qquad\qquad\qquad\qquad = -e^\pi$

253 7

$f(x) = (ax+b)e^x$을 $f(x) = 3e^x + 1 + \displaystyle\int_0^x f(t)\, dt$에 대입하면

$(ax+b)e^x = 3e^x + 1 + \displaystyle\int_0^x (at+b)e^t\, dt$ ...... ⊙

⊙의 양변에 $x = 0$을 대입하면

$(a \times 0 + b)e^0 = 3e^0 + 1 + \displaystyle\int_0^0 (at+b)e^t\, dt$

$\therefore b = 3 + 1 = 4$

⊙의 양변을 x에 대하여 미분하면

$ae^x + (ax+b)e^x = 3e^x + (ax+b)e^x$

$(a-3)e^x = 0$

$a - 3 = 0$ $\quad \therefore a = 3$

$\therefore a + b = 3 + 4 = 7$

254 8

$\displaystyle\int_0^x (x-t)f(t)\, dt = x\sin x + a\cos x + b$ ...... ⊙

⊙의 양변에 $x = 0$을 대입하면

$0 = 0 + a + b$

$\therefore b = -a$

이것을 ⊙에 대입하여 정리하면

$x\displaystyle\int_0^x f(t)\, dt - \int_0^x tf(t)\, dt = x\sin x + a\cos x - a$ ...... ⓛ

ⓛ의 양변을 x에 대하여 미분하면

$\displaystyle\int_0^x f(t)\, dt + xf(x) - xf(x) = \sin x + x\cos x - a\sin x$

$\displaystyle\int_0^x f(t)\, dt = x\cos x + (1-a)\sin x$ ...... ⓒ

ⓒ의 양변을 x에 대하여 미분하면

$f(x) = \cos x - x\sin x + (1-a)\cos x$

$\qquad = -x\sin x + (2-a)\cos x$

$f(0) = 0$에서

$2 - a = 0$

$\therefore a = 2$

따라서 $a = 2$, $b = -2$이므로

$a^2 + b^2 = 2^2 + (-2)^2 = 8$

255 ②

함수 $f(x)$의 한 부정적분을 $F(x)$라 하면

$\displaystyle\int_1^{g(x)} f(t)\, dt = \Big[F(t) \Big]_1^{g(x)}$

$\qquad\qquad\qquad = F(g(x)) - F(1)$

$F(g(x)) - F(1) = (x-1)e^x$의 양변을 x에 대하여 미분하면

$f(g(x))g'(x) = e^x + (x-1)e^x$

$\qquad\qquad\quad = xe^x$ ...... ⊙

두 함수 $f(x)$와 $g(x)$가 서로 역함수이므로

$f(g(1)) = 1$

⊙의 양변에 $x = 1$을 대입하면

$f(g(1))g'(1) = e$ $\quad \therefore g'(1) = e$

256 ③

$f(x) + \displaystyle\int_0^x g(t)\, dt = 2\sin x - 3$ ...... ⊙

$f'(x)g(x) = \cos^2 x$ ...... ⓛ

⊙의 양변을 x에 대하여 미분하면

$f'(x) + g(x) = 2\cos x$

$\therefore f'(x) = 2\cos x - g(x)$ ...... ⓒ

ⓒ을 ⓛ에 대입하면

$\{2\cos x - g(x)\}g(x) = \cos^2 x$

$\{g(x)\}^2 - 2g(x)\cos x + \cos^2 x = 0$

$\{g(x) - \cos x\}^2 = 0$

$\therefore g(x) = \cos x$ ...... ⓔ

ⓔ을 ㉠에 대입하면

$f(x)+\int_0^x \cos t\, dt=2\sin x-3$에서

$f(x)=-\int_0^x \cos t\, dt+2\sin x-3$

$\qquad =-\Big[\sin t\Big]_0^x+2\sin x-3$

$\qquad =\sin x-3$

$\therefore f(\pi)+g(\pi)=(\sin \pi-3)+\cos \pi$

$\qquad\qquad\qquad =(0-3)-1=-4$

257 ⑤

조건 (나)에서 $\int_0^{\frac{\pi}{2}} f(t)\, dt=k$ (k는 상수)라 하면

$g(x)=k\cos x+3$

조건 (가)에서

(i) $x=0$일 때

$\qquad \int_{\frac{\pi}{2}}^0 f(t)\, dt=\{g(0)+a\}\times 0-4,\ -k=-4 \quad \therefore k=4$

(ii) $x=\dfrac{\pi}{2}$일 때

$\qquad 0=\Big\{g\Big(\dfrac{\pi}{2}\Big)+a\Big\}\times 1-4,\ 0=(3+a)-4 \quad \therefore a=1$

즉, $g(x)=4\cos x+3$이므로

$\int_{\frac{\pi}{2}}^x f(t)\, dt=(4\cos x+4)\sin x-4$

위의 식의 양변을 x에 대하여 미분하면

$f(x)=(-4\sin x)\sin x+(4\cos x+4)\cos x$

$\qquad =-4\sin^2 x+4\cos^2 x+4\cos x$

$\qquad =-4(1-\cos^2 x)+4\cos^2 x+4\cos x$

$\qquad =8\cos^2 x+4\cos x-4=8\Big(\cos x+\dfrac{1}{4}\Big)^2-\dfrac{9}{2}$

따라서 $\cos x=-\dfrac{1}{4}$일 때 $f(x)$의 최솟값은 $-\dfrac{9}{2}$이다.

258 33

조건 (나)에서 $g(1)=0$이고 $g'(x)=\dfrac{f(x^2-1)}{x^2}$

$\int_1^3 x^2 g(x)\, dx$에서 $u(x)=g(x)$, $v'(x)=x^2$이라 하면

$u'(x)=g'(x)$, $v(x)=\dfrac{1}{3}x^3$이므로

$\int_1^3 x^2 g(x)\, dx=\Big[\dfrac{1}{3}x^3 g(x)\Big]_1^3-\int_1^3 \dfrac{1}{3}x^3 g'(x)\, dx$

$\qquad\qquad\qquad =9g(3)-\dfrac{1}{3}g(1)-\dfrac{1}{3}\int_1^3 xf(x^2-1)\, dx$

$\qquad\qquad\qquad =9\times 4-0-\dfrac{1}{3}\int_1^3 xf(x^2-1)\, dx$

$\qquad\qquad\qquad =36-\dfrac{1}{3}\int_1^3 xf(x^2-1)\, dx$

이때 $x^2-1=s$라 하면 $2x=\dfrac{ds}{dx}$이고

$x=1$일 때 $s=0$, $x=3$일 때 $s=8$이므로

$36-\dfrac{1}{3}\int_1^3 xf(x^2-1)\, dx=36-\dfrac{1}{3}\int_0^8 f(s)\times \dfrac{1}{2}\, ds$

$\qquad\qquad\qquad\qquad\qquad =36-\dfrac{1}{6}\int_0^8 f(s)\, ds$

$\qquad\qquad\qquad\qquad\qquad =36-\dfrac{1}{6}\times 18=33$

259 ③

$\displaystyle\lim_{n\to\infty}\sum_{k=1}^n \dfrac{k^2+2kn}{k^3+3k^2 n+n^3}=\lim_{n\to\infty}\sum_{k=1}^n \left\{\dfrac{\Big(\dfrac{k}{n}\Big)^2+2\times \dfrac{k}{n}}{\Big(\dfrac{k}{n}\Big)^3+3\times \Big(\dfrac{k}{n}\Big)^2+1}\times \dfrac{1}{n}\right\}$

$\qquad\qquad =\int_0^1 \dfrac{x^2+2x}{x^3+3x^2+1}\, dx$

$\qquad\qquad =\Big[\dfrac{1}{3}\ln(x^3+3x^2+1)\Big]_0^1$

$\qquad\qquad =\dfrac{1}{3}(\ln 5-\ln 1)=\dfrac{\ln 5}{3}$

260 ②

$\displaystyle\lim_{n\to\infty}\sum_{k=1}^n \dfrac{f(n+4k)-f(n)}{n}=\lim_{n\to\infty}\sum_{k=1}^n \dfrac{\ln(n+4k)-\ln n}{n}$

$\qquad\qquad =\lim_{n\to\infty}\dfrac{1}{n}\sum_{k=1}^n \ln\dfrac{n+4k}{n}$

$\qquad\qquad =\lim_{n\to\infty}\dfrac{1}{n}\sum_{k=1}^n \ln\Big(1+\dfrac{4k}{n}\Big)$

$\qquad\qquad =\dfrac{1}{2}\lim_{n\to\infty}\dfrac{2}{n}\sum_{k=1}^n \ln\Big(1+2\times \dfrac{2k}{n}\Big)$

$\qquad\qquad =\dfrac{1}{2}\int_0^2 \ln(1+2x)\, dx$

$\therefore a=\dfrac{1}{2}$

261 ①

$\displaystyle\lim_{n\to\infty}\dfrac{1}{n}\sum_{k=1}^n f\Big(-1+\dfrac{2k}{n}\Big)=\dfrac{1}{2}\lim_{n\to\infty}\dfrac{2}{n}\sum_{k=1}^n f\Big(-1+\dfrac{2k}{n}\Big)$

$\qquad\qquad =\dfrac{1}{2}\int_{-1}^1 f(x)\, dx=\dfrac{1}{2}\int_{-1}^1 e^{x+1}\, dx$

$\qquad\qquad =\dfrac{1}{2}\Big[e^{x+1}\Big]_{-1}^1=\dfrac{1}{2}(e^2-1)$

262 ④

$\displaystyle\lim_{n\to\infty}\dfrac{1}{n^2}\Big(e^{\frac{n+1}{n}}+2e^{\frac{n+2}{n}}+3e^{\frac{n+3}{n}}+\cdots+ne^{\frac{n+n}{n}}\Big)$

$=\lim_{n\to\infty}\dfrac{1}{n^2}\sum_{k=1}^n ke^{\frac{n+k}{n}}=\lim_{n\to\infty}\dfrac{1}{n}\sum_{k=1}^n \dfrac{k}{n}e^{1+\frac{k}{n}}$

$=\int_0^1 xe^{x+1}\, dx$

이때 $f(x)=x$, $g'(x)=e^{x+1}$이라 하면

$f'(x)=1$, $g(x)=e^{x+1}$이므로

$$\int_0^1 xe^{x+1}\,dx = \Big[xe^{x+1}\Big]_0^1 - \int_0^1 e^{x+1}\,dx$$
$$= e^2 - \Big[e^{x+1}\Big]_0^1$$
$$= e^2 - (e^2 - e) = e$$

263 ②

$$f(x) = \lim_{n\to\infty} \frac{x^2}{n}\sum_{k=1}^{n}\left(1+\frac{kx}{n}\right)^2$$
$$= x^2 \lim_{n\to\infty}\frac{1}{n}\sum_{k=1}^{n}\left(1+x\times\frac{k}{n}\right)^2$$
$$= x^2 \int_0^1 (1+xt)^2\,dt$$
$$= x^2\left[\frac{1}{3x}(1+xt)^3\right]_0^1$$
$$= x^2 \times \frac{1}{3x}\{(1+x)^3 - 1\}$$
$$= \frac{x}{3}\{(1+x)^3 - 1\}$$

따라서

$$f'(x) = \frac{1}{3}\{(1+x)^3 - 1\} + x(1+x)^2$$

이므로

$$f'(1) = \frac{7}{3} + 4 = \frac{19}{3}$$

다른 풀이

$$f(x) = \lim_{n\to\infty}\frac{x^2}{n}\sum_{k=1}^{n}\left(1+\frac{kx}{n}\right)^2$$
$$= x \lim_{n\to\infty}\frac{x}{n}\sum_{k=1}^{n}\left(1+k\times\frac{x}{n}\right)^2$$
$$= x \int_1^{x+1} t^2\,dt$$
$$= x\left[\frac{1}{3}t^3\right]_1^{x+1}$$
$$= \frac{x}{3}\{(x+1)^3 - 1\}$$

264 ①

$y' = e^x$ 이므로 곡선 $y = e^x$ 위의 점 $\left(\dfrac{k}{n},\ e^{\frac{k}{n}}\right)$ 에서의 접선의 방정식은

$$y - e^{\frac{k}{n}} = e^{\frac{k}{n}}\left(x - \frac{k}{n}\right) \quad \therefore\ y = e^{\frac{k}{n}}\left(x - \frac{k}{n}\right) + e^{\frac{k}{n}}$$

$x = 0$일 때 $y = \left(1 - \dfrac{k}{n}\right)e^{\frac{k}{n}}$ 이므로 접선의 y절편 $S_{\frac{k}{n}}$는

$$S_{\frac{k}{n}} = \left(1 - \frac{k}{n}\right)e^{\frac{k}{n}}$$

$$\therefore \lim_{n\to\infty}\sum_{k=1}^{n}\frac{1}{n}S_{\frac{k}{n}} = \lim_{n\to\infty}\frac{1}{n}\sum_{k=1}^{n}\left(1 - \frac{k}{n}\right)e^{\frac{k}{n}} = \int_0^1 (1-x)e^x\,dx$$

이때 $f(x) = 1-x$, $g'(x) = e^x$이라 하면

$f'(x) = -1$, $g(x) = e^x$이므로

$$\int_0^1 (1-x)e^x\,dx = \Big[(1-x)e^x\Big]_0^1 - \int_0^1 (-e^x)\,dx$$
$$= -1 + \Big[e^x\Big]_0^1 = -1 + e - 1 = e - 2$$

265 49

삼각형 ABD에서 코사인법칙에 의하여

$$\overline{BD}^2 = \overline{AD}^2 + \overline{AB}^2 - 2\times\overline{AD}\times\overline{AB}\times\cos(\angle BAD)$$
$$= 6^2 + 3^2 - 2\times 6\times 3\times\cos 120° = 63$$

이므로 $\overline{BD} = 3\sqrt{7}\ (\because \overline{BD} > 0)$

삼각형 ABD에서 선분 AF가 $\angle BAD$를 이등분하므로

$$\overline{BF}:\overline{FD} = \overline{AB}:\overline{AD} = 3:6 = 1:2$$

에서 $\overline{FD} = \dfrac{2}{3}\overline{BD} = \dfrac{2}{3}\times 3\sqrt{7} = 2\sqrt{7}$

삼각형 ABD의 넓이를 S라 하면

$$S = \frac{1}{2}\times\overline{AB}\times\overline{AD}\times\sin(\angle BAD)$$
$$= \frac{1}{2}\times 3\times 6\times\sin 120° = \frac{9\sqrt{3}}{2}$$

이고, 삼각형 AFD의 넓이는

$$\frac{2}{3}S = \frac{2}{3}\times\frac{9\sqrt{3}}{2} = 3\sqrt{3}$$

$\overline{FP_k}:\overline{FD} = k:n$이므로

$$S_k = \frac{k}{n}\times(\text{삼각형 } AFD\text{의 넓이}) = \frac{k}{n}\times 3\sqrt{3} = \frac{3\sqrt{3}k}{n}$$

$$\therefore \lim_{n\to\infty}\frac{\sqrt{3}}{n}\sum_{k=1}^{n}(S_k - \sqrt{3})^3 = \lim_{n\to\infty}\frac{\sqrt{3}}{n}\sum_{k=1}^{n}\left(\frac{3\sqrt{3}k}{n} - \sqrt{3}\right)^3$$
$$= \frac{1}{3}\lim_{n\to\infty}\frac{3\sqrt{3}}{n}\sum_{k=1}^{n}\left(-\sqrt{3} + \frac{3\sqrt{3}k}{n}\right)^3$$
$$= \frac{1}{3}\int_{-\sqrt{3}}^{2\sqrt{3}} x^3\,dx$$
$$= \frac{1}{3}\left[\frac{1}{4}x^4\right]_{-\sqrt{3}}^{2\sqrt{3}}$$
$$= \frac{1}{12}\{(2\sqrt{3})^4 - (-\sqrt{3})^4\} = \frac{45}{4}$$

따라서 $p = 4$, $q = 45$이므로

$p + q = 4 + 45 = 49$

266 7

$A = B$이므로

$$\int_0^2 f(x)\,dx = 0 \quad\cdots\cdots\ \text{㉠}$$

이때 $u(x) = 2x+3$, $v'(x) = f'(x)$라 하면

$u'(x) = 2$, $v(x) = f(x)$이므로

$$\int_0^2 (2x+3)f'(x)\,dx = \Big[(2x+3)f(x)\Big]_0^2 - \int_0^2 2f(x)\,dx$$
$$= 7f(2) - 3f(0)\ (\because \text{㉠})$$
$$= 7\times 1 - 3\times 0 = 7$$

267 ②

$x > 1$이면 $y = x\ln x > 0$이므로 곡선 $y = x\ln x$와 x축 및 두 직선 $x = 1$, $x = a$로 둘러싸인 부분의 넓이는

$$\int_1^a x\ln x\,dx$$

이때 $f(x) = \ln x$, $g'(x) = x$라 하면

$f'(x)=\dfrac{1}{x}$, $g(x)=\dfrac{1}{2}x^2$이므로

$$\int_1^a x\ln x\,dx=\left[\dfrac{1}{2}x^2\ln x\right]_1^a-\int_1^a\left(\dfrac{1}{x}\times\dfrac{1}{2}x^2\right)dx$$
$$=\dfrac{1}{2}a^2\ln a-\left[\dfrac{1}{4}x^2\right]_1^a$$
$$=\dfrac{1}{2}a^2\ln a-\dfrac{1}{4}a^2+\dfrac{1}{4}$$

이때 넓이가 $\dfrac{1}{4}$이므로 $\dfrac{1}{2}a^2\ln a-\dfrac{1}{4}a^2+\dfrac{1}{4}=\dfrac{1}{4}$에서

$\dfrac{1}{2}a^2\ln a-\dfrac{1}{4}a^2=0$, $\dfrac{1}{4}a^2(2\ln a-1)=0$

따라서 $\ln a=\dfrac{1}{2}$ $(\because a>1)$이므로

$a=\sqrt{e}$

268 ⑤

$$S_n=\int_n^{n+1}\dfrac{e}{x}\,dx$$
$$=\left[e\ln x\right]_n^{n+1}$$
$$=e\{\ln(n+1)-\ln n\}$$
$$=e\ln\dfrac{n+1}{n}$$
$$=e\ln\left(1+\dfrac{1}{n}\right)$$
$$\therefore\lim_{n\to\infty}nS_n=\lim_{n\to\infty}en\ln\left(1+\dfrac{1}{n}\right)$$
$$=e\lim_{n\to\infty}\ln\left(1+\dfrac{1}{n}\right)^n$$
$$=e\ln e=e$$

269 ④

곡선 $y=e^x$과 x축, y축 및 직선 $x=\ln 3$으로
둘러싸인 부분의 넓이는

$$\int_0^{\ln 3}e^x\,dx=\left[e^x\right]_0^{\ln 3}$$
$$=e^{\ln 3}-1$$
$$-3-1-2$$

이 넓이를 직선 $x=k$가 이등분하므로 곡선
$y=e^x$과 x축, y축 및 직선 $x=k$로 둘러싸인 부분의 넓이는

$$\int_0^k e^x\,dx=\left[e^x\right]_0^k$$
$$=e^k-1=1$$
$e^k=2$ $\therefore k=\ln 2$

270 ①

곡선 $y=xe^x-2^{-x}+2$와 x축, y축 및 직선 $x=1$로 둘러싸인 부분의 넓이가 곡선 $y=ax^2+1$과 x축, y축 및 직선 $x=1$로 둘러싸인 부분의 넓이의 3배이므로

$$\int_0^1(xe^x-2^{-x}+2)\,dx=3\int_0^1(ax^2+1)\,dx$$
$$\int_0^1(xe^x-2^{-x}+2)\,dx=\int_0^1 xe^x\,dx+\int_0^1(-2^{-x}+2)\,dx$$이고
$\int_0^1 xe^x\,dx$에서 $u(x)=x$, $v'(x)=e^x$이라 하면
$u'(x)=1$, $v(x)=e^x$이므로

$$\int_0^1(xe^x-2^{-x}+2)\,dx=\left[xe^x\right]_0^1-\int_0^1 e^x\,dx+\int_0^1(-2^{-x}+2)\,dx$$
$$=e-\left[e^x\right]_0^1+\left[\dfrac{2^{-x}}{\ln 2}+2x\right]_0^1$$
$$=e-(e-1)+\dfrac{1}{2\ln 2}+2-\dfrac{1}{\ln 2}$$
$$=3-\dfrac{1}{2\ln 2}$$

$$3\int_0^1(ax^2+1)\,dx=3\left[\dfrac{a}{3}x^3+x\right]_0^1=a+3$$

즉, $3-\dfrac{1}{2\ln 2}=a+3$이므로 $a=-\dfrac{1}{2\ln 2}$

271 ②

두 곡선 $y=2^x-1$, $y=\left|\sin\dfrac{\pi}{2}x\right|$의 교점의 좌표는
$(0,0)$, $(1,1)$이다.

이때 $0\le x\le1$에서 $\sin\dfrac{\pi}{2}x\ge0$이고, $\sin\dfrac{\pi}{2}x\ge2^x-1$이므로 구하는 넓이를 S라 하면

$$S=\int_0^1\left\{\sin\dfrac{\pi}{2}x-(2^x-1)\right\}dx=\int_0^1\left(\sin\dfrac{\pi}{2}x-2^x+1\right)dx$$
$$=\left[-\dfrac{2}{\pi}\cos\dfrac{\pi}{2}x-\dfrac{2^x}{\ln 2}+x\right]_0^1$$
$$=\left(-\dfrac{2}{\ln 2}+1\right)-\left(-\dfrac{2}{\pi}-\dfrac{1}{\ln 2}\right)$$
$$=\dfrac{2}{\pi}-\dfrac{1}{\ln 2}+1$$

272 ①

$f(x)=1-e^{-2x}$에서
$f'(x)=-e^{-2x}\times(-2)=2e^{-2x}$
두 곡선 $y=f(x)$, $y=f'(x)$의 교점의 x좌표는 $1-e^{-2x}=2e^{-2x}$에서
$3e^{-2x}=1$, $e^{2x}=3$

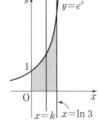

$2x=\ln 3$ $\therefore x=\dfrac{1}{2}\ln 3$

따라서 구하는 넓이를 S라 하면

$$S=\int_0^{\frac{1}{2}\ln 3}\{2e^{-2x}-(1-e^{-2x})\}\,dx=\int_0^{\frac{1}{2}\ln 3}(3e^{-2x}-1)\,dx$$
$$=\left[-\dfrac{3}{2}e^{-2x}-x\right]_0^{\frac{1}{2}\ln 3}$$
$$=\left(-\dfrac{3}{2}\times\dfrac{1}{3}-\dfrac{1}{2}\ln 3\right)-\left(-\dfrac{3}{2}\right)$$
$$=1-\dfrac{1}{2}\ln 3$$

273 ②

곡선 $y=\sin x$ $(0\le x\le \pi)$와 x축으로 둘러싸인 부분의 넓이를 S_1,

곡선 $y=a\cos x$ $\left(0\le x\le \dfrac{\pi}{2}\right)$와 x축 및 y축으로 둘러싸인 부분의

넓이를 S_2라 하면

$$S_1=\int_0^\pi \sin x\,dx$$
$$=\Big[-\cos x\Big]_0^\pi$$
$$=1-(-1)=2$$
$$S_2=\int_0^{\frac{\pi}{2}} a\cos x\,dx$$
$$=\Big[a\sin x\Big]_0^{\frac{\pi}{2}}$$
$$=a$$

이때 색칠한 두 부분의 넓이가 같으려면 $S_1=S_2$이어야 하므로

$a=2$

274 ①

$y=\sin x$에서 $y'=\cos x$이므로 곡선 $y=\sin x$ 위의 두 점 $(0, 0)$, $(\pi, 0)$에서의 접선의 방정식은 각각

$y-0=1\times (x-0)$ $\therefore y=x$

$y-0=-1\times (x-\pi)$ $\therefore y=-x+\pi$

두 접선의 교점의 x좌표는 $x=-x+\pi$에서

$2x=\pi$ $\therefore x=\dfrac{\pi}{2}$

즉, 두 접선은 점 $\left(\dfrac{\pi}{2}, \dfrac{\pi}{2}\right)$에서 만난다.

두 접선과 곡선 $y=\sin x$로 둘러싸인 부분의 넓이는 두 접선과 x축으로 둘러싸인 삼각형의 넓이에서 곡선 $y=\sin x$와 x축으로 둘러싸인 부분의 넓이를 뺀 것과 같으므로 구하는 넓이를 S라 하면

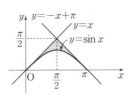

$$S=\frac{1}{2}\times \pi \times \frac{\pi}{2}-\int_0^\pi \sin x\,dx$$
$$=\frac{\pi^2}{4}-\Big[-\cos x\Big]_0^\pi$$
$$=\frac{\pi^2}{4}-\{1-(-1)\}$$
$$=\frac{\pi^2}{4}-2$$

275 ②

두 곡선 $y=a\sin x$와 $y=e^{x-b}$이 $x=b$에서 접하므로 $x=b$에서의 y좌표와 미분계수가 각각 서로 일치한다.

$a\sin b=1$ …… ㉠

$y'=a\cos x, y'=e^{x-b}$에서

$a\cos b=1$ …… ㉡

㉠÷㉡을 하면 $\dfrac{\sin b}{\cos b}=1$ $\therefore \tan b=1$

$\therefore b=\dfrac{\pi}{4}\left(\because 0<b<\dfrac{\pi}{2}\right)$

$b=\dfrac{\pi}{4}$를 ㉠에 대입하면 $\dfrac{\sqrt2}{2}a=1$ $\therefore a=\sqrt2$

따라서 두 곡선과 y축으로 둘러싸인 부분은 오른쪽 그림의 색칠한 부분과 같으므로 구하는 넓이를 S라 하면

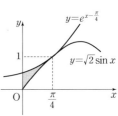

$$S=\int_0^{\frac{\pi}{4}}\left(e^{x-\frac{\pi}{4}}-\sqrt2 \sin x\right)dx$$
$$=\Big[e^{x-\frac{\pi}{4}}+\sqrt2 \cos x\Big]_0^{\frac{\pi}{4}}$$
$$=(1+1)-(e^{-\frac{\pi}{4}}+\sqrt2)$$
$$=2-\sqrt2-e^{-\frac{\pi}{4}}$$

276 ③

두 함수 $y=|\sin x|$,

$y=k\sin \dfrac{x}{2}$의 그래프는 직선

$x=\pi$에 대하여 대칭이고

$A+C=B$이므로 오른쪽 그림의 색칠한 두 부분의 넓이가 서로 같다.

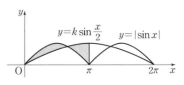

즉, $\displaystyle\int_0^\pi \left(\sin x-k\sin \dfrac{x}{2}\right)dx=0$이므로

$$\int_0^\pi \left(\sin x-k\sin \frac{x}{2}\right)dx=\Big[-\cos x+2k\cos \frac{x}{2}\Big]_0^\pi$$
$$=1-(-1+2k)$$
$$=2-2k=0$$

$\therefore k=1$

277 ②

$y=e^{ax}$의 역함수는 $y=\dfrac{1}{a}\ln x$이므로 $g(x)=\dfrac{1}{a}\ln x$이고

$f'(x)=ae^{ax}, g'(x)=\dfrac{1}{ax}$

두 곡선 $y=f(x)$, $y=g(x)$가 $x=e$에서 접하므로 $x=e$에서의 y좌표와 미분계수가 각각 서로 일치한다.

$e^{ae}=\dfrac{1}{a}\ln e$ $\therefore e^{ae}=\dfrac{1}{a}$ …… ㉠

$ae^{ae}=\dfrac{1}{ae}$ …… ㉡

㉠을 ㉡에 대입하면

$1=\dfrac{1}{ae}$ $\therefore a=\dfrac{1}{e}$

$\therefore f(x)=e^{\frac{x}{e}}, g(x)=e\ln x$

이때 두 곡선 $y=f(x)$, $y=g(x)$는 오른쪽 그림과 같고 직선 $y=x$에 대하여 대칭이다.

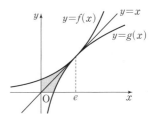

따라서 두 곡선 $y=f(x)$, $y=g(x)$와 x축, y축으로 둘러싸인 부분의 넓이는 곡선 $y=f(x)$와 직선 $y=x$ 및 y축으로 둘러싸인 부분의 넓이의 2배와 같으므로 구하는 넓이를 S라 하면

$$S=2\int_0^e \left(e^{\frac{x}{e}}-x\right)dx$$
$$=2\left[e\times e^{\frac{x}{e}}-\frac{1}{2}x^2\right]_0^e$$
$$=2\left\{\left(e^2-\frac{1}{2}e^2\right)-e\right\}$$
$$=e^2-2e$$

278 ④

곡선 $y=\ln x$와 x축 및 직선 $x=e$로 둘러싸인 부분의 넓이는

$\int_1^e \ln x\,dx$에서

$u(x)=\ln x,\ v'(x)=1$이라 하면

$u'(x)=\dfrac{1}{x},\ v(x)=x$이므로

$$\int_1^e \ln x\,dx=\left[x\ln x\right]_1^e-\int_1^e 1\,dx$$
$$=e-\left[x\right]_1^e$$
$$=e-(e-1)=1$$

오른쪽 그림과 같이 색칠한 부분의
넓이를 직선 $y=x+k$가 이등분하므
로 직선 $y=x+k$와 x축 및 직선
$x=e$로 둘러싸인 부분의 넓이는

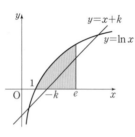

$\dfrac{1}{2}(e+k)^2=\dfrac{1}{2},\ (e+k)^2=1$

$\therefore\ k=-e\pm1$

이때 $-k<e$, 즉 $k>-e$이어야 하므로

$k=1-e$

279 ①

$0\le x\le\pi$에서 두 곡선 $y=2\sin x,\ y=-\sin x$로 둘러싸인 부분의 넓이는

$$\int_0^\pi \{2\sin x-(-\sin x)\}\,dx=\int_0^\pi 3\sin x\,dx=\left[-3\cos x\right]_0^\pi$$
$$=-3\times(-1-1)=6$$

오른쪽 그림과 같이 색칠한 부분의 넓
이를 곡선 $y=ax(x-\pi)$가 이등분하
므로

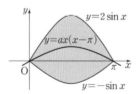

$$\int_0^\pi \{ax(x-\pi)-(-\sin x)\}\,dx$$
$$=\int_0^\pi a(x^2-\pi x)\,dx+\int_0^\pi \sin x\,dx$$
$$=a\left[\frac{1}{3}x^3-\frac{\pi}{2}x^2\right]_0^\pi+\left[-\cos x\right]_0^\pi$$
$$=a\left(\frac{\pi^3}{3}-\frac{\pi^3}{2}\right)+1-(-1)$$
$$=-\frac{a}{6}\pi^3+2=3$$

따라서 $-\dfrac{a}{6}\pi^3=1$이므로 $a=-\dfrac{6}{\pi^3}$

280 ③

오른쪽 그림과 같이
입체도형을 x좌표가
$t\left(\dfrac{3}{4}\pi\le t\le\dfrac{5}{4}\pi\right)$인
점을 지나고 x축에 수
직인 평면으로 자른 단
면은 한 변의 길이가

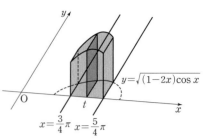

$\sqrt{(1-2t)\cos t}$인 정사각형이다.

단면의 넓이를 $S(t)$라 하면

$S(t)=(\sqrt{(1-2t)\cos t})^2=(1-2t)\cos t$

따라서 구하는 입체도형의 부피는

$$\int_{\frac{3}{4}\pi}^{\frac{5}{4}\pi} S(t)\,dx=\int_{\frac{3}{4}\pi}^{\frac{5}{4}\pi}(1-2t)\cos t\,dt$$

이때 $u(t)=1-2t,\ v'(t)=\cos t$라 하면

$u'(t)=-2,\ v(t)=\sin t$이므로

$$\int_{\frac{3}{4}\pi}^{\frac{5}{4}\pi}(1-2t)\cos t\,dt$$
$$=\left[(1-2t)\sin t\right]_{\frac{3}{4}\pi}^{\frac{5}{4}\pi}-\int_{\frac{3}{4}\pi}^{\frac{5}{4}\pi}(-2\sin t)\,dt$$
$$=-\left(1-\frac{5}{2}\pi\right)\frac{\sqrt{2}}{2}-\left(1-\frac{3}{2}\pi\right)\frac{\sqrt{2}}{2}-\left[2\cos t\right]_{\frac{3}{4}\pi}^{\frac{5}{4}\pi}$$
$$=-\sqrt{2}+2\sqrt{2}\pi-(-\sqrt{2}+\sqrt{2})=2\sqrt{2}\pi-\sqrt{2}$$

281 ②

오른쪽 그림과 같이 입체도형을
x좌표가 $t\ (1\le t\le5)$인 점을 지
나고 x축에 수직인 평면으로 자른
단면은 한 변의 길이가 $\sqrt{t-1}$인
정사각형이므로 단면의 넓이를
$S(t)$라 하면

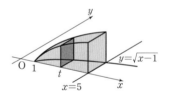

$S(t)=(\sqrt{t-1})^2=t-1$

따라서 구하는 입체도형의 부피는

$$\int_1^5 S(t)\,dt=\int_1^5(t-1)\,dt=\left[\frac{1}{2}t^2-t\right]_1^5$$
$$=\frac{15}{2}-\left(-\frac{1}{2}\right)=8$$

282 ④

오른쪽 그림과 같이 입체도형을
x좌표가 $t\ (1\le t\le3)$인 점을
지나고 x축에 수직인 평면으로
자른 단면은 지름의 길이가
$2e^{-t}$인 반원이므로 단면의 넓이
를 $S(t)$라 하면

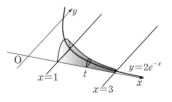

$$S(t)=\frac{\pi}{2}\times(e^{-t})^2=\frac{\pi}{2}e^{-2t}$$

따라서 구하는 입체도형의 부피는

$$\int_1^3 S(t)\,dt = \int_1^3 \frac{\pi}{2} e^{-2t}\,dt$$

$$= \left[-\frac{\pi}{4} e^{-2t}\right]_1^3$$

$$= -\frac{\pi}{4}(e^{-6}-e^{-2})$$

$$= \frac{(e^4-1)\pi}{4e^6}$$

283 ③

오른쪽 그림과 같이 입체도형을 x좌표가 $t\left(\frac{\pi}{6}<t<\frac{5}{6}\pi\right)$인 점을 지나고 x축에 수직인 평면으로 자른 단면은 한 변의 길이가 $\sqrt{t\sin t}$인 정삼각형이므로 단면의 넓이를 $S(t)$라 하면

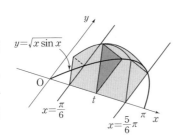

$$S(t)=\frac{\sqrt{3}}{4}(\sqrt{t\sin t})^2=\frac{\sqrt{3}}{4}t\sin t$$

따라서 구하는 입체도형의 부피를 V라 하면

$$V=\int_{\frac{\pi}{6}}^{\frac{5}{6}\pi} S(t)\,dt$$

$$=\int_{\frac{\pi}{6}}^{\frac{5}{6}\pi} \frac{\sqrt{3}}{4}\, t\sin t\,dt$$

$$=\frac{\sqrt{3}}{4}\int_{\frac{\pi}{6}}^{\frac{5}{6}\pi} t\sin t\,dt$$

이때 $u(t)=t$, $v'(t)=\sin t$라 하면
$u'(t)=1$, $v(t)=-\cos t$이므로

$$V=\frac{\sqrt{3}}{4}\int_{\frac{\pi}{6}}^{\frac{5}{6}\pi} t\sin t\,dt$$

$$=\frac{\sqrt{3}}{4}\left\{\left[-t\cos t\right]_{\frac{\pi}{6}}^{\frac{5}{6}\pi}-\int_{\frac{\pi}{6}}^{\frac{5}{6}\pi}(-\cos t)\,dt\right\}$$

$$=\frac{\sqrt{3}}{4}\left\{\left(-\frac{5}{6}\pi\right)\times\left(-\frac{\sqrt{3}}{2}\right)+\frac{\pi}{6}\times\frac{\sqrt{3}}{2}+\left[\sin t\right]_{\frac{\pi}{6}}^{\frac{5}{6}\pi}\right\}$$

$$=\frac{\sqrt{3}}{4}\left\{\frac{\sqrt{3}}{2}\pi+\left(\frac{1}{2}-\frac{1}{2}\right)\right\}=\frac{3}{8}\pi$$

284 ①

오른쪽 그림과 같이 입체도형을 x좌표가 $t\left(0\le t\le\frac{\pi}{2}\right)$인 점을 지나고 x축에 수직인 평면으로 자른 단면은 빗변의 길이가 $\sqrt{t\sin 2t}$인 직각이등변삼각형이므로 나머지 두 변의 길이는 모두 $\sqrt{\dfrac{t\sin 2t}{2}}$이다.

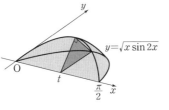

단면의 넓이를 $S(t)$라 하면

$$S(t)=\frac{1}{2}\times\left(\sqrt{\frac{t\sin 2t}{2}}\right)^2=\frac{1}{4}t\sin 2t$$

따라서 구하는 입체도형의 부피를 V라 하면

$$V=\int_0^{\frac{\pi}{2}} S(t)\,dt$$

$$=\int_0^{\frac{\pi}{2}} \frac{1}{4}t\sin 2t\,dt$$

$$=\frac{1}{4}\int_0^{\frac{\pi}{2}} t\sin 2t\,dt$$

이때 $u(t)=t$, $v'(t)=\sin 2t$라 하면
$u'(t)=1$, $v(t)=-\frac{1}{2}\cos 2t$이므로

$$V=\frac{1}{4}\int_0^{\frac{\pi}{2}} t\sin 2t\,dt$$

$$=\frac{1}{4}\left\{\left[t\left(-\frac{1}{2}\cos 2t\right)\right]_0^{\frac{\pi}{2}}-\int_0^{\frac{\pi}{2}}\left(-\frac{1}{2}\cos 2t\right)dt\right\}$$

$$=\frac{1}{4}\left(\frac{\pi}{2}\times\frac{1}{2}+\left[\frac{1}{4}\sin 2t\right]_0^{\frac{\pi}{2}}\right)$$

$$=\frac{1}{4}\times\left(\frac{\pi}{4}+0\right)=\frac{\pi}{16}$$

285 ⑤

$y=\frac{1}{8}e^{2x}+\frac{1}{2}e^{-2x}$의 양변을 x에 대하여 미분하면

$$\frac{dy}{dx}=\frac{1}{8}e^{2x}\times 2+\frac{1}{2}e^{-2x}\times(-2)$$

$$=\frac{1}{4}e^{2x}-e^{-2x}$$

따라서 구하는 곡선의 길이는

$$\int_0^{\ln 2}\sqrt{1+\left(\frac{dy}{dx}\right)^2}\,dx=\int_0^{\ln 2}\sqrt{1+\left(\frac{1}{4}e^{2x}-e^{-2x}\right)^2}\,dx$$

$$=\int_0^{\ln 2}\sqrt{1+\left(\frac{1}{16}e^{4x}-\frac{1}{2}+e^{-4x}\right)}\,dx$$

$$=\int_0^{\ln 2}\sqrt{\frac{1}{16}e^{4x}+\frac{1}{2}+e^{-4x}}\,dx$$

$$=\int_0^{\ln 2}\sqrt{\left(\frac{1}{4}e^{2x}+e^{-2x}\right)^2}\,dx$$

$$=\int_0^{\ln 2}\left(\frac{1}{4}e^{2x}+e^{-2x}\right)dx$$

$$=\left[\frac{1}{8}e^{2x}-\frac{1}{2}e^{-2x}\right]_0^{\ln 2}$$

$$=\left(\frac{1}{8}e^{2\ln 2}-\frac{1}{2}e^{-2\ln 2}\right)-\left(\frac{1}{8}-\frac{1}{2}\right)$$

$$=\left(\frac{1}{8}e^{\ln 4}-\frac{1}{2}e^{\ln\frac{1}{4}}\right)-\left(-\frac{3}{8}\right)$$

$$=\left(\frac{1}{8}\times 4-\frac{1}{2}\times\frac{1}{4}\right)+\frac{3}{8}=\frac{3}{4}$$

286 24

$x=3\cos t$, $y=3\sin t$에서

$$\frac{dx}{dt}=-3\sin t,\quad \frac{dy}{dt}=3\cos t$$

이므로 점 P의 시각 t에서의 속도는
$(-3\sin t,\ 3\cos t)$
따라서 시각 $t=2$에서 $t=10$까지 점 P가 움직인 거리는

$$\int_2^{10} \sqrt{\left(\frac{dx}{dt}\right)^2 + \left(\frac{dy}{dt}\right)^2}\, dt = \int_2^{10} \sqrt{9\sin^2 t + 9\cos^2 t}\, dt$$
$$= \int_2^{10} \sqrt{9\,(\sin^2 t + \cos^2 t)}\, dt$$
$$= \int_2^{10} 3\, dt = \Big[\, 3t\, \Big]_2^{10}$$
$$= 30 - 6 = 24$$

287 ②

$y = \frac{1}{2}(e^x + e^{-x})$의 양변을 x에 대하여 미분하면

$$\frac{dy}{dx} = \frac{1}{2}(e^x - e^{-x})$$

따라서 구하는 곡선의 길이는

$$\int_{-1}^{1} \sqrt{1 + \left(\frac{dy}{dx}\right)^2}\, dx = \int_{-1}^{1} \sqrt{1 + \left\{\frac{1}{2}(e^x - e^{-x})\right\}^2}\, dx$$
$$= \int_{-1}^{1} \sqrt{\frac{1}{4}(e^{2x} + 2 + e^{-2x})}\, dx$$
$$= \int_{-1}^{1} \sqrt{\frac{1}{4}(e^x + e^{-x})^2}\, dx$$
$$= \int_{-1}^{1} \frac{1}{2}(e^x + e^{-x})\, dx$$
$$= 2\int_0^1 \frac{1}{2}(e^x + e^{-x})\, dx$$
$$= \Big[\, e^x - e^{-x}\, \Big]_0^1 = e - \frac{1}{e}$$

288 ②

$x = e^t \cos t,\ y = e^t \sin t$에서

$\dfrac{dx}{dt} = e^t(\cos t - \sin t),\ \dfrac{dy}{dt} = e^t(\sin t + \cos t)$

이므로 점 P의 시각 t에서의 속도는

$(e^t(\cos t - \sin t),\ e^t(\sin t + \cos t))$

따라서 시각 $t=0$에서 $t=\pi$까지 점 P가 움직인 거리는

$$\int_0^\pi \sqrt{\left(\frac{dx}{dt}\right)^2 + \left(\frac{dy}{dt}\right)^2}\, dt$$
$$= \int_0^\pi \sqrt{e^{2t}(\cos t - \sin t)^2 + e^{2t}(\sin t + \cos t)^2}\, dt$$
$$= \int_0^\pi \sqrt{2e^{2t}(\cos^2 t + \sin^2 t)}\, dt = \int_0^\pi \sqrt{2}\,e^t\, dt$$
$$= \sqrt{2}\,\Big[\, e^t\, \Big]_0^\pi = \sqrt{2}\,(e^\pi - 1)$$

289 ④

$x = 3t^2,\ y = t^3 + 1$에서

$\dfrac{dx}{dt} = 6t,\ \dfrac{dy}{dt} = 3t^2$

이므로 시각 $t=0$에서 $t=2$까지 점 P가 움직인 거리를 s라 하면

$$s = \int_0^2 \sqrt{\left(\frac{dx}{dt}\right)^2 + \left(\frac{dy}{dt}\right)^2}\, dt$$
$$= \int_0^2 \sqrt{9t^2(4 + t^2)}\, dt$$
$$= \int_0^2 \sqrt{9t^2(4 + t^2)}\, dt$$
$$= \int_0^2 3t\sqrt{4 + t^2}\, dt$$

이때 $4 + t^2 = u$라 하면 $2t = \dfrac{du}{dt}$이고

$t=0$일 때 $u=4$, $t=2$일 때 $u=8$이므로

$$s = \int_0^2 3t\sqrt{4 + t^2}\, dt = \int_4^8 \frac{3}{2}\sqrt{u}\, du$$
$$= \Big[\, u^{\frac{3}{2}}\, \Big]_4^8 = 16\sqrt{2} - 8$$

290 ⑤

$x = t^3 \cos \dfrac{3}{t},\ y = t^3 \sin \dfrac{3}{t}$에서

$$\frac{dx}{dt} = 3t^2 \cos \frac{3}{t} + t^3\left(-\sin \frac{3}{t}\right) \times \left(-\frac{3}{t^2}\right)$$
$$= 3t^2 \cos \frac{3}{t} + 3t \sin \frac{3}{t}$$
$$\frac{dy}{dt} = 3t^2 \sin \frac{3}{t} + t^3 \cos \frac{3}{t} \times \left(-\frac{3}{t^2}\right)$$
$$= 3t^2 \sin \frac{3}{t} - 3t \cos \frac{3}{t}$$

$1 \le t \le 7$일 때 곡선의 길이를 l이라 하면

$$l = \int_1^7 \sqrt{\left(\frac{dx}{dt}\right)^2 + \left(\frac{dy}{dt}\right)^2}\, dt$$
$$= \int_1^7 \sqrt{\left(3t^2 \cos \frac{3}{t} + 3t \sin \frac{3}{t}\right)^2 + \left(3t^2 \sin \frac{3}{t} - 3t \cos \frac{3}{t}\right)^2}\, dt$$
$$= \int_1^7 \sqrt{(9t^4 + 9t^2)\left(\cos^2 \frac{3}{t} + \sin^2 \frac{3}{t}\right)}\, dt$$
$$= \int_1^7 \sqrt{9t^4 + 9t^2}\, dt$$
$$= \int_1^7 3t\sqrt{t^2 + 1}\, dt$$

이때 $t^2 + 1 = u$라 하면 $2t = \dfrac{du}{dt}$이고

$t=1$일 때 $u=2$, $t=7$일 때 $u=50$이므로

$$l = \int_1^7 3t\sqrt{t^2 + 1}\, dt$$
$$= \int_2^{50} \frac{3}{2}\sqrt{u}\, du = \Big[\, u^{\frac{3}{2}}\, \Big]_2^{50}$$
$$= 250\sqrt{2} - 2\sqrt{2} = 248\sqrt{2}$$

291 ②

$y = \ln(\cos x)$의 양변을 x에 대하여 미분하면

$$\frac{dy}{dx} = \frac{(\cos x)'}{\cos x} = -\frac{\sin x}{\cos x} = -\tan x$$

$0 \le x \le \dfrac{\pi}{6}$에서 곡선의 길이를 l이라 하면

$l = \int_0^{\frac{\pi}{6}} \sqrt{1 + \left(\frac{dy}{dx}\right)^2}\, dx$

$\quad = \int_0^{\frac{\pi}{6}} \sqrt{1 + (-\tan x)^2}\, dx$

$\quad = \int_0^{\frac{\pi}{6}} \sqrt{1 + \tan^2 x}\, dx$

$\quad = \int_0^{\frac{\pi}{6}} \sqrt{\sec^2 x}\, dx = \int_0^{\frac{\pi}{6}} \sec x\, dx$

$\quad = \int_0^{\frac{\pi}{6}} \frac{1}{\cos x}\, dx$

$\quad = \int_0^{\frac{\pi}{6}} \frac{\cos x}{\cos^2 x}\, dx$

$\quad = \int_0^{\frac{\pi}{6}} \frac{\cos x}{1 - \sin^2 x}\, dx$

이때 $\sin x = t$라 하면 $\cos x = \frac{dt}{dx}$이고

$x = 0$일 때 $t = 0$, $x = \frac{\pi}{6}$일 때 $t = \frac{1}{2}$이므로

$l = \int_0^{\frac{\pi}{6}} \frac{\cos x}{1 - \sin^2 x}\, dx = \int_0^{\frac{1}{2}} \frac{1}{1 - t^2}\, dt$

$\quad = -\int_0^{\frac{1}{2}} \frac{1}{(t-1)(t+1)}\, dt = -\frac{1}{2} \int_0^{\frac{1}{2}} \left(\frac{1}{t-1} - \frac{1}{t+1}\right) dt$

$\quad = -\frac{1}{2}\left[\ln|t-1| - \ln|t+1|\right]_0^{\frac{1}{2}} = -\frac{1}{2}\left(\ln \frac{1}{2} - \ln \frac{3}{2}\right)$

$\quad = -\frac{1}{2} \ln \frac{1}{3} = \frac{1}{2} \ln 3$

등급 업 도전하기   본문 101~106쪽

292 ⑤

$\int_{-1}^1 f(x)\, dx = \int_{-1}^0 f(x)\, dx + \int_0^1 f(x)\, dx$ ······ ㉠

$\int_{-1}^0 f(x)\, dx$에서 $x = -t$라 하면 $1 = -\frac{dt}{dx}$이고

$x = -1$일 때 $t = 1$, $x = 0$일 때 $t = 0$이므로

$\int_{-1}^0 f(x)\, dx = \int_1^0 \{f(-t) \times (-1)\}\, dt$

$\qquad\qquad = \int_0^1 f(-t)\, dt = \int_0^1 f(-x)\, dx$ ······ ㉡

㉡을 ㉠에 대입하면

$\int_{-1}^1 f(x)\, dx = \int_0^1 f(-x)\, dx + \int_0^1 f(x)\, dx$

$\qquad\qquad = \int_0^1 \{f(-x) + f(x)\}\, dx$

$\qquad\qquad = \int_0^1 (e^{2x} + e^{-2x} + 3x^2)\, dx$

$\qquad\qquad = \left[\frac{1}{2}e^{2x} - \frac{1}{2}e^{-2x} + x^3\right]_0^1$

$\qquad\qquad = \left(\frac{1}{2}e^2 - \frac{1}{2}e^{-2} + 1\right) - \left(\frac{1}{2} - \frac{1}{2} + 0\right)$

$\qquad\qquad = \frac{e^4 + 2e^2 - 1}{2e^2}$

293 ②

$f(2-x) = 4 - f(x)$에서

$1 - x = t$라 하면

$f(1+t) = 4 - f(1-t)$, 즉 $\frac{f(1+t) + f(1-t)}{2} = 2$이므로

함수 $y = f(x)$의 그래프는 점 $(1, 2)$에 대하여 대칭이다.

$\int_0^2 f(x)\, dx = \int_0^1 f(x)\, dx + \int_1^2 f(x)\, dx$ ······ ㉠

$f(2-x) = 4 - f(x)$에서 $f(x) = 4 - f(2-x)$

$\int_1^2 f(x)\, dx = \int_1^2 \{4 - f(2-x)\}\, dx$에서

$2 - x = u$라 하면 $-1 = \frac{du}{dx}$이고

$x = 1$일 때 $u = 1$, $x = 2$일 때 $u = 0$이므로

$\int_1^2 f(x)\, dx = \int_1^0 [\{4 - f(u)\} \times (-1)]\, du$

$\qquad\qquad = \int_0^1 \{4 - f(u)\}\, du$

$\qquad\qquad = \int_0^1 \{4 - f(x)\}\, dx$ ······ ㉡

㉡을 ㉠에 대입하면

$\int_0^2 f(x)\, dx = \int_0^1 f(x)\, dx + \int_0^1 \{4 - f(x)\}\, dx$

$\qquad\qquad = \int_0^1 \{f(x) + 4 - f(x)\}\, dx$

$\qquad\qquad = \int_0^1 4\, dx$

$\qquad\qquad = \left[4x\right]_0^1$

$\qquad\qquad = 4$

294 ①

$g(n) = f(n) + f(n+1)$이라 하면

$f(n+2) + f(n+3) + f(n+4) + \cdots + f(3n+1)$

$= \{f(n+2) + f(n+3)\} + \{f(n+4) + f(n+5)\} + \cdots$
$\qquad\qquad\qquad\qquad + \{f(n+2n) + f(n+2n+1)\}$

$= g(n+2) + g(n+4) + \cdots + g(n+2n)$

$= \sum_{k=1}^n g(n+2k)$

$\therefore \lim_{n \to \infty} \dfrac{f(n+2) + f(n+3) + f(n+4) + \cdots + f(3n+1)}{n^4}$

$\quad = \lim_{n \to \infty} \frac{1}{n^4} \sum_{k=1}^n g(n+2k)$

$\quad = \lim_{n \to \infty} \frac{1}{n^4} \sum_{k=1}^n 4(n+2k)^3$

$\quad = \lim_{n \to \infty} \frac{1}{n} \sum_{k=1}^n 4\left(1 + \frac{2k}{n}\right)^3$

$\quad = \lim_{n \to \infty} \frac{2}{n} \sum_{k=1}^n 2\left(1 + \frac{2k}{n}\right)^3$

$\quad = \int_1^3 2x^3\, dx$

$\quad = \left[\frac{1}{2}x^4\right]_1^3$

$\quad = 40$

295 ③

$\overline{OP} = 3 - 3t^2$이고 선분 OP가 x축의 양의
방향과 이루는 각의 크기가 t이므로

$x = (3 - 3t^2)\cos t$, $y = (3 - 3t^2)\sin t$

$\dfrac{dx}{dt} = -6t\cos t - (3 - 3t^2)\sin t$

$\dfrac{dy}{dt} = -6t\sin t + (3 - 3t^2)\cos t$

$\therefore \left(\dfrac{dx}{dt}\right)^2 + \left(\dfrac{dy}{dt}\right)^2 = \{-6t\cos t - (3 - 3t^2)\sin t\}^2$
$\qquad\qquad\qquad\qquad\quad + \{-6t\sin t + (3 - 3t^2)\cos t\}^2$

$\qquad\qquad = \{36t^2 + (3 - 3t^2)^2\}(\sin^2 t + \cos^2 t)$

$\qquad\qquad = 36t^2 + (3 - 3t^2)^2$

$\qquad\qquad = 9 + 18t^2 + 9t^4$

$\qquad\qquad = (3 + 3t^2)^2$

따라서 $t = 0$에서 $t = 1$까지 점 P가 움직인 거리는

$\displaystyle\int_0^1 \sqrt{\left(\dfrac{dx}{dt}\right)^2 + \left(\dfrac{dy}{dt}\right)^2}\,dt = \int_0^1 \sqrt{(3 + 3t^2)^2}\,dt$

$\qquad\qquad\qquad\qquad\qquad = \displaystyle\int_0^1 (3 + 3t^2)\,dt$

$\qquad\qquad\qquad\qquad\qquad = \Big[3t + t^3\Big]_0^1$

$\qquad\qquad\qquad\qquad\qquad = 4$

296 ①

점 P_n에서 곡선 $y = \sqrt{x - 1}$에 그은 접선
의 접점을 T_n이라 하고, 점 T_n의 x좌
표를 t_n이라 하자.

$y = \sqrt{x - 1}$에서

$y' = \dfrac{1}{2\sqrt{x - 1}}$이므로

점 T_n에서의 접선의 방정식은

$y = \dfrac{1}{2\sqrt{t_n - 1}}(x - t_n) + \sqrt{t_n - 1}$

이 직선이 점 $P_n\left(1 - \dfrac{1}{4^n},\ 0\right)$을 지나므로

$0 = \dfrac{1}{2\sqrt{t_n - 1}}\left(1 - \dfrac{1}{4^n} - t_n\right) + \sqrt{t_n - 1}$

$1 - \dfrac{1}{4^n} - t_n = -2(t_n - 1)$

$\therefore t_n = 1 + \dfrac{1}{4^n}$

점 T_n에서 x축에 내린 수선의 발을 H_n이라 하면 $H_n(t_n, 0)$이므로

$S_n = (\text{삼각형 } T_n P_n H_n \text{의 넓이}) - \displaystyle\int_1^{t_n} \sqrt{x - 1}\,dx$

$\qquad = \dfrac{1}{2} \times \dfrac{2}{4^n} \times \sqrt{\left(1 + \dfrac{1}{4^n}\right) - 1} - \left[\dfrac{2}{3}(x - 1)^{\frac{3}{2}}\right]_1^{1 + \frac{1}{4^n}}$

$\qquad = \dfrac{1}{4^n} \times \dfrac{1}{2^n} - \dfrac{2}{3} \times \left(\dfrac{1}{4^n}\right)^{\frac{3}{2}}$

$\qquad = \dfrac{1}{8^n} - \dfrac{2}{3} \times \dfrac{1}{8^n}$

$\qquad = \dfrac{1}{3} \times \dfrac{1}{8^n}$

$\therefore \displaystyle\sum_{n=1}^{\infty} S_n = \sum_{n=1}^{\infty}\left(\dfrac{1}{3} \times \dfrac{1}{8^n}\right)$

$\qquad\qquad = \dfrac{1}{3} \times \dfrac{\dfrac{1}{8}}{1 - \dfrac{1}{8}} = \dfrac{1}{21}$

297 ⑤

조건 (나)에서

$\displaystyle\int \{2f(\sqrt{x}) + \sqrt{x}f'(\sqrt{x})\}\,dx = \int 2xe^x\,dx$

$\displaystyle\int \{2f(\sqrt{x}) + \sqrt{x}f'(\sqrt{x})\}\,dx = \int 2f(\sqrt{x})\,dx + \int \sqrt{x}f'(\sqrt{x})\,dx$

이고 $\displaystyle\int \sqrt{x}f'(\sqrt{x})\,dx = \int 2x \times \dfrac{1}{2\sqrt{x}}f'(\sqrt{x})\,dx$에서

$u(x) = 2x$, $v'(x) = \dfrac{1}{2\sqrt{x}}f'(\sqrt{x})$라 하면

$u'(x) = 2$, $v(x) = f(\sqrt{x})$이므로

$\displaystyle\int 2f(\sqrt{x})\,dx + \int \sqrt{x}f'(\sqrt{x})\,dx$

$= \displaystyle\int 2f(\sqrt{x})\,dx + \left\{2xf(\sqrt{x}) - \int 2f(\sqrt{x})\,dx + C_1\right\}$

$= 2xf(\sqrt{x}) + C_1$ (단, C_1은 적분상수) $\qquad \cdots\cdots$ ㉠

또한, $\displaystyle\int 2xe^x\,dx$에서

$s(x) = 2x$, $t'(x) = e^x$이라 하면

$s'(x) = 2$, $t(x) = e^x$이므로

$\displaystyle\int 2xe^x\,dx = 2xe^x - \int 2e^x\,dx$

$\qquad\qquad = 2xe^x - 2e^x + C_2$ (단, C_2는 적분상수) $\qquad \cdots\cdots$ ㉡

즉, ㉠ = ㉡에서

$2xf(\sqrt{x}) + C_1 = 2xe^x - 2e^x + C_2$

$2xf(\sqrt{x}) = 2xe^x - 2e^x + C_3$ (단, $C_3 = C_2 - C_1$)

위의 식의 양변에 $x = 1$을 대입하면

$2f(1) = 2e - 2e + C_3 \qquad \therefore C_3 = 2$ (∵ 조건 (가))

$\therefore 2xf(\sqrt{x}) = 2(x - 1)e^x + 2$

따라서 $x > 0$일 때,

$f(\sqrt{x}) = \dfrac{(x - 1)e^x + 1}{x}$

이므로 위의 식의 양변에 $x = 4$를 대입하면

$f(2) = \dfrac{3e^4 + 1}{4}$

298 ②

$\displaystyle\int_0^2 f(t)\,dt = a$ (a는 상수) $\qquad \cdots\cdots$ ㉠

라 하면 $f(x) = x^2 + xe^x + \dfrac{1}{3}a$

$f(t) = t^2 + te^t + \dfrac{1}{3}a$를 ㉠의 좌변에 대입하면

$\displaystyle\int_0^2\left(t^2 + te^t + \dfrac{1}{3}a\right)dt = \int_0^2 t^2\,dt + \int_0^2 te^t\,dt + \int_0^2 \dfrac{1}{3}a\,dt$

$\displaystyle\int_0^2 te^t\,dt$에서 $u(t)=t$, $v'(t)=e^t$이라 하면

$u'(t)=1$, $v(t)=e^t$이므로

$\displaystyle\int_0^2 t^2\,dt+\int_0^2 te^t\,dt+\int_0^2 \frac{1}{3}a\,dt$

$\displaystyle=\left[\frac{1}{3}t^3\right]_0^2+\left(\left[te^t\right]_0^2-\int_0^2 e^t\,dt\right)+\left[\frac{1}{3}at\right]_0^2$

$\displaystyle=\frac{8}{3}+2e^2-\left[e^t\right]_0^2+\frac{2}{3}a$

$\displaystyle=\frac{8}{3}+2e^2-(e^2-1)+\frac{2}{3}a$

$\displaystyle=e^2+\frac{11}{3}+\frac{2}{3}a$

즉, $a=e^2+\dfrac{11}{3}+\dfrac{2}{3}a$이므로 $a=3e^2+11$

$\displaystyle\therefore \lim_{n\to\infty}\sum_{k=1}^n \frac{3}{n}f\left(\frac{k}{n}\right)$

$\displaystyle=3\int_0^1 f(x)\,dx$

$\displaystyle=3\int_0^1 \left\{x^2+xe^x+\frac{1}{3}(3e^2+11)\right\}dx$

$\displaystyle=3\int_0^1 x^2\,dx+3\int_0^1 xe^x\,dx+\int_0^1 (3e^2+11)\,dx$

$\displaystyle=\left[x^3\right]_0^1+3\left(\left[xe^x\right]_0^1-\int_0^1 e^x\,dx\right)+\left[(3e^2+11)x\right]_0^1$

$\displaystyle=1+3\left(e-\left[e^x\right]_0^1\right)+3e^2+11$

$=1+3e-3(e-1)+3e^2+11=3e^2+15$

299 ②

곡선 $f(x)=\ln(x-a)+b$가 점 $(2,\,2)$를 지나므로

$f(2)=\ln(2-a)+b=2$ $\cdots\cdots$ ㉠

두 함수 $f(x)$, $g(x)$는 서로 역함수이므로 그 그래프는 직선 $y=x$에 대하여 대칭이고, 점 $(2,\,2)$에서 공통인 접선을 가지므로

$f'(2)=1$

$f'(x)=\dfrac{1}{x-a}$에서 $f'(2)=\dfrac{1}{2-a}=1$ $\quad\therefore a=1$

$a=1$을 ㉠에 대입하여 풀면 $b=2$

$\therefore f(x)=\ln(x-1)+2$

이때 $y=\ln(x-1)+2$라 하면 $x=e^{y-2}+1$이므로

$g(x)=e^{x-2}+1$

오른쪽 그림과 같이 두 곡선 $y=f(x)$, $y=g(x)$ 및 x축, y축으로 둘러싸인 부분의 넓이는 곡선 $y=g(x)$와 y축 및 직선 $y=x$로 둘러싸인 부분의 넓이의 2배와 같으므로 구하는 넓이를 S라 하면

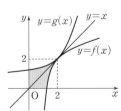

$S=2\displaystyle\int_0^2 (e^{x-2}+1-x)\,dx$

$\displaystyle=2\left[e^{x-2}+x-\frac{1}{2}x^2\right]_0^2$

$\displaystyle=2\left(1-\frac{1}{e^2}\right)=2-\frac{2}{e^2}$

300 ④

$f(-x)=f(x)$이므로 함수 $y=f(x)$의 그래프는 y축에 대하여 대칭이고, $f(x-2)=f(x+4)$에서 $f(x)=f(x+6)$이므로 함수 $f(x)$는 주기가 6인 함수이다.

$\displaystyle\int_{-1}^1 f(x)\,dx=2\int_0^1 f(x)\,dx=4$에서 $\displaystyle\int_0^1 f(x)\,dx=2$

$\displaystyle\int_4^7 f(x)\,dx=\int_4^6 f(x)\,dx+\int_6^7 f(x)\,dx$

$\displaystyle\qquad\qquad=\int_4^6 f(x)\,dx+\int_0^1 f(x)\,dx=0$

이므로

$\displaystyle\int_4^6 f(x)\,dx=-\int_0^1 f(x)\,dx=-2$

$\displaystyle\int_1^2 2xf(x^2)\,dx=8$에서

$x^2=t$라 하면 $2x=\dfrac{dt}{dx}$이고

$x=1$일 때 $t=1$, $x=2$일 때 $t=4$이므로

$\displaystyle\int_1^2 2xf(x^2)\,dx=\int_1^4 f(t)\,dt=8$

$\displaystyle\therefore \int_0^6 f(x)\,dx=\int_0^1 f(x)\,dx+\int_1^4 f(x)\,dx+\int_4^6 f(x)\,dx$

$\qquad\qquad=2+8+(-2)=8$

$\displaystyle\therefore \int_{10}^{60} f(x)\,dx=\int_{10}^{12} f(x)\,dx+\int_{12}^{60} f(x)\,dx$

$\displaystyle\qquad\qquad=\int_4^6 f(x)\,dx+8\int_0^6 f(x)\,dx$

$\qquad\qquad=-2+8\times 8=62$

301 ②

점 B에서 x축에 내린 수선의 발을 H라 하면 S_n은 삼각형 BAH의 넓이에서 닫힌구간 $[1,\,e]$에서 곡선 $y=(\ln x)^n$과 x축 사이의 넓이를 뺀 것과 같으므로

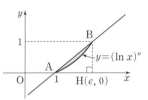

$S_n=\dfrac{1}{2}(e-1)-\displaystyle\int_1^e (\ln x)^n\,dx$

이때 $u(x)=(\ln x)^n$, $v'(x)=1$이라 하면

$u'(x)=\dfrac{n(\ln x)^{n-1}}{x}$, $v(x)=x$이므로

$S_n=\dfrac{1}{2}(e-1)-\left[x(\ln x)^n\right]_1^e+\displaystyle\int_1^e n(\ln x)^{n-1}\,dx$

$\displaystyle\quad=-\frac{e+1}{2}-nS_{n-1}+\frac{n}{2}(e-1)$

$\displaystyle\quad=\frac{n-1}{2}e-\frac{n+1}{2}-nS_{n-1}\ (n\geq 3)$ $\cdots\cdots$ ㉠

㉠에서

$S_3=e-2-3S_2$, $S_4=\dfrac{3}{2}e-\dfrac{5}{2}-4S_3$, $S_5=2e-3-5S_4$

이므로

$3S_2+S_3+5S_4+S_5=(e-2)+(2e-3)=3e-5$

302 ④

조건 (가)에서 $f(-x)=-f(x)$이므로 함수 $y=f(x)$의 그래프는 원점에 대하여 대칭이고

$f(0)=0$, $f(-2)=-f(2)=-10$ ($\because$ 조건 (다))

조건 (나)에서 함수 $f(x)$는 모든 실수 x에 대하여 증가하므로

$x\leq 0$일 때 $f(x)\leq 0$, $x\geq 0$일 때 $f(x)\geq 0$

조건 (다)에서

$$\int_{-2}^{2}|f(x)|\,dx=\int_{-2}^{0}\{-f(x)\}\,dx+\int_{0}^{2}f(x)\,dx$$
$$=-\int_{-2}^{0}f(x)\,dx+\int_{0}^{2}f(x)\,dx=12 \quad\cdots\cdots\text{㉠}$$

곡선 $y=xf'(x)$와 x축 및 두 직선 $x=-2$, $x=2$로 둘러싸인 부분의 넓이를 S라 하면 $f'(x)\geq 0$이므로

$$S=\int_{-2}^{2}|xf'(x)|\,dx$$
$$=-\int_{-2}^{0}xf'(x)\,dx+\int_{0}^{2}xf'(x)\,dx$$
$$=-\left\{\left[xf(x)\right]_{-2}^{0}-\int_{-2}^{0}f(x)\,dx\right\}+\left\{\left[xf(x)\right]_{0}^{2}-\int_{0}^{2}f(x)\,dx\right\}$$
$$=-\left\{2f(-2)-\int_{-2}^{0}f(x)\,dx\right\}+\left\{2f(2)-\int_{0}^{2}f(x)\,dx\right\}$$
$$=-2f(-2)+2f(2)+\int_{-2}^{0}f(x)\,dx-\int_{0}^{2}f(x)\,dx$$
$$=-2\times(-10)+2\times 10-12 \ (\because \text{㉠})$$
$$=20+20-12=28$$

303 ⑤

조건 (나)에서 함수 $f(x)$가 실수 전체의 집합에서 미분가능하므로

$\displaystyle\lim_{x\to 3}\frac{f(x)-1}{x-3}=4$에서 $f(3)=1$ $\quad\cdots\cdots\text{㉠}$

$\displaystyle\lim_{x\to 5}\frac{f(x)-3}{x-5}=6$에서 $f(5)=3$, $f'(5)=6$ $\quad\cdots\cdots\text{㉡}$

또한, 조건 (가)에 의하여 함수 $g(x)$는 함수 $f(x)$의 역함수이므로

㉠에서 $g(1)=3$

㉡에서 $g(3)=5$이고

$$g'(3)=\frac{1}{f'(g(3))}=\frac{1}{f'(5)}=\frac{1}{6}$$

이때

$$h(x)=\int_{1}^{x}(x-1)\{g(t)+tg'(t)\}\,dt$$
$$=(x-1)\int_{1}^{x}\{g(t)+tg'(t)\}\,dt$$
$$=(x-1)\int_{1}^{x}\{tg(t)\}'\,dt$$
$$=(x-1)\left[tg(t)\right]_{1}^{x}$$
$$=(x-1)\{xg(x)-g(1)\} \quad\cdots\cdots\text{㉢}$$

이므로 ㉢의 양변에 $x=3$을 대입하면

$$h(3)=2\{3g(3)-g(1)\}$$
$$=2(3\times 5-3)=24$$

또한, ㉢의 양변을 x에 대하여 미분하면

$$h'(x)=\{xg(x)-g(1)\}+(x-1)\{g(x)+xg'(x)\}$$

위의 식의 양변에 $x=3$을 대입하면

$$h'(3)=3g(3)-g(1)+2\{g(3)+3g'(3)\}$$
$$=3\times 5-3+2\left(5+3\times\frac{1}{6}\right)=23$$

즉, $h'(3)=23$, $h(3)=24$이므로 함수 $y=h(x)$의 그래프 위의 점 $(3,\,h(3))$에서의 접선의 방정식은

$$y-24=23(x-3)$$
$$\therefore y=23x-45$$

따라서 이 접선이 y축과 만나는 점의 y좌표는 -45이다.

PART 2 고난도 문제로 수능 대비하기

I 수열의 극한

304 ③

(ⅰ) $|x|>1$일 때, $\lim_{n\to\infty} x^{2n}=\infty$이므로

$$f(x)=\lim_{n\to\infty}\frac{(a-2)x^{2n+1}+2x}{3x^{2n}+1}$$

$$=\lim_{n\to\infty}\frac{(a-2)x+\dfrac{2}{x^{2n-1}}}{3+\dfrac{1}{x^{2n}}}$$

$$=\frac{a-2}{3}x$$

(ⅱ) $|x|<1$일 때, $\lim_{n\to\infty} x^{2n}=0$이므로

$$f(x)=\lim_{n\to\infty}\frac{(a-2)x^{2n+1}+2x}{3x^{2n}+1}=2x$$

(ⅲ) $x=1$일 때, $\lim_{n\to\infty} x^{2n}=1$이므로

$$f(1)=\frac{a-2+2}{3+1}=\frac{a}{4}$$

(ⅳ) $x=-1$일 때, $\lim_{n\to\infty} x^{2n}=1$, $\lim_{n\to\infty} x^{2n+1}=-1$이므로

$$f(-1)=\frac{-(a-2)-2}{3+1}=-\frac{a}{4}$$

(ⅰ)~(ⅳ)에서 $f(1)=\dfrac{a}{4}$이므로

$$(f\circ f)(1)=f(f(1))=f\left(\frac{a}{4}\right)=\frac{5}{4}$$

(a) $\left|\dfrac{a}{4}\right|>1$, 즉 $|a|>4$일 때

$$f\left(\frac{a}{4}\right)=\frac{a-2}{3}\times\frac{a}{4}=\frac{5}{4}$$에서

$$a^2-2a-15=0$$

$$(a+3)(a-5)=0$$

$$\therefore a=5$$

(b) $\left|\dfrac{a}{4}\right|<1$, 즉 $|a|<4$일 때

$$f\left(\frac{a}{4}\right)=2\times\frac{a}{4}=\frac{5}{4}$$에서

$$\frac{a}{2}=\frac{5}{4}\qquad \therefore a=\frac{5}{2}$$

(c) $\dfrac{a}{4}=1$, 즉 $a=4$일 때

$$f\left(\frac{a}{4}\right)=f(1)=1\neq\frac{5}{4}$$

(d) $\dfrac{a}{4}=-1$, 즉 $a=-4$일 때

$$f\left(\frac{a}{4}\right)=f(-1)=1\neq\frac{5}{4}$$

(a)~(d)에서 $a=5$ 또는 $a=\dfrac{5}{2}$

따라서 모든 a의 값의 합은

$$5+\frac{5}{2}=\frac{15}{2}$$

305 12

다음 그림과 같이 점 Q_n을 지나고 직선 l_n에 수직인 직선을 m_n이라 하면 원 C_n의 중심은 직선 m_n 위에 존재한다.

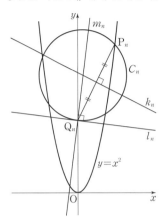

직선 m_n은 곡선 $y=x^2$ 위의 점 $P_n(2n,\ 4n^2)$에서의 접선과 평행하고 $y'=2x$이므로 직선 m_n의 기울기는 $4n$이다.

이때 직선 m_n이 점 $Q_n(0,\ 2n^2)$을 지나므로 직선 m_n의 방정식은

$$y=4nx+2n^2$$

또한, 선분 P_nQ_n의 수직이등분선을 k_n이라 하면 원 C_n의 중심은 직선 k_n 위에 존재한다.

이때 직선 P_nQ_n의 기울기는

$$\frac{2n^2-4n^2}{0-2n}=n$$

이고 선분 P_nQ_n의 중점의 좌표는

$$\left(\frac{2n+0}{2},\ \frac{4n^2+2n^2}{2}\right),\ \text{즉}\ (n,\ 3n^2)$$

이므로 직선 k_n의 방정식은

$$y=-\frac{1}{n}(x-n)+3n^2$$

$$\therefore y=-\frac{1}{n}x+3n^2+1$$

원 C_n의 중심은 두 직선 m_n, k_n의 교점이므로 원 C_n의 중심의 좌표를 $(x_n,\ y_n)$이라 하면

$$4nx_n+2n^2=-\frac{1}{n}x_n+3n^2+1$$에서

$$\left(4n+\frac{1}{n}\right)x_n=n^2+1$$

$$\therefore x_n=\frac{n^3+n}{4n^2+1},\ y_n=4n\times\frac{n^3+n}{4n^2+1}+2n^2=\frac{12n^4+6n^2}{4n^2+1}$$

따라서 원점을 지나고 원 C_n의 넓이를 이등분하는 직선은 원점과 원 C_n의 중심을 지나므로 이 직선의 기울기 a_n은

$$a_n=\frac{y_n-0}{x_n-0}=\frac{12n^4+6n^2}{n^3+n}$$

$$=\frac{12n^3+6n}{n^2+1}$$

$$\therefore \lim_{n\to\infty}\frac{a_n}{n}=\lim_{n\to\infty}\frac{12n^2+6}{n^2+1}$$

$$=\lim_{n\to\infty}\frac{12+\dfrac{6}{n^2}}{1+\dfrac{1}{n^2}}=12$$

(i) $|x|>1$일 때

$\lim_{n\to\infty} x^{2n}=\infty$이므로

$$f(x)=\lim_{n\to\infty}\frac{2x^{2n+1}-1}{x^{2n}+1}$$

$$=\lim_{n\to\infty}\frac{2x-\dfrac{1}{x^{2n}}}{1+\dfrac{1}{x^{2n}}}$$

$$=2x$$

(ii) $x=1$일 때

$\lim_{n\to\infty} x^{2n}=1$이므로

$$f(1)=\frac{2-1}{1+1}=\frac{1}{2}$$

(iii) $|x|<1$일 때

$\lim_{n\to\infty} x^{2n}=0$이므로

$$f(x)=\lim_{n\to\infty}\frac{2x^{2n+1}-1}{x^{2n}+1}=-1$$

(iv) $x=-1$일 때

$\lim_{n\to\infty} x^{2n}=1$, $\lim_{n\to\infty} x^{2n+1}=-1$이므로

$$f(-1)=\frac{-2-1}{1+1}=-\frac{3}{2}$$

(i)~(iv)에서

$$f(x)=\begin{cases}2x & (|x|>1)\\[4pt]\dfrac{1}{2} & (x=1)\\[4pt]-1 & (|x|<1)\\[4pt]-\dfrac{3}{2} & (x=-1)\end{cases}$$

이므로 함수 $y=f(x)$의 그래프는 오른쪽 그림과 같다.

직선 $y=tx-2$는 점 $(0,\,-2)$를 지나므로 t의 값에 따른 직선 $y=tx-2$와 함수 $y=f(x)$의 그래프의 교점의 개수 $g(t)$를 구하면

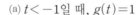

(a) $t<-1$일 때, $g(t)=1$

(b) $-1\le t<-\dfrac{1}{2}$일 때, $g(t)=0$

(c) $t=-\dfrac{1}{2}$일 때, $g(t)=1$

(d) $-\dfrac{1}{2}<t\le0$일 때, $g(t)=0$

(e) $0<t\le1$일 때, $g(t)=1$

(f) $1<t<2$일 때, $g(t)=2$

(g) $t=2$일 때, $g(t)=1$

(h) $2<t<\dfrac{5}{2}$일 때, $g(t)=2$

(i) $t=\dfrac{5}{2}$일 때, $g(t)=3$

(j) $\dfrac{5}{2}<t<4$일 때, $g(t)=2$

(k) $t\ge4$일 때, $g(t)=1$

(a)~(k)에서 함수 $g(t)$와 그 그래프는 다음과 같다.

$$g(t)=\begin{cases}1 & (t<-1)\\ 0 & \left(-1\le t<-\dfrac{1}{2}\right)\\ 1 & \left(t=-\dfrac{1}{2}\right)\\ 0 & \left(-\dfrac{1}{2}<t\le0\right)\\ 1 & (0<t\le1)\\ 2 & (1<t<2)\\ 1 & (t=2)\\ 2 & \left(2<t<\dfrac{5}{2}\right)\\ 3 & \left(t=\dfrac{5}{2}\right)\\ 2 & \left(\dfrac{5}{2}<t<4\right)\\ 1 & (t\ge4)\end{cases}$$

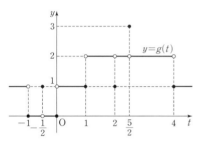

함수 $g(t)$가 $t=a$에서 불연속인 모든 a의 값은

$$-1,\ -\frac{1}{2},\ 0,\ 1,\ 2,\ \frac{5}{2},\ 4$$

따라서 $m=7$, $a_m=4$이므로

$$m\times a_m=7\times4=28$$

307 ①

$\angle B_1AC_1=\dfrac{\pi}{3}$에서 $\angle B_2AD_1=\angle D_1AC_1=\dfrac{\pi}{6}$이므로

$$\overline{B_2D_1}=\overline{D_1C_1}$$

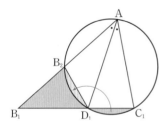

즉, 그림 R_1의 ⌒ 모양의 도형의 넓이는 위의 그림과 같이 삼각형 $B_1D_1B_2$의 넓이와 같다.

삼각형 AB_1C_1에서 코사인법칙에 의하여

$$\overline{B_1C_1}^2=\overline{AC_1}^2+\overline{AB_1}^2-2\times\overline{AC_1}\times\overline{AB_1}\times\cos(\angle B_1AC_1)$$

$$=2^2+3^2-2\times2\times3\times\cos\frac{\pi}{3}=4+9-6=7$$

$$\therefore\ \overline{B_1C_1}=\sqrt{7}\ (\because\ \overline{B_1C_1}>0)$$

삼각형 AB_1C_1에서 선분 AD_1은 $\angle B_1AC_1$의 이등분선이므로

$$\overline{AB_1}:\overline{AC_1}=\overline{B_1D_1}:\overline{D_1C_1}=3:2$$

$$\therefore\ \overline{B_1D_1}=\frac{3}{5}\overline{B_1C_1}=\frac{3\sqrt{7}}{5},\ \overline{D_1C_1}=\frac{2}{5}\overline{B_1C_1}=\frac{2\sqrt{7}}{5}$$

사각형 $AB_2D_1C_1$은 원에 내접하므로

$$\angle B_2D_1B_1 = \angle B_2AC_1 = \frac{\pi}{3}$$

$\therefore S_1 = (\text{삼각형 } B_1D_1B_2\text{의 넓이})$

$$= \frac{1}{2} \times \overline{B_1D_1} \times \overline{B_2D_1} \times \sin\frac{\pi}{3}$$

$$= \frac{1}{2} \times \frac{3\sqrt{7}}{5} \times \frac{2\sqrt{7}}{5} \times \frac{\sqrt{3}}{2}$$

$$= \frac{21\sqrt{3}}{50}$$

한편, 삼각형 $B_1D_1B_2$에서 코사인법칙에 의하여

$\overline{B_1B_2}^2 = \overline{B_1D_1}^2 + \overline{B_2D_1}^2 - 2 \times \overline{B_1D_1} \times \overline{B_2D_1} \times \cos(\angle B_1D_1B_2)$

$$= \left(\frac{3\sqrt{7}}{5}\right)^2 + \left(\frac{2\sqrt{7}}{5}\right)^2 - 2 \times \frac{3\sqrt{7}}{5} \times \frac{2\sqrt{7}}{5} \times \cos\frac{\pi}{3}$$

$$= \frac{63}{25} + \frac{28}{25} - \frac{42}{25} = \frac{49}{25}$$

$\therefore \overline{B_1B_2} = \frac{7}{5} \ (\because \overline{B_1B_2} > 0)$

$\therefore \overline{AB_2} = \overline{AB_1} - \overline{B_1B_2} = 3 - \frac{7}{5} = \frac{8}{5}$

두 삼각형 AB_1C_1, AB_2C_2는 서로 닮음 (AA 닮음)이고, 닮음비는

$\overline{AB_1} : \overline{AB_2} = 3 : \frac{8}{5}$, 즉 $1 : \frac{8}{15}$이므로 그림 R_1에 색칠한 부분과

그림 R_2에 새로 색칠한 부분의 넓이의 비는 $1^2 : \left(\frac{8}{15}\right)^2 = 1 : \frac{64}{225}$

이다.

즉, 그림 R_n과 그림 R_{n+1}에 새로 색칠한 부분의 넓이의 비도

$1 : \frac{64}{225}$이다.

따라서 S_n은 첫째항이 $\frac{21\sqrt{3}}{50}$이고 공비가 $\frac{64}{225}$인 등비수열의 첫째

항부터 제n항까지의 합이므로

$$\lim_{n\to\infty} S_n = \frac{\frac{21\sqrt{3}}{50}}{1 - \frac{64}{225}} = \frac{\frac{21\sqrt{3}}{50}}{\frac{161}{225}} = \frac{27\sqrt{3}}{46}$$

308 ④

$f(x) = \lim_{n\to\infty} \frac{x^{2n+1} + x + 1}{x^{2n} + 1}$에서

(ⅰ) $|x| > 1$일 때, $\lim_{n\to\infty} x^{2n} = \infty$이므로

$$f(x) = \lim_{n\to\infty} \frac{x + \frac{1}{x^{2n-1}} + \frac{1}{x^{2n}}}{1 + \frac{1}{x^{2n}}} = x$$

(ⅱ) $|x| < 1$일 때, $\lim_{n\to\infty} x^{2n} = 0$이므로

$$f(x) = \lim_{n\to\infty} \frac{x^{2n+1} + x + 1}{x^{2n} + 1} = x + 1$$

(ⅲ) $x = 1$일 때, $\lim_{n\to\infty} x^{2n} = 1$이므로

$$f(1) = \frac{1 + 1 + 1}{1 + 1} = \frac{3}{2}$$

(ⅳ) $x = -1$일 때, $\lim_{n\to\infty} x^{2n} = 1$, $\lim_{n\to\infty} x^{2n+1} = -1$이므로

$$f(-1) = \frac{-1 - 1 + 1}{1 + 1} = -\frac{1}{2}$$

(ⅰ)~(ⅳ)에서 $f(x) = \begin{cases} x & (|x| > 1) \\ x+1 & (|x| < 1) \\ \dfrac{3}{2} & (x = 1) \\ -\dfrac{1}{2} & (x = -1) \end{cases}$ 이므로

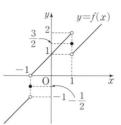

함수 $y = f(x)$의 그래프는 오른쪽 그림과

같고, 방정식 $f(x) = g(x)$의 해의 개수가

4가 되려면 두 함수 $y = f(x)$, $y = g(x)$

의 그래프가 서로 다른 네 점에서 만나야

한다.

즉, 다음 그림과 같이 함수 $y = g(x)$의

그래프가 점 $\left(-1, -\frac{1}{2}\right)$ 또는 점 $\left(1, \frac{3}{2}\right)$을 지날 때, 두 함수

$y = f(x)$, $y = g(x)$의 그래프가 서로 다른 네 점에서 만난다.

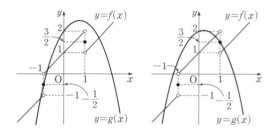

함수 $y = g(x)$의 그래프가 점 $\left(-1, -\frac{1}{2}\right)$을 지날 때의 a의 값은

$-\frac{1}{2} = -1 - a + 2$에서 $a = \frac{3}{2}$

함수 $y = g(x)$의 그래프가 점 $\left(1, \frac{3}{2}\right)$을 지날 때의 a의 값은

$\frac{3}{2} = -1 + a + 2$에서 $a = \frac{1}{2}$

따라서 구하는 모든 실수 a의 값의 합은

$\frac{3}{2} + \frac{1}{2} = 2$

309 17

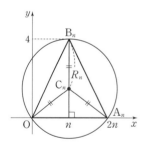

삼각형 OA_nB_n은 $\overline{OB_n} = \overline{A_nB_n} = \sqrt{n^2 + 4^2}$인 이등변삼각형이므

로 삼각형 OA_nB_n의 외접원의 중심을 C_n이라 하면 점 C_n은 선분

OA_n의 수직이등분선 위에 있다.

이때 점 C_n의 좌표를 $(n, |4 - R_n|)$이라 하면

점 C_n에서 삼각형의 각 꼭짓점에 이르는 거리가 같으므로

$\overline{OC_n} = \overline{B_nC_n}$, 즉 $\sqrt{n^2 + (4 - R_n)^2} = R_n$

위의 식의 양변을 제곱하면

$n^2 + (4 - R_n)^2 = R_n^2$, $8R_n = n^2 + 16$

$\therefore R_n = \frac{n^2 + 16}{8}$

한편, 삼각형 OA_nB_n의 넓이는

(삼각형 OA_nB_n의 넓이)

$= \dfrac{1}{2} \times 2n \times 4 = 4n$ ...... ㉠

또한, 삼각형 OA_nB_n의 내접원의

반지름의 길이가 r_n이므로

(삼각형 OA_nB_n의 넓이)

$= \dfrac{1}{2} \times r_n \times (\overline{OA_n} + \overline{A_nB_n} + \overline{OB_n}) = \dfrac{1}{2} \times r_n \times (2n + 2\sqrt{n^2+16})$

$= r_n(\sqrt{n^2+16} + n)$ ...... ㉡

㉠과 ㉡이 같으므로

$4n = r_n(\sqrt{n^2+16} + n)$

$\therefore r_n = \dfrac{4n}{\sqrt{n^2+16} + n}$

$\therefore \displaystyle\lim_{n \to \infty} \dfrac{R_n r_n}{n^2} = \lim_{n \to \infty} \left(\dfrac{1}{n^2} \times \dfrac{n^2+16}{8} \times \dfrac{4n}{\sqrt{n^2+16} + n} \right)$

$\qquad = \displaystyle\lim_{n \to \infty} \dfrac{n^2 + 16}{2n(\sqrt{n^2+16} + n)}$

$\qquad = \displaystyle\lim_{n \to \infty} \dfrac{1 + \dfrac{16}{n^2}}{2\left(\sqrt{1 + \dfrac{16}{n^2}} + 1\right)}$

$\qquad = \dfrac{1}{2 \times (1+1)} = \dfrac{1}{4}$

따라서 $p = 4$, $q = 1$이므로

$p^2 + q^2 = 4^2 + 1^2 = 17$

310   32

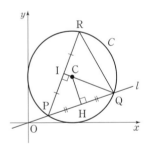

원 C의 중심을 C라 하면 $C(n, n)$이다.

점 C에서 선분 PQ에 내린 수선의 발을 H라 하면 선분 CH는 선분 PQ의 수직이등분선이고 선분 CH의 길이는 점 $C(n, n)$과 직선 $y = \dfrac{1}{n}x$, 즉 $x - ny = 0$ 사이의 거리와 같으므로

$\overline{CH} = \dfrac{|n - n^2|}{\sqrt{1^2 + (-n)^2}}$

$\qquad = \dfrac{n(n-1)}{\sqrt{n^2+1}}$ $(\because n \geq 2)$

직각삼각형 CHQ에서

$\overline{HQ} = \sqrt{\overline{CQ}^2 - \overline{CH}^2}$

$\qquad = \sqrt{n^2 - \left\{\dfrac{n(n-1)}{\sqrt{n^2+1}}\right\}^2} = \sqrt{n^2 - \dfrac{n^2(n-1)^2}{n^2+1}}$

$\qquad = n\sqrt{1 - \dfrac{n^2 - 2n + 1}{n^2+1}} = n\sqrt{\dfrac{2n}{n^2+1}}$

$\therefore \overline{PQ} = 2\overline{HQ} = 2n\sqrt{\dfrac{2n}{n^2+1}}$

한편, 삼각형 PQR는 $\overline{PQ} = \overline{RQ}$인 이등변삼각형이므로 점 Q에서 선분 PR에 내린 수선의 발을 I라 하면 선분 QI는 원 C의 중심 C를 지나고 선분 PR의 수직이등분선이다.

이때 두 직각삼각형 CHQ, PIQ는 서로 닮음 (AA 닮음)이므로

$\overline{CQ} : \overline{PQ} = \overline{CH} : \overline{PI}$

$n : 2n\sqrt{\dfrac{2n}{n^2+1}} = \dfrac{n(n-1)}{\sqrt{n^2+1}} : \overline{PI}$

$\therefore \overline{PI} = \dfrac{2n\sqrt{\dfrac{2n}{n^2+1}} \times \dfrac{n(n-1)}{\sqrt{n^2+1}}}{n}$

$\qquad = \dfrac{2n(n-1)\sqrt{2n}}{n^2+1}$

즉, $\overline{PR} = 2\overline{PI} = \dfrac{4n(n-1)\sqrt{2n}}{n^2+1}$이므로

$\displaystyle\lim_{n \to \infty} \dfrac{\overline{PR}}{\sqrt{n}} = \lim_{n \to \infty} \dfrac{4n(n-1)\sqrt{2n}}{(n^2+1)\sqrt{n}}$

$\qquad = \displaystyle\lim_{n \to \infty} \dfrac{4\sqrt{2}\,n(n-1)}{n^2+1}$

$\qquad = \displaystyle\lim_{n \to \infty} \dfrac{4\sqrt{2}\left(1 - \dfrac{1}{n}\right)}{1 + \dfrac{1}{n^2}}$

$\qquad = 4\sqrt{2}$

따라서 $a = 4\sqrt{2}$이므로

$a^2 = (4\sqrt{2})^2 = 32$

311   ②

함수 $y = f(x)$의 그래프는 다음 그림과 같다.

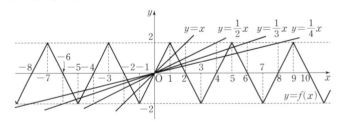

함수 $y = f(x)$의 그래프는 원점에 대하여 대칭이고, 직선 $y = \dfrac{1}{k}x$와 직선 $y = 2$의 교점의 x좌표는 $\dfrac{1}{k}x = 2$에서 $x = 2k$이므로 수열 $\{a_k\}$는 다음과 같다.

$\{a_k\}$: 3, 3, 7, 7, 11, 11, $\cdots$

$\therefore S_{2n} = \displaystyle\sum_{k=1}^{2n} a_k$

$\qquad = 2\{3 + 7 + 11 + \cdots + (4n-1)\}$

$\qquad = 2\displaystyle\sum_{k=1}^{n}(4k - 1)$

$\qquad = 2\left\{4 \times \dfrac{n(n+1)}{2} - n\right\}$

$\qquad = 2(2n^2 + n)$

$\qquad = 4n^2 + 2n$

$$\therefore \sum_{n=1}^{\infty} \frac{1}{S_{2n}+2n} = \sum_{n=1}^{\infty} \frac{1}{(4n^2+2n)+2n} = \sum_{n=1}^{\infty} \frac{1}{4n(n+1)}$$

$$= \frac{1}{4} \sum_{n=1}^{\infty} \left(\frac{1}{n} - \frac{1}{n+1} \right)$$

$$= \frac{1}{4} \lim_{n \to \infty} \sum_{k=1}^{n} \left(\frac{1}{k} - \frac{1}{k+1} \right)$$

$$= \frac{1}{4} \lim_{n \to \infty} \left\{ \left(1-\frac{1}{2} \right) + \left(\frac{1}{2}-\frac{1}{3} \right) + \left(\frac{1}{3}-\frac{1}{4} \right) + \cdots \right.$$
$$\left. + \left(\frac{1}{n}-\frac{1}{n+1} \right) \right\}$$

$$= \frac{1}{4} \lim_{n \to \infty} \left(1 - \frac{1}{n+1} \right)$$

$$= \frac{1}{4} \times (1-0) = \frac{1}{4}$$

312   11

함수 $f(x)=\sqrt{x-n}$ 의 역함수 $g(x)=x^2+n$ $(x \geq 0)$ 에 대하여 두 함수 $y=f(x)$, $y=g(x)$ 의 그래프는 직선 $y=x$ 에 대하여 대칭이다.

이때 선분 A_nB_n 의 길이가 최소가 되려면 점 B_n 은 곡선 $y=g(x)$ 와 기울기가 1인 직선의 접점이어야 한다. 즉, 곡선 $y=g(x)$ 위의 점 B_n 에서의 접선의 기울기가 1이어야 하므로 접선의 방정식을 $y=x+a$ (a 는 상수)라 하면

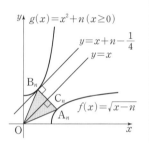

$$x^2+n=x+a \quad \therefore x^2-x+n-a=0$$

이차방정식 $x^2-x+n-a=0$ 의 판별식을 D 라 하면
$$D=(-1)^2-4(n-a)=0$$
$$1-4n+4a=0 \quad \therefore a=n-\frac{1}{4}$$

즉, 곡선 $y=g(x)$ 와 직선 $y=x+n-\frac{1}{4}$ 의 교점 B_n 의 x 좌표는

$x^2+n=x+n-\frac{1}{4}$ 에서 $\left(x-\frac{1}{2} \right)^2=0 \quad \therefore x=\frac{1}{2}$

$x=\frac{1}{2}$ 을 $y=x+n-\frac{1}{4}$ 에 대입하면 교점 B_n 의 y 좌표는

$$y=n+\frac{1}{4} \quad \therefore B_n \left(\frac{1}{2}, \ n+\frac{1}{4} \right)$$

이때 두 점 A_n, B_n 은 직선 $y=x$ 에 대하여 대칭이므로
$$A_n \left(n+\frac{1}{4}, \ \frac{1}{2} \right)$$

이고 선분 A_nB_n 의 중점을 C_n 이라 하면
$$C_n \left(\frac{4n+3}{8}, \ \frac{4n+3}{8} \right)$$

즉,
$$\overline{A_nB_n}=\sqrt{\left\{ \frac{1}{2}-\left(n+\frac{1}{4} \right) \right\}^2+\left\{ \left(n+\frac{1}{4} \right)-\frac{1}{2} \right\}^2}=\sqrt{2\left(n-\frac{1}{4} \right)^2}$$
$$=\frac{(4n-1)\sqrt{2}}{4},$$

$$\overline{OC_n}=\sqrt{2\left(\frac{4n+3}{8} \right)^2}=\frac{(4n+3)\sqrt{2}}{8}$$

이므로 삼각형 OA_nB_n 의 넓이 S_n 은

$$S_n=\frac{1}{2} \times \overline{A_nB_n} \times \overline{OC_n}$$

$$=\frac{1}{2} \times \frac{(4n-1)\sqrt{2}}{4} \times \frac{(4n+3)\sqrt{2}}{8}$$

$$=\frac{(4n-1)(4n+3)}{32}$$

$$\therefore \sum_{n=1}^{\infty} \frac{1}{S_n} = \sum_{n=1}^{\infty} \frac{32}{(4n-1)(4n+3)} = 8 \sum_{n=1}^{\infty} \left(\frac{1}{4n-1} - \frac{1}{4n+3} \right)$$

$$= 8 \lim_{n \to \infty} \sum_{k=1}^{n} \left(\frac{1}{4k-1} - \frac{1}{4k+3} \right)$$

$$= 8 \lim_{n \to \infty} \left\{ \left(\frac{1}{3}-\frac{1}{7} \right) + \left(\frac{1}{7}-\frac{1}{11} \right) + \left(\frac{1}{11}-\frac{1}{15} \right) + \cdots \right.$$
$$\left. + \left(\frac{1}{4n-1}-\frac{1}{4n+3} \right) \right\}$$

$$= 8 \lim_{n \to \infty} \left(\frac{1}{3} - \frac{1}{4n+3} \right)$$

$$= 8 \times \frac{1}{3} = \frac{8}{3}$$

따라서 $p=3$, $q=8$ 이므로
$$p+q=3+8=11$$

313   ②

그림 R_1 에서 직사각형에 내접하는 반원의 반지름의 길이를 r_1 이라 하자.

또한, 가로와 세로의 길이의 비가 $4:1$ 인 직사각형의 밑변의 중점을 A, 오른쪽 아래의 꼭짓점을 B, 오른쪽 위의 꼭짓점을 C라 하면 직각삼각형 ABC 에서

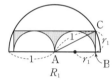

$$(2r_1)^2+r_1^2=1, \ 5r_1^2=1, \ r_1^2=\frac{1}{5}$$

$$\therefore r_1=\frac{\sqrt{5}}{5} \ (\because r_1>0)$$

$$\therefore S_1=\frac{4\sqrt{5}}{5} \times \frac{\sqrt{5}}{5} - \pi \times \left(\frac{\sqrt{5}}{5} \right)^2=\frac{4-\pi}{5}$$

같은 방법으로 그림 R_2 에서 직사각형에 내접하는 반원의 반지름의 길이를 r_2 라 하면

$$(2r_2)^2+r_2^2=r_1^2$$

$$\therefore r_2=\frac{\sqrt{5}}{5}r_1=\frac{1}{5}$$

r_1 과 r_2 의 비가 $\frac{\sqrt{5}}{5} : \frac{1}{5}$, 즉 $1 : \frac{\sqrt{5}}{5}$ 이므로 r_1 과 r_2 를 각각 반지름으로 하는 두 반원의 넓이의 비는 $1 : \frac{1}{5}$ 이다.

즉, r_n 과 r_{n+1} 을 각각 반지름으로 하는 두 원의 넓이의 비도 $1 : \frac{1}{5}$ 이고, 그림 R_{n+1} 에서 새로 그린 반원의 개수는 그림 R_n 에서 새로 그린 반원의 개수의 2배이다.

따라서 S_n 은 첫째항이 $\frac{4-\pi}{5}$, 공비가 $\frac{2}{5}$ 인 등비수열의 첫째항부터 제n항까지의 합이므로

$$\lim_{n \to \infty} S_n = \frac{\frac{4-\pi}{5}}{1-\frac{2}{5}} = \frac{4-\pi}{3}$$

314 ④

그림 R_1의 ◁ 모양의 도형의 넓이는 부채꼴 $B_2B_1E_1$의 넓이에서 삼각형 $B_1E_1G_1$의 넓이를 뺀 것과 같다.

$\angle B_2B_1E_1 = \theta$라 하면 부채꼴 $B_2B_1E_1$의 넓이는

$\dfrac{1}{2} \times \overline{B_1E_1}^2 \times \theta = \dfrac{1}{2} \times 1^2 \times \theta = \dfrac{\theta}{2}$

또한, 직각삼각형 $B_1C_1D_1$에서

$\overline{B_1D_1} = \sqrt{\overline{B_1C_1}^2 + \overline{C_1D_1}^2} = \sqrt{(\sqrt{21})^2 + 2^2} = 5$

$\therefore \sin\theta = \dfrac{\overline{C_1D_1}}{\overline{B_1D_1}} = \dfrac{2}{5}$

이때 삼각형 $B_1E_1G_1$에서 $\overline{B_1G_1} = \dfrac{1}{2}\overline{B_1B_2} = \dfrac{1}{2}$이므로 삼각형 $B_1E_1G_1$의 넓이는

$\dfrac{1}{2} \times \overline{B_1G_1} \times \overline{B_1E_1} \times \sin\theta = \dfrac{1}{2} \times \dfrac{1}{2} \times 1 \times \dfrac{2}{5} = \dfrac{1}{10}$

$\therefore$ (◁ 모양의 도형의 넓이)

$= $ (부채꼴 $B_2B_1E_1$의 넓이) $-$ (삼각형 $B_1E_1G_1$의 넓이)

$= \dfrac{\theta}{2} - \dfrac{1}{10}$

한편, 그림 R_1의 ◟ 모양의 도형의 넓이는 부채꼴 $D_1D_2F_1$의 넓이에서 삼각형 $D_1D_2F_1$의 넓이를 뺀 것과 같다.

$\angle D_2D_1F_1 = \dfrac{\pi}{2} - \angle B_2B_1E_1 = \dfrac{\pi}{2} - \theta$

이므로 부채꼴 $D_1D_2F_1$의 넓이는

$\dfrac{1}{2} \times \overline{D_1F_1}^2 \times \left(\dfrac{\pi}{2} - \theta\right) = \dfrac{1}{2} \times 1^2 \times \left(\dfrac{\pi}{2} - \theta\right) = \dfrac{\pi}{4} - \dfrac{\theta}{2}$

이때 삼각형 $D_1D_2F_1$의 넓이는

$\dfrac{1}{2} \times \overline{D_1D_2} \times \overline{D_1F_1} \times \sin\left(\dfrac{\pi}{2} - \theta\right)$

$= \dfrac{1}{2} \times \overline{D_1D_2} \times \overline{D_1F_1} \times \cos\theta$

$= \dfrac{1}{2} \times 1 \times 1 \times \dfrac{\sqrt{21}}{5} = \dfrac{\sqrt{21}}{10}$ $\left(\because \cos\theta = \dfrac{\overline{B_1C_1}}{\overline{B_1D_1}} = \dfrac{\sqrt{21}}{5}\right)$

$\therefore$ (◟ 모양의 도형의 넓이)

$= $ (부채꼴 $D_1D_2F_1$의 넓이) $-$ (삼각형 $D_1D_2F_1$의 넓이)

$= \dfrac{\pi}{4} - \dfrac{\theta}{2} - \dfrac{\sqrt{21}}{10}$

$\therefore S_1 = $ (◁ 모양의 도형의 넓이) $+$ (◟ 모양의 도형의 넓이)

$= \left(\dfrac{\theta}{2} - \dfrac{1}{10}\right) + \left(\dfrac{\pi}{4} - \dfrac{\theta}{2} - \dfrac{\sqrt{21}}{10}\right)$

$= \dfrac{5\pi - 2\sqrt{21} - 2}{20}$

한편, $\overline{B_2D_2} = \overline{B_1D_1} - (\overline{B_1B_2} + \overline{D_1D_2}) = 5 - (1+1) = 3$

에서 두 직사각형 $A_1B_1C_1D_1$, $A_2B_2C_2D_2$의 닮음비가

$\overline{B_1D_1} : \overline{B_2D_2} = 5 : 3$, 즉 $1 : \dfrac{3}{5}$이므로 그림 R_1에 색칠한 부분과 그림 R_2에 새로 색칠한 부분의 넓이의 비는 $1^2 : \left(\dfrac{3}{5}\right)^2 = 1 : \dfrac{9}{25}$이다.

즉, 그림 R_n과 그림 R_{n+1}에 새로 색칠한 부분의 넓이의 비도 $1 : \dfrac{9}{25}$이다.

따라서 S_n은 첫째항이 $\dfrac{5\pi - 2\sqrt{21} - 2}{20}$이고 공비가 $\dfrac{9}{25}$인 등비수열의 첫째항부터 제n항까지의 합이므로

$\lim_{n\to\infty} S_n = \dfrac{\dfrac{5\pi - 2\sqrt{21} - 2}{20}}{1 - \dfrac{9}{25}} = \dfrac{\dfrac{5\pi - 2\sqrt{21} - 2}{20}}{\dfrac{16}{25}}$

$= \dfrac{25\pi - 10\sqrt{21} - 10}{64}$

315 ②

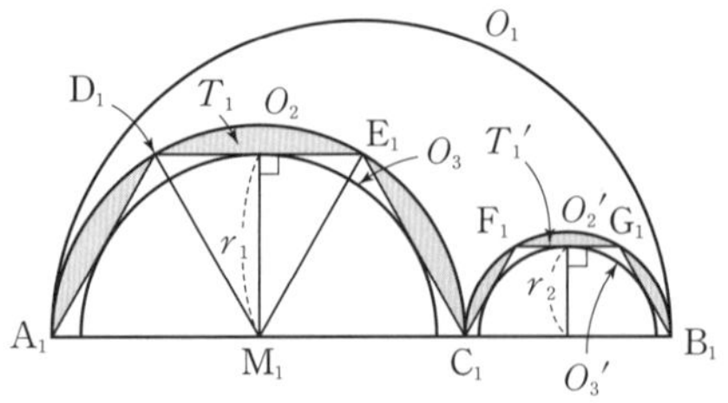

위의 그림과 같이 선분 A_1C_1의 중점을 M_1이라 하면

$\overline{A_1D_1} = \overline{D_1E_1} = \overline{E_1C_1}$, $\overline{M_1A_1} = \overline{M_1D_1} = \overline{M_1E_1} = \overline{M_1C_1}$

이므로 세 삼각형 $A_1M_1D_1$, $D_1M_1E_1$, $E_1M_1C_1$은 서로 합동 (SSS 합동)이다.

이때 $\angle A_1M_1D_1 = \angle D_1M_1E_1 = \angle E_1M_1C_1 = \dfrac{\pi}{3}$이므로 세 삼각형 $A_1M_1D_1$, $D_1M_1E_1$, $E_1M_1C_1$은 모두 한 변의 길이가 1인 정삼각형이다.

두 선분 A_1C_1, C_1B_1을 지름으로 하는 반원을 각각 O_2, O_2'이라 하고, 반원 O_2의 내부와 사각형 $A_1C_1E_1D_1$의 외부의 공통부분의 넓이를 T_1, 반원 O_2'의 내부와 사각형 $C_1B_1G_1F_1$의 외부의 공통부분의 넓이를 T_1'이라 하면

$T_1 = \dfrac{1}{2} \times \pi \times 1^2 - \left(\dfrac{\sqrt{3}}{4} \times 1^2\right) \times 3$

$= \dfrac{\pi}{2} - \dfrac{3\sqrt{3}}{4}$

또한, 두 반원 O_2, O_2'의 닮음비가 $2 : 1$, 즉 $1 : \dfrac{1}{2}$이므로 넓이의 비는 $1^2 : \left(\dfrac{1}{2}\right)^2 = 1 : \dfrac{1}{4}$이다.

즉, $T_1' = \dfrac{1}{4}T_1$이므로

$S_1 = T_1 + T_1' = T_1 + \dfrac{1}{4}T_1$

$= \dfrac{5}{4}T_1$

$= \dfrac{5}{4}\left(\dfrac{\pi}{2} - \dfrac{3\sqrt{3}}{4}\right)$

한편, 지름이 선분 A_1C_1 위에 있고 세 선분 A_1D_1, D_1E_1, E_1C_1에 모두 접하는 반원을 O_3, 지름이 선분 C_1B_1 위에 있고 세 선분 C_1F_1, F_1G_1, G_1B_1에 모두 접하는 반원을 O_3'이라 하고, 두 반원 O_3, O_3'의 반지름의 길이를 각각 r_1, r_2라 하자.

r_1은 정삼각형 $D_1M_1E_1$의 높이와 같으므로

$r_1 = \dfrac{\sqrt{3}}{2}$

두 반원 O_3, O_3'의 닮음비는 두 반원 O_2, O_2'의 닮음비인 $1 : \dfrac{1}{2}$과 같으므로

$$r_2 = \frac{1}{2}r_1 = \frac{1}{2} \times \frac{\sqrt{3}}{2} = \frac{\sqrt{3}}{4}$$

이때 두 반원 O_1, O_3의 닮음비는 $\frac{3}{2} : \frac{\sqrt{3}}{2}$, 즉 $1 : \frac{\sqrt{3}}{3}$이므로 넓이

의 비는 $1^2 : \left(\frac{\sqrt{3}}{3}\right)^2 = 1 : \frac{1}{3}$이다.

또한, 두 반원 O_1, $O_3{'}$의 닮음비는 $\frac{3}{2} : \frac{\sqrt{3}}{4}$, 즉 $1 : \frac{\sqrt{3}}{6}$이므로 넓이

의 비는 $1^2 : \left(\frac{\sqrt{3}}{6}\right)^2 = 1 : \frac{1}{12}$이다.

$$\therefore \ S_2 = S_1 + S_1\left(\frac{1}{3} + \frac{1}{12}\right)$$

$$= S_1 + \frac{5}{12}S_1$$

따라서 S_n은 첫째항이 $\frac{5}{4}\left(\frac{\pi}{2} - \frac{3\sqrt{3}}{4}\right)$이고 공비가 $\frac{5}{12}$인 등비수열의

첫째항부터 제n항까지의 합이므로

$$\lim_{n \to \infty} S_n = \frac{\frac{5}{4}\left(\frac{\pi}{2} - \frac{3\sqrt{3}}{4}\right)}{1 - \frac{5}{12}} = \frac{15}{7}\left(\frac{\pi}{2} - \frac{3\sqrt{3}}{4}\right)$$

II 미분법

316 11

선분 AB의 중점을 M이라 하면

$\angle AMQ = 2 \times \angle ABQ = 2 \times 2\theta = 4\theta$이므로

(부채꼴 AMQ의 넓이) $= \frac{1}{2} \times 1^2 \times 4\theta = 2\theta$,

(삼각형 MBQ의 넓이) $= \frac{1}{2} \times 1^2 \times \sin(\pi - 4\theta)$

$$= \frac{1}{2}\sin 4\theta$$

삼각형 RAB에서 $\angle ARB = \pi - 3\theta$이므로

사인법칙에 의하여

$$\frac{2}{\sin(\pi - 3\theta)} = \frac{\overline{BR}}{\sin \theta}, \ 즉 \ \overline{BR} = \frac{2\sin \theta}{\sin 3\theta}$$

$\therefore$ (삼각형 RAB의 넓이)

$$= \frac{1}{2} \times \overline{AB} \times \overline{BR} \times \sin 2\theta$$

$$= \frac{1}{2} \times 2 \times \frac{2\sin \theta}{\sin 3\theta} \times \sin 2\theta = \frac{2\sin \theta \sin 2\theta}{\sin 3\theta}$$

즉,

$f(\theta) = ($부채꼴 AMQ의 넓이$) + ($삼각형 MBQ의 넓이$)$

$$\qquad\qquad - ($삼각형 RAB의 넓이$)$

$$= 2\theta + \frac{1}{2}\sin 4\theta - \frac{2\sin \theta \sin 2\theta}{\sin 3\theta}$$

이므로

$$\lim_{\theta \to 0+} \frac{f(\theta)}{\theta} = \lim_{\theta \to 0+} \left(2 + 2 \times \frac{\sin 4\theta}{4\theta} - \frac{4 \times \frac{\sin \theta}{\theta} \times \frac{\sin 2\theta}{2\theta}}{3 \times \frac{\sin 3\theta}{3\theta}}\right)$$

$$= 2 + 2 \times 1 - \frac{4 \times 1 \times 1}{3 \times 1} = \frac{8}{3} \quad \cdots\cdots \ \text{㉠}$$

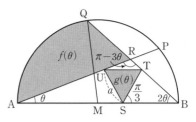

위의 그림에서 $\overline{UT} \ /\!/ \ \overline{AB}$이므로 $\angle TSB = \frac{\pi}{3}$이고

정삼각형 STU의 한 변의 길이를 a라 하면 삼각형 TSB에서 사인

법칙에 의하여

$$\frac{a}{\sin 2\theta} = \frac{\overline{BT}}{\sin \frac{\pi}{3}}, \ 즉 \ \overline{BT} = \frac{\sqrt{3}a}{2\sin 2\theta}$$

두 삼각형 RUT, RAB가 서로 닮음 (AA 닮음)이므로

$\overline{TR} : \overline{BR} = \overline{UT} : \overline{AB}$에서

$$\left(\frac{2\sin \theta}{\sin 3\theta} - \frac{\sqrt{3}a}{2\sin 2\theta}\right) : \frac{2\sin \theta}{\sin 3\theta} = a : 2$$

$$\frac{2\sin \theta}{\sin 3\theta}a = \frac{4\sin \theta}{\sin 3\theta} - \frac{\sqrt{3}}{\sin 2\theta}a$$

$$\left(\frac{2\sin \theta}{\sin 3\theta} + \frac{\sqrt{3}}{\sin 2\theta}\right)a = \frac{4\sin \theta}{\sin 3\theta}$$

$$\frac{2\sin \theta \sin 2\theta + \sqrt{3}\sin 3\theta}{\sin 2\theta \sin 3\theta}a = \frac{4\sin \theta}{\sin 3\theta}$$

$$a = \frac{4\sin \theta}{\sin 3\theta} \times \frac{\sin 2\theta \sin 3\theta}{2\sin \theta \sin 2\theta + \sqrt{3}\sin 3\theta}$$

$$= \frac{4\sin \theta \sin 2\theta}{2\sin \theta \sin 2\theta + \sqrt{3}\sin 3\theta}$$

이때 $g(\theta) = \frac{\sqrt{3}}{4}a^2$이고

$$\lim_{\theta \to 0+} \frac{a}{\theta} = \lim_{\theta \to 0+} \left(\frac{4\sin \theta \sin 2\theta}{2\sin \theta \sin 2\theta + \sqrt{3}\sin 3\theta} \times \frac{1}{\theta}\right)$$

$$= \lim_{\theta \to 0+} \frac{4 \times \frac{\sin \theta}{\theta} \times 2 \times \frac{\sin 2\theta}{2\theta}}{2\sin 2\theta \times \frac{\sin \theta}{\theta} + 3\sqrt{3} \times \frac{\sin 3\theta}{3\theta}}$$

$$= \frac{4 \times 1 \times 2 \times 1}{0 \times 1 + 3\sqrt{3} \times 1}$$

$$= \frac{8}{3\sqrt{3}}$$

이므로

$$\lim_{\theta \to 0+} \frac{g(\theta)}{\theta^2} = \frac{\sqrt{3}}{4} \lim_{\theta \to 0+} \left(\frac{a}{\theta}\right)^2$$

$$= \frac{\sqrt{3}}{4} \times \left(\frac{8}{3\sqrt{3}}\right)^2$$

$$= \frac{16\sqrt{3}}{27} \qquad \cdots\cdots \ \text{㉡}$$

따라서 ㉠, ㉡에서

$$\lim_{\theta \to 0+} \frac{g(\theta)}{\theta \times f(\theta)} = \lim_{\theta \to 0+} \frac{\frac{g(\theta)}{\theta^2}}{\frac{f(\theta)}{\theta}} = \frac{\lim\limits_{\theta \to 0+} \frac{g(\theta)}{\theta^2}}{\lim\limits_{\theta \to 0+} \frac{f(\theta)}{\theta}}$$

$$= \frac{\frac{16\sqrt{3}}{27}}{\frac{8}{3}} = \frac{2}{9}\sqrt{3}$$

이므로 $p = 9$, $q = 2$

$$\therefore \ p + q = 9 + 2 = 11$$

317 72

$g^{-1}(x)=k(x)$라 하면

$h(x)=(f \circ g^{-1})(x)=f(k(x))=\{k(x)-a\}\{k(x)-b\}^2$

이때 조건 (가)에서 함수 $(x-1)|h(x)|$가 실수 전체의 집합에서 미분가능하므로

$h(1)=0$, 즉 $k(1)-a=0$

한편, 함수 $y=k(x)$는 음함수 $x=y^3+y+1$과 같으므로

$1=y^3+y+1$에서 $y(y^2+1)=0$

$\therefore y=0 \ (\because y^2+1>0)$

즉, $k(1)=0$에서 $a=0$이므로

$f(x)=x(x-b)^2$

또한, 조건 (나)에서 $h'(3)=2$이므로

$h'(x)=f'(k(x)) \times k'(x)$에서

$f'(k(3)) \times k'(3)=2$ ...... ㉠

한편, $k(3)$의 값은

$3=y^3+y+1$에서 $(y-1)(y^2+y+2)=0$

$\therefore y=1 \ (\because y^2+y+2>0)$

$\therefore k(3)=1$

이때 $f'(x)=(x-b)^2+2x(x-b)$이므로

$\begin{aligned} f'(k(3))&=f'(1)\\ &=(1-b)^2+2(1-b)\\ &=(1-b)(3-b) \end{aligned}$

또한, $x=y^3+y+1$의 양변을 x에 대하여 미분하면

$1=(3y^2+1)\dfrac{dy}{dx}, \ \dfrac{dy}{dx}=\dfrac{1}{3y^2+1}$

$\therefore k'(3)=\dfrac{1}{3 \times 1^2+1}=\dfrac{1}{4}$

㉠에서

$(1-b)(3-b) \times \dfrac{1}{4}=2, \ b^2-4b+3=8$

$b^2-4b-5=0, \ (b+1)(b-5)=0$

이때 $a<b$, 즉 $0<b$이므로 $b=5$

따라서 $f(x)=x(x-5)^2$이므로

$f(8)=8 \times 3^2=72$

318 ②

조건 (가)에서

$\{f(x)\}^2+2f(x)=a\cos^3\pi x \times e^{\sin^2 \pi x}+b$ ...... ㉠

㉠의 양변에

$x=0$을 대입하면 $\{f(0)\}^2+2f(0)=a+b$,

$x=2$를 대입하면 $\{f(2)\}^2+2f(2)=a+b$

이므로

$\{f(0)\}^2+2f(0)=\{f(2)\}^2+2f(2)$

$\{f(0)\}^2-\{f(2)\}^2=-2f(0)+2f(2)$

$\{f(0)-f(2)\}\{f(0)+f(2)\}=-2\{f(0)-f(2)\}$

$\therefore \{f(0)-f(2)\}\{f(0)+f(2)+2\}=0$

이때 조건 (나)에 의하여 $f(0) \neq f(2)$이므로

$f(0)+f(2)+2=0$

$\{f(2)+1\}+f(2)+2=0 \ (\because$ 조건 (나))

$\therefore f(2)=-\dfrac{3}{2}, \ f(0)=-\dfrac{1}{2}$

또한, $\{f(0)\}^2+2f(0)=a+b$에서

$\dfrac{1}{4}+(-1)=a+b$

$\therefore a+b=-\dfrac{3}{4}$ ...... ㉡

㉠에서

$\{f(x)\}^2+2f(x)+1=a\cos^3\pi x \times e^{\sin^2 \pi x}-\left(a+\dfrac{3}{4}\right)+1$

$\{f(x)+1\}^2=a\cos^3\pi x \times e^{\sin^2 \pi x}-a+\dfrac{1}{4}$

이때 $g(x)=a\cos^3\pi x \times e^{\sin^2 \pi x}-a+\dfrac{1}{4}$이라 하면

$\begin{aligned} g(2-x)&=a\cos^3\pi(2-x) \times e^{\sin^2 \pi(2-x)}-a+\dfrac{1}{4}\\ &=a\cos^3(-\pi x) \times e^{\sin^2(-\pi x)}-a+\dfrac{1}{4}\\ &=a\cos^3\pi x \times e^{\sin^2 \pi x}-a+\dfrac{1}{4}\\ &=g(x) \end{aligned}$

이므로 모든 실수 x에 대하여

$g(x)=g(2-x)$

즉, 모든 실수 x에 대하여

$\{f(x)+1\}^2=\{f(2-x)+1\}^2$이므로

$\{f(x)+1\}^2-\{f(2-x)+1\}^2=0$

$\{f(x)-f(2-x)\}\{f(x)+f(2-x)+2\}=0$

이때 조건 (나)에 의하여 $f(0) \neq f(2)$이므로

$f(x) \neq f(2-x)$

$\therefore f(x)=-f(2-x)-2$ ...... ㉢

㉢의 양변에 $x=1$을 대입하면

$f(1)=-f(1)-2$

$\therefore f(1)=-1$

㉠의 양변에 $x=1$을 대입하여 정리하면

$1+(-2)=-a+b$

$\therefore -a+b=-1$ ...... ㉣

㉡, ㉣을 연립하여 풀면

$a=\dfrac{1}{8}, \ b=-\dfrac{7}{8}$

$\therefore a \times b=\dfrac{1}{8} \times \left(-\dfrac{7}{8}\right)=-\dfrac{7}{64}$

319 5

$x^2-2xy+2y^2=15$의 양변을 x에 대하여 미분하면

$2x-\left(2y+2x\dfrac{dy}{dx}\right)+4y\dfrac{dy}{dx}=0$

$(-2x+4y)\dfrac{dy}{dx}=-2x+2y$

$\therefore \dfrac{dy}{dx}=\dfrac{x-y}{x-2y}$ (단, $x-2y \neq 0$) ...... ㉠

점 $A(a, a+k)$에서의 접선의 기울기는 $x=a, y=a+k$를 ㉠에 대입하면 되므로

$$\frac{a-(a+k)}{a-2(a+k)}=\frac{k}{a+2k}$$

점 $B(b,\ b+k)$에서의 접선의 기울기는 $x=b$, $y=b+k$를 ㉠에 대입하면 되므로

$$\frac{b-(b+k)}{b-2(b+k)}=\frac{k}{b+2k}$$

곡선 C 위의 점 A에서의 접선과 곡선 C 위의 점 B에서의 접선이 서로 수직이므로

$$\frac{k}{a+2k}\times\frac{k}{b+2k}=-1$$

$$k^2=-(a+2k)(b+2k)$$

$$k^2=-ab-2(a+b)k-4k^2$$

$$\therefore ab+2(a+b)k+5k^2=0 \qquad \cdots\cdots ㉡$$

한편, 점 A가 곡선 C 위의 점이므로

$$a^2-2a(a+k)+2(a+k)^2=15$$

$$\therefore a^2+2ak+2k^2=15 \qquad \cdots\cdots ㉢$$

점 B가 곡선 C 위의 점이므로

$$b^2-2b(b+k)+2(b+k)^2=15$$

$$\therefore b^2+2bk+2k^2=15 \qquad \cdots\cdots ㉣$$

㉢, ㉣에서

$$a^2+2ak+2k^2=b^2+2bk+2k^2$$

$$a^2-b^2+2k(a-b)=0$$

$$(a-b)(a+b+2k)=0$$

$$\therefore a+b=-2k\ (\because a\neq b) \qquad \cdots\cdots ㉤$$

㉤을 ㉡에 대입하면

$$ab-4k^2+5k^2=0$$

$$\therefore k^2=-ab \qquad \cdots\cdots ㉥$$

㉤, ㉥을 ㉢에 대입하면

$$a^2-a(a+b)-2ab=15$$

$$\therefore ab=-5 \qquad \therefore k^2=5$$

320 ②

조건 (가)에서

$$\lim_{h\to0}\frac{f\left(\dfrac{1}{a}+2h\right)-f\left(\dfrac{1}{a}-2h\right)}{h}$$

$$=\lim_{h\to0}\frac{f\left(\dfrac{1}{a}+2h\right)-f\left(\dfrac{1}{a}\right)+f\left(\dfrac{1}{a}\right)-f\left(\dfrac{1}{a}-2h\right)}{h}$$

$$=\lim_{h\to0}\frac{f\left(\dfrac{1}{a}+2h\right)-f\left(\dfrac{1}{a}\right)}{h}-\lim_{h\to0}\frac{f\left(\dfrac{1}{a}-2h\right)-f\left(\dfrac{1}{a}\right)}{h}$$

$$=2\lim_{h\to0}\frac{f\left(\dfrac{1}{a}+2h\right)-f\left(\dfrac{1}{a}\right)}{2h}+2\lim_{h\to0}\frac{f\left(\dfrac{1}{a}-2h\right)-f\left(\dfrac{1}{a}\right)}{-2h}$$

$$=2f'\left(\dfrac{1}{a}\right)+2f'\left(\dfrac{1}{a}\right)=4f'\left(\dfrac{1}{a}\right)$$

$$=2028e+2028$$

$$\therefore f'\left(\dfrac{1}{a}\right)=507e+507$$

한편, $f(x)=e^{ax}+\ln\dfrac{bx}{2}$에서

$f'(x)=ae^{ax}+\dfrac{1}{x}$이므로 $f'\left(\dfrac{1}{a}\right)=ae+a=507e+507$

$$a(e+1)=507(e+1) \qquad \therefore a=507$$

조건 (나)에서 $f\left(\dfrac{2}{b}\right)=e^{\frac{2a}{b}}+\ln\dfrac{b\times\dfrac{2}{b}}{2}=e^{\frac{2a}{b}}=e^6$이므로

$$\frac{2a}{b}=6$$

$$\therefore b=\frac{1}{3}a=\frac{1}{3}\times507=169$$

$$\therefore a+b=507+169=676$$

321 16

원주각의 성질에 의하여 $\angle ACB=\dfrac{\pi}{2}$이고

$\angle CAB=2\angle PAB=2\theta$이므로

$$\overline{AC}=4\cos2\theta,\ \overline{BC}=4\sin2\theta$$

삼각형 ABC에서 각의 이등분선의 성질에 의하여

$\overline{AB}:\overline{AC}=\overline{BR}:\overline{CR}$이므로

$$4:4\cos2\theta=\overline{BR}:(4\sin2\theta-\overline{BR})$$

$$4\cos2\theta\times\overline{BR}=4(4\sin2\theta-\overline{BR})$$

$$\therefore \overline{BR}=\frac{4\sin2\theta}{1+\cos2\theta}$$

한편, 삼각형 OBQ에서 원주각과 중심각 사이의 관계에 의하여

$\angle QOB=\angle POB=2\angle PAB=2\theta$, $\angle QBO=\dfrac{\pi}{2}-2\theta$이므로

$$\angle OQB=\pi-\left\{2\theta+\left(\frac{\pi}{2}-2\theta\right)\right\}=\frac{\pi}{2}$$

즉, 삼각형 OBQ는 직각삼각형이므로

$$\overline{OQ}=2\cos2\theta,\ \overline{BQ}=2\sin2\theta$$

$$\therefore \overline{PQ}=\overline{OP}-\overline{OQ}=2(1-\cos2\theta),$$

$$\overline{QR}=\overline{BR}-\overline{BQ}$$

$$=\frac{4\sin2\theta}{1+\cos2\theta}-2\sin2\theta$$

$$=\frac{2\sin2\theta(1-\cos2\theta)}{1+\cos2\theta}$$

$$\therefore \lim_{\theta\to0+}\frac{\overline{PQ}\times\overline{QR}}{\theta^5}$$

$$=\lim_{\theta\to0+}\frac{2(1-\cos2\theta)\times\dfrac{2\sin2\theta(1-\cos2\theta)}{1+\cos2\theta}}{\theta^5}$$

$$=\lim_{\theta\to0+}\frac{4\sin2\theta(1-\cos2\theta)^2}{(1+\cos2\theta)\times\theta^5}$$

$$=\lim_{\theta\to0+}\frac{4\sin2\theta(1-\cos2\theta)^2(1+\cos2\theta)^2}{(1+\cos2\theta)^3\times\theta^5}$$

$$=\lim_{\theta\to0+}\frac{4\sin2\theta(1-\cos^22\theta)^2}{(1+\cos2\theta)^3\times\theta^5}$$

$$=\lim_{\theta\to0+}\frac{4\sin^52\theta}{(1+\cos2\theta)^3\times\theta^5}$$

$$=\lim_{\theta\to0+}\left\{\left(\frac{\sin2\theta}{2\theta}\right)^5\times\frac{128}{(1+\cos2\theta)^3}\right\}$$

$$=1^5\times\frac{128}{2^3}=16$$

322 ⑤

$\lim\limits_{x\to\pi}\dfrac{\sin^2(x-\pi)}{f(x)}=1$에서

$x\to\pi$일 때 0이 아닌 극한값이 존재하고 (분자) $\to 0$이므로
(분모) $\to 0$이어야 한다.

즉, $\lim\limits_{x\to\pi}f(x)=f(\pi)=0$

$f(x)=x^2+ax+b$ (a, b는 상수)라 하면

$f(\pi)=\pi^2+a\pi+b=0$이므로 $b=-a\pi-\pi^2$ $\cdots\cdots$ ㉠

한편, $x-\pi=t$라 하면 $x=t+\pi$이고, $x\to\pi$일 때 $t\to 0$이므로

$\lim\limits_{x\to\pi}\dfrac{\sin^2(x-\pi)}{f(x)}=\lim\limits_{t\to0}\dfrac{\sin^2 t}{f(t+\pi)}=\lim\limits_{t\to0}\left\{\left(\dfrac{\sin t}{t}\right)^2\times\dfrac{t^2}{f(t+\pi)}\right\}$

$\qquad\qquad\qquad\qquad =\lim\limits_{t\to0}\dfrac{t^2}{f(t+\pi)}$

이때 $f(x)=x^2+ax-a\pi-\pi^2$에서

$f(t+\pi)=t^2+(2\pi+a)t$이므로

$\lim\limits_{t\to0}\dfrac{t^2}{f(t+\pi)}=\lim\limits_{t\to0}\dfrac{t^2}{t^2+(2\pi+a)t}$

$\qquad\qquad\qquad =\lim\limits_{t\to0}\dfrac{t}{t+2\pi+a}=1$ $\cdots\cdots$ ㉡

㉡에서 $t\to 0$일 때 0이 아닌 극한값이 존재하고
(분자) $\to 0$이므로 (분모) $\to 0$이어야 한다.

즉, $\lim\limits_{t\to0}(t+2\pi+a)=2\pi+a=0$에서 $a=-2\pi$

$a=-2\pi$를 ㉠에 대입하면 $b=\pi^2$

따라서 $f(x)=x^2-2\pi x+\pi^2$이므로

$f(-\pi)=4\pi^2$

323 ③

직각삼각형 ABC에서 $\overline{AC}=3$이므로 $\overline{AB}=3\sin\theta$

$\angle ACB=\theta$, $\angle DAC=3\theta$이므로 $\angle ADB=4\theta$

직각삼각형 ABD에서

$\tan 4\theta=\dfrac{\overline{AB}}{\overline{BD}}=\dfrac{3\sin\theta}{\overline{BD}}$이므로 $\overline{BD}=\dfrac{3\sin\theta}{\tan 4\theta}$

정사각형 EFBG의 한 변의 길이를 x라 하면

$\overline{DG}=\overline{BD}-\overline{BG}=\dfrac{3\sin\theta}{\tan 4\theta}-x$

직각삼각형 DEG에서 $\tan 4\theta=\dfrac{\overline{EG}}{\overline{DG}}$이므로

$\overline{EG}=\overline{DG}\tan 4\theta=\left(\dfrac{3\sin\theta}{\tan 4\theta}-x\right)\tan 4\theta=3\sin\theta-x\tan 4\theta$

이때 $\overline{EG}=x$이므로 $3\sin\theta-x\tan 4\theta=x$에서

$x=\dfrac{3\sin\theta}{1+\tan 4\theta}$

따라서 정사각형 EFBG의 넓이 $S(\theta)$는

$S(\theta)=\left(\dfrac{3\sin\theta}{1+\tan 4\theta}\right)^2$

$\therefore \lim\limits_{\theta\to0+}\dfrac{S(\theta)}{\theta^2}=\lim\limits_{\theta\to0+}\dfrac{9\sin^2\theta}{\theta^2(1+\tan 4\theta)^2}$

$\qquad\qquad\qquad =\lim\limits_{\theta\to0+}\left\{9\times\left(\dfrac{\sin\theta}{\theta}\right)^2\times\dfrac{1}{(1+\tan 4\theta)^2}\right\}$

$\qquad\qquad\qquad =9\times1^2\times\dfrac{1}{(1+0)^2}=9$

324 2

$\angle CAB=\theta$, $\angle DAB=2\theta$에서 선분 AC가 $\angle DAB$의 이등분선
이므로 선분 AC와 선분 BD는 서로 수직이다.

즉, 두 삼각형 ABE와 BCE는 모두 직각삼각형이다.

$\overline{AB}=1$이므로

직각삼각형 ABE에서 $\overline{BE}=\overline{AB}\sin\theta=\sin\theta$,

직각삼각형 ABC에서 $\overline{BC}=\overline{AB}\tan\theta=\tan\theta$

또한, 두 직각삼각형 ABC와 BEC는 서로 닮음 (AA 닮음)이므
로 $\angle EBC=\theta$이다.

즉, 삼각형 BEC의 넓이 $f(\theta)$는

$f(\theta)=\dfrac{1}{2}\times\overline{BE}\times\overline{BC}\times\sin\theta$

$\qquad =\dfrac{1}{2}\times\sin\theta\times\tan\theta\times\sin\theta$

$\qquad =\dfrac{1}{2}\sin^2\theta\tan\theta$

한편, $\overline{AD}=\overline{AB}=1$이므로 직각삼각형 AHD에서

$\overline{AH}=\overline{AD}\cos 2\theta=\cos 2\theta$,

$\overline{DH}=\overline{AD}\sin 2\theta=\sin 2\theta$

삼각형 AHD에 내접하는 원의 반지름의 길이를 $r(\theta)$라 하면 삼각
형 AHD의 넓이에서

$\dfrac{1}{2}\times\overline{AH}\times\overline{DH}=\dfrac{1}{2}\times r(\theta)\times(\overline{AH}+\overline{DH}+\overline{AD})$

$\cos 2\theta\times\sin 2\theta=r(\theta)\times(\cos 2\theta+\sin 2\theta+1)$

$\therefore r(\theta)=\dfrac{\cos 2\theta\sin 2\theta}{\cos 2\theta+\sin 2\theta+1}$

따라서

$g(\theta)=\pi\times\{r(\theta)\}^2=\dfrac{\cos^2 2\theta\sin^2 2\theta}{(\cos 2\theta+\sin 2\theta+1)^2}\pi$

이므로

$\lim\limits_{\theta\to0+}\dfrac{\theta\times g(\theta)}{f(\theta)}=\lim\limits_{\theta\to0+}\dfrac{\theta\times\dfrac{\cos^2 2\theta\sin^2 2\theta}{(\cos 2\theta+\sin 2\theta+1)^2}\pi}{\dfrac{1}{2}\sin^2\theta\tan\theta}$

$\qquad\qquad =\lim\limits_{\theta\to0+}\left\{\dfrac{\theta\times\sin^2 2\theta}{\sin^2\theta\tan\theta}\times\dfrac{2\cos^2 2\theta}{(\cos 2\theta+\sin 2\theta+1)^2}\pi\right\}$

$\qquad\qquad =\lim\limits_{\theta\to0+}\left\{\left(\dfrac{\sin 2\theta}{2\theta}\right)^2\times\left(\dfrac{\theta}{\sin\theta}\right)^2\times\dfrac{\theta}{\tan\theta}\right.$

$\qquad\qquad\qquad\qquad\left.\times\dfrac{8\cos^2 2\theta}{(\cos 2\theta+\sin 2\theta+1)^2}\pi\right\}$

$\qquad\qquad =1^2\times1^2\times1\times\dfrac{8\times1^2}{(1+0+1)^2}\pi=2\pi$

$\therefore k=2$

325 ②

주어진 곡선이 점 $(0, 5)$를 지나므로 $y=2t^3+3t=5$에서

$2t^3+3t-5=0$

$(t-1)(2t^2+2t+5)=0$

$2t^2+2t+5>0$이므로 $t=1$

$x=kt^2-3t-3=0$이므로 $t=1$을 대입하면

$k-6=0$ $\therefore k=6$

$x=6t^2-3t-3$에서 $\dfrac{dx}{dt}=12t-3$,

$y=2t^3+3t$에서 $\dfrac{dy}{dt}=6t^2+3$이므로

$$\dfrac{dy}{dx}=\dfrac{\frac{dy}{dt}}{\frac{dx}{dt}}=\dfrac{6t^2+3}{12t-3}$$

즉, $t=1$일 때 $\dfrac{dy}{dx}=1$이므로 곡선 위의 점 $(0,\,5)$에서의 접선 l의 기울기는 1이고 직선 l과 수직인 직선의 기울기는 -1이다.

$\dfrac{6t^2+3}{12t-3}=-1$에서 $6t^2+3=-12t+3$

$6t^2+12t=0$, $6t(t+2)=0$　　$\therefore t=0$ 또는 $t=-2$

(ⅰ) $t=0$일 때

　　곡선 위의 접점의 좌표는 $(-3,\,0)$이므로 이 접선의 방정식은

　　$y=-(x+3)$, 즉 $y=-x-3$

　　이 직선 x축, y축과 만나는 점의 좌표는 각각 $(-3,\,0)$,

　　$(0,\,-3)$이다.

(ⅱ) $t=-2$일 때

　　곡선 위의 접점의 좌표는 $(27,\,-22)$이므로 이 접선의 방정식은

　　$y=-(x-27)-22$, 즉 $y=-x+5$

　　이 직선 x축, y축과 만나는 점의 좌표는 각각 $(5,\,0)$, $(0,\,5)$

　　이다.

(ⅰ), (ⅱ)에서 $\mathrm{A}(-3,\,0)$, $\mathrm{B}(0,\,-3)$, $\mathrm{C}(5,\,0)$, $\mathrm{D}(0,\,5)$ 또는 $\mathrm{A}(5,\,0)$, $\mathrm{B}(0,\,5)$, $\mathrm{C}(-3,\,0)$, $\mathrm{D}(0,\,-3)$이다.

따라서 사각형 ABCD의 넓이는 원점 O에 대하여

$$\dfrac{1}{2}\times\overline{\mathrm{AC}}\times\overline{\mathrm{OD}}+\dfrac{1}{2}\times\overline{\mathrm{AC}}\times\overline{\mathrm{OB}}=\dfrac{1}{2}\times8\times(5+3)=32$$

326 　117

$y=\dfrac{1}{2}(x-1)^2+\dfrac{9}{2}$에서 $y'=x-1$이므로

함수 $y=\dfrac{1}{2}(x-1)^2+\dfrac{9}{2}$의 그래프 위의 점 P의 좌표를

$\mathrm{P}\!\left(k,\,\dfrac{1}{2}(k-1)^2+\dfrac{9}{2}\right)$라 하면 점 P에서의 접선의 방정식은

$$y=(k-1)(x-k)+\dfrac{1}{2}(k-1)^2+\dfrac{9}{2}\qquad\cdots\cdots\ \text{㉠}$$

이때 접선 ㉠의 기울기가 음수이고 점 $(0,\,t)$를 지나므로

$k-1<0$에서 $k<1$이고

$$t=-k(k-1)+\dfrac{1}{2}(k-1)^2+\dfrac{9}{2}$$

$$\therefore t=-\dfrac{1}{2}k^2+5\qquad\cdots\cdots\ \text{㉡}$$

한편, 접선 ㉠의 x절편이 $f(t)$이므로

$0=(k-1)\{f(t)-k\}+\dfrac{1}{2}(k-1)^2+\dfrac{9}{2}$에서

$$(1-k)f(t)=-\dfrac{1}{2}k^2+5\qquad\therefore f(t)=\dfrac{-\frac{1}{2}k^2+5}{1-k}\ (\because k\neq1)$$

또한, ㉡의 양변을 k에 대하여 미분하면 $\dfrac{dt}{dk}=-k$이고

$f(t)=\dfrac{-\frac{1}{2}k^2+5}{1-k}$의 양변을 t에 대하여 미분하면

$$f'(t)=\dfrac{-k(1-k)+\left(-\frac{1}{2}k^2+5\right)}{(1-k)^2}\times\dfrac{dk}{dt}$$

$$=\dfrac{-k+k^2-\frac{1}{2}k^2+5}{(k-1)^2}\times\dfrac{dk}{dt}=\dfrac{k^2-2k+10}{2(k-1)^2}\times\dfrac{dk}{dt}$$

$$=\dfrac{-k^2+2k-10}{2k(k-1)^2}\left(\because \dfrac{dt}{dk}=-k\right)\qquad\cdots\cdots\ \text{㉢}$$

이때 $t=-3$이면

$-3=-\dfrac{1}{2}k^2+5$에서 $k^2=16$

$\therefore k=-4\ (\because k<1)$

$k=-4$를 ㉢에 대입하면

$$f'(-3)=\dfrac{-(-4)^2+2\times(-4)-10}{2\times(-4)\times(-5)^2}=\dfrac{17}{100}$$

따라서 $p=100$, $q=17$이므로

$p+q=100+17=117$

327 　③

$f(x)=(ax^2+2bx+n)e^x$에서

$$f'(x)=(2ax+2b)e^x+(ax^2+2bx+n)e^x$$

$$=\{ax^2+2(a+b)x+2b+n\}e^x$$

$f'(x)=0$에서 $e^x>0$이므로

$$ax^2+2(a+b)x+2b+n=0\qquad\cdots\cdots\ \text{㉠}$$

함수 $f(x)$가 극값을 갖지 않으려면 이차방정식 ㉠이 중근 또는 허근을 가져야 하므로 ㉠의 판별식을 D라 하면

$$\dfrac{D}{4}=(a+b)^2-a(2b+n)\leq0$$

즉, $a^2+b^2-na\leq0$이므로

$$b^2\leq na-a^2\qquad\cdots\cdots\ \text{㉡}$$

이때 $b^2\geq0$이므로 $na-a^2\geq0$, 즉 $a(a-n)\leq0$을 만족시킬 때 극값을 갖지 않는다.

(ⅰ) $n=2$일 때

　　$a(a-2)\leq0$에서 $0\leq a\leq2$

　　$a>0$이므로 정수 a는 1, 2이다.

　　$a=1$일 때, ㉡에서 $b^2\leq1$이므로 정수 b의 개수는

　　-1, 0, 1의 3

　　$a=2$일 때, ㉡에서 $b^2\leq0$이므로 정수 b의 개수는 0의 1

　　즉, 정수 a, b의 순서쌍 $(a,\,b)$의 개수는

　　$3+1=4$

　　$\therefore g(2)=4$

(ⅱ) $n=3$일 때

　　$a(a-3)\leq0$에서 $0\leq a\leq3$

　　$a>0$이므로 정수 a는 1, 2, 3이다.

　　$a=1$일 때, ㉡에서 $b^2\leq2$이므로 정수 b의 개수는

　　-1, 0, 1의 3

　　$a=2$일 때, ㉡에서 $b^2\leq2$이므로 정수 b의 개수는

　　-1, 0, 1의 3

　　$a=3$일 때, ㉡에서 $b^2\leq0$이므로 정수 b의 개수는

　　0의 1

즉, 정수 a, b의 순서쌍 (a, b)의 개수는

$3+3+1=7$

$\therefore g(3)=7$

(i), (ii)에서

$g(2)+g(3)=4+7=11$

328 ①

$f(x)=x^4-2kx^3+2(2k+3)x^2$에서

$f'(x)=4x^3-6kx^2+4(2k+3)x$

$f''(x)=12x^2-12kx+4(2k+3)$

$f''(x)=0$의 두 근을 α, $\beta\,(\alpha<\beta)$라 하면

$\alpha+\beta=k$, $\alpha\beta=\dfrac{2k+3}{3}$이고

두 변곡점 A, B의 x좌표의 차는 $\beta-\alpha=4$이므로

$(\beta-\alpha)^2=(\alpha+\beta)^2-4\alpha\beta$에서

$4^2=k^2-\dfrac{4(2k+3)}{3}$, $48=3k^2-4(2k+3)$

$3k^2-8k-60=0$, $(3k+10)(k-6)=0$

$\therefore k=-\dfrac{10}{3}$ 또는 $k=6$

그런데 $k>0$이므로 $k=6$

$\therefore f(x)=x^4-12x^3+30x^2$

$f'(x)=4x^3-36x^2+60x$

$f''(x)=12x^2-72x+60=12(x^2-6x+5)=12(x-1)(x-5)$

$f''(x)=0$에서 $x=1$ 또는 $x=5$

$x<1$에서 $f''(x)>0$, $1<x<5$에서 $f''(x)<0$,

$x>5$에서 $f''(x)>0$이므로 두 점 $(1, f(1))$, $(5, f(5))$는 곡선 $y=f(x)$의 변곡점이다.

즉, A(1, 19), B(5, -125) 또는 A(5, -125), B(1, 19)이다.

이때 선분 AB의 중점 C의 좌표는

$\left(\dfrac{1+5}{2},\ \dfrac{19+(-125)}{2}\right)$　　$\therefore$ C(3, -53)

즉, $a=3$이므로 점 D의 좌표는

$(3, f(3))$　　$\therefore$ D(3, 27)

따라서 세 점 A, B, C에서 x축에 내린 수선의 발을 각각 A′, B′, C′이라 하면 삼각형 ABD의 넓이는

$\dfrac{1}{2}\times\overline{\mathrm{CD}}\times\overline{\mathrm{A'C'}}+\dfrac{1}{2}\times\overline{\mathrm{CD}}\times\overline{\mathrm{C'B'}}=\dfrac{1}{2}\times\overline{\mathrm{CD}}\times\overline{\mathrm{A'B'}}$

$=\dfrac{1}{2}\times|27-(-53)|\times4$

$=160$

참고

A(1, 19), B(5, -125)인 경우의 삼각형 ABD는 오른쪽 그림과 같다.

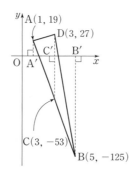

329 ⑤

ㄱ. $f(x)=\sin^2 x+2x$에서

$f'(x)=2\sin x\cos x+2$

$=\sin 2x+2$

$g(x)=f(f(x))$에서

$g'(x)=f'(f(x))f'(x)$

$=\{\sin 2(\sin^2 x+2x)+2\}(\sin 2x+2)$

모든 실수 x에 대하여 $g'(x)>0$이므로 실수 전체의 집합에서 함수 $g(x)$는 증가한다. (참)

ㄴ. $f'(x)=\sin 2x+2$, $f''(x)=2\cos 2x$

$f''(x)=0$에서 $\cos 2x=0$

열린구간 $(0, 2\pi)$에서 $\cos 2x=0$을 만족시키는 x의 값은 $\dfrac{\pi}{4}$, $\dfrac{3}{4}\pi$, $\dfrac{5}{4}\pi$, $\dfrac{7}{4}\pi$이고 이 값들의 좌우에서 $f''(x)$의 부호가 바뀌므로 모두 변곡점의 x좌표이다.

즉, 변곡점의 x좌표의 합은

$\dfrac{\pi+3\pi+5\pi+7\pi}{4}=\dfrac{16\pi}{4}=4\pi$ (참)

ㄷ. 함수 $f(x)$가 열린구간 $(n\pi, (n+1)\pi)$에서 연속이고 미분가능하므로 함수 $g(x)=(f\circ f)(x)$는 $(n\pi, (n+1)\pi)$에서 연속이고 미분가능하다.

$g((n+1)\pi)=f(f((n+1)\pi))$

$=f(\sin^2\{(n+1)\pi\}+2(n+1)\pi)$

$=f(2(n+1)\pi)$

$=\sin^2\{2(n+1)\pi\}+4(n+1)\pi$

$=4(n+1)\pi$

$g(n\pi)=f(f(n\pi))=f(\sin^2 n\pi+2n\pi)=f(2n\pi)$

$=\sin^2 2n\pi+4n\pi=4n\pi$

$\dfrac{g((n+1)\pi)-g(n\pi)}{(n+1)\pi-n\pi}=\dfrac{4(n+1)\pi-4n\pi}{(n+1)\pi-n\pi}=4$

이므로 평균값 정리에 의하여 $g'(x)=4$인 x가 열린구간 $(n\pi, (n+1)\pi)$에 적어도 하나 존재한다. (참)

따라서 옳은 것은 ㄱ, ㄴ, ㄷ이다.

330 ②

$f(x)=\dfrac{x+1}{e^x}$에서

$f'(x)=\dfrac{e^x-(x+1)e^x}{e^{2x}}=-\dfrac{x}{e^x}$

$f'(x)=0$에서 $x=0\ (\because e^x>0)$

$f''(x)=-\dfrac{e^x-xe^x}{e^{2x}}=\dfrac{x-1}{e^x}$

$f''(x)=0$에서 $x=1\ (\because e^x>0)$

함수 $f(x)$의 증가와 감소를 표로 나타내면 다음과 같다.

x	$\cdots$	0	$\cdots$	1	$\cdots$
$f'(x)$	+	0	−	−	−
$f''(x)$	−	−	−	0	+
$f(x)$	↗	극대	↘	변곡점	↘

즉, 함수 $f(x)$는 $x=0$에서 극댓값 $f(0)=1$을 갖고, 곡선 $y=f(x)$의 변곡점의 좌표는 $\left(1, \dfrac{2}{e}\right)$이다.

이때 $\lim\limits_{x\to\infty}f(x)=0$, $\lim\limits_{x\to-\infty}f(x)=-\infty$이므로 함수 $y=f(x)$의 그래프의 개형은 다음 그림과 같다.

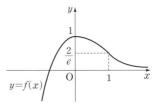

함수 $y=h(x)$가 모든 실수에서 미분가능하려면 기울기가 음수인 직선 $y=g(x)$가 다음 그림과 같이 곡선 $y=f(x)$의 변곡점에서의 접선과 일치해야 한다.

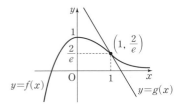

곡선 $y=f(x)$의 변곡점 $\left(1, \dfrac{2}{e}\right)$에서의 접선의 기울기는

$f'(1)=-\dfrac{1}{e}$이므로 접선의 방정식은

$$y=-\dfrac{1}{e}(x-1)+\dfrac{2}{e}$$

$$\therefore y=-\dfrac{1}{e}x+\dfrac{3}{e}$$

따라서 $g(x)=-\dfrac{1}{e}x+\dfrac{3}{e}$이고 그 그래프가 점 $(2, k)$를 지나므로

$$g(2)=\dfrac{1}{e}$$

$$\therefore k=\dfrac{1}{e}$$

331 ②

오른쪽 그림과 같이 구부러진 위치를 점 P라 하고, 각 θ를 정하면

$\overline{\text{PA}}=\dfrac{400}{\cos\theta}$, $\overline{\text{PB}}=\dfrac{50}{\sin\theta}$이므로

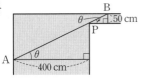

$$\overline{\text{AB}}=\overline{\text{PA}}+\overline{\text{PB}}=\dfrac{400}{\cos\theta}+\dfrac{50}{\sin\theta}$$

$f(\theta)=\dfrac{400}{\cos\theta}+\dfrac{50}{\sin\theta}\left(0<\theta<\dfrac{\pi}{2}\right)$라 하면

$$f'(\theta)=\dfrac{400\sin\theta}{\cos^2\theta}-\dfrac{50\cos\theta}{\sin^2\theta}$$

$$=\dfrac{400\sin^3\theta-50\cos^3\theta}{\cos^2\theta\sin^2\theta}$$

$f'(\theta)=0$에서 $400\sin^3\theta=50\cos^3\theta$

$\dfrac{\sin^3\theta}{\cos^3\theta}=\dfrac{1}{8}$, $\tan^3\theta=\dfrac{1}{8}$

$\therefore \tan\theta=\dfrac{1}{2}$ ······ ㉠

이때 $\tan\theta<\dfrac{1}{2}$이면 $f'(\theta)<0$이고

$\tan\theta>\dfrac{1}{2}$이면 $f'(\theta)>0$이므로

함수 $f(\theta)$는 $\tan\theta=\dfrac{1}{2}$인 θ에서 극소이면서 최소이다.

그런데 직선 막대 AB의 길이가 $f(\theta)$의 최솟값보다 클 때는 바닥과 평행하게 유지한 채 구부러진 통로를 지나갈 수 없다.

따라서 $f(\theta)$의 최솟값이 구하는 직선 막대의 최대 길이이므로 ㉠에서

$$\cos\theta=\dfrac{2}{\sqrt{5}}, \sin\theta=\dfrac{1}{\sqrt{5}}\left(\because 0<\theta<\dfrac{\pi}{2}\right)$$

즉, 직선 막대 AB의 최대 길이는

$$\overline{\text{PA}}+\overline{\text{PB}}=400\times\dfrac{\sqrt{5}}{2}+50\times\sqrt{5}=250\sqrt{5}\ (\text{cm})$$

332 9

$(2+x^2)\{\ln(2+x^2)-k\}-3x^2=0$에서

$(2+x^2)\ln(2+x^2)-3x^2=k(2+x^2)$이므로

$\ln(2+x^2)-\dfrac{3x^2}{2+x^2}=k\ (\because 2+x^2\neq 0)$

$g(x)=\ln(2+x^2)-\dfrac{3x^2}{2+x^2}$이라 하면

$$g'(x)=\dfrac{2x}{2+x^2}-\dfrac{6x(2+x^2)-3x^2\times 2x}{(2+x^2)^2}$$

$$=\dfrac{2x(x+2)(x-2)}{(2+x^2)^2}$$

$g'(x)=0$에서 $x=-2$ 또는 $x=0$ 또는 $x=2$

함수 $g(x)$의 증가와 감소를 표로 나타내면 다음과 같다.

x	$\cdots$	-2	$\cdots$	0	$\cdots$	2	$\cdots$
$g'(x)$	$-$	0	$+$	0	$-$	0	$+$
$g(x)$	↘	극소	↗	극대	↘	극소	↗

즉, 함수 $g(x)$는 $x=0$에서 극댓값 $\ln 2$, $x=-2$, $x=2$에서 극솟값 $\ln\dfrac{6}{e^2}$을 갖고, 그 그래프의 개형은 다음 그림과 같다.

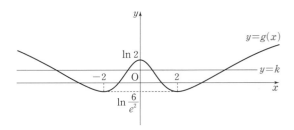

따라서 x에 대한 방정식 $(2+x^2)\{\ln(2+x^2)-k\}-3x^2=0$의 서로 다른 실근의 개수와 직선 $y=k$와 함수 $y=g(x)$의 그래프의 교점의 개수가 같으므로 $f(k)$를 구하면

$k<\ln\dfrac{6}{e^2}$일 때, $f(k)=0$

$k=\ln\dfrac{6}{e^2}$일 때, $f(k)=2$

$\ln\dfrac{6}{e^2}<k<\ln 2$일 때, $f(k)=4$

$k=\ln 2$일 때, $f(k)=3$

$k>\ln 2$일 때, $f(k)=2$

$\therefore f(0)+f(\ln 2)+f(1)=4+3+2=9$

333 31

삼차함수 $f(x)$의 최고차항의 계수가 1이고 역함수 $g(x)$가 존재하므로 $f(x)$는 증가함수이다.

즉, $f'(x) \geq 0$

조건 (나)에서 $x \to -1$일 때 극한값이 존재하고 (분모) $\to 0$이므로 (분자) $\to 0$이어야 한다.

즉, $\lim_{x \to -1} \{f(x) - g(x)\} = 0$

이때 두 함수 $f(x)$, $g(x)$는 $x = -1$에서 연속이므로

$\lim_{x \to -1} \{f(x) - g(x)\} = f(-1) - g(-1) = 0$에서

$f(-1) = g(-1)$ ······ ㉠

$f(x)$는 증가함수이고 두 함수 $f(x)$, $g(x)$가 서로 역함수 관계이므로 $g(x)$도 증가함수이고, 두 함수의 그래프의 교점은 직선 $y = x$ 위에 있다.

$\therefore f(-1) = g(-1) = -1$ ······ ㉡

$\lim_{x \to -1} \dfrac{f(x) - g(x)}{x + 1}$

$= \lim_{x \to -1} \dfrac{f(x) - f(-1) + f(-1) - g(x)}{x + 1}$

$= \lim_{x \to -1} \dfrac{f(x) - f(-1) + g(-1) - g(x)}{x + 1}$ $(\because ㉠)$

$= \lim_{x \to -1} \left\{ \dfrac{f(x) - f(-1)}{x - (-1)} - \dfrac{g(x) - g(-1)}{x - (-1)} \right\}$

$= f'(-1) - g'(-1)$

즉, $f'(-1) - g'(-1) = \dfrac{3}{2}$이고

$g'(-1) = \dfrac{1}{f'(g(-1))} = \dfrac{1}{f'(-1)}$이므로

$f'(-1) - \dfrac{1}{f'(-1)} = \dfrac{3}{2}$

이 식의 양변에 $2f'(-1)$을 곱하여 정리하면

$2\{f'(-1)\}^2 - 3f'(-1) - 2 = 0$

$\{2f'(-1) + 1\}\{f'(-1) - 2\} = 0$

$f'(x) \geq 0$이므로

$f'(-1) = 2$ ······ ㉢

최고차항의 계수가 1인 삼차함수 $f(x)$를
$f(x) = x^3 + ax^2 + bx + c$ (a, b, c는 상수)라 하면

$f'(x) = 3x^2 + 2ax + b = 3\left(x + \dfrac{a}{3}\right)^2 + b - \dfrac{a^2}{3}$

조건 (가)에서 함수 $g'(x)$는 $x = -1$에서 최댓값을 가지므로 함수 $f'(x)$는 $x = -1$에서 최솟값을 갖는다.

즉, $f'(-1) = 2$ ($\because$ ㉢)에서 이차함수 $y = f'(x)$의 그래프의 꼭짓점의 좌표는 $(-1, 2)$이므로

$-\dfrac{a}{3} = -1$, $b - \dfrac{a^2}{3} = 2$

$\therefore a = 3$, $b = 5$

따라서 $f(x) = x^3 + 3x^2 + 5x + c$이고 ㉡에서 $f(-1) = -1$이므로

$f(-1) = -1 + 3 - 5 + c = -1$

$\therefore c = 2$

따라서 $f(x) = x^3 + 3x^2 + 5x + 2$이므로

$f(2) + g(-1) = (8 + 12 + 10 + 2) + (-1) = 31$

334 ④

$f(x) = xe^{-x+t}$에서

$f'(x) = e^{-x+t} - xe^{-x+t}$

$\quad\quad = (1-x)e^{-x+t}$

$f'(x) = 0$에서 $x = 1$

함수 $f(x)$의 증가와 감소를 표로 나타내면 다음과 같다.

x	$\cdots$	1	$\cdots$
$f'(x)$	$+$	0	$-$
$f(x)$	↗	극대	↘

즉, 함수 $f(x)$는 $x = 1$에서 극댓값 $f(1) = e^{-1+t}$을 갖고,

$\lim_{x \to \infty} f(x) = 0$, $\lim_{x \to -\infty} f(x) = -\infty$이므로 함수 $y = f(x)$의 그래프의 개형은 다음 그림과 같다.

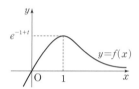

$g(x) = (f \circ f)(x) = f(f(x))$에서

$g'(x) = f'(f(x))f'(x)$

$g'(x) = 0$에서 $f'(f(x)) = 0$ 또는 $f'(x) = 0$

$\therefore f(x) = 1$ 또는 $x = 1$

즉, 함수 $g(x)$는 $f(x) = 1$인 x와 $x = 1$에서 극값을 가질 수 있다.

(i) $e^{-1+t} < 1$, 즉 $t < 1$일 때

$f(x) < 1$이므로 함수 $g(x)$는 $x = 1$일 때만 극값을 갖는다.

(ii) $e^{-1+t} = 1$, 즉 $t = 1$일 때

함수 $g(x)$는 $x = 1$일 때와 $f(x) = 1$일 때 극값을 갖는다.

그런데 $f(x) = 1$인 x의 값은 1이므로 함수 $g(x)$는 $x = 1$일 때만 극값을 갖는다.

(iii) $e^{-1+t} > 1$, 즉 $t > 1$일 때

함수 $g(x)$는 $x = 1$일 때와 $f(x) = 1$일 때 극값을 갖는다.

이때 $f(x) = 1$인 x의 값을 α, β라 하면 함수 $g(x)$는 x의 값이 1, α, β일 때 극값을 갖는다.

(i), (ii), (iii)에서 $n(t) = \begin{cases} 1 & (t \leq 1) \\ 3 & (t > 1) \end{cases}$이므로

함수 $y = n(t)$의 그래프는 오른쪽 그림과 같다.

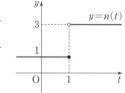

$\therefore \lim_{t \to 1+} n(t) + n\left(\dfrac{1}{2}\right) = 3 + 1 = 4$

335 ⑤

ㄱ. $\lim_{x \to 0+} g(x) = \lim_{x \to 0+} \dfrac{f(x)}{\sin x}$

$\quad\quad = \lim_{x \to 0+} \left\{ \dfrac{x}{\sin x} \times \dfrac{f(x)}{x} \right\}$

$\quad\quad = \lim_{x \to 0+} \left\{ \dfrac{x}{\sin x} \times \dfrac{f(x) - f(0)}{x - 0} \right\}$ ($\because$ 조건 (가))

$\quad\quad = 1 \times f'(0)$

$\quad\quad = 0$ ($\because$ 조건 (나)) (참)

ㄴ. $h(x)=f'(x)\sin x-f(x)\cos x$라 하면

$h'(x)=f''(x)\sin x+f'(x)\cos x-f'(x)\cos x+f(x)\sin x$

$\qquad=\{f''(x)+f(x)\}\sin x$

조건 (다)에서 $f''(x)+f(x)>0$이고 $0<x<\pi$에서 $\sin x>0$이

므로 $h'(x)>0$

즉, 함수 $h(x)$는 $0<x<\pi$에서 증가하고

$h(0)=f'(0)\sin 0-f(0)\cos 0=0$이므로

$0<x<\pi$에서 $h(x)>0$이다.

따라서 $0<x<\pi$에서 $f'(x)\sin x>f(x)\cos x$ (참)

ㄷ. $g'(x)=\dfrac{f'(x)\sin x-f(x)\cos x}{\sin^2 x}$

$0<x<\pi$에서 $\sin^2 x>0$이고, ㄴ에서

$h(x)=f'(x)\sin x-f(x)\cos x>0$이므로

$g'(x)=\dfrac{h(x)}{\sin^2 x}>0$

즉, 함수 $g(x)$는 $0<x<\pi$에서 증가한다.

따라서 $0<x_1<x_2<\pi$인 임의의 두 실수 x_1, x_2에 대하여

$g(x_1)<g(x_2)$ (참)

따라서 옳은 것은 ㄱ, ㄴ, ㄷ이다.

336 ④

ㄱ. $g(x)=f(x)+f(-x)$라 하면

$g(x)=\dfrac{1}{3}x-\ln(x^2+8)+\left\{-\dfrac{1}{3}x-\ln(x^2+8)\right\}$

$\qquad=-2\ln(x^2+8)$

$g'(x)=\dfrac{-2\times 2x}{x^2+8}=-\dfrac{4x}{x^2+8}$

$g'(x)=0$에서 $x=0$

함수 $g(x)$의 증가와 감소를 표로 나타내면 다음과 같다.

x	$\cdots$	0	$\cdots$
$g'(x)$	$+$	0	$-$
$g(x)$	↗	극대	↘

즉, 함수 $f(x)+f(-x)$는 $x=0$에서 극댓값 $-2\ln 8$을 갖는
다. (참)

ㄴ. $f(x)=\dfrac{1}{3}x-\ln(x^2+8)$에서

$f'(x)=\dfrac{1}{3}-\dfrac{2x}{x^2+8}=\dfrac{x^2-6x+8}{3(x^2+8)}$

함수 $f(x)$의 역함수가 존재하려면 $f(x)$는 실수 전체의 집합에
서 증가해야 하므로 모든 실수 x에 대하여 $f'(x)\geq 0$

이때 $3(x^2+8)>0$이므로 $x^2-6x+8\geq 0$이어야 한다.

그런데 $2<x<4$에서 $f'(x)<0$이므로 함수 $f(x)$의 역함수는
존재하지 않는다. (거짓)

ㄷ. ㄴ에서 $f'(x)=\dfrac{x^2-6x+8}{3(x^2+8)}$

$f'(x)=0$에서

$x^2-6x+8=0,\ (x-2)(x-4)=0$

$\therefore\ x=2$ 또는 $x=4$

$f''(x)=\dfrac{(2x-6)\times 3(x^2+8)-(x^2-6x+8)\times 6x}{9(x^2+8)^2}$

$\qquad=\dfrac{2(x^2-8)}{(x^2+8)^2}$

$f''(x)=0$에서

$x^2-8=0,\ (x+2\sqrt{2})(x-2\sqrt{2})=0$

$\therefore\ x=-2\sqrt{2}$ 또는 $x=2\sqrt{2}$

함수 $f(x)$의 증가와 감소를 표로 나타내면 다음과 같다.

x	$\cdots$	$-2\sqrt{2}$	$\cdots$	2	$\cdots$	$2\sqrt{2}$	$\cdots$	4	$\cdots$
$f'(x)$	$+$	$+$	$+$	0	$-$	$-$	$-$	0	$+$
$f''(x)$	$+$	0	$-$	$-$	$-$	0	$+$	$+$	$+$
$f(x)$	↗	변곡점	↗	극대	↘	변곡점	↘	극소	↗

즉, 곡선 $y=f(x)$는 $x=-2\sqrt{2}$, $x=2\sqrt{2}$에서 두 개의 변곡점을
갖는다. (참)

따라서 옳은 것은 ㄱ, ㄷ이다.

337 ④

$f(x)+ax^2+bx=e^x(x^2-5x+7)$에서

$f(x)=e^x(x^2-5x+7)-(ax^2+bx)$

$f'(x)=e^x(x^2-5x+7)+e^x(2x-5)-(2ax+b)$

$\qquad=e^x(x^2-3x+2)-(2ax+b)$

$f'(x)=g(x)$라 하고 $g(x)=0$을 만족시키는 x의 값을
α, $\beta\ (\alpha<\beta)$라 하면 조건 (가)에 의하여 $x=\alpha$, $x=\beta$를 기준으로
$g(x)$의 부호는 달라진다.

조건 (나)에 의하여 $g(k)=g'(k)=0$이므로 직선 $y=2ax+b$는
곡선 $y=e^x(x^2-3x+2)$ 위의 점 $(k,\ e^k(k^2-3k+2))$에서의 접선
이다.

$\therefore\ k=\alpha$ 또는 $k=\beta$

이때 접점 $(k,\ e^k(k^2-3k+2))$를 기준으로 $g(x)$의 부호가 달라지
고 $g'(k)=0$이므로 점 $(k,\ g(k))$는 곡선 $y=g(x)$의 변곡점이다.

즉, 직선 $y=2ax+b$는 곡선 $y=e^x(x^2-3x+2)$의 변곡점에서의
접선이다.

$y=e^x(x^2-3x+2)$에서

$y'=e^x(x^2-3x+2)+e^x(2x-3)=e^x(x^2-x-1)$

$y''=e^x(x^2-x-1)+e^x(2x-1)=e^x(x^2+x-2)$

$\qquad=e^x(x+2)(x-1)$

$y''=0$에서 $x=1$ 또는 $x=-2$

$\therefore\ k=1$ 또는 $k=-2$

이때 곡선 $y=e^x(x^2-3x+2)$와 직선 $y=2ax+b$는 다음 그림과
같다.

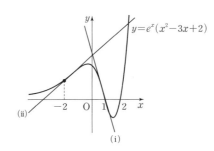

(i) $k=1$인 경우

곡선 $y=e^x(x^2-3x+2)$와 이 곡선 위의 점 $(1,\,0)$에서의 접선이 한 점에서 만나므로 방정식 $f'(x)=0$은 오직 하나의 실근을 갖는다.

즉, 함수 $f(x)$는 극댓값과 극솟값 중 하나만 가지므로 조건 (가)를 만족시키지 않는다.

(ii) $k=-2$인 경우

곡선 $y=e^x(x^2-3x+2)$ 위의 점 $\left(-2,\,\dfrac{12}{e^2}\right)$에서의 접선의

기울기는 $\dfrac{5}{e^2}$이므로 접선의 방정식은

$$y=\frac{5}{e^2}(x+2)+\frac{12}{e^2},\ y=\frac{5}{e^2}x+\frac{22}{e^2}$$

즉, $2a=\dfrac{5}{e^2}$, $b=\dfrac{22}{e^2}$이므로

$$a=\frac{5}{2e^2},\ b=\frac{22}{e^2}$$

(i), (ii)에서 $\dfrac{b}{a}=\dfrac{\dfrac{22}{e^2}}{\dfrac{5}{2e^2}}=\dfrac{44}{5}$

참고

$y=g(x)$가 $x=k$에서 부호가 달라지는 경우

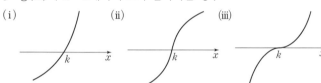

(i)   (ii)   (iii)

이때 $g'(k)=0$이려면 (iii)만 성립한다.

감소하는 경우도 마찬가지이다.

Ⅲ 적분법

338 ④

조건 (가)에서 등식의 양변을 각각 x에 대하여 적분하면

$$\int 2\{f(x)\}^2 f'(x)\,dx=\int \{f(2x+1)\}^2 f'(2x+1)\,dx \quad\cdots\cdots ㉠$$

㉠의 좌변에서 $f(x)=t$라 하면 $f'(x)=\dfrac{dt}{dx}$이므로

$$\int 2\{f(x)\}^2 f'(x)\,dx=\int 2t^2\,dt$$
$$=\frac{2}{3}t^3+C_1 \ (단,\ C_1은\ 적분상수)$$
$$=\frac{2}{3}\{f(x)\}^3+C_1$$

㉠의 우변에서 $f(2x+1)=k$라 하면 $2f'(2x+1)=\dfrac{dk}{dx}$이므로

$$\int \{f(2x+1)\}^2 f'(2x+1)\,dx=\int \frac{1}{2}k^2\,dk$$
$$=\frac{1}{6}k^3+C_2 \ (단,\ C_2는\ 적분상수)$$
$$=\frac{1}{6}\{f(2x+1)\}^3+C_2$$

즉, $\dfrac{2}{3}\{f(x)\}^3=\dfrac{1}{6}\{f(2x+1)\}^3+C$ (단, C는 적분상수)이므로

$$\{f(2x+1)\}^3=4\{f(x)\}^3+C' \ (C'=-6C) \quad\cdots\cdots ㉡$$

㉡의 양변에 $x=-\dfrac{1}{8}$을 대입하면

$$\left\{f\left(\frac{3}{4}\right)\right\}^3=4\left\{f\left(-\frac{1}{8}\right)\right\}^3+C'$$

$$\therefore \left\{f\left(\frac{3}{4}\right)\right\}^3=4+C' \ (\because 조건 (나))$$

㉡의 양변에 $x=\dfrac{3}{4}$을 대입하면

$$\left\{f\left(\frac{5}{2}\right)\right\}^3=4\left\{f\left(\frac{3}{4}\right)\right\}^3+C'=4(4+C')+C'=16+5C'$$

㉡의 양변에 $x=\dfrac{5}{2}$를 대입하면

$$\{f(6)\}^3=4\left\{f\left(\frac{5}{2}\right)\right\}^3+C'=4(16+5C')+C'=64+21C'$$

$$8=64+21C' \ (\because 조건 (나))$$
$$21C'=-56$$
$$\therefore C'=-\frac{8}{3}$$

따라서 $\{f(2x+1)\}^3=4\{f(x)\}^3-\dfrac{8}{3}$에 $x=-1$을 대입하면

$$\{f(-1)\}^3=4\{f(-1)\}^3-\frac{8}{3},\ 3\{f(-1)\}^3=\frac{8}{3}$$

$$\{f(-1)\}^3=\frac{8}{9}$$

$$\therefore f(-1)=\frac{2\sqrt[3]{3}}{3}$$

339 ①

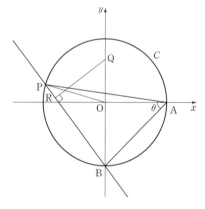

원주각과 중심각 사이의 관계에 의하여

$$\angle POB=2\angle PAB=2\theta$$

삼각형 PBO는 이등변삼각형이므로

$$\angle OPB=\angle OBP=\frac{\pi-2\theta}{2}=\frac{\pi}{2}-\theta$$

직각삼각형 QRB에서

$$\angle RQB=\pi-(\angle QRB+\angle QBR)$$
$$=\pi-\left\{\frac{\pi}{2}+\left(\frac{\pi}{2}-\theta\right)\right\}=\theta$$

이고 $\overline{QB}=\overline{QO}+\overline{OB}=2\cos\theta+2$이므로

$$\overline{RB}=\overline{QB}\sin(\angle RQB)$$
$$=2(\cos\theta+1)\sin\theta$$

한편, 삼각형 PBA에서 사인법칙에 의하여

$$\dfrac{\overline{PB}}{\sin\theta}=2\times 2 \qquad \therefore\ \overline{PB}=4\sin\theta$$

$$\therefore\ f(\theta)=\overline{PR}=\overline{PB}-\overline{RB}$$
$$=4\sin\theta-2(\cos\theta+1)\sin\theta$$
$$=2\sin\theta-2\sin\theta\cos\theta$$
$$=2\sin\theta-\sin 2\theta$$

$$\therefore\ \int_{\frac{\pi}{6}}^{\frac{\pi}{3}} f(\theta)\,d\theta=\int_{\frac{\pi}{6}}^{\frac{\pi}{3}}(2\sin\theta-\sin 2\theta)\,d\theta$$
$$=\left[-2\cos\theta+\frac{1}{2}\cos 2\theta\right]_{\frac{\pi}{6}}^{\frac{\pi}{3}}$$
$$=\left(-1-\frac{1}{4}\right)-\left(-\sqrt{3}+\frac{1}{4}\right)$$
$$=\frac{2\sqrt{3}-3}{2}$$

다른 풀이

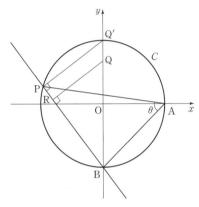

위의 그림과 같이 원 위의 점 P를 지나고 선분 QR와 평행한 직선이 주어진 원과 두 점에서 만날 때, 점 P가 아닌 점을 Q′이라 하자.
두 삼각형 PBQ′, RBQ는 서로 닮음 (AA 닮음)이고 두 삼각형의 닮음비는

$$\overline{Q'B}:\overline{QB}=4:2(\cos\theta+1),\ \text{즉 } 1:\frac{1}{2}(\cos\theta+1)\text{이다.}$$

이때 $\overline{PB}=4\sin\theta$이므로

$$\overline{PB}:\overline{RB}=1:\frac{1}{2}(\cos\theta+1)\text{에서}$$

$$4\sin\theta:\overline{RB}=1:\frac{1}{2}(\cos\theta+1)$$

$$\overline{RB}=4\sin\theta\times\frac{1}{2}(\cos\theta+1)$$

$$\therefore\ \overline{RB}=2(\cos\theta+1)\sin\theta$$

340 26

조건 (가)에서 $-x=s$라 하면 $x\to-\infty$일 때 $s\to\infty$이므로

$$\lim_{x\to-\infty}\frac{f(x)+6}{e^{x}}=\lim_{x\to-\infty}\frac{ae^{2x}+be^{x}+c+6}{e^{x}}$$
$$=\lim_{s\to\infty}\{ae^{-s}+b+(c+6)e^{s}\}$$

이때

$$\lim_{s\to\infty}\{ae^{-s}+b+(c+6)e^{s}\}=1$$

이므로 $b=1$, $c=-6$

한편, 조건 (나)에서

$$f(\ln 2)=ae^{2\ln 2}+e^{\ln 2}-6=4a-4=0$$

이므로 $a=1$

$$\therefore\ f(x)=e^{2x}+e^{x}-6$$

$f(k)=14$를 만족시키는 실수 k의 값을 구하면

$$e^{2k}+e^{k}-6=14,\ e^{2k}+e^{k}-20=0$$
$$(e^{k}+5)(e^{k}-4)=0$$
$$e^{k}=4\ (\because\ e^{k}>0)$$
$$\therefore\ k=\ln 4$$

즉, $f(\ln 4)=14$
또한, 조건 (나)에서

$$f(\ln 2)=0$$

$\displaystyle\int_{0}^{14}g(x)\,dx$에서

$g(x)=t$라 하면 $g'(x)=\dfrac{dt}{dx}$, 즉 $\dfrac{1}{f'(t)}=\dfrac{dt}{dx}$이고

$x=0$일 때 $t=\ln 2$, $x=14$일 때 $t=\ln 4$이므로

$$\int_{0}^{14}g(x)\,dx=\int_{\ln 2}^{\ln 4}tf'(t)\,dt$$

이때 $u(t)=t$, $v'(t)=f'(t)$라 하면

$u'(t)=1$, $v(t)=f(t)$이므로

$$\int_{\ln 2}^{\ln 4}tf'(t)\,dt=\left[tf(t)\right]_{\ln 2}^{\ln 4}-\int_{\ln 2}^{\ln 4}f(t)\,dt$$
$$=14\ln 4-\int_{\ln 2}^{\ln 4}(e^{2t}+e^{t}-6)\,dt$$
$$=14\ln 4-\left[\frac{1}{2}e^{2t}+e^{t}-6t\right]_{\ln 2}^{\ln 4}$$
$$=28\ln 2-\{12-6\ln 4-(4-6\ln 2)\}$$
$$=-8+34\ln 2$$

따라서 $p=-8$, $q=34$이므로

$$p+q=-8+34=26$$

다른 풀이

$f(x)=e^{2x}+e^{x}-6$에서
$f'(x)=2e^{2x}+e^{x}$이므로
$f'(x)>0$

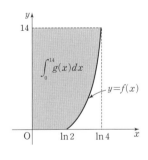

이때 함수 $g(x)$가 함수 $f(x)$의 역함수이므로 $\displaystyle\int_{0}^{14}g(x)\,dx$가 나타내는 값은 오른쪽 그림의 색칠한 부분과 같다.

$$\therefore\ \int_{0}^{14}g(x)\,dx$$
$$=14\times\ln 4-\int_{\ln 2}^{\ln 4}f(x)\,dx$$
$$=28\ln 2-\int_{\ln 2}^{\ln 4}(e^{2x}+e^{x}-6)\,dx$$
$$=28\ln 2-\left[\frac{1}{2}e^{2x}+e^{x}-6x\right]_{\ln 2}^{\ln 4}$$
$$=28\ln 2-\{12-6\ln 4-(4-6\ln 2)\}$$
$$=-8+34\ln 2$$

341 ②

$x<0$일 때, $f(x)=-4xe^{4x^2}$에서

$f'(x)=-4e^{4x^2}-32x^2e^{4x^2}=-4e^{4x^2}(1+8x^2)$

이므로

$f'(x)<0$

즉, $x<0$일 때 함수 $f(x)$는 감소한다.

또한, 함수 $f(x)$가 모든 실수 x에 대하여 $f(x)\geq0$이고 모든 양수 t에 대하여 x에 대한 방정식 $f(x)=t$의 서로 다른 실근의 개수가 2이므로 $x>0$일 때 방정식 $f(x)=t$의 실근은 반드시 1개이다.

즉, $x>0$일 때 함수 $f(x)$는 증가한다.

한편, $f(0)=\lim\limits_{x\to0^-}f(x)=0$이고 모든 양수 t에 대하여

$2g(t)+h(t)=k$, 즉 $h(t)=k-2g(t)$이므로 함수 $y=f(x)$의 그래프의 개형은 다음 그림과 같다.

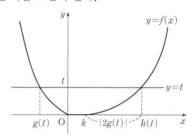

모든 양수 t에 대하여

$f(h(t))=f(g(t))=f\left(\dfrac{k-h(t)}{2}\right)$

$h(t)=s\ (s>k)$라 하면

$f(s)=f\left(\dfrac{k-s}{2}\right)$

$\qquad=-4\left(\dfrac{k-s}{2}\right)e^{4\left(\frac{k-s}{2}\right)^2}$

$\qquad=2(s-k)e^{(k-s)^2}$

즉, $x\geq k$일 때

$f(x)=2(x-k)e^{(k-x)^2}$

$\therefore \displaystyle\int_0^7 f(x)\,dx=\int_0^7 2(x-k)e^{(k-x)^2}\,dx$

$\qquad=\displaystyle\int_0^k 2(x-k)e^{(k-x)^2}\,dx+\int_k^7 2(x-k)e^{(k-x)^2}\,dx$

$\qquad=\displaystyle\int_k^7 2(x-k)e^{(k-x)^2}\,dx\ \left(\because \int_0^k f(x)\,dx=0\right)$

이때 $(k-x)^2=u$라 하면 $2(x-k)=\dfrac{du}{dx}$이고

$x=k$일 때 $u=0$, $x=7$일 때 $u=(k-7)^2$이므로

$\displaystyle\int_k^7 2(x-k)e^{(k-x)^2}\,dx=\int_0^{(k-7)^2} e^u\,du$

$\qquad=\left[e^u\right]_0^{(k-7)^2}$

$\qquad=e^{(k-7)^2}-1$

$e^{(k-7)^2}-1=e^4-1$에서

$e^{(k-7)^2}=e^4$, $(k-7)^2=4$ $\qquad\therefore k=5\ (\because k<7)$

$x\geq5$일 때 $f(x)=2(x-5)e^{(5-x)^2}$이므로

$\dfrac{f(9)}{f(8)}=\dfrac{2\times4e^{(-4)^2}}{2\times3e^{(-3)^2}}=\dfrac{4}{3}e^7$

342 ①

함수 $f(x)$의 역함수가 $g(x)$이므로

$f(g(x))=x$ ······ ㉠

이고 조건 (다)에서 $f(x)>1$이므로 함수 $f(x)$의 역함수 $g(x)$의 정의역은 $\{x\,|\,x>1\}$이다.

㉠의 양변을 x에 대하여 미분하면 $f'(g(x))g'(x)=1$이므로

$g'(x)=\dfrac{1}{f'(g(x))}$

$f'(x)=f(x)-1$의 양변에 x 대신 $g(x)$를 대입하면

$f'(g(x))=f(g(x))-1=x-1\ (\because$ 조건 (나), ㉠)

이므로 $g'(x)=\dfrac{1}{x-1}$

$\therefore g(x)=\displaystyle\int g'(x)\,dx$

$\qquad=\displaystyle\int \dfrac{1}{x-1}\,dx$

$\qquad=\ln(x-1)+C\ (x>1)$ (단, C는 적분상수)

조건 (가)에서 $f(1)=2$이므로 $g(2)=1$

$\therefore C=1$

즉, $g(x)=\ln(x-1)+1\ (x>1)$이므로

$f(x)=e^{x-1}+1$

함수 $h(x)$가 실수 전체의 집합에서 연속이려면 $x=2$에서 연속이어야 하므로 $\lim\limits_{x\to2^-}h(x)=h(2)$가 성립해야 한다.

따라서 $\lim\limits_{x\to2^-}f(x)=g(2)+k$에서

$e+1=1+k$ $\qquad\therefore k=e$

343 ①

$\displaystyle\int_1^3 f(x)g'(x)\,dx$에서

$u(x)=f(x)$, $v'(x)=g'(x)$라 하면

$u'(x)=f'(x)$, $v(x)=g(x)$이므로

$\displaystyle\int_1^3 f(x)g'(x)\,dx$

$=\left[f(x)g(x)\right]_1^3-\displaystyle\int_1^3 f'(x)g(x)\,dx$

$=f(3)g(3)-f(1)g(1)-\displaystyle\int_1^3 f'(x)g(x)\,dx$

$=4\times2-2\times4-\displaystyle\int_1^3 f'(x)g(x)\,dx\ (\because$ 조건 (나))

$=-\displaystyle\int_1^3 f'(x)g(x)\,dx$

조건 (가)에서 $\displaystyle\int_1^3 f(x)g'(x)\,dx=-12$이므로

$-\displaystyle\int_1^3 f'(x)g(x)\,dx=-12$

$\therefore \displaystyle\int_1^3 f'(x)g(x)\,dx=12$ ······ ㉠

$\displaystyle\int_1^{\sqrt{3}} xf'(x^2)g(x^2)\,dx$에서 $x^2=t$라 하면 $2x=\dfrac{dt}{dx}$이고

$x=1$일 때 $t=1$, $x=\sqrt{3}$일 때 $t=3$이므로

$$\int_1^{\sqrt{3}} xf'(x^2)g(x^2)\,dx = \int_1^3 \frac{1}{2}f'(t)g(t)\,dt$$
$$= \frac{1}{2}\int_1^3 f'(t)g(t)\,dt$$
$$= \frac{1}{2}\int_1^3 f'(x)g(x)\,dx$$
$$= \frac{1}{2}\times 12 = 6 \ (\because \ㄱ)$$

344 36

조건 (가)에서 $2x=t$라 하면 $2=\dfrac{dt}{dx}$이고

$x=1$일 때 $t=2$, $x=2$일 때 $t=4$이므로

$$\int_1^2 f(2x)\,dx = \frac{1}{2}\int_2^4 f(t)\,dt = 3$$
$$\therefore \int_2^4 f(t)\,dt = 6 \quad \cdots\cdots \ㄱ$$

또한, $\displaystyle\int_6^{12} xf'\!\left(\dfrac{x}{3}\right)dx$에서 $\dfrac{x}{3}=u$라 하면 $\dfrac{1}{3}=\dfrac{du}{dx}$이고

$x=6$일 때 $u=2$, $x=12$일 때 $u=4$이므로

$$\int_6^{12} xf'\!\left(\frac{x}{3}\right)dx = 9\int_2^4 uf'(u)\,du$$
$$= 9\left\{\Big[uf(u)\Big]_2^4 - \int_2^4 f(u)\,du\right\}$$
$$= 9\{4f(4)-2f(2)-6\} \ (\because \ㄱ)$$
$$= 9\{4f(4)-2f(2)\}-54$$

이때 $\{xf(x)\}'=f(x)+xf'(x)$이므로 조건 (나)에서

$$\int_2^4 \{f(x)+xf'(x)\}\,dx = \Big[xf(x)\Big]_2^4 = 4f(4)-2f(2)=10$$
$$\therefore \int_6^{12} xf'\!\left(\frac{x}{3}\right)dx = 9\{4f(4)-2f(2)\}-54$$
$$= 9\times 10 - 54 = 36$$

345 34

조건 (나)에서 $2\le x\le 4$일 때 $f(x)=f\!\left(\dfrac{x}{2}\right)+1$이므로

$$f(4)=f(2)+1=\{f(1)+1\}+1=f(1)+2$$
$$\therefore \int_1^4 f'(x)\,dx = \Big[f(x)\Big]_1^4$$
$$= f(4)-f(1)=2$$

또한

$$\int_2^4 f(x)\,dx = \int_2^4 \left\{f\!\left(\frac{x}{2}\right)+1\right\}dx$$
$$= \int_2^4 f\!\left(\frac{x}{2}\right)dx + \Big[x\Big]_2^4$$
$$= \int_2^4 f\!\left(\frac{x}{2}\right)dx + 2$$

에서 $\dfrac{x}{2}=t$라 하면 $\dfrac{1}{2}=\dfrac{dt}{dx}$이고

$x=2$일 때 $t=1$, $x=4$일 때 $t=2$이므로

$$\int_2^4 f\!\left(\frac{x}{2}\right)dx = 2\int_1^2 f(t)\,dt = 2\times 10 = 20 \ (\because \text{조건 (가)})$$

따라서

$$\int_2^4 f(x)\,dx = \int_2^4 f\!\left(\frac{x}{2}\right)dx + 2$$
$$= 20 + 2 = 22$$

이므로

$$\int_1^4 \{f(x)+f'(x)\}\,dx = \int_1^4 f(x)\,dx + \int_1^4 f'(x)\,dx$$
$$= \int_1^2 f(x)\,dx + \int_2^4 f(x)\,dx + \int_1^4 f'(x)\,dx$$
$$= 10 + 22 + 2 = 34$$

346 ③

ㄱ. $I_1 = \displaystyle\int_0^1 xe^x\,dx$에서 $f(x)=x$, $g'(x)=e^x$이라 하면

$f'(x)=1$, $g(x)=e^x$이므로

$$I_1 = \int_0^1 xe^x\,dx = \Big[xe^x\Big]_0^1 - \int_0^1 e^x\,dx$$
$$= e - \Big[e^x\Big]_0^1 = e-(e-1) = 1$$

$I_2 = \displaystyle\int_0^1 x^2 e^x\,dx$에서 $u(x)=x^2$, $v'(x)=e^x$이라 하면

$u'(x)=2x$, $v(x)=e^x$이므로

$$I_2 = \int_0^1 x^2 e^x\,dx$$
$$= \Big[x^2 e^x\Big]_0^1 - \int_0^1 2xe^x\,dx$$
$$= e - 2I_1$$

$I_1 = 1$이므로 $I_2 = e-2$ (참)

ㄴ. $I_{n+1} = \displaystyle\int_0^1 x^{n+1} e^x\,dx$에서

$f(x)=x^{n+1}$, $g'(x)=e^x$이라 하면

$f'(x)=(n+1)x^n$, $g(x)=e^x$이므로

$$I_{n+1} = \int_0^1 x^{n+1} e^x\,dx$$
$$= \Big[x^{n+1} e^x\Big]_0^1 - \int_0^1 (n+1)x^n e^x\,dx$$
$$= e - (n+1)\int_0^1 x^n e^x\,dx$$
$$= e - (n+1)I_n$$
$$\therefore I_{n+1} + (n+1)I_n = e \ (\text{참})$$

ㄷ. $I_{n+1} - I_n = \displaystyle\int_0^1 x^{n+1} e^x\,dx - \int_0^1 x^n e^x\,dx$
$$= \int_0^1 (x^{n+1} e^x - x^n e^x)\,dx$$
$$= \int_0^1 (x-1)x^n e^x\,dx$$

$0<x<1$에서 $x-1<0$, $x^n>0$, $e^x>0$이므로
$(x-1)x^n e^x < 0$

이때 $\displaystyle\int_0^1 (x-1)x^n e^x\,dx < 0$이므로 $I_{n+1} - I_n < 0$

$$\therefore I_{n+1} < I_n \ (\text{거짓})$$

따라서 옳은 것은 ㄱ, ㄴ이다.

347 ③

ㄱ. $f(x)=|x|\sin x$이므로
$$f(-x)=|-x|\sin(-x)=-|x|\sin x=-f(x) \text{ (참)}$$

ㄴ. ㄱ에서 $\int_{-\frac{n}{2}\pi}^{\frac{n}{2}\pi} f(x)\,dx=0$이므로
$$a_2=\int_{-\pi}^{\frac{3}{2}\pi} f(x)\,dx$$
$$=\int_{-\pi}^{\pi} f(x)\,dx+\int_{\pi}^{\frac{3}{2}\pi} f(x)\,dx\,dx$$
$$=\int_{\pi}^{\frac{3}{2}\pi} f(x)\,dx$$
$$=\int_{\pi}^{\frac{3}{2}\pi} x\sin x\,dx$$
$$=\left[-x\cos x\right]_{\pi}^{\frac{3}{2}\pi}+\int_{\pi}^{\frac{3}{2}\pi}\cos x\,dx$$
$$=-\pi+\left[\sin x\right]_{\pi}^{\frac{3}{2}\pi}$$
$$=-\pi-1 \text{ (거짓)}$$

ㄷ. ㄱ에서 $\int_{-\frac{n}{2}\pi}^{\frac{n}{2}\pi} f(x)\,dx=0$이므로
$$a_n=\int_{-\frac{n}{2}\pi}^{\frac{n+1}{2}\pi} f(x)\,dx$$
$$=\int_{-\frac{n}{2}\pi}^{\frac{n}{2}\pi} f(x)\,dx+\int_{\frac{n}{2}\pi}^{\frac{n+1}{2}\pi} f(x)\,dx$$
$$=\int_{\frac{n}{2}\pi}^{\frac{n+1}{2}\pi} f(x)\,dx$$
$$\therefore \sum_{n=1}^{10} a_n=\int_{\pi}^{\frac{3}{2}\pi} f(x)\,dx+\int_{\frac{3}{2}\pi}^{2\pi} f(x)\,dx+\cdots+\int_{5\pi}^{\frac{11}{2}\pi} f(x)\,dx$$
$$=\int_{\frac{\pi}{2}}^{\frac{11}{2}\pi} f(x)\,dx$$
$$=\int_{\frac{\pi}{2}}^{\frac{11}{2}\pi} x\sin x\,dx$$
$$=\left[-x\cos x\right]_{\frac{\pi}{2}}^{\frac{11}{2}\pi}+\int_{\frac{\pi}{2}}^{\frac{11}{2}\pi}\cos x\,dx$$
$$=0+\left[\sin x\right]_{\frac{\pi}{2}}^{\frac{11}{2}\pi}$$
$$=-2 \text{ (참)}$$

따라서 옳은 것은 ㄱ, ㄷ이다.

348 ⑤

$g(x)=\int_0^x f(t)\,dt$의 양변을 x에 대하여 미분하면
$g'(x)=f(x)$이다.

ㄱ. $\displaystyle\lim_{h\to 0}\frac{1}{2h}\{g(1+h)-g(1)\}=\frac{1}{2}\times\lim_{h\to 0}\frac{g(1+h)-g(1)}{h}$
$$=\frac{1}{2}g'(1)=\frac{1}{2}f(1)=0 \text{ (참)}$$

ㄴ. $0<x<1$에서 $f(x)<0$, $1<x<3$에서 $f(x)>0$이므로
함수 $g(x)$는 $x=1$에서 극솟값을 갖는다.
$1<x<3$에서 $f(x)>0$, $3<x<5$에서 $f(x)<0$이므로
함수 $g(x)$는 $x=3$에서 극댓값을 갖는다. (참)

ㄷ. $g(x)=\int_0^x f(t)\,dt$이므로
$$g(5)-g(1)=\int_0^5 f(t)\,dt-\int_0^1 f(t)\,dt$$
$$=\int_1^5 f(t)\,dt$$
$$=\int_1^3 |f(t)|\,dt-\int_3^5 |f(t)|\,dt$$
$$\therefore g(5)=g(1)+\int_1^3 |f(t)|\,dt-\int_3^5 |f(t)|\,dt \text{ (참)}$$

따라서 옳은 것은 ㄱ, ㄴ, ㄷ이다.

349 ⑤

함수 $y=f(x)$의 그래프가 점 $(1, 2)$를 지나므로
$f(1)=2$
그 역함수 $y=f^{-1}(x)$의 그래프가 점 $(8, 10)$을 지나므로
$f^{-1}(8)=10$에서 $f(10)=8$
이때 함수 $f(x)$는 역함수가 존재하므로 일대일대응이고
$f(1)<f(10)$이므로 증가하는 함수이다.

한편, $\displaystyle\lim_{n\to\infty}\sum_{k=1}^{n}f^{-1}\left(\frac{2n+6k}{n}\right)\frac{1}{n}=4$이므로

$$\frac{1}{6}\lim_{n\to\infty}\sum_{k=1}^{n}f^{-1}\left(2+\frac{6}{n}k\right)\frac{6}{n}=\frac{1}{6}\int_2^8 f^{-1}(x)\,dx=4$$

$$\therefore \int_2^8 f^{-1}(x)\,dx=24$$

$$\lim_{n\to\infty}\sum_{k=1}^{n}f\left(\frac{n^2+9k^2}{n^2}\right)\frac{2k}{n^2}=\frac{2}{9}\lim_{n\to\infty}\sum_{k=1}^{n}f\left(1+\left(\frac{3k}{n}\right)^2\right)\frac{3k}{n}\times\frac{3}{n}$$
$$=\frac{2}{9}\int_0^3 xf(1+x^2)\,dx$$

$1+x^2=s$라 하면 $2x=\dfrac{ds}{dx}$이고

$x=0$일 때 $s=1$, $x=3$일 때 $s=10$이므로

$$\frac{2}{9}\int_0^3 xf(1+x^2)\,dx=\frac{1}{9}\int_1^{10} f(s)\,ds$$

한편, 함수 $f(x)$의 역함수
$f^{-1}(x)$에 대하여 $\displaystyle\int_2^8 f^{-1}(x)\,dx$의
값은 오른쪽 그림의 빗금친 부분의
넓이와 같으므로

$$\int_1^{10} f(x)\,dx+\int_2^8 f^{-1}(x)\,dx$$
$$=10\times f(10)-1\times f(1)$$
$$=10\times 8-1\times 2=78$$
이므로
$$\int_1^{10} f(x)\,dx=78-\int_2^8 f^{-1}(x)\,dx$$
$$=78-24=54$$

$$\therefore \lim_{n\to\infty}\sum_{k=1}^{n}f\left(\frac{n^2+9k^2}{n^2}\right)\frac{2k}{n^2}=\frac{1}{9}\int_1^{10} f(s)\,ds$$
$$=\frac{1}{9}\times 54=6$$

350 ②

닫힌구간 $\left[0, \dfrac{\pi}{2}\right]$에서 두 곡선 $y=\sqrt{2}\cos x$, $y=2\sin x\cos x$

가 만나는 점의 x좌표는

$\sqrt{2}\cos x=2\sin x\cos x$에서 $2\cos x\left(\sin x-\dfrac{\sqrt{2}}{2}\right)=0$

$\cos x=0$ 또는 $\sin x=\dfrac{\sqrt{2}}{2}$ $\therefore x=\dfrac{\pi}{4}$ 또는 $x=\dfrac{\pi}{2}$

닫힌구간 $\left[0, \dfrac{\pi}{2}\right]$에서 두 함수

$f(x)=\sqrt{2}\cos x$,

$g(x)=2\sin x\cos x$의 그래프는

오른쪽 그림과 같다.

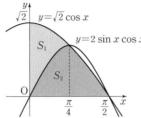

이때

$S_1=\displaystyle\int_0^{\frac{\pi}{4}}(\sqrt{2}\cos x-2\sin x\cos x)\,dx$

$=\displaystyle\int_0^{\frac{\pi}{4}}(\sqrt{2}\cos x-\sin 2x)\,dx=\left[\sqrt{2}\sin x+\dfrac{1}{2}\cos 2x\right]_0^{\frac{\pi}{4}}$

$=\sqrt{2}\sin\dfrac{\pi}{4}+\dfrac{1}{2}\cos\dfrac{\pi}{2}-\left(0+\dfrac{1}{2}\cos 0\right)=1-\dfrac{1}{2}=\dfrac{1}{2}$

$S_2=\displaystyle\int_0^{\frac{\pi}{2}}\sqrt{2}\cos x\,dx-S_1=\left[\sqrt{2}\sin x\right]_0^{\frac{\pi}{2}}-\dfrac{1}{2}=\sqrt{2}-\dfrac{1}{2}$

$\therefore \dfrac{S_2}{S_1}=\dfrac{\sqrt{2}-\dfrac{1}{2}}{\dfrac{1}{2}}=2\sqrt{2}-1$

351 ⑤

$y=e^{-x}\sin x$에서

$y'=-e^{-x}\sin x+e^{-x}\cos x=e^{-x}(\cos x-\sin x)$

$x\geq 0$일 때 $y'=0$에서 $x=\dfrac{\pi}{4}$, $x=\pi+\dfrac{\pi}{4}$, $x=2\pi+\dfrac{\pi}{4}$, $\cdots$

$x\geq 0$에서 함수 $y=e^{-x}\sin x$의 증가와 감소를 표로 나타내면 다음과 같다.

x	0	$\cdots$	$\dfrac{\pi}{4}$	$\cdots$	$\pi+\dfrac{\pi}{4}$	$\cdots$	$2\pi+\dfrac{\pi}{4}$	$\cdots$
y'		$+$	0	$-$	0	$+$	0	$-$
y	0	↗	$\dfrac{\sqrt{2}}{2}e^{-\frac{\pi}{4}}$	↘	$-\dfrac{\sqrt{2}}{2}e^{-\frac{5}{4}\pi}$	↗	$\dfrac{\sqrt{2}}{2}e^{-\frac{9}{4}\pi}$	↘

즉, $x\geq 0$일 때 곡선 $y=e^{-x}\sin x$의 개형은 다음 그림과 같다.

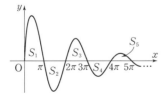

ㄱ. $S_1=\displaystyle\int_0^{\pi}e^{-x}\sin x\,dx=\left[-e^{-x}\sin x\right]_0^{\pi}-\displaystyle\int_0^{\pi}(-e^{-x})\cos x\,dx$

$=\displaystyle\int_0^{\pi}e^{-x}\cos x\,dx$

$=\left[-e^{-x}\cos x\right]_0^{\pi}-\displaystyle\int_0^{\pi}(-e^{-x})(-\sin x)\,dx$

$=e^{-\pi}+1-\displaystyle\int_0^{\pi}e^{-x}\sin x\,dx=e^{-\pi}+1-S_1$

$2S_1=e^{-\pi}+1$이므로 $S_1=\dfrac{1}{2}(e^{-\pi}+1)$ (참)

ㄴ. $I_n=\displaystyle\int_{(n-1)\pi}^{n\pi}e^{-x}\sin x\,dx$라 하면

$I_n=\left[-e^{-x}\sin x\right]_{(n-1)\pi}^{n\pi}-\displaystyle\int_{(n-1)\pi}^{n\pi}(-e^{-x})\cos x\,dx$

$=\displaystyle\int_{(n-1)\pi}^{n\pi}e^{-x}\cos x\,dx$

$=\left[-e^{-x}\cos x\right]_{(n-1)\pi}^{n\pi}-\displaystyle\int_{(n-1)\pi}^{n\pi}(-e^{-x})(-\sin x)\,dx$

$=-e^{-n\pi}(-1)^n+e^{-(n-1)\pi}(-1)^{n-1}-\displaystyle\int_{(n-1)\pi}^{n\pi}e^{-x}\sin x\,dx$

$=(-1)^{n-1}e^{-n\pi}(e^{\pi}+1)-I_n$

즉, $I_n=\dfrac{1}{2}(-1)^{n-1}e^{-n\pi}(e^{\pi}+1)$이고 $S_n=|I_n|$이므로

$S_n=\dfrac{1}{2}e^{-n\pi}(e^{\pi}+1)$, $S_{n+1}=\dfrac{1}{2}e^{-(n+1)\pi}(e^{\pi}+1)$

$\therefore S_{n+1}=e^{-\pi}S_n$ (참)

ㄷ. 수열 $\{S_n\}$은 첫째항이 $S_1=\dfrac{1}{2}(e^{-\pi}+1)$이고 공비가 $e^{-\pi}$인 등

비수열이므로

$\displaystyle\sum_{n=1}^{\infty}S_n=\dfrac{\dfrac{1}{2}(e^{-\pi}+1)}{1-e^{-\pi}}=\dfrac{e^{\pi}+1}{2(e^{\pi}-1)}$ (참)

따라서 옳은 것은 ㄱ, ㄴ, ㄷ이다.

352 16

시각 t에서의 점 $P(x, y)$의 위치가

$x=2\cos t+\cos 2t$, $y=2\sin t-\sin 2t$이므로

$\dfrac{dx}{dt}=-2\sin t-2\sin 2t$, $\dfrac{dy}{dt}=2\cos t-2\cos 2t$

점 P가 처음 위치, 즉 점 $(3, 0)$으로 돌아오는 데 걸리는 시간은

$2\cos t+\cos 2t=3$, $2\sin t-\sin 2t=0$에서 $t=2\pi$

따라서 점 P가 출발 후 최초로 처음 위치로 돌아올 때까지 움직인 거리를 l이라 하면

$l=\displaystyle\int_0^{2\pi}\sqrt{\left(\dfrac{dx}{dt}\right)^2+\left(\dfrac{dy}{dt}\right)^2}\,dt$

$=\displaystyle\int_0^{2\pi}\sqrt{(-2\sin t-2\sin 2t)^2+(2\cos t-2\cos 2t)^2}\,dt$

$=\displaystyle\int_0^{2\pi}\sqrt{8+8\sin t\sin 2t-8\cos t\cos 2t}\,dt$

$=\displaystyle\int_0^{2\pi}\sqrt{8(1-\cos 3t)}\,dt$

$=\displaystyle\int_0^{2\pi}\sqrt{16\sin^2\dfrac{3}{2}t}\,dt\left(\because \cos 3t=1-2\sin^2\dfrac{3}{2}t\right)$

$=\displaystyle\int_0^{2\pi}4\left|\sin\dfrac{3}{2}t\right|\,dt$

이때 함수 $y=\left|\sin\dfrac{3}{2}t\right|$의 주기는 $\dfrac{2}{3}\pi$이므로

$l=\displaystyle\int_0^{\frac{2}{3}\pi}12\left|\sin\dfrac{3}{2}t\right|\,dt$

$=\displaystyle\int_0^{\frac{2}{3}\pi}12\sin\dfrac{3}{2}t\,dt$

$=\left[-8\cos\dfrac{3}{2}t\right]_0^{\frac{2}{3}\pi}=8+8=16$

353   8

조건 (나)에 의하여 급수 $\sum\limits_{n=1}^{\infty} a_n$이 수렴하므로

$\lim\limits_{n\to\infty} a_n = 0$

이때 $\lim\limits_{n\to\infty} a_{n+1} = 0$이므로 조건 (가)의 $a_{n+1} = f(a_n)$에서

$\lim\limits_{n\to\infty} a_{n+1} = \lim\limits_{n\to\infty} f(a_n)$

$0 = f(0)$ $\left(\because \lim\limits_{n\to\infty} f(a_n) = f\left(\lim\limits_{n\to\infty} a_n\right) \right)$

$0 = a^2 + a - 2$

$(a+2)(a-1) = 0$

$\therefore a = -2$ 또는 $a = 1$

(i) $a = -2$인 경우

$f(x) = -\dfrac{1}{7}x^3 + \dfrac{8}{7}x^2 = -\dfrac{1}{7}x^2(x-8)$

$f'(x) = -\dfrac{3}{7}x^2 + \dfrac{16}{7}x = -\dfrac{3}{7}x\left(x - \dfrac{16}{3}\right)$

$f'(x) = 0$에서 $x = 0$ 또는 $x = \dfrac{16}{3}$

함수 $f(x)$의 증가와 감소를 표로 나타내면 다음과 같다.

x	$\cdots$	0	$\cdots$	$\dfrac{16}{3}$	$\cdots$
$f'(x)$	$-$	0	$+$	0	$-$
$f(x)$	$\searrow$	극소	$\nearrow$	극대	$\searrow$

즉, 함수 $y=f(x)$의 그래프의 개형은 오른쪽 그림과 같다.

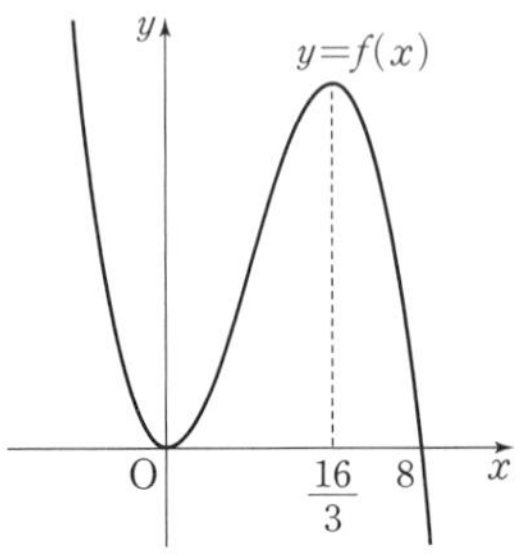

이때 자연수 m에 대하여 $a_m > 8$이면 $a_{m+1} < 0$이므로 조건 (가)를 만족시키지 않는다.

$\therefore a_n \le 8$

또한, 조건 (나)에 의하여 $a_1 > 0$이므로 $1 \le a_1 \le 8$

ⓐ $a_1 = 1$인 경우

    $f(1) = 1$이므로 $a_2 = a_3 = a_4 = \cdots = 1$

    이때 $\lim\limits_{n\to\infty} a_n \ne 0$이므로 급수 $\sum\limits_{n=1}^{\infty} a_n$은 발산한다.

ⓑ $a_1 = 2$인 경우

    $f(2) = \dfrac{24}{7}$, 즉 $3 < f(2) < 4$에서 $3 < a_2 < 4$

    $f(a_2) > 6$에서 $a_3 > 6$

    이때 $\sum\limits_{n=1}^{\infty} a_n > 11$, $5a_1 = 10$이므로 조건 (나)를 만족시키지 않는다.

ⓒ $a_1 = 3$인 경우

    $f(3) = \dfrac{45}{7}$, 즉 $6 < f(3) < 7$에서 $6 < a_2 < 7$

    $f(a_2) > 10$에서 $a_3 > 10$

    이때 $\sum\limits_{n=1}^{\infty} a_n > 19$, $5a_1 = 15$이므로 조건 (나)를 만족시키지 않는다.

ⓓ $4 \le a_1 \le 6$인 경우

    $f(a_1) > 8$에서 $a_2 > 8$이므로 $a_n \le 8$을 만족시키지 않는다.

ⓔ $a_1 = 7$인 경우

    $f(7) = 7$이므로 $a_2 = a_3 = a_4 = \cdots = 7$

    이때 $\lim\limits_{n\to\infty} a_n \ne 0$이므로 급수 $\sum\limits_{n=1}^{\infty} a_n$은 발산한다.

ⓕ $a_1 = 8$인 경우

    $f(8) = 0$, $f(0) = 0$이므로

    $a_2 = a_3 = a_4 = \cdots = 0$

    $\therefore \sum\limits_{n=1}^{\infty} a_n = 8$

ⓐ~ⓕ에서 $\sum\limits_{n=1}^{\infty} a_n = 8$

(ii) $a = 1$인 경우

$f(x) = -\dfrac{1}{7}x^3 - \dfrac{1}{7}x^2 + 3x = -\dfrac{1}{7}x(x^2 + x - 21)$

이때 $g(x) = x^2 + x - 21$이라 하고 이차방정식 $g(x) = 0$의 판별식을 D라 하면 $D = 1^2 - 4 \times 1 \times (-21) > 0$

방정식 $g(x) = 0$은 0이 아닌 서로 다른 두 실근을 가지므로 방정식 $f(x) = 0$은 서로 다른 세 실근을 갖는다.

즉, 주어진 조건을 만족시키지 않는다.

(i), (ii)에서 $\sum\limits_{n=1}^{\infty} a_n = 8$

354   ③

원 O_1은 삼각형 $A_1 B_1 E_1$의 외접원이므로 삼각형 $A_1 B_1 E_1$에서 사인법칙에 의하여

$\dfrac{\overline{A_1 B_1}}{\sin(\angle B_1 E_1 A_1)} = 2 \times 6$

$\therefore \sin(\angle B_1 E_1 A_1) = \dfrac{6}{12} = \dfrac{1}{2}$ $(\because \overline{A_1 B_1} = 6)$

이때 삼각형 $A_1 B_1 E_1$에서 $\angle E_1 A_1 B_1 = 105°$이므로

$\angle B_1 E_1 A_1 = 30°$ $(\because 0° < \angle B_1 E_1 A_1 < 75°)$, $\angle A_1 B_1 E_1 = 45°$이다.

즉, 삼각형 $A_1 B_1 E_1$에서 사인법칙에 의하여

$\dfrac{\overline{A_1 E_1}}{\sin 45°} = 12$ $\quad \therefore \overline{A_1 E_1} = 12 \times \dfrac{\sqrt{2}}{2} = 6\sqrt{2}$

이때 한 원에서 한 호에 대한 원주각의 크기는 모두 같으므로

$\angle B_1 C_1 A_1 = \angle B_1 E_1 A_1 = 30°$이고

$\overline{A_1 C_1} = \overline{B_1 C_1}$이므로 이등변삼각형 $A_1 B_1 C_1$에서

$\angle C_1 A_1 B_1 = \angle A_1 B_1 C_1 = \dfrac{180° - 30°}{2} = 75°$

오른쪽 그림과 같이 원 O_1의 중심을 O_1이라 하고 점 O_1에서 선분 $A_1 B_1$에 내린 수선의 발을 M이라 하자.

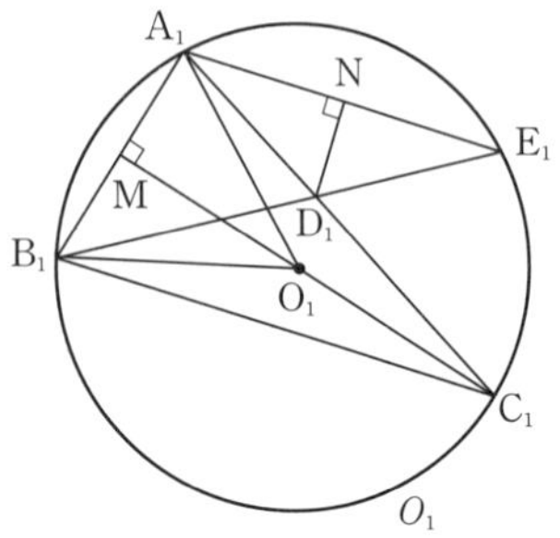

원에서 한 호에 대한 중심각의 크기는 원주각의 크기의 2배이므로 호 $A_1 B_1$에 대하여

$\angle B_1 O_1 A_1 = 2 \times \angle B_1 C_1 A_1 = 60°$

즉, 삼각형 $A_1 B_1 O_1$은 정삼각형이므로

$\overline{O_1 M} = \dfrac{\sqrt{3}}{2} \times \overline{A_1 B_1} = \dfrac{\sqrt{3}}{2} \times 6 = 3\sqrt{3}$

세 점 M, O_1, C_1은 한 선분 위에 있으므로

(삼각형 $A_1B_1C_1$의 넓이)$=\dfrac{1}{2}\times\overline{A_1B_1}\times(\overline{MO_1}+\overline{O_1C_1})$

$=\dfrac{1}{2}\times6\times(3\sqrt{3}+6)=9\sqrt{3}+18$

또한, $\angle E_1A_1D_1=\angle E_1A_1B_1-\angle C_1A_1B_1=105°-75°=30°$이므로

$\angle E_1A_1D_1=\angle D_1E_1A_1$

즉, 삼각형 $D_1A_1E_1$은 $\overline{A_1D_1}=\overline{E_1D_1}$인 이등변삼각형이다.

점 D_1에서 선분 A_1E_1에 내린 수선의 발을 N이라 하면 점 N은 선분 A_1E_1의 중점이므로

$\overline{D_1N}=\overline{A_1N}\times\tan30°=\dfrac{1}{2}\overline{A_1E_1}\times\tan30°=\dfrac{1}{2}\times6\sqrt{2}\times\dfrac{\sqrt{3}}{3}=\sqrt{6}$

$\therefore$ (삼각형 $A_1D_1E_1$의 넓이)$=\dfrac{1}{2}\times6\sqrt{2}\times\sqrt{6}=6\sqrt{3}$

이때 S_1은 두 삼각형 $A_1B_1C_1$, $A_1D_1E_1$의 넓이의 합과 같으므로

$S_1=(9\sqrt{3}+18)+6\sqrt{3}=15\sqrt{3}+18$

한편, 다음 그림과 같이 두 직선 l, m의 교점을 I라 하고, 원 O_2의 중심을 O_2, 반지름의 길이를 r라 하자.

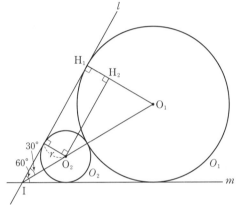

또한, 점 O_1에서 직선 l에 내린 수선의 발을 H_1, 점 O_2에서 선분 O_1H_1에 내린 수선의 발을 H_2라 하면 두 삼각형 O_1H_1I, $O_1H_2O_2$는 서로 닮음 (AA 닮음)이므로

$\angle H_2O_2O_1=\angle H_1IO_1=\dfrac{1}{2}\times60°=30°$

$\overline{O_1O_2}=6+r$, $\overline{O_1H_2}=\overline{O_1H_1}-\overline{H_1H_2}=6-r$이므로

직각삼각형 $O_1H_2O_2$에서

$\sin30°=\dfrac{\overline{O_1H_2}}{\overline{O_1O_2}}$, $\dfrac{1}{2}=\dfrac{6-r}{6+r}$

$12-2r=6+r$

$3r=6$ $\therefore r=2$

두 원 O_1, O_2의 닮음비는 $6:2$, 즉 $1:\dfrac{1}{3}$이므로 두 도형

$A_1B_1C_1D_1E_1$, $A_2B_2C_2D_2E_2$의 닮음비도 $1:\dfrac{1}{3}$이다.

즉, 그림 R_1에 색칠한 부분과 그림 R_2에 새로 색칠한 부분의 넓이의 비는 $1:\left(\dfrac{1}{3}\right)^2=1:\dfrac{1}{9}$이므로 그림 R_n과 그림 R_{n+1}에 새로 색칠한 부분의 넓이의 비도 $1:\dfrac{1}{9}$이다.

따라서 S_n은 첫째항이 $15\sqrt{3}+18$, 공비가 $\dfrac{1}{9}$인 등비수열의 첫째항부터 제n항까지의 합이므로

$\displaystyle\lim_{n\to\infty}S_n=\dfrac{15\sqrt{3}+18}{1-\dfrac{1}{9}}=\dfrac{9(15\sqrt{3}+18)}{8}=\dfrac{27(5\sqrt{3}+6)}{8}$

355 ①

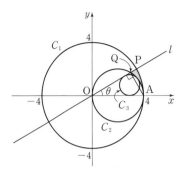

점 $(4, 0)$을 A라 하고 직선 l이 두 원 C_1, C_2와 제1사분면에서 만나는 점을 각각 P, Q라 하면 호 AQ의 중심각의 크기는 2θ이므로

호 AQ의 길이는 $2\times2\theta=4\theta$

호 AP의 중심각의 크기는 θ이므로 호 AP의 길이는 $4\times\theta=4\theta$

또한, $\overline{OP}=4$이고, 삼각형 AQO는 $\overline{OA}$를 빗변으로 하는 직각삼각형이므로 $\overline{OQ}=4\cos\theta$

$\therefore A(\theta)=\overset{\frown}{AQ}+\overset{\frown}{AP}+\overline{PQ}=\overset{\frown}{AQ}+\overset{\frown}{AP}+(\overline{OP}-\overline{OQ})$

$=4\theta+4\theta+4-4\cos\theta=8\theta+4-4\cos\theta$

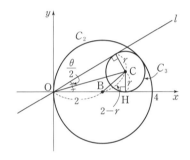

또한, 두 원 C_2, C_3의 중심을 각각 B, C라 하고 점 C에서 x축에 내린 수선의 발을 H, 원 C_3의 반지름의 길이를 r라 하면

$\overline{BC}=2-r$, $\overline{CH}=r$이고

직각삼각형 CBH에서

$\overline{BH}=\sqrt{\overline{BC}^2-\overline{CH}^2}$

$=\sqrt{(2-r)^2-r^2}$

$=\sqrt{4-4r}=2\sqrt{1-r}$

이고, 직각삼각형 COH에서

$\angle COH=\dfrac{\theta}{2}$,

$\overline{OH}=\overline{OB}+\overline{BH}=2+2\sqrt{1-r}$이므로

$\tan\dfrac{\theta}{2}=\dfrac{\overline{CH}}{\overline{OH}}=\dfrac{r}{2+2\sqrt{1-r}}$

$=\dfrac{r(1-\sqrt{1-r})}{2(1+\sqrt{1-r})(1-\sqrt{1-r})}$

$=\dfrac{r(1-\sqrt{1-r})}{2r}$

$=\dfrac{1-\sqrt{1-r}}{2}$

$\therefore \sqrt{1-r}=1-2\tan\dfrac{\theta}{2}$

위의 식의 양변을 제곱하면

$1-r=1-4\tan\dfrac{\theta}{2}+4\tan^2\dfrac{\theta}{2}$

$$\therefore r=4\tan\frac{\theta}{2}-4\tan^2\frac{\theta}{2}=4\tan\frac{\theta}{2}\left(1-\tan\frac{\theta}{2}\right)$$

$$\therefore B(\theta)=2\pi r=8\pi\tan\frac{\theta}{2}\left(1-\tan\frac{\theta}{2}\right)$$

$$\therefore \lim_{\theta\to0+}\frac{A(\theta)-8\theta}{\theta\times B(\theta)}$$

$$=\lim_{\theta\to0+}\frac{8\theta+4-4\cos\theta-8\theta}{8\pi\theta\tan\dfrac{\theta}{2}\left(1-\tan\dfrac{\theta}{2}\right)}$$

$$=\lim_{\theta\to0+}\frac{1-\cos\theta}{2\pi\theta\tan\dfrac{\theta}{2}\left(1-\tan\dfrac{\theta}{2}\right)}$$

$$=\lim_{\theta\to0+}\frac{(1-\cos\theta)(1+\cos\theta)}{2\pi\theta\tan\dfrac{\theta}{2}\left(1-\tan\dfrac{\theta}{2}\right)(1+\cos\theta)}$$

$$=\lim_{\theta\to0+}\frac{\sin^2\theta}{2\pi\theta\tan\dfrac{\theta}{2}\left(1-\tan\dfrac{\theta}{2}\right)(1+\cos\theta)}$$

$$=\lim_{\theta\to0+}\frac{\left(\dfrac{\sin\theta}{\theta}\right)^2}{\pi\times\dfrac{\tan\dfrac{\theta}{2}}{\dfrac{\theta}{2}}\left(1-\tan\dfrac{\theta}{2}\right)(1+\cos\theta)}$$

$$=\frac{1^2}{\pi\times1\times1\times2}=\frac{1}{2\pi}$$

356 ③

$g(x)=(x^2+10x+n)e^{\frac{x}{2}}$이라 하면

$$g'(x)=(2x+10)e^{\frac{x}{2}}+\frac{1}{2}(x^2+10x+n)e^{\frac{x}{2}}$$

$$=\left(\frac{1}{2}x^2+7x+10+\frac{n}{2}\right)e^{\frac{x}{2}}$$

$$=\frac{1}{2}(x^2+14x+20+n)e^{\frac{x}{2}}$$

$g'(x)=0$에서 $e^{\frac{x}{2}}>0$이므로 함수 $g(x)$는 $x^2+14x+20+n=0$을 만족시키는 x의 값에서 극값을 갖는다.

이차방정식 $x^2+14x+20+n=0$의 판별식을 D라 하면

$$\frac{D}{4}=7^2-(20+n)=29-n$$

(i) $\dfrac{D}{4}>0$, 즉 $n<29$일 때

이차방정식 $x^2+14x+20+n=0$의 서로 다른 두 실근을 α, β $(\alpha<\beta)$라 하면

$\alpha=-7-\sqrt{29-n}$, $\beta=-7+\sqrt{29-n}$

이고 함수 $g(x)$의 증가와 감소를 표로 나타내면 다음과 같다.

x	$\cdots$	α	$\cdots$	β	$\cdots$
$g'(x)$	$+$	0	$-$	0	$+$
$g(x)$	↗	극대	↘	극소	↗

즉, $\{x\,|\,f'(x_1)f'(x_2)<0,\ x_1<x<x_2\}=\{\alpha,\ \beta\}$이므로 조건 (나)를 만족시킨다.

$x<\alpha$이면 $g'(x)>0$이므로

$x^2+14x+20+n>0$

$x^2+10x+4x+20+n>0$

$x^2+10x+n>-4x-20$

$\qquad\qquad>-4a-20$

$\qquad\qquad=-4(-7-\sqrt{29-n})-20$

$\qquad\qquad=28+4\sqrt{29-n}-20$

$\qquad\qquad=8+4\sqrt{29-n}$

$\qquad\qquad>8$

즉, $x^2+10x+n>8>0$이고 $e^{\frac{x}{2}}>0$이므로

$g(x)=(x^2+10x+n)e^{\frac{x}{2}}>0$

$\therefore \lim_{x\to-\infty}g(x)=0$

이때 조건 (가)에 의하여 함수 $f(x)=|g(x)|$가 실수 전체의 집합에서 미분가능하므로 극솟값 $g(\beta)\ge0$이다.

$$g(\beta)=(\beta^2+10\beta+n)e^{\frac{\beta}{2}}$$

$$=(\beta^2+14\beta+20+n-4\beta-20)e^{\frac{\beta}{2}}$$

$$=(-4\beta-20)e^{\frac{\beta}{2}}\ge0\ (\because\ \beta^2+14\beta+20+n=0)$$

에서 $e^{\frac{\beta}{2}}>0$이므로 $-4\beta-20\ge0$

$-4\beta-20=-4(-7+\sqrt{29-n})-20=8-4\sqrt{29-n}\ge0$

$8\ge4\sqrt{29-n}$, $4\ge29-n$

$n\ge25$ $\quad\therefore 25\le n<29$

(ii) $\dfrac{D}{4}\le0$, 즉 $n\ge29$일 때

모든 실수 x에 대하여 $g'(x)\ge0$이므로 함수 $g(x)$는 실수 전체의 집합에서 증가하고 극값을 갖지 않는다.

$x^2+10x+n=(x+5)^2+n-25\ge29-25=4>0$

이때 $e^{\frac{x}{2}}>0$이므로

$g(x)=(x^2+10x+n)e^{\frac{x}{2}}>0$

즉, $f(x)=|g(x)|=g(x)$에서 함수 $f(x)$는 극값을 갖지 않으므로 조건 (나)를 만족시키지 않는다.

(i), (ii)에서 조건을 만족시키는 정수 n은 25, 26, 27, 28의 4개이다.

357 ⑤

원점에서 곡선 C에 그은 접선이 2개 존재하므로 $x(t)=y(t)=0$을 만족시키는 실수 t가 2개 존재한다.

조건 (가)에서 두 함수 $f(x)$, $g(x)$는 최고차항의 계수가 1이므로 $f(x)=x-a$ (a는 상수)라 하면

$$x(t)=(t^3-1)(t-a)$$

$$=(t-1)(t-a)(t^2+t+1)$$

$x(t)=0$에서 $t=1$ 또는 $t=a$ (단, $a\ne1$)

또한, $y(t)=(t^2+1)g(t)$에서 $t^2+1>0$이므로 $y(t)=0$이려면 t의 값이 1 또는 a일 때, $g(t)=0$이어야 한다.

즉, $g(t)=(t-1)(t-a)$이므로

$$y(t)=(t^2+1)(t-1)(t-a)$$

$$\frac{dx}{dt}=(t-a)(t^2+t+1)+(t-1)(t^2+t+1)$$

$$\qquad\qquad\qquad+(t-1)(t-a)(2t+1)$$

$$=3t^2(t-a)+(t^3-1)$$

$$=4t^3-3at^2-1$$

$$\frac{dy}{dt}=2t(t-1)(t-a)+(t^2+1)(t-a)+(t^2+1)(t-1)$$
$$=4t^3-3(1+a)t^2+2(1+a)t-(1+a)$$

$$\therefore \frac{dy}{dx}=\frac{\dfrac{dy}{dt}}{\dfrac{dx}{dt}}=\frac{4t^3-3(1+a)t^2+2(1+a)t-(1+a)}{4t^3-3at^2-1}$$

(i) $t=1$인 경우

$$\frac{dy}{dx}=\frac{2-2a}{3-3a}=\frac{2}{3}\ (\because a\neq1)$$

(ii) $t=a$인 경우

$$\frac{dy}{dx}=\frac{a^3-a^2+a-1}{a^3-1}=\frac{(a-1)(a^2+1)}{(a-1)(a^2+a+1)}$$
$$=\frac{a^2+1}{a^2+a+1}\ (\because a\neq1)$$

(i), (ii)에 의하여 서로 다른 두 접선의 기울기의 곱을 $S(a)$라 하면

$$S(a)=\frac{2}{3}\times\frac{a^2+1}{a^2+a+1}$$
$$S'(a)=\frac{2}{3}\times\frac{2a(a^2+a+1)-(a^2+1)(2a+1)}{(a^2+a+1)^2}$$
$$=\frac{2}{3}\times\frac{(a-1)(a+1)}{(a^2+a+1)^2}$$

$S'(a)=0$에서 $a=-1\ (\because a\neq1)$

함수 $S(a)$의 증가와 감소를 표로 나타내면 다음과 같다.

a	$\cdots$	-1	$\cdots$	(1)	$\cdots$
$S'(a)$	$+$	0	$-$		$+$
$S(a)$	↗	극대	↘		↗

이때 $\lim\limits_{x\to\infty}S(a)=\dfrac{2}{3}$이므로 $S(a)$는 $a=-1$일 때 극대이면서

최대이고 $S(a)$의 최댓값은 $S(-1)=\dfrac{2}{3}\times2=\dfrac{4}{3}$이다.

따라서 S의 최댓값은 $\dfrac{4}{3}$이다.

358 21

$f(x)=ax^2+bx+c\ (a,\ b,\ c$는 상수)라 하면

$g(x)=f(e^{-x})=ae^{-2x}+be^{-x}+c$

$g'(x)=-2ae^{-2x}-be^{-x}=-(2a+be^x)e^{-2x}$

조건 (가)에 의하여 $g'(0)=0$이므로

$-(2a+b)=0$ $\therefore b=-2a$

$\therefore g(x)=ae^{-2x}-2ae^{-x}+c$,

  $g'(x)=-2ae^{-2x}+2ae^{-x}=2ae^{-2x}(e^x-1)$

$g'(x)=0$에서 $e^x-1=0\ (\because e^{-2x}>0)$

$e^x=1$ $\therefore x=0$

(i) $a>0$일 때

함수 $g(x)$의 증가와 감소를 표로 나타내면 다음과 같다.

x	$\cdots$	0	$\cdots$
$g'(x)$	$-$	0	$+$
$g(x)$	↘	극소	↗

이때 $\lim\limits_{x\to\infty}g(x)=c$이고

$$\lim_{x\to-\infty}g(x)=\lim_{x\to-\infty}(ae^{-2x}-2ae^{-x}+c)$$
$$=\lim_{x\to-\infty}\{ae^{-x}(e^{-x}-2)+c\}$$
$$=\infty\ (\because \lim_{x\to-\infty}e^{-x}=\infty)$$

이므로 함수 $y=g(x)$의 그래프의 개형은 다음 그림과 같다.

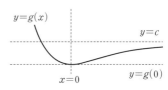

함수 $y=g(x)$의 그래프와 직선 $y=k$가 교점을 가질 때,

$k=g(0)$이면 한 점에서 만나고 $g(0)<k<c$이면 서로 다른 두

점에서 만나고 $k>c$이면 한 점에서 만난다.

즉, 함수 $|g(x)-k|$의 미분가능하지 않은 점의 개수 $h(k)$에

대하여

$k\leq g(0)$일 때, $h(k)=0$

$g(0)<k<c$일 때, $h(k)=2$

$k\geq c$일 때, $h(k)=1$

$$\therefore h(k)=\begin{cases}0 & (k\leq g(0))\\2 & (g(0)<k<c)\\1 & (k\geq c)\end{cases}$$

즉, 함수 $h(k)$는 $k=g(0)$, $k=c$에서 불연속이므로 조건 (나)에

의하여

$$g(0)=-\frac{1}{4},\ c=\frac{1}{4}$$

$g(0)=-\dfrac{1}{4}$에서 $-a+\dfrac{1}{4}=-\dfrac{1}{4}$ $\therefore a=\dfrac{1}{2}$

$$\therefore g(x)=\frac{1}{2}e^{-2x}-e^{-x}+\frac{1}{4}\quad\cdots\cdots ㉠$$

(ii) $a<0$일 때

함수 $g(x)$의 증가와 감소를 표로 나타내면 다음과 같다.

x	$\cdots$	0	$\cdots$
$g'(x)$	$+$	0	$-$
$g(x)$	↗	극대	↘

이때 $\lim\limits_{x\to\infty}g(x)=c$이고

$$\lim_{x\to-\infty}g(x)=\lim_{x\to-\infty}(ae^{-2x}-2ae^{-x}+c)$$
$$=\lim_{x\to-\infty}\{ae^{-x}(e^{-x}-2)+c\}$$
$$=-\infty\ (\because \lim_{x\to-\infty}e^{-x}=\infty)$$

이므로 함수 $y=g(x)$의 그래프의 개형은 다음 그림과 같다.

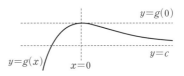

함수 $|g(x)-k|$의 미분가능하지 않은 점의 개수 $h(k)$를 (i)과

같은 방법으로 구하면

$$h(k)=\begin{cases}1 & (k\leq c)\\2 & (c<k<g(0))\\0 & (k\geq g(0))\end{cases}$$

즉, 함수 $h(k)$는 $k=c$, $k=g(0)$에서 불연속이므로 조건 (나)에 의하여

$c=-\dfrac{1}{4}$, $g(0)=\dfrac{1}{4}$

$g(0)=\dfrac{1}{4}$에서 $-a-\dfrac{1}{4}=\dfrac{1}{4}$ $\quad \therefore a=-\dfrac{1}{2}$

$\therefore g(x)=-\dfrac{1}{2}e^{-2x}+e^{-x}-\dfrac{1}{4}$ $\quad$ ...... ㉡

한편, 조건 (다)의 x에 대한 방정식

$g(x)-g(t)=(x-t)g'(t)$에서

$g(x)=g'(t)(x-t)+g(t)$ $\quad$ ...... ㉢

이때 직선 $y=g'(t)(x-t)+g(t)$는 곡선 $y=g(x)$ 위의 점 $(t, g(t))$에서의 접선의 방정식이므로 방정식 ㉢이 오직 하나의 실근을 갖도록 하는 실수 t의 최댓값 a는 곡선 $y=g(x)$의 변곡점의 x좌표와 같다.

$g'(x)=2ae^{-2x}(e^x-1)=2a(e^{-x}-e^{-2x})$에서

$g''(x)=2a(-e^{-x}+2e^{-2x})=-2ae^{-2x}(e^x-2)$

$g''(x)=0$에서 $e^x=2$ $\quad \therefore x=\ln 2$

즉, $x=\ln 2$의 좌우에서 $g''(x)$의 부호가 바뀌므로 점 $(\ln 2, g(\ln 2))$는 곡선 $y=g(x)$의 변곡점이다.

$\therefore a=\ln 2$

$a>0$일 때, ㉠에서

$g(\ln 2)=\dfrac{1}{2}\times\dfrac{1}{4}-\dfrac{1}{2}+\dfrac{1}{4}=-\dfrac{1}{8}$

이므로 조건 (다)를 만족시킨다.

$a<0$일 때, ㉡에서

$g(\ln 2)=-\dfrac{1}{2}\times\dfrac{1}{4}+\dfrac{1}{2}-\dfrac{1}{4}=\dfrac{1}{8}$

이므로 조건 (다)를 만족시키지 않는다.

$\therefore g(x)=\dfrac{1}{2}e^{-2x}-e^{-x}+\dfrac{1}{4}$

한편, $g(x)f(e^{-x})$이므로

$e^{-x}=4$에서 $x=-\ln 4$

$\therefore f(4)=g(-\ln 4)=\dfrac{1}{2}\times 16-4+\dfrac{1}{4}=\dfrac{17}{4}$

따라서 $p=4$, $q=17$이므로

$p+q=4+17=21$

359 9

$f(x)=\dfrac{1}{x^2+ax+b}$에서

$f'(x)=-\dfrac{2x+a}{(x^2+ax+b)^2}$

$f'(x)=0$에서 $x=-\dfrac{a}{2}$

함수 $f(x)$의 증가와 감소를 표로 나타내면 다음과 같다.

x	$\cdots$	$-\dfrac{a}{2}$	$\cdots$
$f'(x)$	$+$	0	$-$
$f(x)$	↗	극대	↘

함수 $f(x)$는 $x=-\dfrac{a}{2}$에서 극대이므로 조건 (가)에 의하여

$-\dfrac{a}{2}=1$ $\quad \therefore a=-2$

$g(x)=\dfrac{x^2}{x^2-2x+b}$에서

$g'(x)=\dfrac{2x(x^2-2x+b)-x^2(2x-2)}{(x^2-2x+b)^2}=-\dfrac{2x(x-b)}{(x^2-2x+b)^2}$

$g'(x)=0$에서 $x=0$ 또는 $x=b$

이때 $ab<0$이고 $a=-2$이므로 $b>0$

함수 $g(x)$의 증가와 감소를 표로 나타내면 다음과 같다.

x	$\cdots$	0	$\cdots$	b	$\cdots$
$g'(x)$	$-$	0	$+$	0	$-$
$g(x)$	↘	극소	↗	극대	↘

이때 $\lim\limits_{x\to\infty}g(x)=1$, $\lim\limits_{x\to-\infty}g(x)=1$이므로 함수 $g(x)$는 $x=b$에서 극대이면서 최대이다.

조건 (나)에 의하여 $g(b)=\dfrac{3}{2}$이므로

$\dfrac{b^2}{b^2-2b+b}=\dfrac{3}{2}$, $\dfrac{b}{b-1}=\dfrac{3}{2}$ ($\because b\neq 0$)

$2b=3b-3$ $\quad \therefore b=3$

즉, $f(x)=\dfrac{1}{x^2-2x+3}$, $g(x)=\dfrac{x^2}{x^2-2x+3}$이고,

$\lim\limits_{x\to\infty}f(x)=0$, $\lim\limits_{x\to-\infty}f(x)=0$이므로

두 함수 $y=f(x)$, $y=g(x)$의 그래프의 개형은 다음 그림과 같다.

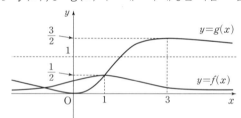

한편, 함수 $f(x)$의 최댓값이 $\dfrac{1}{2}$이므로

모든 실수 x에 대하여 $0<f(x)\leq\dfrac{1}{2}$이고

부등식 $f(x-t)+|g(x)-k|\leq\dfrac{5}{4}$에서

$|g(x)-k|\leq\dfrac{5}{4}-f(x-t)$이므로

$\dfrac{3}{4}\leq\dfrac{5}{4}-f(x-t)<\dfrac{5}{4}$이고, $|g(x)-k|\leq\dfrac{3}{4}$ $\quad$ ...... ㉠

이때 $k\leq 0$이면 함수 $|g(x)-k|$의 최댓값 $\dfrac{3}{2}-k$는

$\dfrac{3}{2}-k\geq\dfrac{3}{2}>\dfrac{3}{4}$이므로 모든 실수 x에 대하여 부등식 ㉠을 만족시키지 않는다.

즉, $k>0$이다.

(i) $\dfrac{3}{2}-k\geq k$, 즉 $0<k\leq\dfrac{3}{4}$인 경우

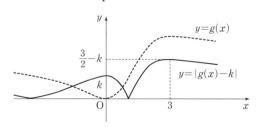

함수 $|g(x)-k|$가 $x=3$에서 최댓값 $\dfrac{3}{2}-k$를 가지므로 부등식 ㉠에 의하여

$$\dfrac{3}{2}-k\le\dfrac{3}{4} \qquad \therefore \ k\ge\dfrac{3}{4}$$

그런데 $0<k\le\dfrac{3}{4}$이므로 $k=\dfrac{3}{4}$

(ii) $\dfrac{3}{2}-k<k$, 즉 $k>\dfrac{3}{4}$인 경우

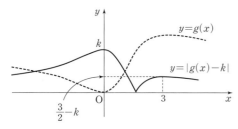

함수 $|g(x)-k|$가 $x=0$에서 최댓값 k를 가지므로 부등식 ㉠에 의하여

$$k\le\dfrac{3}{4}$$

그런데 $k>\dfrac{3}{4}$이므로 이 경우를 만족시키는 실수 k의 값은 존재하지 않는다.

(i), (ii)에서 실수 k의 값은 $\dfrac{3}{4}$이다.

$$\therefore \ \alpha=\dfrac{3}{4}$$

즉, $\left|g(x)-\dfrac{3}{4}\right|\le\dfrac{5}{4}-f(x-t)$이고, $t=0$일 때 두 함수

$y=\left|g(x)-\dfrac{3}{4}\right|$, $y=\dfrac{5}{4}-f(x)$의 그래프의 개형은 다음 그림과 같다.

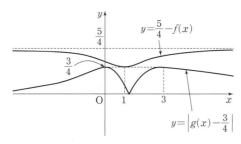

등식 $\left|g(x)-\dfrac{3}{4}\right|=\dfrac{5}{4}-f(x-t)$가 성립할 때의 실수 t의 값, 즉 x에 대한 방정식 $\left|g(x)-\dfrac{3}{4}\right|=\dfrac{5}{4}-f(x-t)$의 실근이 존재하려면 함수 $y=\dfrac{5}{4}-f(x)$의 그래프를 x축의 방향으로 -1 또는 2만큼 평행이동해야 하므로

$$t=-1 \ \text{또는} \ t=2$$

즉, $\beta=-1$, $\gamma=2$ 또는 $\beta=2$, $\gamma=-1$이므로

$$\alpha\beta\gamma=\dfrac{3}{4}\times(-1)\times2=-\dfrac{3}{2}$$

$$\therefore \ g(\alpha\beta\gamma)=g\left(-\dfrac{3}{2}\right)=\dfrac{3}{11}$$

따라서 $p=\dfrac{3}{11}$이므로

$$33p=33\times\dfrac{3}{11}=9$$

360 ②

$g(x)=xe^x$에서

$$g'(x)=e^x+xe^x=(1+x)e^x$$

$g'(x)=0$에서 $x=-1$ $(\because e^x>0)$

함수 $g(x)$의 증가와 감소를 표로 나타내면 다음과 같다.

x	$\cdots$	-1	$\cdots$
$g'(x)$	$-$	0	$+$
$g(x)$	$\searrow$	$-\dfrac{1}{e}$	$\nearrow$

이때 $\lim\limits_{x\to-\infty}g(x)=0$, $\lim\limits_{x\to\infty}g(x)=\infty$이므로 함수 $y=g(x)$의 그래프의 개형은 다음 그림과 같다.

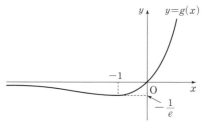

또한, $h(x)=f(g(x))$에서

$$h'(x)=f'(g(x))g'(x)=f'(g(x))(1+x)e^x \quad \cdots\cdots ㉠$$

이고 조건 (가)가 성립하므로 $x=0$의 좌우에서 $h'(x)$의 부호는 음에서 양으로 바뀐다.

이때 충분히 작은 양수 k에 대하여

$(1-k)e^{-k}>0$, $(1+k)e^k>0$이므로

$f'(g(-k))<0$, $f'(g(k))>0$이어야 하고,

함수 $g(x)$에서 $g(-k)<0$, $g(k)>0$이므로 충분히 작은 두 양수 s, t에 대하여 $f'(-s)<0$, $f'(t)>0$이 성립한다.

즉, 함수 $f(x)$는 $x=0$에서 극소이다.

㉠에서 $h'(-1)=0$이고 조건 (가)에 의하여 $h'(0)=0$이므로 조건 (다)에 의하여 방정식 $h'(x)=0$의 서로 다른 세 실근 중 두 실근은 -1, 0이다.

또한, 세 실근의 합이 0이므로 방정식 $h'(x)=0$의 나머지 한 근은 1이다. 즉,

$$h'(1)=f'(g(1))\times2e=f'(e)\times2e=0$$

을 만족시키려면 $f'(e)=0$이어야 한다.

즉, 사차함수 $f(x)$는 $x=0$에서 극소이고, $f'(e)=0$이므로 함수 $f(x)$는 다음과 같이 서로 다른 세 개의 극값을 갖거나 하나의 극값과 하나의 변곡점을 가져야 한다.

(i) 함수 $f(x)$가 서로 다른 세 개의 극값을 갖는 경우

　ⓐ 함수 $f(x)$가 $x=0$, $x=e$, $x=a$ $(a>e)$에서 차례로 극소, 극대, 극소일 때, 함수 $y=f(x)$의 그래프의 개형은 다음 그림과 같다.

이때 함수 $g(x)$가 $x>0$에서 증가하고 $g(1)=e$이므로
$g(x)=a$를 만족시키는 1보다 큰 양수 x가 존재하고, 이때의 x의 값을 a_1이라 하면 $h'(a_1)=0$이다.

즉, 방정식 $h'(x)=0$을 만족시키는 -1, 0, 1 이외의 값이 존재하게 되어 조건 (다)를 만족시키지 않는다.

ⓑ 함수 $f(x)$가 $x=0$, $x=b$ $(0<b<e)$, $x=e$에서 차례로 극소, 극대, 극소일 때, 함수 $y=f(x)$의 그래프의 개형은 다음 그림과 같다.

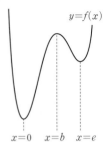

$y=f(x)$

$x=0$ $x=b$ $x=e$

이때 함수 $g(x)$가 $x>0$에서 증가하고 $g(1)=e$이므로
$g(x)=b$를 만족시키는 1보다 작은 양수 x가 존재하고, 이때의 x의 값을 b_1이라 하면 $h'(b_1)=0$이다.

즉, 방정식 $h'(x)=0$을 만족시키는 -1, 0, 1 이외의 값이 존재하게 되어 조건 (다)를 만족시키지 않는다.

ⓐ, ⓑ에서 함수 $f(x)$가 서로 다른 세 개의 극값을 갖는 경우에는 조건 (다)를 만족시키지 않는다.

(ii) 하나의 극값과 하나의 변곡점을 갖는 경우

방정식 $f'(x)=0$은 $x=0$ 또는 $x=e$ 중 하나를 중근으로 가져야 하므로 점 $(0, f(0))$ 또는 $(e, f(e))$가 곡선 $y=f(x)$의 변곡점이다.

이때 함수 $f(x)$는 $x=0$에서 극소이므로 점 $(e, f(e))$가 곡선 $y=f(x)$의 변곡점이어야 하고, 사차함수 $f(x)$의 최고차항의 계수가 1이므로

$f'(x)=4x(x-e)^2$
$\qquad =4x^3-8ex^2+4e^2x$

$\therefore f(x)=\int f'(x)\,dx$
$\qquad =\int (4x^3-8ex^2+4e^2x)\,dx$
$\qquad =x^4-\dfrac{8}{3}ex^3+2e^2x^2+C$ (단, C는 적분상수)

또한, $h(x)=f(g(x))$에서
$x\to\infty$일 때 $g(x)\to\infty$이고 $x\to\infty$일 때 $f(x)\to\infty$이므로 $x\to\infty$일 때 곡선 $y=h(x)$의 점근선은 존재하지 않는다.

$x\to-\infty$일 때 $g(x)\to0$이고 $x\to0$일 때 $f(x)\to f(0)$이므로 $x\to-\infty$일 때 곡선 $y=h(x)$의 점근선은 직선 $y=f(0)$이다.

즉, 조건 (나)에 의하여
$f(0)=e^4$ $\therefore C=e^4$
$\therefore f(x)=x^4-\dfrac{8}{3}ex^3+2e^2x^2+e^4$

(i), (ii)에서 $f(x)=x^4-\dfrac{8}{3}ex^3+2e^2x^2+e^4$이므로
$f(e)=e^4-\dfrac{8}{3}e^4+2e^4+e^4=\dfrac{4}{3}e^4$

361 ⑤

$f'(x)=\begin{cases} m\pi\sin\pi x & (-2<x<0) \\ 2x-2 & (0<x<2) \\ n\pi\cos\pi x & (2<x<4) \end{cases}$ 에서

$f(x)=\begin{cases} -m\cos\pi x+C_1 & (-2\leq x<0) \\ x^2-2x+C_2 & (0\leq x<2) \\ n\sin\pi x+C_3 & (2\leq x\leq 4) \end{cases}$
(단, C_1, C_2, C_3은 적분상수)

$f(1)=3$이므로
$1-2+C_2=3$
$\therefore C_2=4$

함수 $f(x)$가 $-2\leq x\leq 4$에서 연속이므로 $x=0$에서 연속이다.
즉, $\displaystyle\lim_{x\to0+}(x^2-2x+C_2)=\lim_{x\to0-}(-m\cos\pi x+C_1)$이므로
$C_2=-m+C_1$
$\therefore C_1=m+4$

또한, 함수 $f(x)$가 $-2\leq x\leq 4$에서 연속이므로 $x=2$에서 연속이다.
즉, $\displaystyle\lim_{x\to2+}(n\sin\pi x+C_3)=\lim_{x\to2-}(x^2-2x+C_2)$이므로
$C_3=C_2$
$\therefore C_3=4$

$\therefore f(x)=\begin{cases} -m\cos\pi x+m+4 & (-2\leq x<0) \\ x^2-2x+4 & (0\leq x<2) \\ n\sin\pi x+4 & (2\leq x\leq 4) \end{cases}$

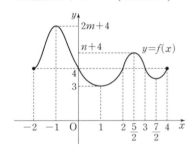

위의 그림과 같이 함수 $f(x)$는 $x=-1$에서 극댓값 $2m+4$를 갖고, $x=\dfrac{5}{2}$에서 극댓값 $n+4$를 갖는다.

집합 $\{x\,|\,f(x)>k\}$가 공집합이 되도록 하는 실수 k의 값의 범위는 함수 $f(x)$의 최댓값에 따라 다음과 같이 두 가지로 나눌 수 있다.

(i) 함수 $f(x)$가 $x=-1$에서 최댓값 $2m+4$를 가질 경우
$k\geq 2m+4$
이때 실수 k의 최솟값이 10이므로
$2m+4=10$ $\therefore m=3$
또한, 함수 $f(x)$의 최댓값이 $2m+4$이므로
$2m+4\geq n+4$, $n+4\leq 10$
$\therefore 1\leq n\leq 6$

(ii) 함수 $f(x)$가 $x=\dfrac{5}{2}$에서 최댓값 $n+4$를 가질 경우
$k\geq n+4$
이때 실수 k의 최솟값이 10이므로
$n+4=10$ $\therefore n=6$
또한, 함수 $f(x)$의 최댓값이 $n+4$이므로
$n+4\geq 2m+4$, $2m+4\leq 10$
$\therefore 1\leq m\leq 3$

$$\int_{-1}^{3} f(x)\,dx$$

$$=\int_{-1}^{0} f(x)\,dx+\int_{0}^{2} f(x)\,dx+\int_{2}^{3} f(x)\,dx$$

$$=\int_{-1}^{0}(-m\cos\pi x+m+4)\,dx$$

$$\qquad\qquad +\int_{0}^{2}(x^2-2x+4)\,dx+\int_{2}^{3}(n\sin\pi x+4)\,dx$$

$$=\left[-\frac{m}{\pi}\sin\pi x+(m+4)x\right]_{-1}^{0}+\left[\frac{1}{3}x^3-x^2+4x\right]_{0}^{2}$$

$$\qquad\qquad\qquad\qquad +\left[-\frac{n}{\pi}\cos\pi x+4x\right]_{2}^{3}$$

$$=\{0-(-m-4)\}+\left(\frac{20}{3}-0\right)+\left\{\left(\frac{n}{\pi}+12\right)-\left(-\frac{n}{\pi}+8\right)\right\}$$

$$=m+\frac{2n}{\pi}+\frac{44}{3}$$

(i), (ii)에서 $\int_{-1}^{3} f(x)\,dx$는 $m=3$, $n=6$일 때 최대이므로 구하는

최댓값은

$$3+\frac{12}{\pi}+\frac{44}{3}=\frac{53}{3}+\frac{12}{\pi}$$

362 ②

조건 (가)에서 $f(0)=-1$이므로

$c=-1$

$$f(x)=\begin{cases} x^3+ax^2+bx-1 & (x\le1) \\ 2x^2+px+q & (x>1) \end{cases}$$에서

$$f'(x)=\begin{cases} 3x^2+2ax+b & (x<1) \\ 4x+p & (x>1) \end{cases}$$

함수 $f(x)$가 실수 전체의 집합에서 미분가능하므로 함수 $f(x)$는

$x=1$에서 미분가능하다. 즉,

$3+2a+b=4+p$ ······ ㉠

또한, 함수 $f(x)$가 실수 전체의 집합에서 미분가능하므로 함수

$f(x)$는 실수 전체의 집합에서 연속이다.

즉, 함수 $f(x)$는 $x=1$에서 연속이므로

$1+a+b-1=2+p+q$

$a+b=p+q+2$ ······ ㉡

조건 (나)에서 함수 $f'(x)$는 $x=1$에서 미분가능하므로

$$f''(x)=\begin{cases} 6x+2a & (x<1) \\ 4 & (x>1) \end{cases}$$

에서 $6+2a=4$

$\therefore a=-1$

$$\therefore f''(x)=\begin{cases} 6x-2 & (x<1) \\ 4 & (x>1) \end{cases}$$

$a=-1$을 ㉠과 ㉡에 각각 대입하여 정리하면

$b-p=3$

$b-p-q=3$

$\therefore q=0$

$$g(n)=\int_{-\frac{\pi}{2}}^{\frac{\pi}{2}} f\left(t+\frac{\pi}{2}\right)\sin\{(2t+\pi)n\}\,dt$$에서

$t+\frac{\pi}{2}=\theta$라 하면 $1=\dfrac{d\theta}{dt}$이고

$t=-\frac{\pi}{2}$일 때 $\theta=0$, $t=\frac{\pi}{2}$일 때 $\theta=\pi$이므로

$$g(n)=\int_{-\frac{\pi}{2}}^{\frac{\pi}{2}} f\left(t+\frac{\pi}{2}\right)\sin\{(2t+\pi)n\}\,dt$$

$$=\int_{0}^{\pi} f(\theta)\sin 2n\theta\,d\theta$$

$\displaystyle\int_{0}^{\pi} f(\theta)\sin 2n\theta\,d\theta$에서

$u(\theta)=f(\theta)$, $v'(\theta)=\sin 2n\theta$라 하면

$u'(\theta)=f'(\theta)$, $v(\theta)=-\dfrac{1}{2n}\cos 2n\theta$이므로

$$\int_{0}^{\pi} f(\theta)\sin 2n\theta\,d\theta$$

$$=\left[-\frac{1}{2n}f(\theta)\cos 2n\theta\right]_{0}^{\pi}+\int_{0}^{\pi}\frac{1}{2n}f'(\theta)\cos 2n\theta\,d\theta$$

$$=-\frac{1}{2n}\{f(\pi)-f(0)\}+\int_{0}^{\pi}\frac{1}{2n}f'(\theta)\cos 2n\theta\,d\theta$$

$$=\frac{1}{2n}\int_{0}^{\pi}f'(\theta)\cos 2n\theta\,d\theta\ (\because\ \text{조건 (가)})\quad\cdots\cdots\ ㉢$$

$\displaystyle\int_{0}^{\pi} f'(\theta)\cos 2n\theta\,d\theta$에서

$s(\theta)=f'(\theta)$, $w'(\theta)=\cos 2n\theta$라 하면

$s'(\theta)=f''(\theta)$, $w(\theta)=\dfrac{1}{2n}\sin 2n\theta$이므로

$$\int_{0}^{\pi} f'(\theta)\cos 2n\theta\,d\theta$$

$$=\left[\frac{1}{2n}f'(\theta)\sin 2n\theta\right]_{0}^{\pi}-\int_{0}^{\pi}\frac{1}{2n}f''(\theta)\sin 2n\theta\,d\theta$$

$$=(0-0)-\int_{0}^{\pi}\frac{1}{2n}f''(\theta)\sin 2n\theta\,d\theta$$

$$=-\frac{1}{2n}\int_{0}^{\pi}f''(\theta)\sin 2n\theta\,d\theta$$

$$=-\frac{1}{2n}\left\{\int_{0}^{1}(6\theta-2)\sin 2n\theta\,d\theta+\int_{1}^{\pi}4\sin 2n\theta\,d\theta\right\}$$

이때

$\displaystyle\int_{0}^{1}(6\theta-2)\sin 2n\theta\,d\theta$에서

$l(\theta)=6\theta-2$, $m'(\theta)=\sin 2n\theta$라 하면

$l'(\theta)=6$, $m(\theta)=-\dfrac{1}{2n}\cos 2n\theta$이므로

$$\int_{0}^{1}(6\theta-2)\sin 2n\theta\,d\theta$$

$$=\left[-\frac{1}{2n}(6\theta-2)\cos 2n\theta\right]_{0}^{1}+\frac{1}{2n}\int_{0}^{1}6\cos 2n\theta\,d\theta$$

$$=-\frac{1}{2n}\{4\cos 2n-(-2)\}+\frac{1}{2n}\left[\frac{3}{n}\sin 2n\theta\right]_{0}^{1}$$

$$=-\frac{2\cos 2n+1}{n}+\frac{3}{2n^2}(\sin 2n-0)$$

$$=-\frac{2\cos 2n+1}{n}+\frac{3\sin 2n}{2n^2}$$

$$\int_{1}^{\pi}4\sin 2n\theta\,d\theta=\left[-\frac{2}{n}\cos 2n\theta\right]_{1}^{\pi}$$

$$=-\frac{2}{n}(1-\cos 2n)$$

$$=-\frac{2-2\cos 2n}{n}$$

이므로

$$\int_0^\pi f'(\theta) \cos 2n\theta \, d\theta$$

$$= -\frac{1}{2n}\left\{\left(-\frac{2\cos 2n+1}{n}+\frac{3\sin 2n}{2n^2}\right)+\left(-\frac{2-2\cos 2n}{n}\right)\right\}$$

$$= \frac{-3\sin 2n+6n}{4n^3} \qquad \cdots\cdots \text{②}$$

②을 ⑤에 대입하면

$$\int_0^\pi f(\theta) \sin 2n\theta \, d\theta = \frac{1}{2n} \times \frac{-3\sin 2n+6n}{4n^3}$$

$$= \frac{6n-3\sin 2n}{8n^4}$$

$$\therefore \lim_{n\to\infty} 8n^3 g(n) = \lim_{n\to\infty}\left(8n^3 \times \frac{6n-3\sin 2n}{8n^4}\right)$$

$$= \lim_{n\to\infty}\left(6-\frac{3\sin 2n}{n}\right)$$

$$= 6 - \lim_{n\to\infty}\frac{3\sin 2n}{n} = 6$$

363 20

$$\int_1^x (x-t)f(t)\,dt = x(\ln x)^2 - 2x\ln x + 2x - 2$$

에서

$$x\int_1^x f(t)\,dt - \int_1^x tf(t)\,dt = x(\ln x)^2 - 2x\ln x + 2x - 2$$

위의 식의 양변을 x에 대하여 미분하면

$$\int_1^x f(t)\,dt + xf(x) - xf(x) = (\ln x)^2 + 2\ln x - 2\ln x - 2 + 2$$

$$\int_1^x f(t)\,dt = (\ln x)^2$$

위의 식의 양변을 x에 대하여 미분하면

$$f(x) = \frac{2\ln x}{x}$$

$\int_0^{\frac{2}{e}} \{g(x)\}^2\,dx$에서

$g(x) = s$라 하면 $g(x)$가 $f(x)$의 역함수이므로

$$x = f(s),\ \frac{dx}{ds} = f'(s)$$이고

$f(1) = 0$, $f(e) = \frac{2}{e}$에서 $g(0) = 1$, $g\left(\frac{2}{e}\right) = e$이므로

$$\int_0^{\frac{2}{e}} \{g(x)\}^2\,dx = \int_1^e s^2 f'(s)\,ds$$

$f(x) = \frac{2\ln x}{x}$에서

$$f'(x) = \frac{2(1-\ln x)}{x^2}$$이므로

$$\int_0^{\frac{2}{e}} \{g(x)\}^2\,dx = \int_1^e s^2 f'(s)\,ds$$

$$= \int_1^e \left\{s^2 \times \frac{2(1-\ln s)}{s^2}\right\}ds$$

$$= 2\int_1^e (1-\ln s)\,ds$$

$$= 2\Big[s - (s\ln s - s)\Big]_1^e$$

$$= 2\Big[2s - s\ln s\Big]_1^e$$

$$= 2e - 4$$

따라서 $a=2$, $b=-4$이므로

$$a^2 + b^2 = 4 + 16 = 20$$

364 ④

ㄱ. $-2\int_0^x [f(x-t)f'(x-t) - \{f(x-t)\}^2]e^t\,dt$에서

$x-t = k$라 하면 $-1 = \dfrac{dk}{dt}$이고

$t=0$일 때 $k=x$, $t=x$일 때 $k=0$이므로

$$-2\int_0^x [f(x-t)f'(x-t) - \{f(x-t)\}^2]e^t\,dt$$

$$= 2e^x \int_x^0 [f(k)f'(k) - \{f(k)\}^2]e^{-k}\,dk$$

$$= -2e^x \int_0^x [f(k)f'(k) - \{f(k)\}^2]e^{-k}\,dk$$

이 식을 주어진 식에 대입하면

$$f(x) = \{f(x)\}^2 - 2e^x \int_0^x [f(k)f'(k) - \{f(k)\}^2]e^{-k}\,dk$$

$$f(x)e^{-x} = \{f(x)\}^2 e^{-x} - 2\int_0^x [f(k)f'(k) - \{f(k)\}^2]e^{-k}\,dk$$

위의 식의 양변을 x에 대하여 미분하면

$$\{f'(x) - f(x)\}e^{-x}$$

$$= 2f(x)f'(x)e^{-x} - \{f(x)\}^2 e^{-x} - 2f(x)f'(x)e^{-x}$$

$$+ 2\{f(x)\}^2 e^{-x}$$

$$\{f'(x) - f(x)\}e^{-x} = \{f(x)\}^2 e^{-x}$$

$$\therefore f'(x) - f(x) = \{f(x)\}^2 \ (\text{거짓})$$

ㄴ. ㄱ에서 $f'(x) - f(x) = \{f(x)\}^2$이므로

$$f'(x) = f(x) + \{f(x)\}^2 \qquad \cdots\cdots \text{⊙}$$

$$f''(x) = f'(x) + 2f(x)f'(x) \qquad \cdots\cdots \text{ⓒ}$$

⊙을 ⓒ에 대입하면

$$f''(x) = f(x) + \{f(x)\}^2 + 2f(x)[f(x) + \{f(x)\}^2]$$

$$= 2\{f(x)\}^3 + 3\{f(x)\}^2 + f(x) > 0 \ (\because f(x) > 0)$$

즉, 구간 $(-\infty, \ln 2)$에서 곡선 $y=f(x)$는 아래로 볼록하다.

(참)

ㄷ. $f(x) = \{f(x)\}^2 - 2\int_0^x [f(x-t)f'(x-t) - \{f(x-t)\}^2]e^t\,dt$

의 양변에 $x=0$을 대입하면

$f(0) = \{f(0)\}^2$이므로 $f(0) = 1 \ (\because f(x) > 0)$

또한, ㄱ에서 $f'(x) = f(x) + \{f(x)\}^2$이므로

$$\frac{f'(x)}{f(x)\{f(x)+1\}} = 1$$

$$\therefore \frac{f'(x)}{f(x)} - \frac{f'(x)}{f(x)+1} = 1$$

위의 식의 양변을 x에 대하여 적분하면

$$\int \left\{\frac{f'(x)}{f(x)} - \frac{f'(x)}{f(x)+1}\right\}dx = \int 1\,dx$$

$$\ln|f(x)| - \ln|f(x)| + 1 = x + C \ (\text{단, } C\text{는 적분상수})$$

위의 식의 양변에 $x=0$을 대입하면

$$-\ln 2 = C \ (\because f(0) = 1)$$

이므로

$\ln|f(x)|-\ln|f(x)+1|=x-\ln 2$

즉, $\ln\left|\dfrac{f(x)}{f(x)+1}\right|=\ln\dfrac{e^x}{2}$에서

$\dfrac{f(x)}{f(x)+1}=\dfrac{e^x}{2}\ (\because f(x)>0)$

$2f(x)=e^x\{f(x)+1\}$

$(2-e^x)f(x)=e^x$

$\therefore f(x)=\dfrac{e^x}{2-e^x}$

$\therefore f\left(\ln\dfrac{3}{2}\right)=\dfrac{\dfrac{3}{2}}{2-\dfrac{3}{2}}=3$ (참)

따라서 옳은 것은 ㄴ, ㄷ이다.

365 84

함수 $G(x)$는 함수 $F(x)$의 역함수이므로

$G'(x)=\dfrac{1}{F'(G(x))}$

이때 함수 $G(x)$는 $F'(G(x))=0$일 때 미분계수를 갖지 않는다.

즉, 조건 (나)에서 $F'(G(-44))=0$, $F'(G(64))=0$이므로

$G(-44)=\alpha$, $G(64)=\beta\ (\alpha\neq\beta)$라 하면

$F(\alpha)=-44$, $F(\beta)=64$이고

$F(x)=\displaystyle\int_a^x |f(t)|\,dt$의 양변을 x에 대하여 미분하면

$F'(x)=|f(x)|$이므로

$F'(\alpha)=F'(\beta)=0$에서 $|f(\alpha)|=|f(\beta)|=0$이다.

즉, 곡선 $y=|f(x)|$가 x축과 만나는 점이 적어도 2개이므로 곡선 $y=f(x)$도 x축과 만나는 점이 적어도 2개이어야 한다.

또한, 함수 $F(x)$는 x의 값이 증가하면 함숫값도 증가하므로 $\alpha<\beta$이다.

(i) 곡선 $y=f(x)$가 $x=\alpha$ 또는 $x=\beta$에서 x축과 접하는 경우

  ⓐ 곡선 $y=f(x)$가 $x=\beta$에서 x축과 접하는 경우

    삼차함수 $f(x)$가 $x=\gamma$에서 극값을 가지면 함수 $y=F(x)$의 그래프의 개형은 다음 그림과 같다.

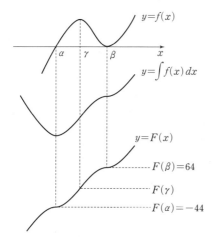

이때 곡선 $y=F(x)$의 변곡점의 x좌표는 α, β, γ이고

$F(x)=\displaystyle\int_a^x |f(t)|\,dt$에서 $F(a)=0$이므로

---

a가 α, β, γ 중 하나의 값을 갖지 않으면 $x=a$인 점도 변곡점이다.

또한, $\alpha<a<\beta$인 a에 대하여

$F(\beta)-F(\alpha)=\displaystyle\int_a^\beta |f(t)|\,dt-\int_a^\alpha |f(t)|\,dt$

$\qquad\qquad\qquad=\displaystyle\int_\alpha^\beta |f(t)|\,dt$

$\qquad\qquad\ =108$

$f(x)=(x-\alpha)(x-\beta)^2$이라 하면

$\displaystyle\int_\alpha^\beta |f(t)|\,dt=\int_\alpha^\beta (t-\alpha)(t-\beta)^2\,dt$에서

$t-\beta=s$라 하면 $1=\dfrac{ds}{dt}$이고

$t=\alpha$일 때 $s=\alpha-\beta$, $t=\beta$일 때 $s=0$이므로

$\displaystyle\int_\alpha^\beta |f(t)|\,dt=\int_{\alpha-\beta}^0 \{s-(\alpha-\beta)\}s^2\,ds$

$\qquad\qquad\qquad=\displaystyle\int_{\alpha-\beta}^0 \{s^3-(\alpha-\beta)s^2\}\,ds$

$\qquad\qquad\qquad=\left[\dfrac{1}{4}s^4-\dfrac{\alpha-\beta}{3}s^3\right]_{\alpha-\beta}^0$

$\qquad\qquad\qquad=\dfrac{(\beta-\alpha)^4}{12}$

$\qquad\qquad\qquad=108$

에서 $(\beta-\alpha)^4=1296$

$\therefore \beta-\alpha=6\ (\because \beta>\alpha)$

또한, $f(x)=(x-\alpha)(x-\beta)^2$에서

$f'(x)=(x-\beta)^2+2(x-\alpha)(x-\beta)$

$\qquad=(x-\beta)(3x-2\alpha-\beta)$

$\qquad=3(x-\alpha-6)(x-\alpha-2)\ (\because \beta=\alpha+6)$

즉, $f'(\alpha+2)=0$이므로 $f'(\gamma)=0$에서

$\gamma=\alpha+2$

이때 조건 (가)를 만족시키려면 $a=\gamma=\alpha+2$이어야 한다.

$F(x)=\displaystyle\int_a^x |(t-\alpha)(t-\alpha-6)^2|\,dt$에서

$F(\alpha)=\displaystyle\int_{\alpha+2}^\alpha |(t-\alpha)(t-\alpha-6)^2|\,dt\ (\because a=\alpha+2)$

$\qquad\ =\displaystyle\int_{\alpha+2}^\alpha (t-\alpha)(t-\alpha-6)^2\,dt$

$t-\alpha=u$라 하면 $1=\dfrac{du}{dt}$ $\quad\cdots\cdots$ ㉠

$t=\alpha+2$일 때 $u=2$, $t=\alpha$일 때 $u=0$이므로

$F(\alpha)=\displaystyle\int_2^0 u(u-6)^2\,du$

$\qquad\ =\displaystyle\int_2^0 (u^3-12u^2+36u)\,du$

$\qquad\ =\left[\dfrac{1}{4}u^4-4u^3+18u^2\right]_2^0$

$\qquad\ =-44$

또한

$F(\beta)=\displaystyle\int_{\alpha+2}^{\alpha+6} |(t-\alpha)(t-\alpha-6)^2|\,dt\ (\because \beta=\alpha+6)$

$\qquad\ =\displaystyle\int_{\alpha+2}^{\alpha+6} (t-\alpha)(t-\alpha-6)^2\,dt$

㉠에 의하여

$t=\alpha+2$일 때 $u=2$, $t=\alpha+6$일 때 $u=6$이므로

$$F(\beta)=\int_2^6 u(u-6)^2\,du$$
$$=\int_2^6 (u^3-12u^2+36u)\,du$$
$$=\left[\frac14 u^4-4u^3+18u^2\right]_2^6$$
$$=64 \quad \cdots\cdots \text{ⓛ}$$

$$\therefore F(a+6)=F(a+8)$$
$$=\int_{a+2}^{a+8} |(t-\alpha)(t-\alpha-6)^2|\,dt$$
$$=\int_{a+2}^{a+8} (t-\alpha)(t-\alpha-6)^2\,dt$$

㉠에 의하여

$t=\alpha+2$일 때 $u=2$, $t=\alpha+8$일 때 $u=8$이므로

$$F(a+6)=\int_2^8 u(u-6)^2\,du$$
$$=\int_2^8 (u^3-12u^2+36u)\,du$$
$$=\left[\frac14 u^4-4u^3+18u^2\right]_2^8$$
$$=84$$

ⓑ 곡선 $y=f(x)$가 $x=\alpha$에서 x축과 접하는 경우

곡선 $y=f(x)$가 $x=\beta$에서 x축과 접하는 경우와 같은 방법으로 생각하여
$f(x)=(x-\alpha)^2(x-\beta)$라 하면

$$\int_\alpha^\beta |f(t)|\,dt=\frac{(\beta-\alpha)^4}{12}=108$$에서

$\beta-\alpha=6$이고

$$f'(x)=2(x-\alpha)(x-\beta)+(x-\alpha)^2$$
$$=(x-\alpha)(3x-\alpha-2\beta)$$
$$=3(x-\alpha)(x-\alpha-4) \quad (\because \beta=\alpha+6)$$

즉, $f'(a+4)=0$이므로 $f'(r)=0$에서

$\gamma=\alpha+4$

이때 조건 (가)를 만족시키려면 $a=\gamma=\alpha+4$이어야 한다.

$$F(x)=\int_a^x |(t-\alpha)^2(t-\alpha-6)|\,dt$$에서

$$F(\alpha)=\int_{\alpha+4}^\alpha |(t-\alpha)^2(t-\alpha-6)|\,dt \quad (\because a=\alpha+4)$$
$$=-\int_{\alpha+4}^\alpha (t-\alpha)^2(t-\alpha-6)\,dt$$
$$=\int_{\alpha+4}^\alpha (t-\alpha)^2(-t+\alpha+6)\,dt$$

$-t+\alpha+6=v$라 하면 $-1=\dfrac{dv}{dt}$이고,

$t=\alpha+4$일 때 $v=2$, $t=\alpha$일 때 $v=6$이므로

$$F(\alpha)=-\int_2^6 (6-v)^2 v\,dv$$
$$=-\int_2^6 v(v-6)^2\,dv$$
$$=-64 \quad (\because \text{ⓛ})$$

이는 $F(\alpha)=-44$에 모순이다.

(ii) 곡선 $y=f(x)$가 x축과 서로 다른 세 점에서 만나는 경우

방정식 $f(x)=0$의 해를 $x=l$ 또는 $x=m$ 또는 $x=n$이라 하고 방정식 $f'(x)=0$의 해를 $x=p$ 또는 $x=q$라 하면

곡선 $y=F(x)$의 개형은 다음과 같고, 이때의 변곡점의 x좌표는 l, p, m, q, n이다.

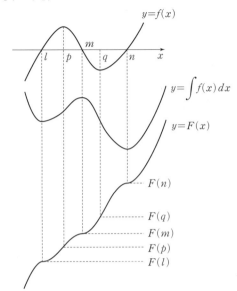

즉, a의 값에 관계없이 조건 (가)를 만족시키지 않는다.

(i), (ii)에서 $F(a+6)=84$

366 29

$y=\ln x$에서 $y'=\dfrac1x$이므로 곡선 $y=\ln x$ 위의 점 $(t,\ \ln t)$에서의 접선의 방정식은

$$y-\ln t=\frac1t(x-t)$$
$$\therefore y=\frac1t x+\ln t-1$$

위의 접선의 x절편은 $t(1-\ln t)$, y절편은 $\ln t-1$이므로
$A(t(1-\ln t),\ 0)$, $B(0,\ \ln t-1)$

즉, 삼각형 OAB의 넓이 $S(t)$는

$$S(t)=\frac12\times |t(1-\ln t)|\times |\ln t-1|$$
$$=\frac12 t(\ln t-1)^2 \quad (\because t>0)$$
$$S'(t)=\frac12(\ln t-1)^2+(\ln t-1)$$
$$=\frac12(\ln t+1)(\ln t-1)$$

$S'(t)=0$에서

$t=\dfrac1e$ 또는 $t=e$

$t>0$에서 함수 $S(t)$의 증가와 감소를 표로 나타내면 다음과 같다.

t	(0)	$\cdots$	$\dfrac1e$	$\cdots$	e	$\cdots$
$S'(t)$		$+$	0	$-$	0	$+$
$S(t)$		$\nearrow$	$\dfrac2e$	$\searrow$	0	$\nearrow$

이때 $\displaystyle\lim_{x\to0+} x(\ln x-1)^2=0$이므로 함수 $y=S(t)$의 그래프의 개형

은 다음 그림과 같다.

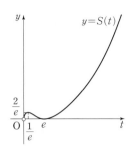

한편, $S(t)=t$, 즉 $\frac{1}{2}t(\ln t-1)^2=t$

에서

$(\ln t-1)^2=2$ $(\because\ t>0)$

$\ln t=1\pm\sqrt{2}$

$\therefore\ t=e^{1\pm\sqrt{2}}$

$\therefore\ M(t)=e^{1+\sqrt{2}}$

이때 $k=0$, 즉 방정식 $S(t)=0$의 실근 중 가장 큰 근은

$M(0)=e$이고

$k\geq0$에서 $S(M(k))=k$이므로 함수 $y=M(k)$의 그래프는

$k\geq e$인 함수 $y=S(k)$의 그래프를 직선 $y=k$에 대하여 대칭이동

한 그래프와 같다.

즉, 함수 $y=M(k)$의 그래프의 개형은 다음 그림과 같다.

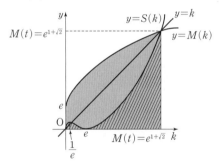

위의 그림에서 $\displaystyle\int_0^{M(t)}M(k)\,dk$는 색칠한 부분의 넓이와 같고,

$\displaystyle\int_0^{M(t)}S(x)\,dx$는 빗금 친 부분의 넓이와 같다.

또한, $\displaystyle\int_0^{M(t)}M(k)\,dk+\int_e^{M(t)}S(x)\,dx$의 값은

네 점 $(0,0)$, $(M(t),0)$, $(M(t),M(t))$, $(0,M(t))$를 꼭짓

점으로 하는 정사각형의 넓이와 같으므로

$$\int_0^{M(t)}M(k)\,dk+\int_e^{M(t)}S(x)\,dx=\{M(t)\}^2$$
$$=(e^{1+\sqrt{2}})^2$$
$$=e^{2+2\sqrt{2}}$$

이때

$\displaystyle\int_0^{M(t)}M(k)\,dk+\int_{\frac{1}{e}}^{M(t)}S(x)\,dx$

$\displaystyle=\int_0^{M(t)}M(k)\,dk+\int_e^{M(t)}S(x)\,dx+\int_{\frac{1}{e}}^{e}S(x)\,dx$

이고

$\displaystyle\int_{\frac{1}{e}}^{e}S(x)\,dx=\int_{\frac{1}{e}}^{e}\frac{1}{2}x(\ln x-1)^2\,dx=\frac{1}{2}\int_{\frac{1}{e}}^{e}x(\ln x-1)^2\,dx$

$\displaystyle\int_{\frac{1}{e}}^{e}x(\ln x-1)^2\,dx$에서

$u_1(x)=(\ln x-1)^2$, $v_1{}'(x)=x$라 하면

$u_1{}'(x)=\frac{2}{x}(\ln x-1)$, $v_1(x)=\frac{1}{2}x^2$이므로

$\displaystyle\int_{\frac{1}{e}}^{e}x(\ln x-1)^2\,dx=\left[\frac{1}{2}x^2(\ln x-1)^2\right]_{\frac{1}{e}}^{e}-\int_{\frac{1}{e}}^{e}x(\ln x-1)\,dx$

$$=-\frac{2}{e^2}-\int_{\frac{1}{e}}^{e}x(\ln x-1)\,dx$$

$\displaystyle\int_{\frac{1}{e}}^{e}x(\ln x-1)\,dx$에서

$u_2(x)=\ln x-1$, $v_2{}'(x)=x$라 하면

$u_2{}'(x)=\frac{1}{x}$, $v_2(x)=\frac{1}{2}x^2$이므로

$\displaystyle\int_{\frac{1}{e}}^{e}x(\ln x-1)\,dx=\left[\frac{1}{2}x^2(\ln x-1)\right]_{\frac{1}{e}}^{e}-\frac{1}{2}\int_{\frac{1}{e}}^{e}x\,dx$

$$=\frac{1}{e^2}-\frac{1}{2}\left[\frac{1}{2}x^2\right]_{\frac{1}{e}}^{e}=-\frac{e^2}{4}+\frac{5}{4e^2}$$

$\displaystyle\therefore\int_{\frac{1}{e}}^{e}S(x)\,dx=\frac{1}{2}\int_{\frac{1}{e}}^{e}x(\ln x-1)^2\,dx$

$$=\frac{1}{2}\left\{-\frac{2}{e^2}-\int_{\frac{1}{e}}^{e}x(\ln x-1)\,dx\right\}$$

$$=\frac{1}{2}\left\{-\frac{2}{e^2}-\left(-\frac{e^2}{4}+\frac{5}{4e^2}\right)\right\}=\frac{e^2}{8}-\frac{13}{8e^2}$$

$\displaystyle\therefore\int_0^{M(t)}M(k)\,dk+\int_{\frac{1}{e}}^{M(t)}S(x)\,dx=e^{2+2\sqrt{2}}+\frac{e^2}{8}-\frac{13}{8e^2}$

따라서 $a=2$, $b=\frac{1}{8}$, $c=-\frac{13}{8}$이므로

$$\frac{a-c}{b}=\frac{2-\left(-\dfrac{13}{8}\right)}{\dfrac{1}{8}}=29$$

MEMO

메가스터디 고등학습 시리즈

메가스터디 N제

수학영역 미적분 | 3점·4점 공략

정답 및 해설

메가스터디BOOKS

내용 문의 02-6984-6901 | 구입 문의 02-6984-6868,9 | www.megastudybooks.com

최신 기출 *All* × 우수 기출 *Pick*

수능 기출 올픽

수능 만점을 위한
새로운 기출 학습의 시작

수능 대비에 꼭 필요한 기출문제만 담았다!
BOOK 1 × BOOK 2 효율적인 학습 구성

| BOOK 1 | 최신 3개년 수능·평가원 등 기출 전체 수록 |
| BOOK 2 | 최신 3개년 이전 기출 중 우수 문항 선별 수록 |

국어 문학 l 독서
수학 수학 I l 수학 II l 확률과 통계 l 미적분
영어 독해

메가스터디BOOKS